钢管混凝土异形柱结构力学性能及设计方法

刘界鹏　杨远龙　周绪红　著

中国建筑工业出版社

图书在版编目（CIP）数据

钢管混凝土异形柱结构力学性能及设计方法/刘界鹏，杨远龙，周绪红著．—北京：中国建筑工业出版社，2022.6（2023.10重印）

ISBN 978-7-112-27256-3

Ⅰ.①钢…　Ⅱ.①刘…②杨…③周…　Ⅲ.①钢管混凝土结构—异形柱—结构力学—力学性能②钢管混凝土结构—异形柱—结构设计　Ⅳ.①TU37

中国版本图书馆 CIP 数据核字（2022）第 054887 号

本书针对钢管混凝土异形柱结构，根据多年来完成的构件轴压性能、偏压性能、压-弯性能，节点抗震性能，框架抗震性能等试验研究，提出了相应的力学模型和设计理论。本书适合钢管混凝土异形柱相关课题科研人员、结构设计人员阅读，也可供高校相关专业师生参考。

责任编辑：武晓涛　李天虹
责任校对：张　颖

钢管混凝土异形柱结构力学性能及设计方法
刘界鹏　杨远龙　周绪红　著
*
中国建筑工业出版社出版、发行（北京海淀三里河路 9 号）
各地新华书店、建筑书店经销
北京龙达新润科技有限公司制版
北京中科印刷有限公司印刷
*
开本：787 毫米×1092 毫米　1/16　印张：19　字数：458 千字
2022 年 6 月第一版　2023 年10月第二次印刷
定价：**76.00** 元
ISBN 978-7-112-27256-3
（39097）

钢管混凝土结构由于兼具混凝土和钢材两种材料的优点，在力学性能、抗火性能、装配化程度、全寿命周期经济性能等方面具有显著优势，已广泛应用于高层民用建筑、工业建筑、大跨度桥梁等领域中，发挥了突出的技术经济优势。

钢管混凝土异形柱结构作为钢管混凝土结构的分支，是一种适应我国建筑装配化和住宅产业化发展趋势的新型结构体系，在建筑使用功能上适应了现代居住环境对特殊结构构件的要求，同时改善了混凝土异形柱结构在复杂受力下的抗震性能，从而突破目前异形柱结构较为严格的抗震设计限制，提高建筑最大适用高度，提升异形柱结构的综合经济性能。

本书针对钢管混凝土异形柱结构中的构件、节点和框架体系，采用试验、有限元、理论结合的研究方法，完成了构件轴压性能、偏压性能、压-弯滞回性能、节点抗震性能、框架抗震性能等试验研究，提出了加劲钢管混凝土异形柱的混凝土约束区分布、轴压承载力、弯曲承载力、压-弯承载力、剪切承载力计算方法；提出了钢管混凝土异形柱-H型钢梁框架节点、钢管混凝土异形柱-U形钢组合梁框架节点的节点连接承载力和节点核心区承载力模型及计算方法；提出了钢管混凝土异形柱框架结构设计建议。

诚挚感谢张素梅、王玉银、杨华、郭兰慧、张敬书等各位老师的关怀和帮助。同时感谢为本书做出贡献的各位博士生和硕士生，他们参与了以下章节的试验和理论研究工作：第1章（杨伟棋）、第2章（徐创泽、宋华、刘向刚）、第3章和第4章（刘向刚）、第5章（杨远龙）、第6章（刘向刚）、第7章（李彬洋、刘景琛、成宇、程威）、第8章（唐新、周祥）。

本书的研究工作还得到了国家自然科学基金青年项目（51208241）和面上项目（52178112、51878098）、国家重点研发计划项目（2016YFC0701201）的资助。在此，作者谨向国家自然科学基金委员会、科技部表示诚挚的感谢！

本书内容可供土木工程专业的高年级本科生、研究生、教师、科研人员和工程设计人员参考。

希望这本书的出版，能够对钢管混凝土异形柱结构的研究和发展起到一定的促进作用。书中难免存在不当或不妥之处，恳请广大读者批评指正。

著者
2022年6月

目录

第1章 绪 言

1.1 钢管混凝土异形柱的特点

传统方形、矩形柱存在室内柱角突出的问题（图 1-1(a)），既影响室内观瞻效果，又会减少建筑的使用面积，为解决这一问题，异形柱应运而生。异形柱是指截面形状为 T 形、L 形、十字形（图 1-1(b)）等，且柱肢截面宽厚比不大于 4 的柱。异形柱框架结构的柱肢与相邻墙体厚度相同，避免室内柱楞凸出，提高了空间使用率，使建筑设计灵活性更高，同时也增强了建筑美观性，综合经济效益明显，日益受到建筑设计师、开发商和用户的欢迎。

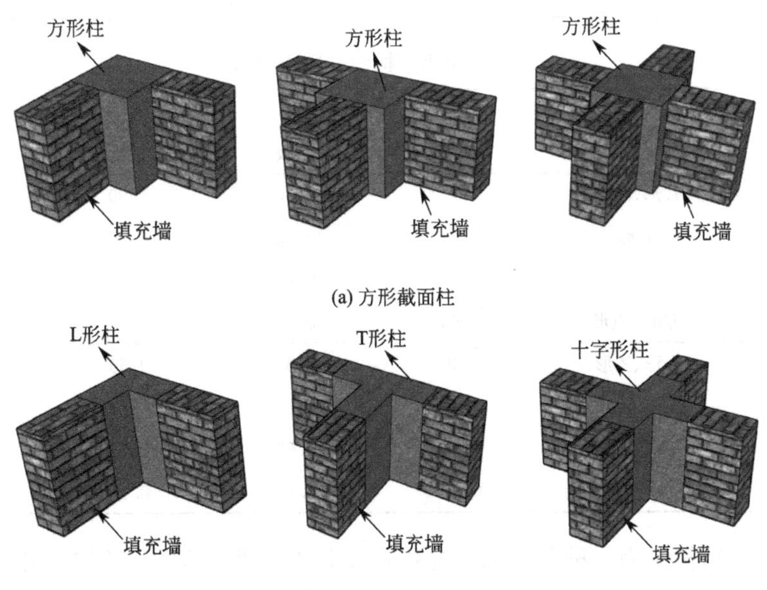

图 1-1 方形柱与异形柱

异形柱与矩形柱相比，截面较为特殊，受力较为复杂。理论研究和工程实践表明，异形柱结构有以下几方面需重点关注：

①异形柱柱肢相对较为开展，各柱肢相交的阴角需要协调各柱肢的变形，因此阴角处受力比较复杂；柱截面形心和剪心往往不重合，在水平荷载作用下易发生扭转；同时柱肢截面高度相对较大，导致剪切变形比重较大。

②异形柱框架的梁柱节点核心区是影响抗震性能的关键因素，钢筋混凝土异形柱节点区相对较薄，钢筋加密增加混凝土浇筑难度，抗震性能受到影响。

基于以上两点原因，《混凝土异形柱结构技术规程》JGJ 149—2017[1] 中对钢筋混凝土异形柱框架结构高度和轴压比的限制较严。如表 1-1 和表 1-2 所示，相同条件下异形柱建筑的最大适用高度与轴压比限值均明显小于传统矩形柱建筑。8 度区（0.20g）的钢筋混凝土异形柱框架房屋最大适用高度仅为 12m，而矩形柱框架房屋为 40m；异形柱在 8 度区（0.30g）以上的地区不允许使用；抗震等级为二级的 L 形柱轴压比限值仅为 0.5，而矩形柱轴压比限值为 0.75。可见，提高异形柱结构的抗震性能是推广这种新型结构的技术关键。

钢筋混凝土异形柱和方形、矩形柱结构房屋的最大适用高度 **表 1-1**

结构体系	截面形式	抗震设计					
		6 度	7 度		8 度		9 度
		0.05g	0.10g	0.15g	0.20g	0.30g	0.40g
框架结构	异形柱	24m	21m	18m	12m	—	—
	方形、矩形柱	60m	55m	50m	40m	35m	24m
框架-剪力墙结构	异形柱	55m	48m	40m	28m	21m	—
	方形、矩形柱	130m	120m	120m	100m	80m	50m

钢筋混凝土结构的轴压比限值 **表 1-2**

结构体系	柱截面形式	抗震等级			
		一级	二级	三级	四级
框架结构	L形、Z形	—	0.50	0.60	0.70
	T形	—	0.55	0.65	0.75
	十字形	—	0.60	0.70	0.80
	方形、矩形	0.65	0.75	0.85	0.90
框架-剪力墙结构	L形、Z形	0.40	0.55	0.65	0.75
	T形	0.45	0.60	0.70	0.80
	十字形	0.50	0.65	0.75	0.85
	矩形	0.75	0.85	0.90	0.95

钢管混凝土结构作为一种兼有钢结构和混凝土结构特点的新型结构，可充分利用钢和混凝土材料各自的优点，改善结构抗震性能。诸多学者将钢管混凝土组合结构与异形柱结构结合，提出了钢管混凝土异形柱结构，以改善传统钢筋混凝土异形柱结构的抗震性能。钢管混凝土异形柱结构具有以下优势：

①钢管混凝土异形柱的含钢率可适当放宽，承载力比钢筋混凝土异形柱更高。此外，外包钢管可为混凝土提供约束作用，提高混凝土的强度与延性，可在不增大异形柱截面的

情况下有效提高异形柱结构的延性能力。

②钢管混凝土异形柱可采用高强混凝土材料，提高结构承载力。高强混凝土可显著降低材料用量及能耗，但延性相对较差，易出现脆性破坏。钢管混凝土结构的约束效应可有效提高高强混凝土的延性，从根本上解决这一问题。

③钢管混凝土异形柱与组合梁的连接可采用竖向肋板或外环板节点，形式简洁，传力直接，避免了钢筋混凝土异形柱节点核心区混凝土浇筑困难的问题，降低施工难度，保证浇筑质量。

④钢管混凝土异形柱结构中的钢管可以作为混凝土浇筑模板，且柱内无钢筋，减少了钢筋绑扎作业，极大地减少现场工作量，缩短工期。柱钢管及节点区的加工均可在工厂完成，现场仅需进行节点与梁的螺栓或焊接连接，现场湿作业少，适合装配化生产。

综上所述，钢管混凝土异形柱结构承载力高，延性及耗能能力好，适合装配式施工，具有广阔应用前景。

1.2 钢管混凝土异形柱结构工程实例

钢管混凝土异形柱结构是一种综合经济效益良好的新型结构体系，在很多实际工程中已有应用，如广州新中国大厦、广州名盛广场、沧州市福康家园公共租赁住房、江门中旅广场、四川汶川县映秀镇鱼子溪村重建住宅等工程。

(1) 广州新中国大厦

广州新中国大厦是一座集商业、金融、餐饮、娱乐、办公、酒店于一体的综合性大型商业建筑[2]。大厦占地 9542m^2，楼高 205.7m，地上 48 层（不含屋顶部分 5 层），地下 5 层，裙房为 9 层，总建筑面积达 17×10^4m^2（图 1-2(a)）。

广州新中国大厦工程结构采用框架-筒体体系，本工程按 7 度抗震设防设计，场地类型为Ⅱ类。在最大柱距 12m、最大单柱荷重近万吨的情形下，采用了高强钢管混凝土柱方案。对 48 层主楼柱采用了最大 ϕ1400 钢管与 C80 混凝土组成的钢管混凝土柱，对 9 层裙房柱在地下室部分采用了 ϕ800 钢管与 C70 混凝土组成的钢管混凝土柱，使各柱截面减小一半以上。为使整个超高层结构获得良好的抗侧刚度和承载力，结合建筑平面和竖向布置，分别在第 13 层设备层、第 24 层避难层及第 42 层设置了 3 个刚性层。每个刚性层内，沿横向共设 8 片与中央钢筋混凝土芯筒相连的立放桁架作为刚臂，外框柱则用宽扁梁纵横闭合拉结。立放桁架的上、下水平杆件分别为上、下楼层的型钢混凝土梁，而斜杆则为带约束拉杆方钢管混凝土构件（图 1-2(b)）。

工程地下室采用钢管混凝土异形柱技术和逆作法施工工艺。地下室的核心筒剪力墙先不施工浇筑，设计中利用布置在核心筒剪力墙的相交和转角等位置处的带约束拉杆异形（矩形、L 形及 T 形）钢管高强混凝土（C70）柱作为地下室逆作法施工时的竖向支承构件，阶段性地支承地面以上 18 层的核心筒剪力墙的负荷和安装在核心筒内的 250t 大型自爬式塔吊的负荷，待地下室施工完成时则作为后浇的钢筋混凝土核心筒剪力墙地下室部分的劲性暗柱永久使用（图 1-2(c)、(d)）。

带约束拉杆异形钢管混凝土柱，采用 16Mn 钢板、Ⅱ级钢拉杆。由于设有横向约束拉杆，明显提高了异形钢管混凝土柱的延性和承载力，解决了异形钢管混凝土柱钢管壁侧向变形大、易开裂问题，同时增加了建筑的有效使用面积。带约束拉杆异形钢管混凝土柱与梁的节点采用新型单梁节点，构造简单、受力明确、施工方便、造价相对较低。

(a) 建筑整体图

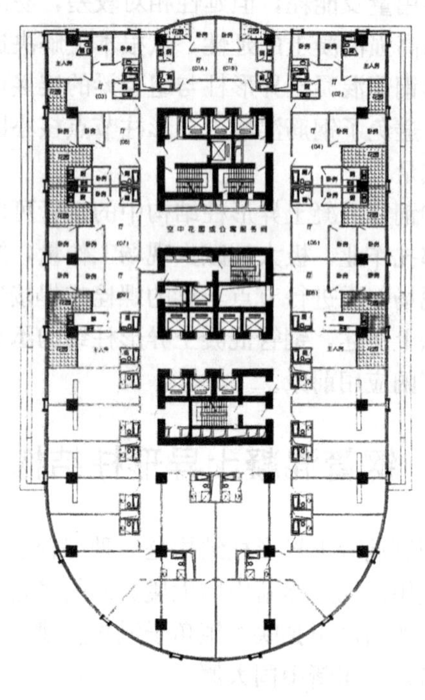

(b) 20～30层建筑平面图

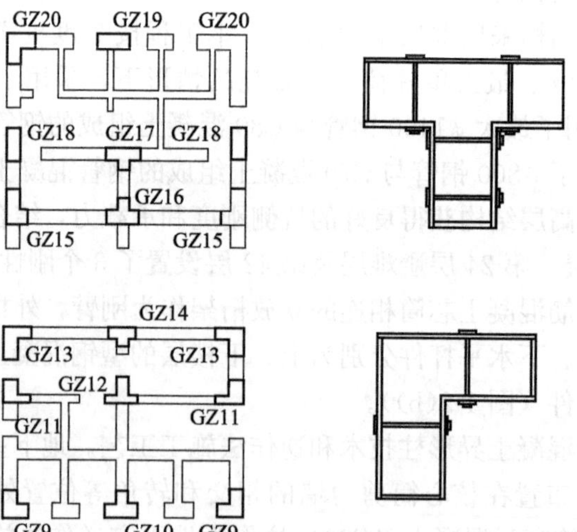

(c) 地下室带约束拉杆异形钢管混凝土柱形式及布置图

图 1-2　广州新中国大厦

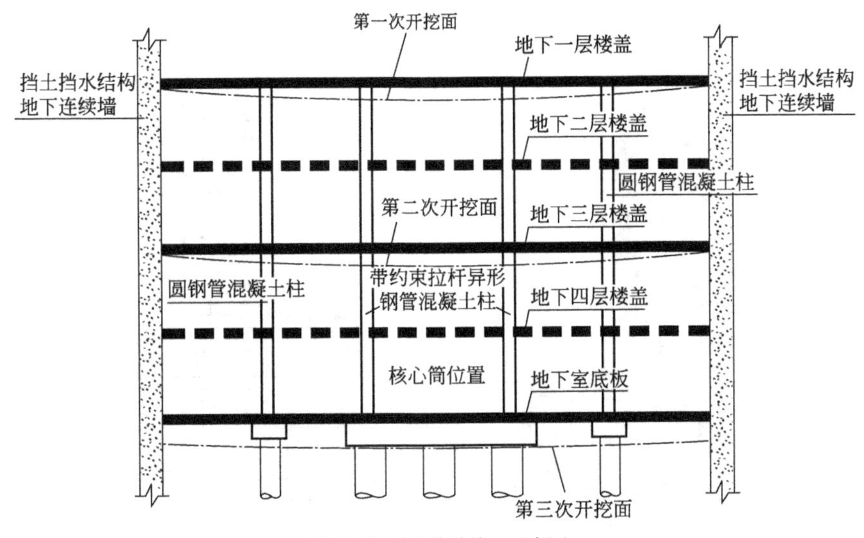

(d) 地下室全逆作法施工示意图

图 1-2 广州新中国大厦（续）

(2) 广州名盛广场

广州明盛广场工程是一座集商业、办公于一体的大型综合性超高层建筑[3]。地上36层，地下5层，建筑高度168m，总建筑面积约14×10^{4}m^2。该工程按7度抗震设防设计，大型商场区域抗震构造措施按8度考虑，场地类型为Ⅱ类（图1-3(a)、(b)、(c)）。

工程主体结构采用新型钢-混凝土组合结构竖向构件与组合梁结合的框架-剪力墙筒体结构体系。在裙楼及地下室采用竖向结构为带约束拉杆异形钢管混凝土柱（墙）组成的核心筒及钢管混凝土柱框架，钢管内填充C70、C80高强混凝土，保证墙柱具有较高的承载力及逆作施工支承结构的稳定性（图1-3(e)、(f)、(g)）。带约束拉杆异形钢管混凝土柱（墙）技术是由高强混凝土填入异形薄壁钢管（如方形、L形、T形等）内，并在异形薄壁钢管各边按一定间距设置约束拉杆组成的组合结构构件。借助内填混凝土使钢管的局部屈曲模式发生变化，以及约束拉杆的拉结作用使钢管壁的变形减小，从而增强钢管壁的稳定性和延性；同时，借助钢管和约束拉杆对核心混凝土的套箍（约束）作用，使核心混凝土处于三向受压状态，从而使核心混凝土具有更高的抗压强度和变形能力。带约束拉杆异形钢管混凝土柱(墙)结构具有钢结构延性好、配合逆作法施工快捷的特点，同时又具有钢筋混凝土结构刚度大、抗压性能好等优点，使商场部分墙柱面积减小，建筑视线通透。依据该工程编制的《带约束拉杆异形钢管混凝土柱施工工法》获2008年度广东省省级工法。

(3) 沧州市福康家园公共租赁住房

沧州市福康家园公共租赁住房住宅项目是河北省首家采用钢结构的保障房项目（图1-4(a)），地上总建筑面积11.8×10^{4}m^2，包括5栋18层方钢管混凝土组合异形柱框架-支撑体系住宅和3栋25层方钢管混凝土组合异形柱框架-剪力墙体系住宅[4-5]。

下面以6号楼为例介绍建筑结构基本信息。建筑平面尺寸为48.6m×14.4m（图1-4(b)），配合建筑的立面造型及平面使用功能，上部主体结构采用矩形钢管混凝土组合柱

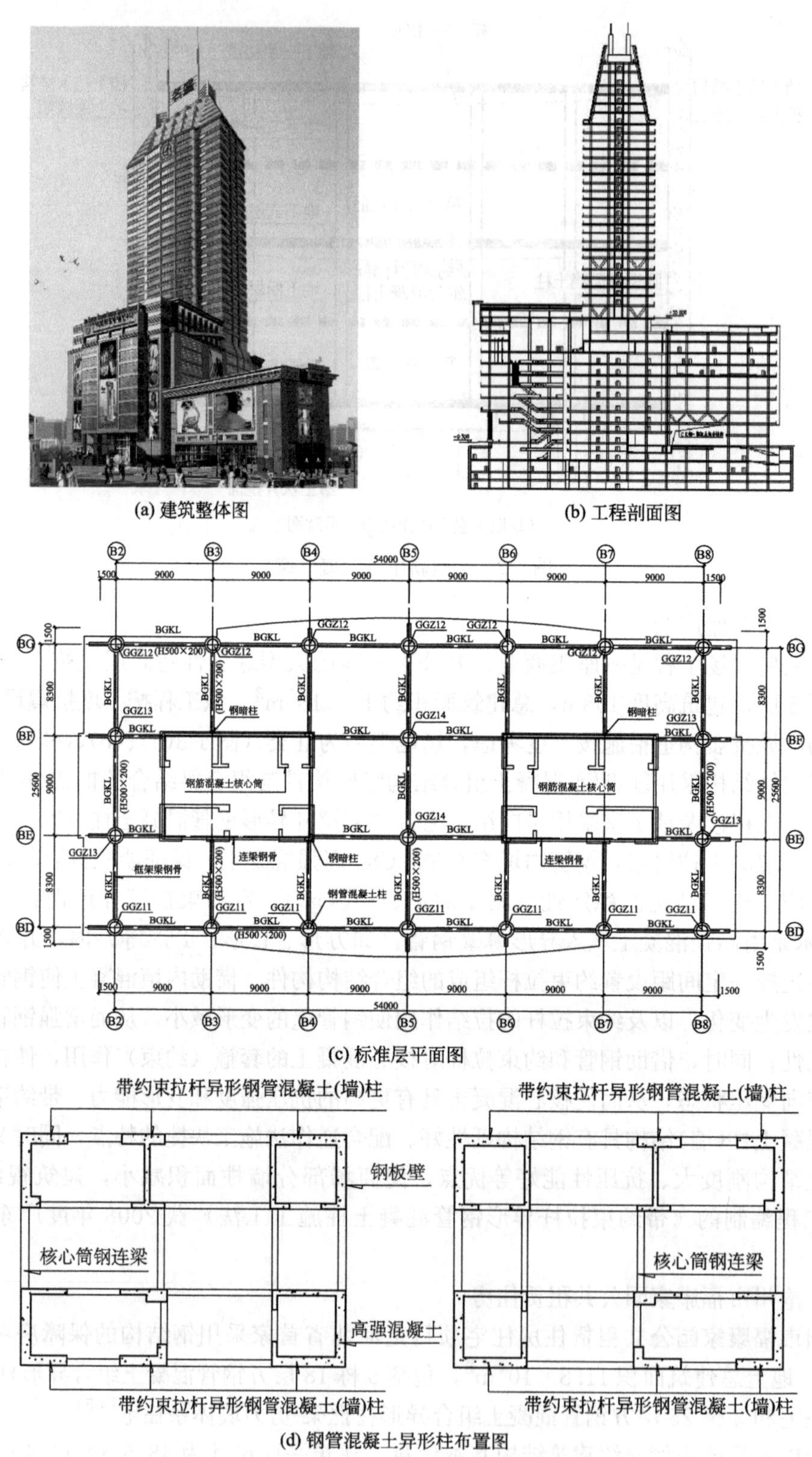

(a) 建筑整体图　(b) 工程剖面图

(c) 标准层平面图

(d) 钢管混凝土异形柱布置图

图 1-3　广州明盛广场

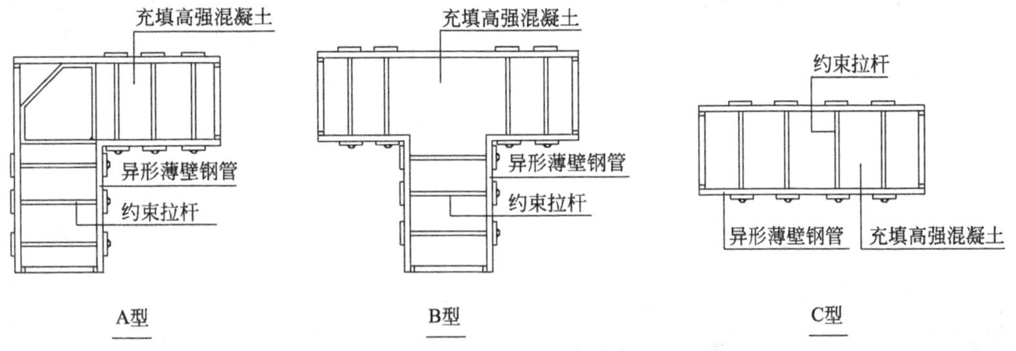

(e) 钢管混凝土异形柱截面

(f) 带约束拉杆钢管混凝土异形柱(墙)

(g) 地下室异形钢管吊装

图 1-3　广州明盛广场（续）

框架-支撑结构体系，地下结构采用钢筋混凝土结构。结构地上1层的侧向刚度小于地下1层侧向刚度的0.5倍且地下室周边有与其顶板相连的剪力墙，因此将地下室顶板作为上部结构的嵌固位置，上下部结构分别计算。

组合柱形式包括L形、T形和十字形（图1-4(c)），根据室内建筑需要灵活布置。组合柱的中心肢均采用150mm×150mm方钢管，壁厚从下到上由14mm至6mm均匀变化。组合柱单肢间连接板与柱壁同厚。组合柱采用Q345B钢材，内灌C40混凝土。

支撑作为结构的第一道抗震防线，根据柱距及层高分别采用人字形支撑和十字形支撑，支撑沿建筑通高布置。对比了H型钢支撑、圆钢管支撑和方钢管支撑三种截面形式，最后选用方钢管支撑，在满足承载力与构造要求的同时截面最小，既不凸出墙面，又不影响墙体的施工（图1-4(d)）。

梁柱节点采用外肋环板节点（图1-4(e)），该节点既能有效传递梁柱内力，协调整体框架变形，又能减少节点构造对室内使用环境的干扰，使室内空间平整。本工程采用装配化生产、运输、建造方式（图1-4(f)、(g)），施工环境明显改善，工期明显缩短，取得了较为显著的综合经济效益。

从20世纪80年代起，上海、天津、广东等地根据实际的工程施工经验和初步的研究成果，制定了相应地方标准，建成了一批异形柱结构住宅。广东省于1995年颁布了《钢筋混凝土异形柱结构设计规程》DBJ/T 15—15—95；上海市于 2002 年颁布了《钢筋混凝土异形柱结构技术规程》DG/TJ 08—009—2002；天津市于 2003 年制定了《钢筋混凝土异形柱结构技术规程》DB 29—16—2003。为了在全国推广异形柱结构的工程应用，2006 年行业标准《混凝土异形柱结构技术规程》JGJ 149—2006 发布，并于 2017 年进行了修订。

(a) 项目总体规划图

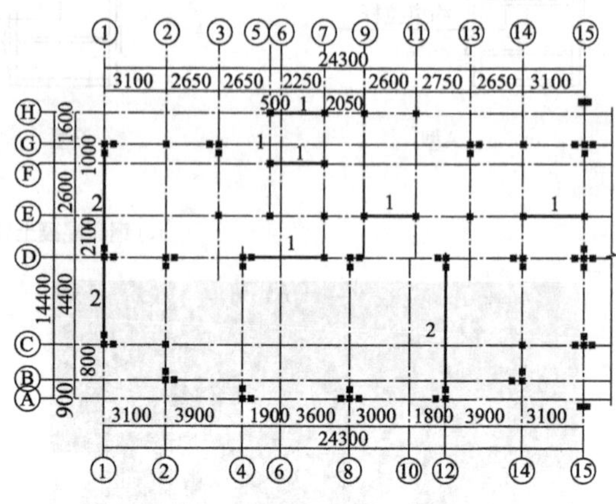

1—十字支撑；2—人字支撑

(b) 结构标准层平面

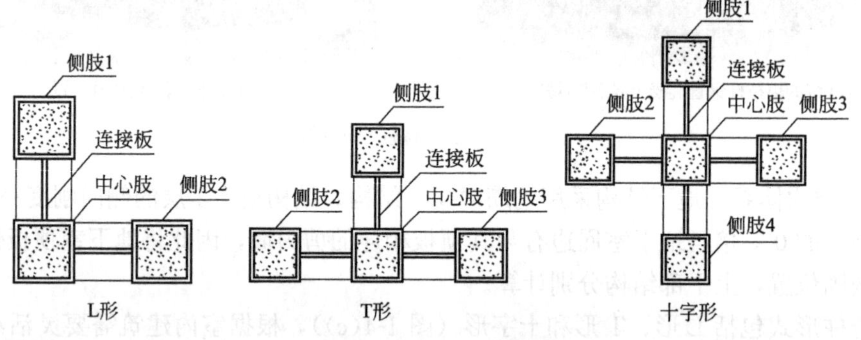

(c) 方钢管混凝土组合异形柱截面

(d) 人字形与十字交叉形中心支撑

(e) 异形柱与梁的外肋环板节点连接

图 1-4 沧州市福康家园公共租赁住房

(f) 异形柱框架-支撑体系主体结构

(g) 地下部分焊接栓钉的组合异形柱

图 1-4 沧州市福康家园公共租赁住房（续）

1.3 钢管混凝土异形柱研究现状

在钢管混凝土异形柱的研究过程中，提高异形柱结构的抗震性能，拓宽其在高设防烈度地区的应用范围，进而提高其综合经济效益成为研究的重点方向。对钢管混凝土异形柱力学性能的研究始于20世纪八九十年代，主要研究包括钢管混凝土异形柱静力性能和抗震性能、梁-柱节点抗震性能以及框架抗震性能。

1.3.1 钢管混凝土异形柱静力性能研究

钢管混凝土异形柱中，外侧钢管施加的约束作用使得内部混凝土处于侧向受压应力状态，承载能力得到一定程度的提高。内部混凝土增强了钢管的稳定性，延缓了局部屈曲的出现，其延性、耗能能力也得到了一定改善。但钢-混凝土的组合作用在提高力学性能的同时也导致了力学性能的复杂性。对于钢管混凝土构件的静力性能和滞回性能，各国学者都进行了大量研究。圆形钢管混凝土构件的静力和抗震性能良好，在地震作用下有着较强的耗能能力；方、矩形钢管混凝土构件的约束效果稍逊于圆形截面构件，但也具有良好的抗震性能。钢管混凝土异形柱的柱肢截面宽厚比更大，存在几何“阴角”，同时阴角协调各柱肢的变形，需要在阴角处采取加强措施，才能保证钢管对混凝土约束效果的充分发挥。因此，许多学者提出了加劲构造措施建议（图1-5和图1-6），并进行了一系列试验研究及相关理论分析。

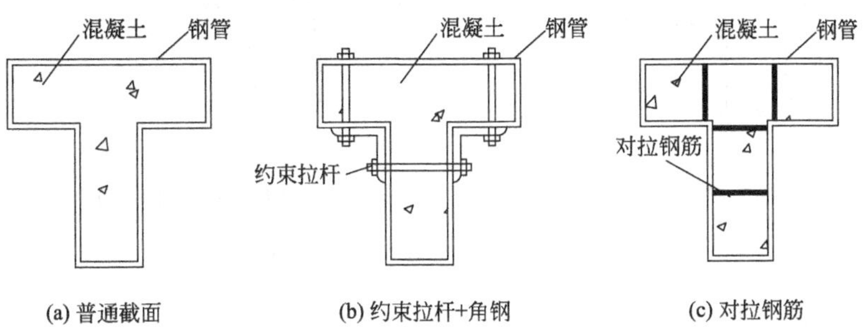

图 1-5 T形钢管混凝土柱加劲类型

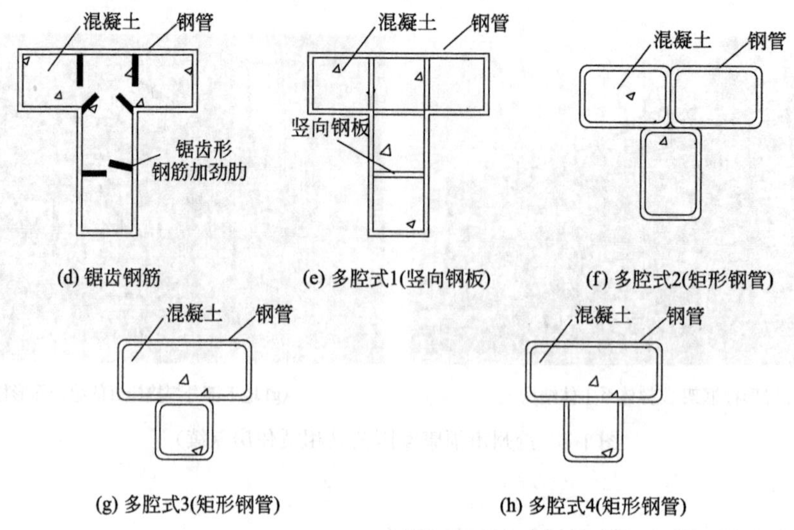

(d) 锯齿钢筋　(e) 多腔式1(竖向钢板)　(f) 多腔式2(矩形钢管)

(g) 多腔式3(矩形钢管)　(h) 多腔式4(矩形钢管)

图 1-5　T 形钢管混凝土柱加劲类型（续）

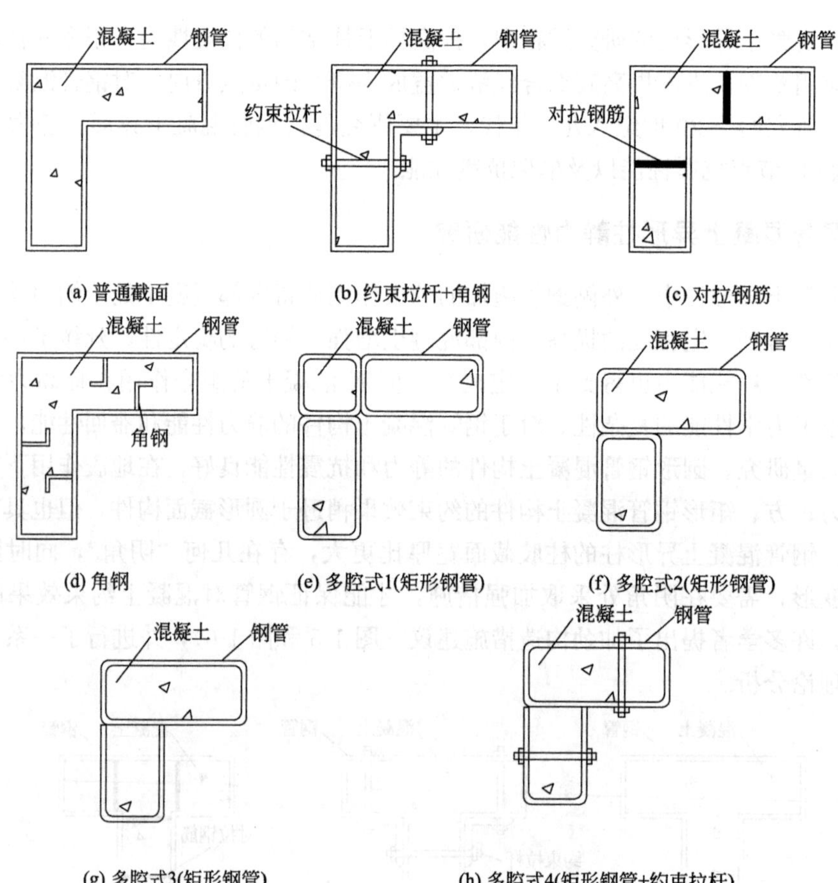

(a) 普通截面　(b) 约束拉杆+角钢　(c) 对拉钢筋

(d) 角钢　(e) 多腔式1(矩形钢管)　(f) 多腔式2(矩形钢管)

(g) 多腔式3(矩形钢管)　(h) 多腔式4(矩形钢管+约束拉杆)

图 1-6　L 形钢管混凝土柱加劲类型

（1）轴压性能研究

2006 年以来，蔡健[6-9]、龙跃凌[10]、左志亮[11-14] 等人对 L 形、T 形及十字形钢管混凝土短柱的轴压性能进行了试验研究（图 1-7），对比分析了无约束拉杆试件和有约束拉杆试件之间的力学性能差别，并重点分析了钢管、混凝土和约束拉杆之间的相互作用。试验结果表明约束拉杆可延缓钢管局部屈曲的发生，改善钢管的屈曲模态，有效增强钢管对混凝土的约束效应[6]。同时发现钢管宽厚比和约束拉杆间距是影响钢板局部屈曲的主要因素，增大钢板厚度、减小约束拉杆间距、适当增大约束拉杆直径均可提高试件的承载力和延性。在试验基础上建立了约束混凝土单轴本构关系，从而推导出钢管混凝土异形柱轴压承载力设计公式[14]。

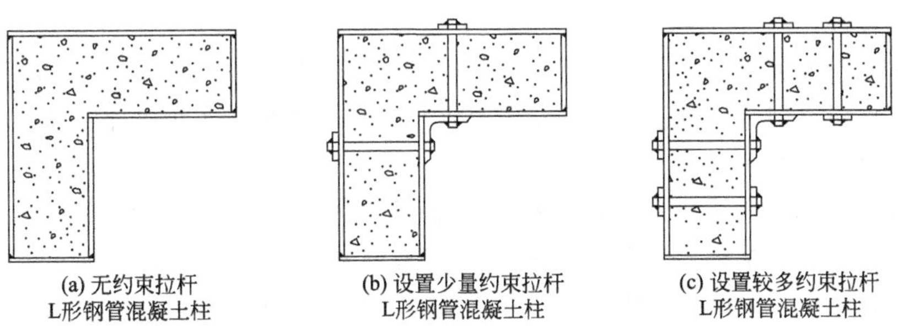

图 1-7　文献［6］中的带约束拉杆钢管混凝土异形柱

2007—2011 年，哈尔滨工业大学的王玉银、杨远龙等人[15] 进行了 10 根 T 形组合柱的轴压性能试验研究，系统地对比了钢筋混凝土异形柱（图 1-8(a)）、未加劲钢管混凝土异形柱（图 1-8(b)）、锯齿形钢筋加劲钢管混凝土异形柱（图 1-8(c)）与对拉钢筋加劲钢管混凝土异形柱（图 1-8(d)）等几种形式柱的力学性能。试验结果表明，对拉钢筋加劲柱的承载力及延性均优于其他几种异形柱。基于试验和有限元研究，提出 T 形钢管混凝土柱约束力学模型和轴压承载力计算方法。

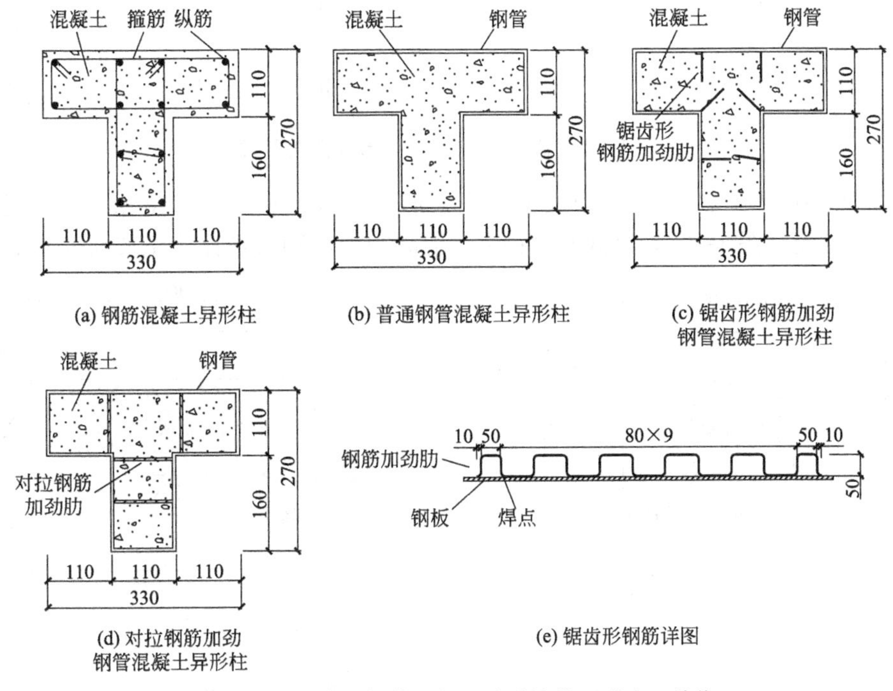

图 1-8　文献［15］中的钢管混凝土异形柱截面形式（单位：mm）

2008 年，杜国锋等人[16-19] 在钢管混凝土异形柱工程应用基础上，对 T 形钢管混凝土柱轴压性能进行试验研究，分析了约束效应系数和截面尺寸对试件力学性能的影响。基于试验和有限元分析结果，提出了试件轴压稳定承载力计算公式。

2009 年，林震宇等人[20] 研究了 6 根 L 形钢管混凝土短柱的力学性能，包括 4 根有角钢加劲和 2 根无加劲试件。阐述了试件的破坏过程，分析了宽厚比和角钢加劲对试件刚度、承载力和延性的影响。基于试验结果，建立了有限元分析模型。利用非线性有限元软件 ABAQUS 对轴心受压 L 形钢管混凝土柱的荷载-变形曲线进行了计算，计算曲线与试验曲线吻合较好。

2011 年，张继承等人[21] 提出了适用于 L 形钢管混凝土柱的混凝土本构关系，建立并验证了有限元模型，分析了各荷载阶段钢管与混凝土的相互作用机理以及核心混凝土横截面的应力分布规律。

2012 年，屠永清等人[22-23] 对多腔室 T 形钢管混凝土短柱和中长柱进行了轴压试验研究（图 1-9）。试验结果显示，多腔室 T 形钢管混凝土柱的承载力和延性均优于非加劲钢管混凝土异形柱，中长柱主要为整体弯曲破坏。结合有限元分析和试验结果，得出了钢管混凝土异形柱中短柱与长柱之间的界限长细比。将试件的试验承载力与现有 GJB、EC4、AIJ 和 AISC 标准的计算值进行了对比，EC4 标准计算结果与试验结果吻合最好。

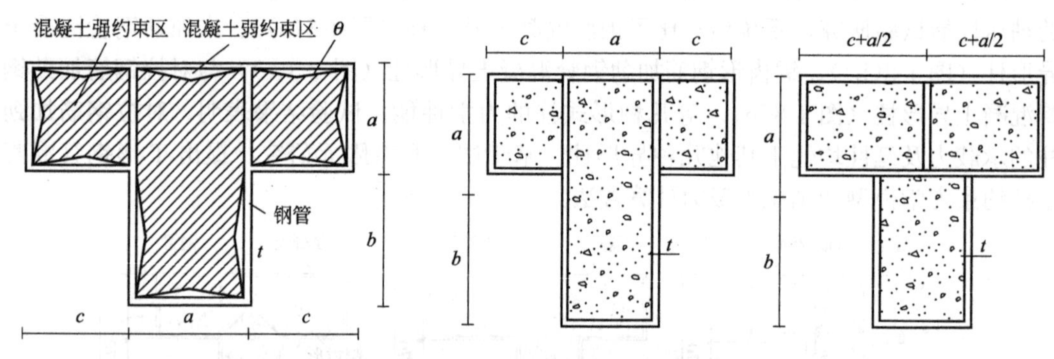

图 1-9　文献［22-23］中异形柱截面形式

2015 年，戴绍斌等人[24-25] 研究了改进 T 形（18 根）和 L 形（18 根）钢管混凝土柱的轴压力学性能（图 1-10），以截面含钢率、混凝土强度和长细比为主要研究参数。各国

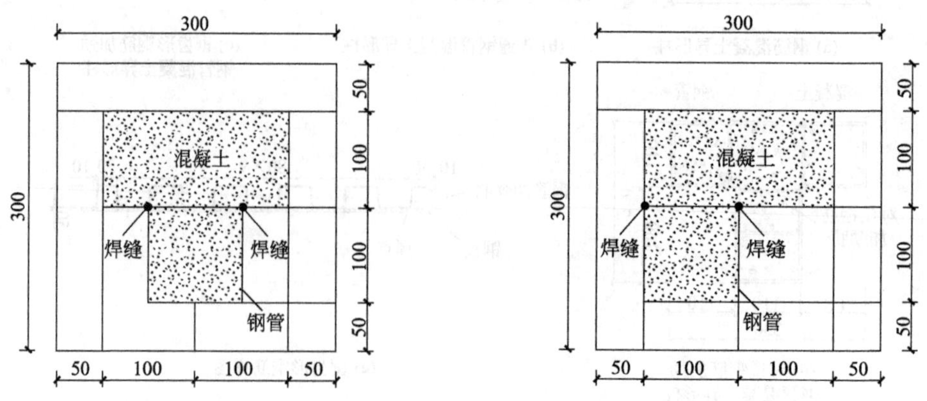

图 1-10　文献［24-25］中钢管混凝土异形柱截面形式（单位：mm）

现行标准的承载力预测值均比试验承载力低，在试验基础上提出了考虑钢管约束效应的轴压承载力计算公式。

为了提高钢管混凝土异形柱的承载力，陈志华等人[26-30]提出了方钢管组合异形柱，其形式为格构式柱，以边长等于墙厚的小尺寸方钢管混凝土柱作为端柱，并通过缀材或钢板相互连接形成整体（图 1-11）。2006 年起，陈志华课题组对 L 形[27]、T 形[28]与十字形[29-30]截面的方钢管混凝土组合异形柱的轴压性能进行了试验研究，并基于试验数据采用叠加理论对轴压承载力进行了计算，计算结果与试验结果吻合良好。2015—2018 年，陈志华、胥民杨、周婷等人对 L 形方钢管混凝土组合异形长柱进行了轴压和偏压试验，并提出了轴压承载力计算公式、柱长细比计算公式和连接板厚度设计建议[31-34]。

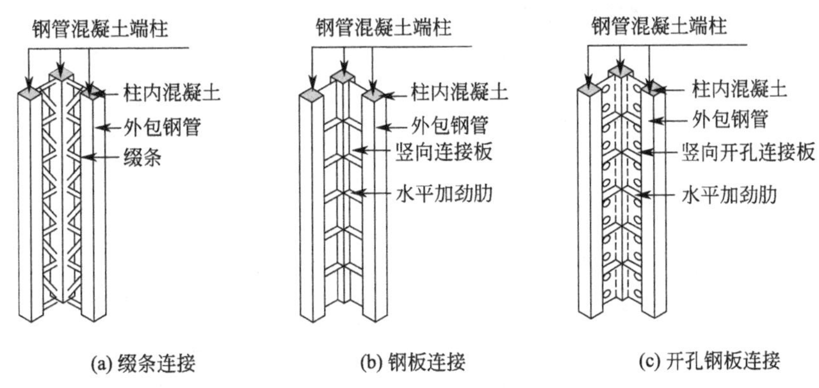

图 1-11 方钢管混凝土组合异形柱

2015—2017 年，杨远龙、徐创泽、宋华等人[35-37]进行了设置对拉钢筋加劲肋和钢板加劲肋的 T 形和 L 形钢管混凝土短柱轴压力学性能试验研究（图 1-12），试验研究表明，钢管混凝土异形柱设置了对拉钢筋加劲肋和钢板加劲肋后，其各项力学性能指标均优于非加劲钢管混凝土柱。基于试验研究，采用 ABAQUS 有限元软件对试验构件进行理论分析，根据试验承载力和各国规范轴压设计承载力的对比结果，最后提出了加劲钢管混凝土异形柱的轴压承载力简化计算公式[38-41]。

综上所述，对拉钢筋式和约束拉杆式钢管混凝土异形柱的柱内钢筋（螺杆）可有效延缓钢管局部屈曲的发生，表现出良好的力学性能。该形式柱的轴压承载力计算公式及对拉钢筋（螺杆）构造措施均已有学者提出，研究已较为完善。多腔式钢管混凝土异形柱的加工方式简捷，拼接方式较为灵活，且承载力较高，整体性较好。方钢管混凝土组合异形柱构造灵活，自重轻，力学性能良好，形成了较为成熟的设计方法。

（2）抗弯性能研究

国内外的学者韩林海[42]、Yang Z J[43]、Gho W M[44]、Aaron D. Probst[45]、Javed M F[46]、Chen Y[47]等对圆形、方形、矩形钢管混凝土构件的抗弯性能进行了试验研究和理论分析，提出了抗弯刚度和抗弯承载力计算公式。从这些研究中可总结出，钢管混凝土构件受纯弯时，钢管对核心混凝土的约束作用比受压情况弱；实际工程中，虽然钢管混凝土用作抗弯构件比较少，但了解其抗弯性能是进一步分析压-弯构件性能的基础。国内外对于钢管混凝土异形柱（主要为 T 形和 L 形）的抗弯力学性能研究甚少，仅徐礼华、屠永清等人进行了抗弯试验研究。

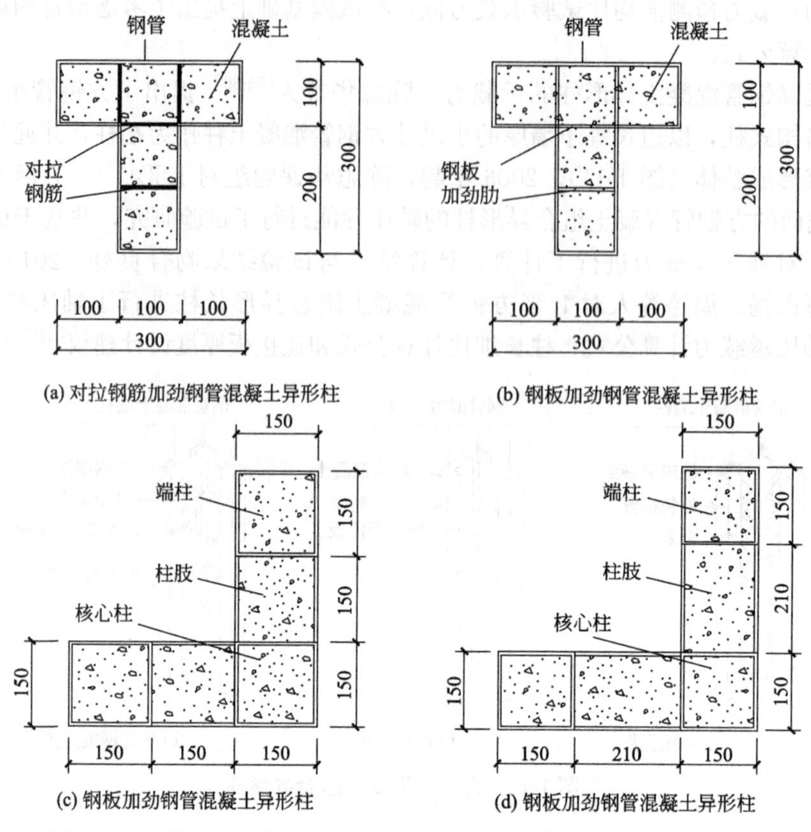

图 1-12 文献［35-37］中的钢管混凝土异形柱截面形式（单位：mm）

2008 年以来，徐礼华等人[48-49] 研究了 16 根 T 形钢管混凝土组合构件的抗弯力学性能，分析了含钢率、剪跨比和截面尺寸对抗弯性能的影响。试验结果表明，两个矩形钢管腔室在加载过程中能协同工作；混凝土对于抗弯承载力的贡献不应忽略；含钢率和截面尺寸对抗弯承载力有显著影响；剪跨比（1.25～2.3）对抗弯承载力几乎无影响。根据试验结果，建立并验证了有限元模型，在参数分析的基础上，给出了抗弯承载力计算方法。

2012 年以来，屠永清等人[50-51] 研究了 6 根多室式 T 形抗弯构件的力学性能，分析了截面尺寸和加载位置对试件抗弯性能的影响（图 1-13(a)）。试验结果显示，试件主要为弯曲破坏；截面腹板高度对试件的抗弯承载力有显著影响；加载位置对抗弯承载力有一定的影响。根据试验结果，建立并验证了有限元模型，并扩大了参数分析范围；基于统一理论提出了组合构件抗弯承载力计算方法。同年，黄蔚、屠永清[52] 对多室式 L 形钢管混凝土组合构件绕对称轴弯曲进行了有限元分析（图 1-13(b)），主要研究了截面尺寸、含钢率和混凝土强度等级对抗弯承载力的影响。研究表明，混凝土对抗弯刚度和抗弯承载力均有较大贡献，其中对承载力贡献达到 28％以上；截面尺寸和含钢率对抗弯承载力影响显著。根据数值计算结果，基于统一理论给出了抗弯承载力计算公式。

(3) 压弯性能研究

在钢管混凝土异形柱轴压性能和抗弯性能研究的基础上，国内学者进行了钢管混凝土异形柱压-弯性能的试验研究，并结合有限元分析结果，提出了压-弯承载力计算方法。

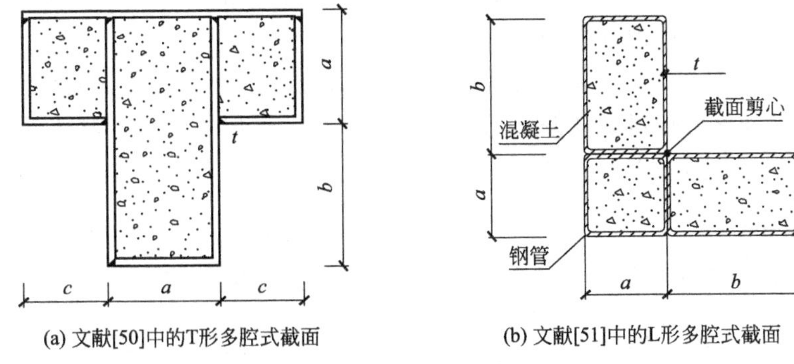

(a) 文献[50]中的T形多腔式截面　　(b) 文献[51]中的L形多腔式截面

图 1-13　文献［50-51］中的钢管混凝土异形柱截面形式

2009 年以来，蔡健等人在轴压性能研究的基础上，研究了 L 形钢管混凝土柱的偏压力学性能[53-62]，主要研究参数为有无约束拉杆、偏心率和加载角度。研究表明，约束拉杆能有效改善试件承载力和延性；截面应变符合平截面假定；提出了偏压数值计算模型，该模型能较好预测试件的压-弯承载力。利用该数值计算模型对 N/N_u-M/M_u 相关曲线进行了大量参数分析，最终给出了压-弯承载力相关曲线计算公式。

2010 年，杜国锋、徐礼华等人[63] 对 18 根组合 T 形钢管混凝土柱进行了偏心受压试验研究（图 1-14(a)），主要参数为长细比（16～29）和偏心距。试验表明，试件均为压弯破坏，多腔截面变形协调，截面应变符合平截面假定。根据经验系数法回归出偏心受压承载力公式。

2011 年，苏广群等人[64] 研究了 13 根十字形钢管混凝土柱的偏压力学性能（图 1-14(b)），包括 8 根约束拉杆加劲和 5 根不加劲试件，主要分析了加载角度和偏心率对试件破坏形态和承载力的影响。基于平截面假定提出了纤维计算模型，利用该数值计算模型研究了各参数对 N/N_u-M/M_u 相关曲线的影响规律，建立了十字形钢管混凝土柱偏压承载力计算公式。

2012 年以来，屠永清等人[65-70] 对多室式 T 形和 L 形钢管混凝土短柱和长柱进行了偏压试验研究（图 1-14）和有限元分析，试验内容包括单向偏压试验及双向偏压试验，分析了荷载加载角度和偏心距对试件力学性能的影响。研究表明，截面应变符合平截面假定，加载角度和偏心距对承载力有显著影响。基于试验结果，建立了有限元模型并分析各

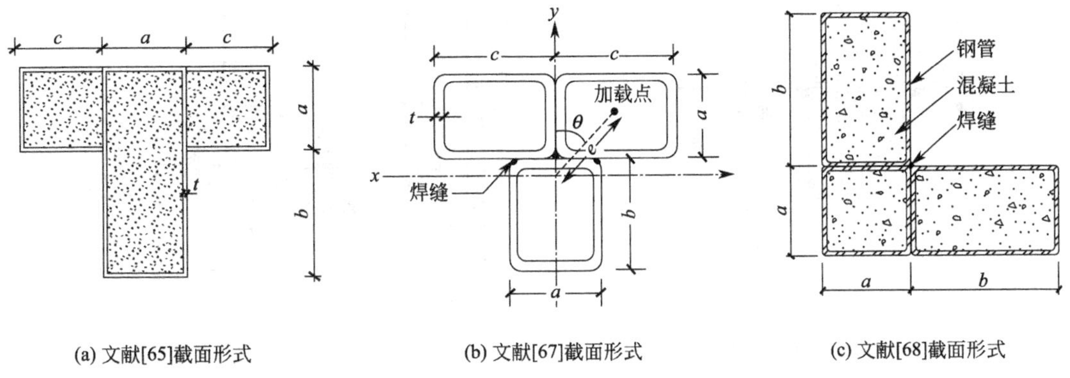

(a) 文献[65]截面形式　　(b) 文献[67]截面形式　　(c) 文献[68]截面形式

图 1-14　文献［65-68］中的钢管混凝土异形柱截面形式

参数对承载力的影响规律，在试验研究和有限元分析的基础上，建立了多室式 T 形和 L 形钢管混凝土柱偏压承载力计算公式。

2015 年，杨远龙等人[71] 对 3 根 T 形钢管混凝土柱进行了偏压试验研究（图 1-15），分析了截面加劲和偏心距对试件偏压力学性能的影响，提出了核心混凝土约束分布模型，并建立了 T 形钢管混凝土柱偏压数值计算模型。

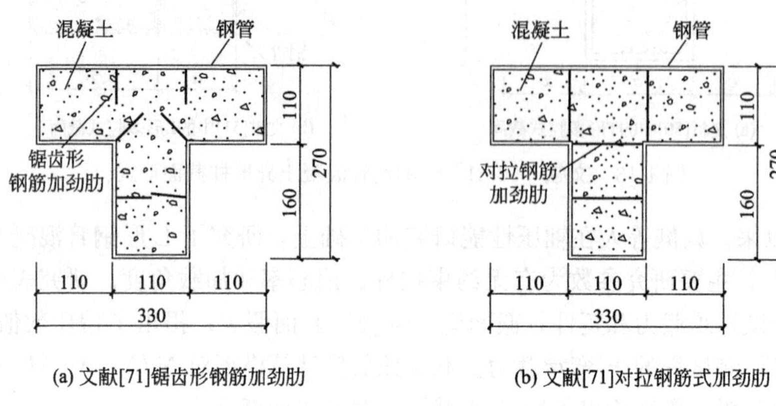

(a) 文献[71]锯齿形钢筋加劲肋 (b) 文献[71]对拉钢筋式加劲肋

图 1-15 文献［71］中异形柱截面形式（单位：mm）

2016 年，沈祖炎、罗金辉等人[72] 进行 6 根无加劲措施的 T 形钢管混凝土短柱的轴压试验（图 1-16），研究参数为截面高宽比和管壁宽厚比。试验结果显示，试件破坏模式为钢管鼓曲及阴角部位混凝土压碎，阳角部位钢管对混凝土的约束大于阴角部位钢管；同时发现管壁宽厚比越小，试件承载力越高，延性越好，钢管对混凝土的约束效应越强；最后对现有规范针对钢管混凝土异形柱轴压承载力的适用性进行探讨。同年，沈祖炎、雷敏等人[73-75] 建立了应用于纤维模型的钢管混凝土异形柱本构模型，并以材料强度、长细比、加载角度和管壁宽厚比等为研究参数对钢管混凝土异形柱轴压稳定性能进行参数研究。研究结果表明，长细比、混凝土承担系数和加载角度均对钢管混凝土异形柱承载力有一定影响。基于参数分析，提出了 T 形钢管混凝土柱稳定承载力系数的实用计算方法。进一步应用纤维模型对无

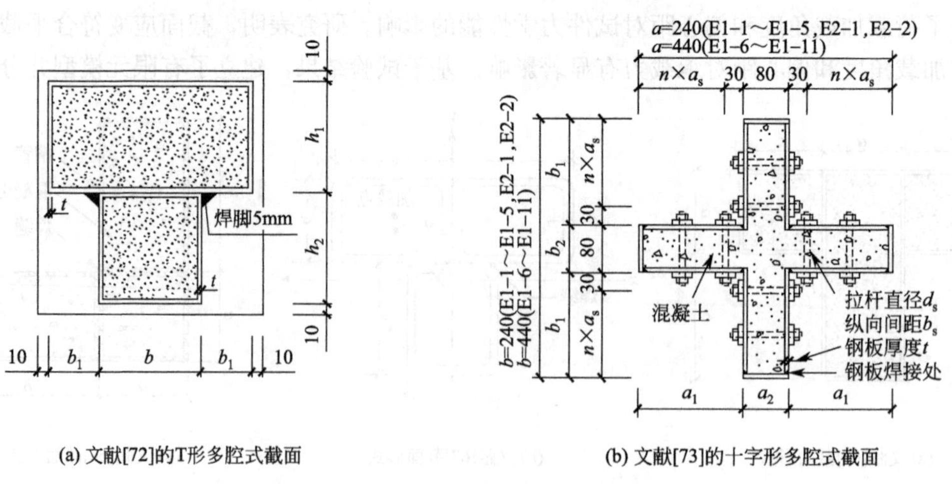

(a) 文献[72]的T形多腔式截面 (b) 文献[73]的十字形多腔式截面

图 1-16 文献［72-73］中的钢管混凝土异形柱截面形式（单位：mm）

加劲钢管混凝土异形柱的单向压弯、双向压弯柱截面承载力进行研究。回归出T形钢管混凝土柱纯弯、单向压弯和双向压弯截面强度承载力的简化计算方法。

(4) 抗剪性能研究

一般情况下，钢管混凝土异形柱的截面尺寸和材料强度由压弯作用控制。然而在某些情况下，例如构件之间设有斜撑的节点处，剪力可能起控制作用[76]。因此，进行钢管混凝土异形柱抗剪性能研究是有必要的。目前，对钢管混凝土异形柱抗剪问题的研究甚少，国内仅徐礼华[77]、金鑫[78]等人进行了抗剪性能试验研究。

2009年，徐礼华[77]通过试验方法研究了22根T形钢管混凝土柱的抗剪性能（图1-17(a)），主要研究剪跨比、轴压比和套箍系数对抗剪性能的影响。研究表明，剪跨比为0.2、0.25的试件发生剪切破坏，剪跨比为0.5、0.75的试件发生弯剪破坏，剪跨比为1.25的试件发生弯曲破坏；低轴压比对试件的破坏模式影响很小。根据试验结果建立了T形钢管混凝土柱的抗剪承载力计算公式。

2018年，金鑫[78]对共计36个改进组合式T形和L形钢管混凝土柱试件进行了抗剪性能试验（图1-17(b)和图1-17(c)），考虑钢管厚度、轴压比、剪跨比以及混凝土强度等影响因素。试验结果表明，试件的破坏形态主要受剪跨比的影响。剪跨比为0.5的试件，破坏形态表现为剪切型破坏；当剪跨比为1.0时，试件主要表现为弯剪型破坏；剪跨比为1.5的试件，破坏形态为弯曲型破坏。试件抗剪承载力随着钢管厚度和混凝土强度的增加而增加。以T形截面试件为例，与钢管厚度为3mm的试件相比，厚度为4mm和5mm试件的抗剪承载力分别提高了29.6%和59.1%。与混凝土强度等级为C30的试件相比，C40和C50试件的抗剪承载力分别提高了17.5%和19.9%；抗剪承载力随着剪跨比的增大而减小；轴压比的变化对试件抗剪承载力的影响较小。

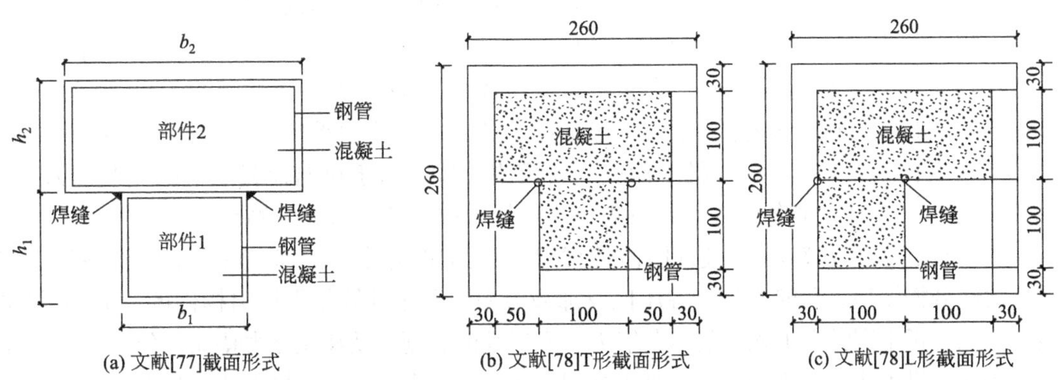

图1-17 文献［77-78］中的异形柱截面形式（单位：mm）

1.3.2 钢管混凝土异形柱拟静力性能研究

钢管混凝土异形柱不仅在承载力、延性等方面优于钢筋混凝土异形柱，在耗能能力方面也有一定的优势，甚至接近于方、矩形钢管混凝土柱。钢管混凝土异形柱的抗震性能研究大多采用拟静力方法，对其耗能能力进行深入分析。

2005年，王丹、吕西林[79]对12根钢管混凝土异形柱进行了拟静力试验研究，其中包括6根T形和6根L形钢管混凝土柱（图1-18(a)），主要研究了轴压比、钢管壁厚和混凝土强度对试件力学性能的影响。结果表明，轴压比增加使极限荷载变化不明显，同时使延性下降；极限荷载和延性与含钢率呈正相关；混凝土强度的增加使极限荷载明显增加，使延性下降。

2010 年，戴绍斌等人[80-81] 分别对 6 根 T 形和 6 根 L 形钢管混凝土组合柱进行了拟静力试验研究（图 1-18(b)、(c)）。试验研究表明，试件的等效黏滞阻尼系数均大于 0.3，耗能能力较强。根据试验结果建立并验证了有限元模型，分析了截面类型、钢管壁厚、轴压比和混凝土强度对试件抗震性能的影响。

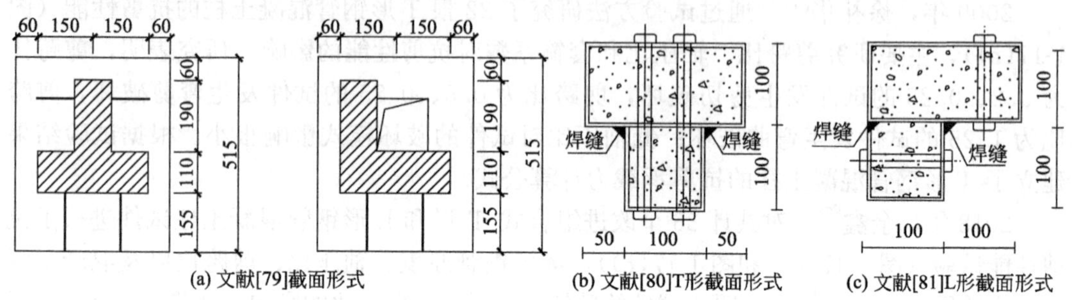

图 1-18 文献［79-81］异形柱截面形式（单位：mm）

2010 年以来，王玉银、杨远龙等人[82-85] 研究了对拉钢筋加劲 L 形和不同形式加劲（对拉钢筋、锯齿形钢筋）T 形钢管混凝土柱的抗震性能。研究表明，相对普通钢管混凝土异形柱，钢筋加劲能有效限制钢管局部屈曲，使阴角处钢管与混凝土紧密贴合，改善试件抗震性能。基于试验研究，建立了考虑柱反弯点移动的改进纤维模型法数值程序，进行了参数影响规律分析，并建立了钢管混凝土异形柱恢复力模型。

2013 年，曹兵[86] 采用有限元软件 ABAQUS 分析了 T 形钢管混凝土组合柱的抗震性能，根据现有试验结果建立了有限元模型，分析了各参数对试件抗震性能的影响规律。

2014 年，屠永清等人[87] 进行了 9 根多室式 T 形钢管混凝土柱抗震性能试验研究，并进一步进行了有限元参数分析。研究表明，多室式试件的承载力、延性和抗震性能良好；当轴压比不大于 0.2 时，推向荷载（翼缘侧受拉）高于拉向荷载（翼缘侧受压）；当轴压比大于 0.3 时，推向荷载（翼缘侧受拉）低于拉向荷载（翼缘侧受压）。

2016 年，郭亚方等人[88] 通过研究钢管混凝土构件的作用机理，建立了钢管混凝土 T 形柱数值分析模型，研究参数为轴压比及加载方向。利用计算结果得出构件的荷载-位移曲线，对比分析不同情况下构件的承载能力、变形性能、延性及耗能能力特征，分析其抗震性能。研究结果表明，钢管与核心混凝土之间的相互作用大大提高了构件的承载力。循环加载时 T 形柱的滞回曲线呈现饱满状态，构件耗能性能较好。轴压比对 T 形柱柱身混凝土变形影响较小，钢管的存在使得构件可以承受较高的轴压比，并且存在进一步变形耗能的能力。

2016 年，周钰婧等人[89] 应用 ABAQUS 对钢管混凝土组合 L 形柱进行有限元模拟，对模型在施加轴向压力的情况下施加水平单调荷载和往复荷载，研究参数为轴压比和水平位移加载角度，得到了滞回曲线、骨架曲线，以分析钢管混凝土组合 L 形柱抗震性能。并对钢筋混凝土 L 形柱进行有限元模拟，通过应变分布、滞回曲线、骨架曲线，分析其抗震性能，与钢管混凝土 L 形柱做对比。结果表明，在极限破坏状态时，虽然钢管混凝土 L 形柱外围混凝土会发生较大范围的开裂与破碎，但设置在混凝土柱中钢管的塑性变形一直保持较小范围。钢管混凝土 L 形柱有可能承受更高的轴压比，其极限承载力提高，结构变形能力增强，结构耗能能力有所提高，抗震性能较好。

钢管混凝土异形柱的滞回环较为饱满，抗震性能良好。表明钢管混凝土异形柱结构在最大适用高度和适用抗震设防烈度方面，相比钢筋混凝土异形柱有较大的提高空间，有利于异形柱结构的推广应用。

1.3.3 钢管混凝土异形柱-H 型钢梁框架节点抗震性能

国内对于钢管混凝土异形柱-H 型钢梁框架节点的研究自 21 世纪初逐渐展开，取得了一定的研究成果。方、矩形钢管混凝土柱-H 型钢梁节点在国内外的多、高层建筑结构中应用广泛，工程师与研究者们提出了众多的节点连接形式，如外环板节点、内隔板节点、栓钉锚固式节点、钢筋贯通式节点、钢梁贯通式节点等。钟善桐[90]、蔡绍怀[91]、韩林海和杨有福[92]、Kurobane[93] 等人对节点形式进行了较为系统的总结和归纳。各研究中较为有名的是 20 世纪 90 年代进行的美日联合研究计划，Schneider 和 Alostaz[94-95] 系统地进行了六种类型的钢管混凝土柱-H 型钢梁框架边节点的梁端加载拟静力试验，并采用非线性有限元模型与试验结果进行了比较。试验的六种节点形式包括：直接焊接式、外加强环式、钢筋贯通式、翼缘贯通式、腹板贯通式与钢梁贯通式。试验结果表明：(1) 直接焊接式节点受拉翼缘拉力无法有效传递给节点区混凝土，拉力会导致管壁拉屈破坏，不适用于实际工程；(2) 翼缘贯通式节点由于翼缘在混凝土内的滑移，导致试件荷载-位移曲线有明显捏缩现象，可通过构造措施进行优化；(3) 腹板贯通式节点的翼缘附近柱钢管破坏后，腹板承担荷载突然增大，腹板附近柱钢管发生破坏，该形式节点或可应用于支撑框架中；(4) 钢筋贯通式节点可有效提高节点耗能能力，但需在节点区钢管开孔；(5) 钢梁贯通式节点性能最优，可将梁端荷载有效传递给节点核心区，减轻应力集中，但存在构造复杂、施工困难的问题。

目前主流的钢管混凝土异形柱-H 型钢梁节点，根据节点形式大体可分为四类：外环板式节点、内隔板式节点、螺杆贯穿式节点与竖向肋板式节点。以下分别对四类主要节点形式进行总结归纳。

(1) 外环板式节点

外环板式节点的传力路径明确，承载力高、刚度大，对管内混凝土浇筑无不良影响，是我国规程[96] 和日本设计指南[97] 中推荐的节点形式之一，被广泛应用于国内外多、高层建筑当中。鉴于其良好的性能，许多学者将外环板式节点应用于钢管混凝土异形柱结构中。

许成祥、杜国峰等人[98-99] 完成了四个顶层边节点、七个中层边节点与八个中层中节点的拟静力试验（图 1-19），通过改变梁截面尺寸，分别得到了梁端塑性铰破坏、节点区破坏与柱端塑性铰破坏三种破坏模式下的荷载-位移曲线，其中梁端塑性铰破坏模式的试件验证了多腔式钢管混凝土异形柱-H 型钢梁框架边节点的可靠性。

杨远龙、刘景琛等人[100] 完成了 2 个钢管混凝土异形柱框架中节点和 1 个边节点的拟静力试验（图 1-20），节点试件的破坏模式为梁端塑性铰模式，梁柱连接环板受拉开裂；同时节点核心区钢管仅有轻微屈曲，未发生破坏。基于试验得到的梁端弯矩-转角曲线，判断该类节点满足刚性节点要求，同时分析了影响框架层间位移角的各类变形所占比例。最后基于试验结果和有限元模型结果，提出了对拉钢筋式钢管混凝土异形柱节点核心区抗剪承载力设计公式。

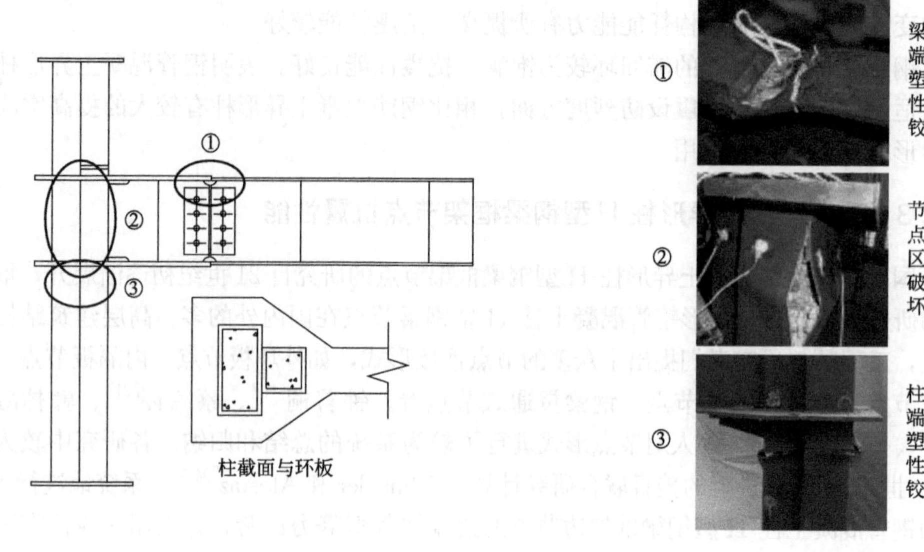

(a) 边节点试件详图　　(b) 边节点试验现象

①—外环板与梁翼缘交界处翼缘受压屈曲；②—节点区钢管撕裂；③—柱端塑性铰钢管撕裂

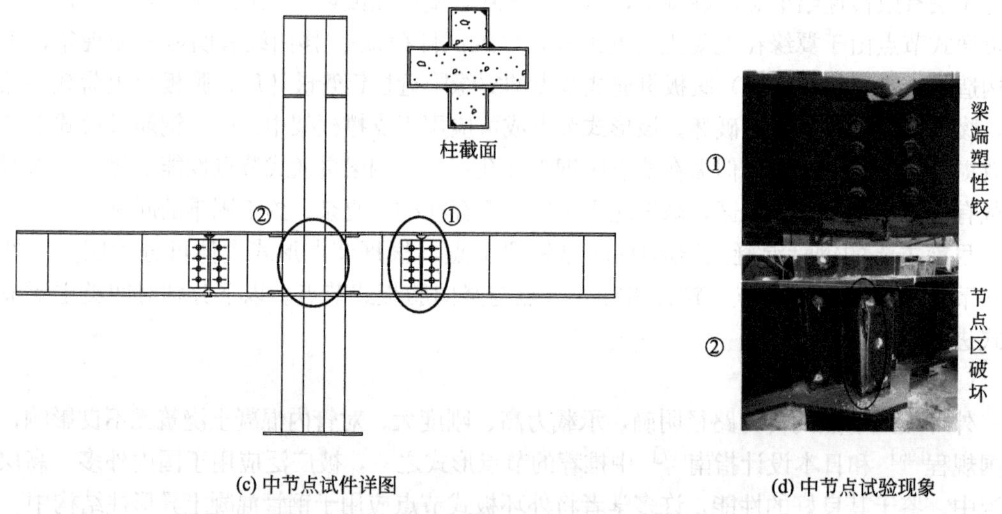

(c) 中节点试件详图　　(d) 中节点试验现象

①—外环板与翼缘交界处翼缘受压屈曲；②—节点区钢管撕裂

图 1-19　文献［98-99］中的试件与试验现象

由已有试验结果可见，合理设计的钢管混凝土异形柱外环板节点可满足规范中“强柱弱梁”“强节点，弱构件”的概念设计要求，有足够的可靠性。但外环板占用了大量柱外空间，若不设置吊顶会对室内美观造成一定影响，与异形柱改善室内建筑性能的理念相悖。

(2) 内隔板式节点

内隔板式节点常被应用于大尺寸方形、矩形或圆形钢管混凝土柱节点。西安建筑科技大学薛建阳课题组将内隔板式节点应用于多腔式钢管混凝土异形柱，先后完成了两个 T 形柱边节点，两个 L 形柱角节点与五个十字形柱中节点的拟静力试验[101-102]。为研究节点核心区承载力，试件均按照“强构件、弱节点”理念进行设计，试件破坏模式为节点域

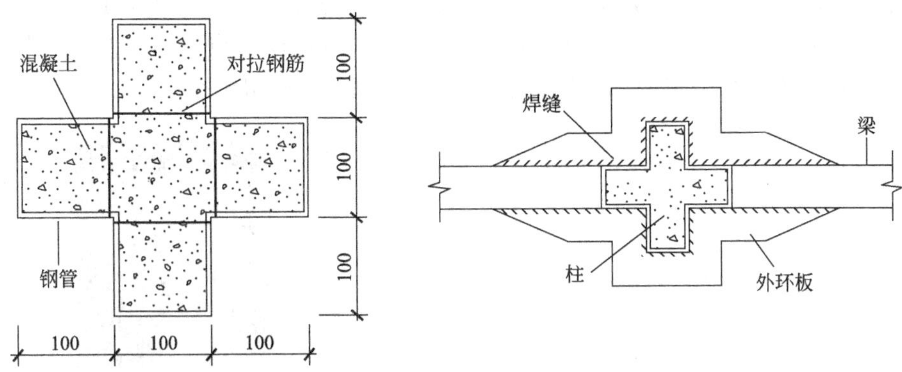

(a) 钢管混凝土异形柱截面和外环板节点(单位：mm)

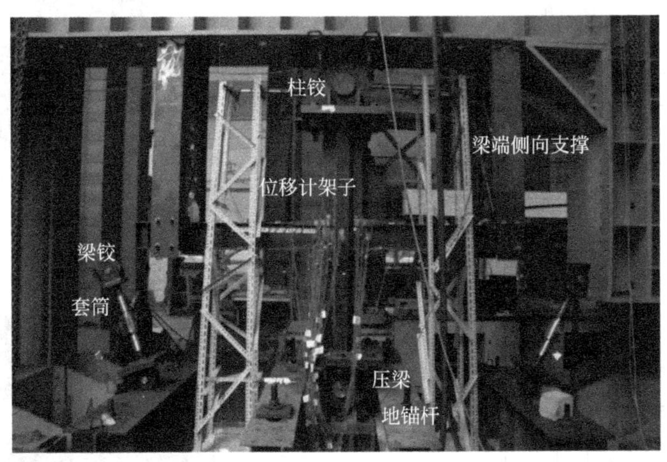

(b) 试验加载和测量方案

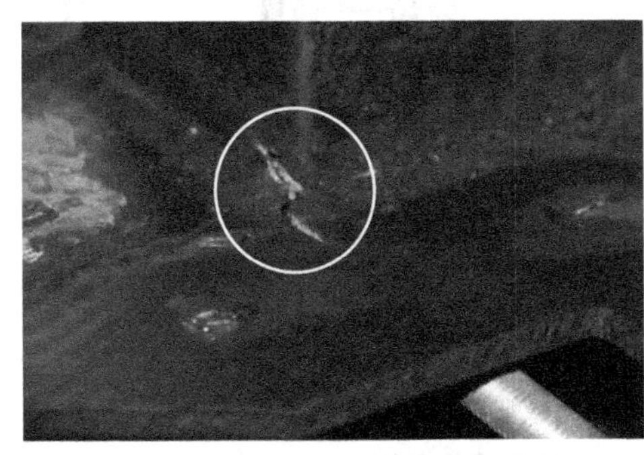

(c) 梁柱连接环板受拉开裂

(d) 节点核心区钢板轻微屈曲

图 1-20 文献［100］的节点试验方案

腹板剪切破坏和节点区柱腹板焊缝破坏（图 1-21）。基于试验所得数据，薛建阳提出了节点核心区受剪力学模型与抗剪承载力计算公式[103-104]。

然而将内隔板式节点应用于钢管混凝土异形柱仍存在一些问题。我国《钢管混凝土结构技术规程》CECS 28∶2012[105] 中建议内加强环预留浇灌孔直径不宜小于 150mm，以保证节点区混凝土浇筑质量；另一方面，对内隔板孔径进行了试验研究，为保证内隔板不先于梁端屈服，隔板上孔径不应大于柱截面宽度（或直径）的 50%。以上两条建议在尺寸较大的钢管混凝土柱节点中较易满足，但异形柱柱肢宽度与墙体厚度相近，约在 150～300mm，导致以上两条建议较难同时满足。因此，同时保证节点混凝土浇筑质量与内加强环尺寸，是将内隔板节点应用于钢管混凝土异形柱的关键问题之一。

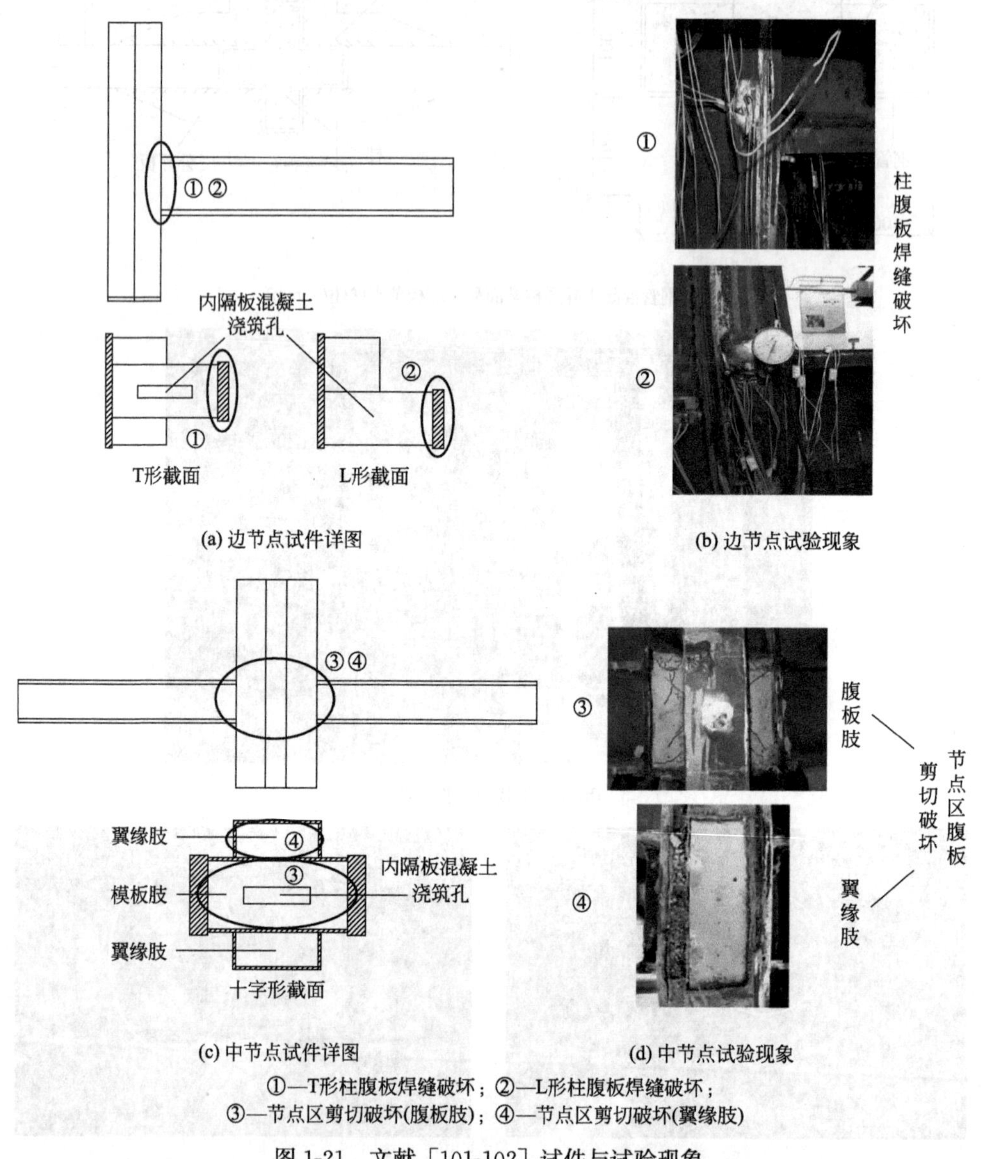

图 1-21　文献［101-102］试件与试验现象

(3) 螺杆贯穿式节点

戴绍斌与林明森等人[106-107]完成了九个 T 形钢管混凝土柱-钢梁节点抗震性能研究，节点区域采用贯穿节点的高强螺杆将梁、柱连接成整体，具体节点构造分为三类：外伸端板式、顶底角钢式与双腹板顶底角钢式（图 1-22）。试件最终破坏模式均为节点连接破坏。外伸端板式节点的荷载-位移滞回曲线呈纺锤形，有轻微捏缩现象；而另两种角钢式节点由于角钢单边固定，刚度较差，试件荷载-位移滞回曲线呈倒“S”形，捏缩现象较为明显。试验现象表明螺杆贯穿式节点在力学性能方面仍存在改进空间，林明森虽提出了改进措施[108]，但未进一步验证。

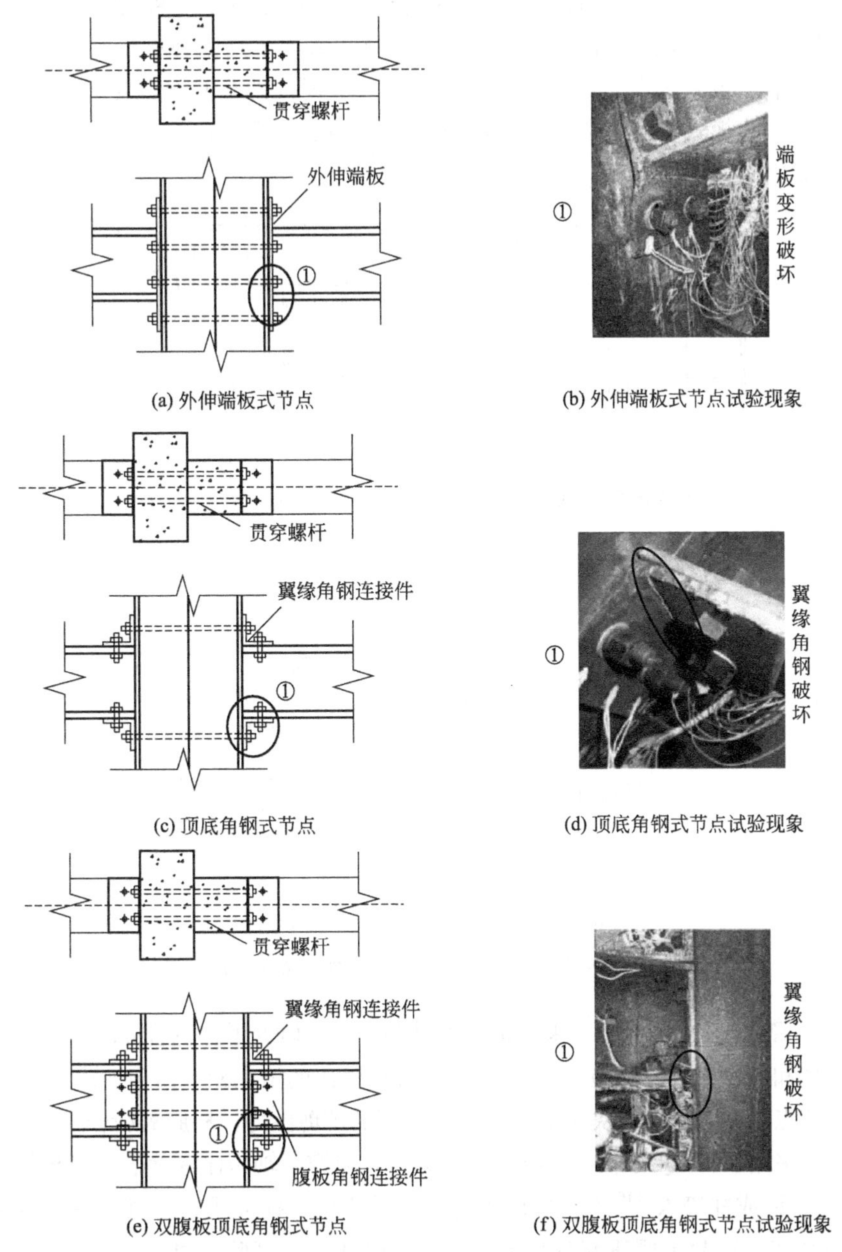

(a) 外伸端板式节点　(b) 外伸端板式节点试验现象

(c) 顶底角钢式节点　(d) 顶底角钢式节点试验现象

(e) 双腹板顶底角钢式节点　(f) 双腹板顶底角钢式节点试验现象

图 1-22　文献［106-107］试件与试验现象

（4）竖向肋板式节点

由于钢管混凝土异形柱的柱肢厚度与H型钢梁的宽度相等或相近，可采用竖向肋板贴焊的方式将二者连接起来，形成框架节点。该节点对室内空间几乎无干扰，同时传力直接，构造简捷，是一种较为合理的框架节点连接形式。

2005年，陈志华等人[109-110]提出了外环肋板式节点，并将其应用于方钢管混凝土组合异形柱-H型钢梁框架节点，具体可分为分离式与一体式两种（图 1-23）。基于试验结果，陈志华与苗纪奎等人[111-112]提出了方钢管混凝土组合异形柱-H型钢梁外环肋板式节点的强度计算公式。2017年，陈志华、赵炳震等人[113]完成了三榀方钢管混凝土组合异形柱-H型钢梁框架-人字形中心支撑试件，试件节点采用了外肋环板形式，试件以支撑破坏现象为主，节点板未发现屈曲，满足了“强节点、弱构件”的抗震要求。赵炳震的试验结果验证了外环肋板式节点在人字形中心支撑框架中的可靠性，但该种形式节点在无支撑框架中的性能仍有待考证。

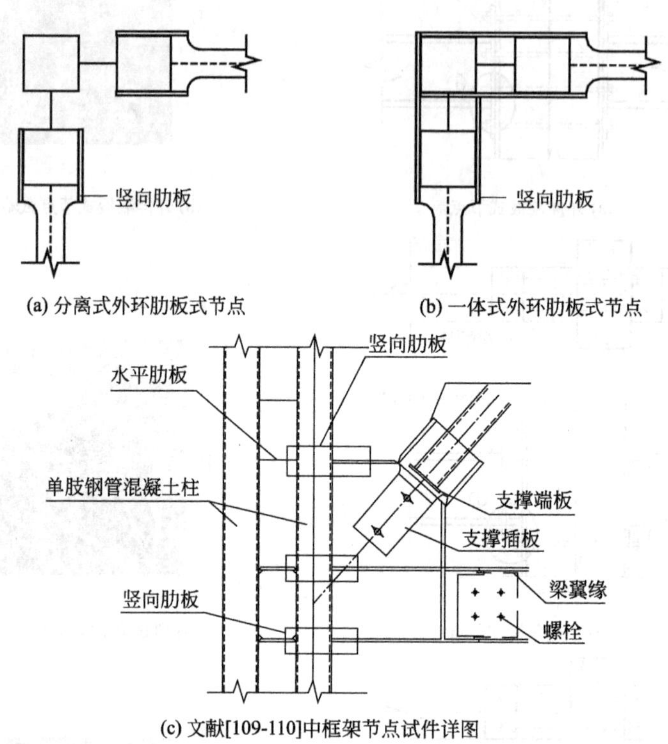

图1-23　方钢管混凝土组合异形柱-H型钢梁外环肋板式节点

2011年，葛广全等人[114-115]采用拟静力试验方法，研究了方钢管混凝土异形柱-钢梁节点的受力机理和破坏模式。试验结果表明，肢高肢厚比的增大对于T形节点承载力的提升作用显著，节点承载力主要取决于节点域柱肢腹板的抗剪能力，柱肢翼缘作用较小。在试验结果基础上，采用ABAQUS软件进行有限元分析，研究了轴压比等参数的影响规律。

2011年，许成祥等人[116-118]采用拟静力试验方法，研究了4个T形钢管混凝土框架节点的受力性能，试验主要研究参数为梁高和柱轴压比。试验结果表明，该节点满足“强节点、弱构件”的设计原则，比普通钢筋混凝土节点抗震性能更强。

2012年，万波、杜国锋等人[119-120]采用拟静力试验方法，研究了4个十字形截面钢管混凝土柱-钢梁外环板节点的抗震性能，主要研究了强节点与弱节点不同的破坏模式。试验结果表明，弱节点破坏模式为节点核心区的剪切破坏，强节点的破坏模式为梁端受弯破坏，两种节点捏缩效应均不明显，具有良好的耗能能力。

2012年，戴绍斌、林明森等人[121]采用拟静力试验方法，研究了3个T形钢管混凝土柱-钢梁双腹板顶底角钢连接节点的抗震性能。试验结果表明，节点的强度和刚度主要受上下角钢的厚度影响，该节点承载力高，具有良好的抗震性能，研究为工程应用提供了理论依据。同时应用三种节点形式设计了 9 个 T 形钢管混凝土组合柱-钢梁连接节点（图 1-24），并对其进行拟静力试验研究，对节点刚性进行了判断。基于试验结果，采用 ANSYS 软件进行轴压比、混凝土强度和钢管壁厚等参数的影响规律分析[122-123]。

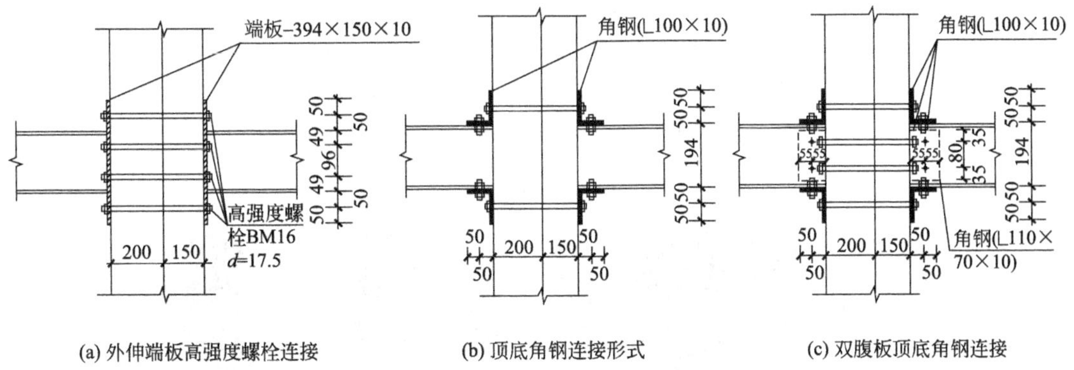

图 1-24　文献［124-125］三种节点形式（单位：mm）

2012 年，薛建阳、周鹏等人[124-125] 采用拟静力试验，研究了 9 个矩形钢管混凝土异形柱-钢梁框架节点的抗震性能。试验结果表明，存在节点核心区剪切破坏和柱肢腹板与翼缘连接的焊缝开裂破坏等两种破坏模式。

2013 年，陈美美等人[126] 基于已有的 5 个十字形钢管混凝土柱-钢梁节点的试验结果，采用 ABAQUS 进行参数分析，主要研究参数包括轴压比、内隔板厚度、肢高肢厚比和混凝土强度等。研究结果表明，随肢高肢厚比的增大，承载力有较大提升；同时其他参数影响较小。

2015 年，刘记雄、戴绍斌等人[127] 采用拟静力试验方法，研究了 3 个 T 形钢管混凝土组合柱-钢梁顶底角钢连接节点的抗震性能。试验结果表明，该节点承载力随着角钢厚度和高强度螺栓直径的增大而增大，节点延性系数略有降低。采用 ANSYS 软件进行参数分析，研究参数为轴压比、钢材强度和螺栓等级。有限元节点应力分布及破坏特征与试验现象基本一致，轴压比对节点抗震性能影响较小，相较于螺栓性能等级，钢材强度等级对节点刚度及承载力影响更为显著。

2016 年，陈茜等人[128] 在钢管混凝土异形柱内隔板式节点试验基础上，明确了相应的破坏模式，根据节点核心区的变形协调条件和虚功原理，推导出了节点域柱肢腹板和柱肢翼缘钢管对于内部混凝土的约束作用长度计算方法。

2016 年，杨远龙、刘景琛[100, 129] 进行了 4 个十字形钢管混凝土-工字钢梁框架竖向肋板式节点的拟静力试验（图 1-25），研究了该节点的抗震性能。试件破坏模式为节点连接破坏，这是由于节点区竖向肋板在阴角处断开，未贯穿节点核心区，且柱身为对拉钢筋式钢管混凝土柱，钢筋不足以传递竖向肋板的荷载，导致节点区对拉钢筋被拉断，同时节点区混凝土局部剪切破坏。采用 ABAQUS 软件对试验试件进行有限元分析，与试验结果吻合良好。基于计算结果，对节点传力机理，层间位移的组成进行了进一步分析。杨远龙等人建议将竖向肋板改进，使其贯穿节点核心区，以保证荷载传递。

2018 年以来，刘界鹏、杨远龙、李彬洋、成宇等人[130-133] 对钢管混凝土异形柱-H

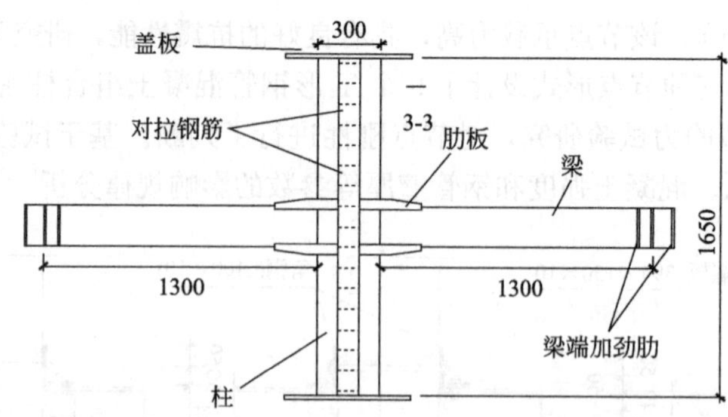

(a) 节点试件参数(单位：mm)

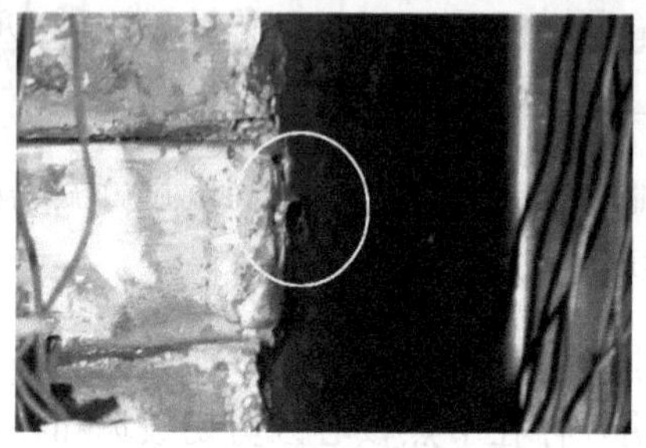

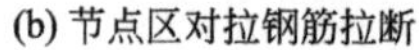
(b) 节点区对拉钢筋拉断

(c) 节点区混凝土剪切破坏

图 1-25 十字形钢管混凝土-工字钢梁框架竖向肋板式节点试验

型钢梁框架节点的抗震性能和设计方法进行了研究（图 1-26）。进行了 10 个 T 形钢管混凝土柱-H 型钢梁框架边节点和 9 个十字形钢管混凝土柱-H 型钢梁框架中节点拟静力试验，其中竖向肋板在节点核心区贯通布置。试验参数包括柱钢管内加劲形式、梁柱连接节点形式及柱轴压比。分别得到了节点核心区破坏和梁端塑性铰破坏模式。两种节点的荷载-位移滞回曲线较为饱满，承载力较高，抗震性能良好。建立了精细化有限元模型，参数分析结果表明节点高宽比、混凝土强度与柱钢管厚度为影响节点抗剪承载力的主要影响参数，柱轴压比为次要影响参数。最后建立了 U 形板与竖向肋板两种连接节点的承载力力学模型，提出了节点连接承载力计算公式；基于节点核心区抗剪承载力的有限元参数分析结果，建立了节点核心区受剪简化力学模型，提出了承载力计算公式。

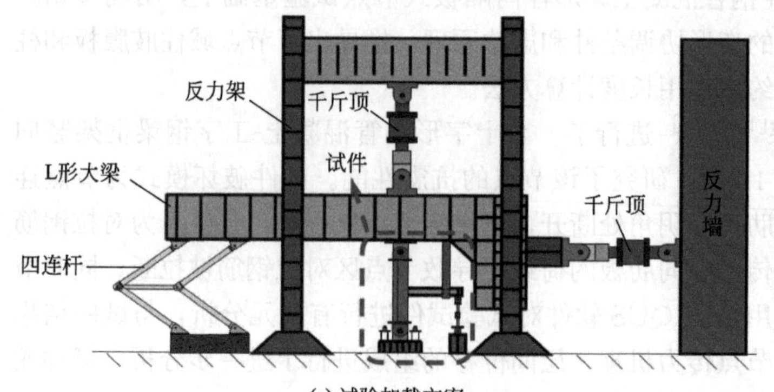

(a) 试验加载方案

(b) 试验节点试件

图 1-26 钢管混凝土异形柱-H 型钢梁框架 U 形板和竖向肋板节点抗震试验

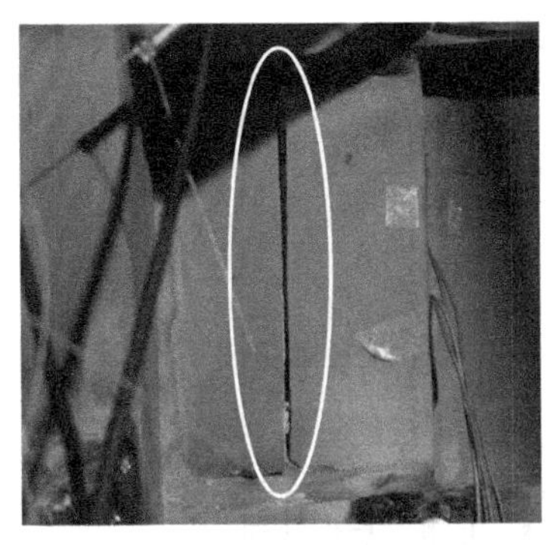

(c) 十字形中柱竖向肋板节点核心区钢管开裂

(d) T形边柱U形板节点与钢梁的连接破坏

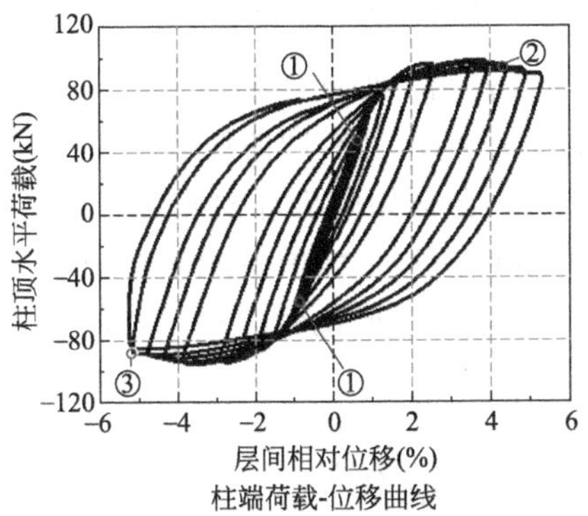

柱端荷载-位移曲线

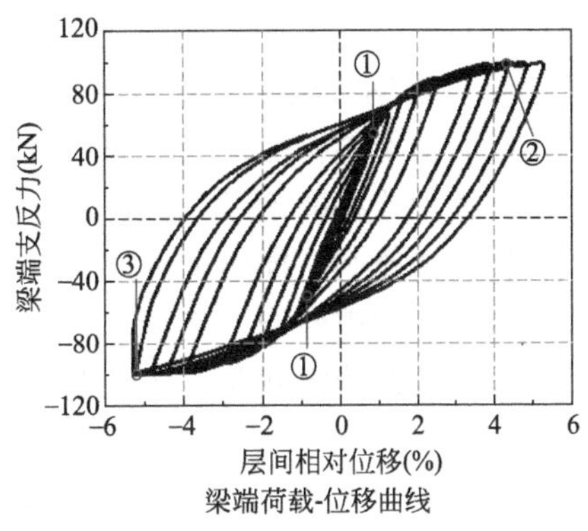

梁端荷载-位移曲线

①—节点区钢管屈服；②—3号面节点区钢管开裂；③—3号面节点区开裂拓展

(e) 荷载-位移滞回曲线

图 1-26　钢管混凝土异形柱-H 型钢梁框架 U 形板和竖向肋板节点抗震试验（续）

1.3.4　钢管混凝土异形柱框架抗震性能

《混凝土异形柱结构技术规程》JGJ 149—2017[1] 中对钢筋混凝土异形柱框架结构高度和轴压比的限制较严，设防烈度为 8 度区（0.20g）的钢筋混凝土异形柱框架房屋最大高度仅为 12m，而矩形柱框架房屋为 40m；在 8 度区（0.30g）以上的地区不允许使用异形柱；抗震等级为二级的 L 形柱轴压比限值仅为 0.5，而矩形柱轴压比限值为 0.75。钢筋混凝土异形柱结构因为上述局限性，其推广难度比较大。为了扩大应用范围，使异形柱结构能够在高烈度地区使用，并提高其最大适用高度，研究新型的异形柱结构是更有效的措施，因此研究钢管混凝土异形柱框架结构体系的抗震性能是非常有必要的。

2017 年，李勇等人[134] 采用拟静力试验方法，研究了 2 榀单层单跨 T 形钢管混凝土柱-钢梁框架的抗震性能（图 1-27），研究参数为轴压比。试验结果表明，该框架属于梁铰破坏机制，耗能能力较好。在试验基础上，采用 OpenSEES 软件对框架的滞回性能进行模拟，主要研究了柱含钢率、柱翼缘宽度、钢材强度、混凝土强度、轴压比和梁柱线刚度比等参数对框架抗震性能的影响规律。

2018 年，张继承等人[135] 对四个单跨两层空间框架进行了拟静力试验（图 1-28），

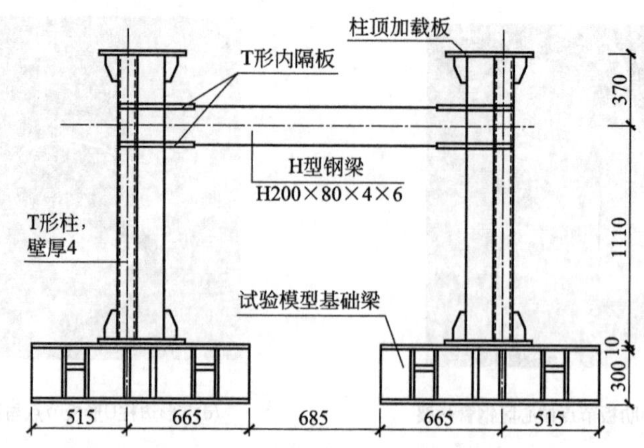

图 1-27　单层单跨 T 形钢管混凝土柱-钢梁框架（单位：mm）

每个框架由 L 形钢管混凝土柱和钢梁组成。试验结果表明，轴向压缩荷载水平和加载方向对整体组合框架结构的极限侧向荷载和延性有显著影响，且滞回曲线表明 L 形钢管混凝土柱空间框架连接的钢梁具有较高的抗震能力。该组合框架的破坏模式遵循强柱弱梁，强节点弱构件的原则。提出了一种有效的应力-应变本构模型，该模型能准确描述 L 形钢管约束混凝土的抗震性能。基于非线性分析结果，研究了 L 形钢管混凝土柱的应力发展过程，可以有效地确定载荷传递机理和失效机理。

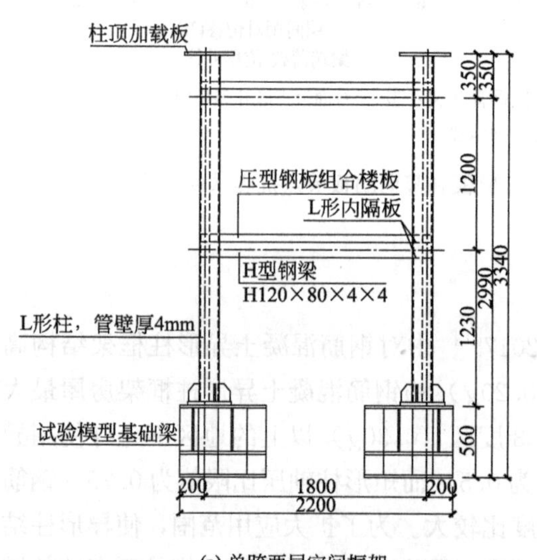

(a) 单跨两层空间框架

(b) 单跨两层空间框架试验图

图 1-28　单跨两层 L 形钢管混凝土柱-钢梁框架试验

2018 年，陈海彬等人[136] 采用 ADINA 对 1 榀两层两跨 L 形截面钢管混凝土异形柱框架结构进行静力推覆分析，通过弯矩-曲率曲线描述梁柱截面和材料的性质。研究结果表明，该框架承载力比矩形柱框架提高约 50%；提高混凝土强度对提高承载力的效果不明显；若需提高承载力，可采取提高钢材强度和含钢率的方法，也可通过增加钢管面积及肢长肢宽的方法。

2019 年，杨远龙、唐新等人[137-139] 设计了 4 榀钢管混凝土异形柱-H 型钢梁平面框架，分别为 2 榀外环板节点框架和 2 榀竖向肋板节点框架，进行了抗震性能拟静力试验研究（图 1-29）。通过试验得到了钢管混凝土异形柱框架的破坏模式，基于滞回曲线、骨架曲线、延性、耗能能力、刚度与强度退化、应力与应变发展、梁柱转角与节点核心区变形等方面评价其抗震性能。试验结果表明，框架试件满足“强柱弱梁”和“强节点、弱构件”的抗震设计要求，滞回曲线饱满，变形与耗能能力强，具有良好的抗震性能；外环板节点和竖向肋板节点都是有效传力的节点形式。通过 ABAQUS 软件研究框架节点的传力机理，并通过 OpenSEES 软件对框架试件建立纤维模型，该模型对荷载-位移滞回曲线、骨架曲线、塑性铰区段变形以及框架出铰机制均有较为准确的预测，提出了塑性铰发展程度的量化指标，并基于参数分析提出了相应的设计建议。最后采用 ETABS 软件建立了 2 个钢管混凝土异形柱空间框架算例模型，应用 OpenSEES 软件对选取的平面框架进行 Pushover 分析。研究结果表明，按照我国规范限值并结合工程实际设计的钢管混凝土异形柱空间框架，在高烈度抗震地区能满足“小震不坏，中震可修，大震不倒”的抗震设防性能目标。

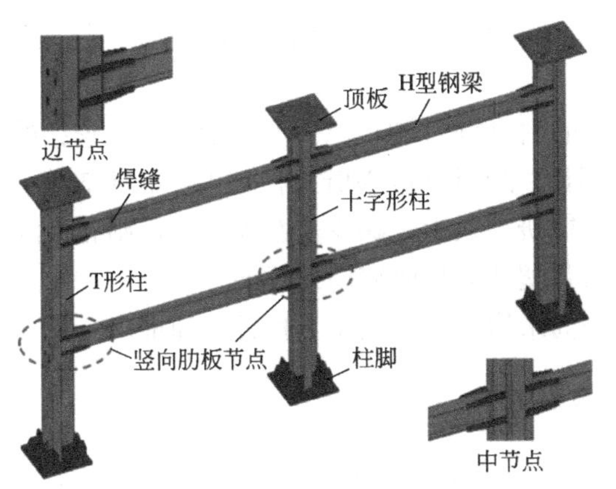

(a) 钢管混凝土异形柱框架试件

(b) 框架试件整体破坏模式

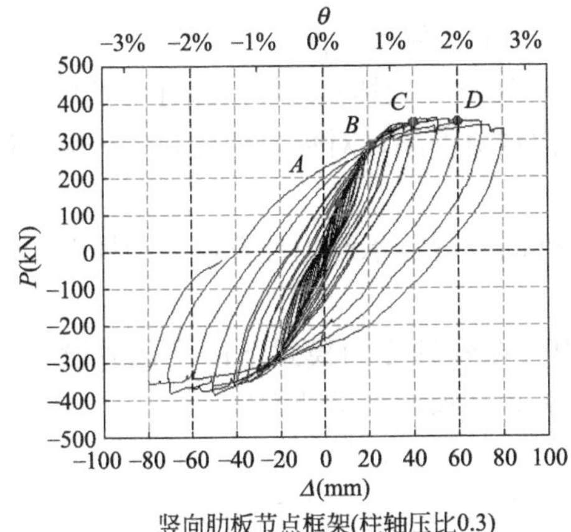

竖向肋板节点框架(柱轴压比0.3)

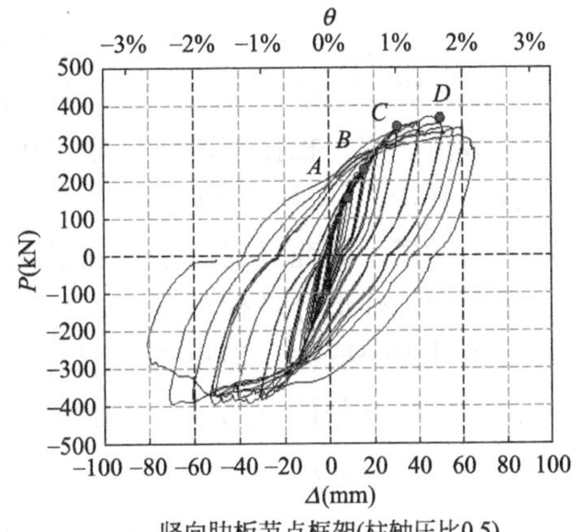

竖向肋板节点框架(柱轴压比0.5)

A点—梁端翼缘屈服；B点—柱脚钢管屈服；C点—梁端翼缘屈曲；D点—柱脚钢管鼓曲

(c) 框架试件荷载-位移滞回曲线

图 1-29　钢管混凝土异形柱-H 型钢梁框架拟静力试验

1.4 本书的意义、内容和目的

1.4.1 钢管混凝土异形柱结构的研究意义

钢管混凝土异形柱结构是一种兼顾建筑功能与结构性能的新型结构形式。虽然钢管混凝土异形柱截面的特殊性带来了力学性能的复杂性，但其力学性能在设置合理的加劲构造后可接近甚至达到传统方形、矩形钢管混凝土柱的性能，因此其研究仍可沿用或借鉴方形、矩形钢管混凝土柱的方法。

目前关于钢管混凝土异形柱构件、节点、体系的研究已经取得了一定的成果，提出了合理的加劲构造形式，研究了构件在轴压、偏压、剪切等荷载作用下的力学性能和设计方法，对框架节点和体系也有一些研究。但这些研究尚未形成体系，尤其在框架节点抗震性能和体系抗震性能方面的研究还很少。本书作者认为目前对钢管混凝土异形柱结构的研究存在以下方面的不足：

（1）针对钢管混凝土异形柱弯曲、压-弯承载力的设计方法以数值计算方法为主，尚无基于截面应力分布的直接设计方法。

（2）对钢管混凝土异形柱-组合梁框架节点的抗震性能尚无深入系统的研究；节点连接的设计方法和节点核心区设计方法未形成研究体系；刚性节点构造和判定方法需进一步研究。

（3）对钢管混凝土异形柱框架体系的抗震性能研究很少，缺少塑性铰形成机制和极限破坏模式的研究，框架体系的静力弹塑性和动力弹塑性分析研究尚未开展。

（4）钢管混凝土异形柱结构的成套设计方法尚未形成，不利于工程设计和推广。

1.4.2 钢管混凝土异形柱结构的研究内容和目的

本课题组近年来针对钢管混凝土异形柱结构，围绕试验研究、有限元分析、力学模型、设计理论等方面，进行了构件、节点、体系的力学性能研究，具体包括以下几方面研究内容：

（1）试验研究。开展钢管混凝土异形柱构件轴压性能、偏压性能、压-弯性能、节点抗震性能、框架抗震性能等试验研究，对刚度、承载力、延性、破坏模式等方面进行研究。

（2）数值研究。根据试验研究建立相应的精细化数值模型，对传力机理和破坏模式进行补充深入分析，并进行相关参数影响规律分析。

（3）力学模型研究。提出钢管混凝土异形柱构件的刚度、承载力计算模型和框架节点刚度、承载力、变形计算模型。

（4）设计理论研究。提出钢管混凝土异形柱构件在各种受力模式下的承载力设计方法；提出刚性节点条件下的节点连接承载力和节点核心区承载力设计方法。

本书作者希望通过以上几方面研究，揭示钢管混凝土异形柱的基本力学性能，提出钢管混凝土异形柱构件、节点、框架体系的研究理论，提出钢管混凝土异形柱结构的设计理论，进而推动钢管混凝土异形柱结构的工程应用。希望本书能为钢管混凝土异形柱结构理论体系的完善和成套化设计方法的提出提供一定的试验和理论依据。

第 2 章

钢管混凝土异形柱轴压性能研究

2.1 引言

本章首先开展了钢管混凝土异形柱轴压试验，研究加劲钢管混凝土异形柱的破坏模式和轴压力学性能。基于试验结果，建立了钢管混凝土异形柱有限元模型，深入分析了截面应力分布特点，提出了截面约束区分布规律，并进一步提出了约束区混凝土抗压强度计算方法和考虑局部屈曲影响的钢管承载力计算方法。最后针对工程设计应用，提出了钢管混凝土异形柱轴压承载力设计方法。

2.2 轴压试验研究

本课题组完成了 T 形和 L 形钢管混凝土异形柱的短柱轴心受压试验。异形钢管主要加劲形式包括对拉钢筋加劲肋、锯齿形钢筋加劲肋、内隔板加劲肋等。

2.2.1 试件基本参数

2.2.1.1 T 形钢管混凝土柱轴压试件基本参数

T 形钢管混凝土柱轴压试验分两批进行，第一批试件为 TA1-TA7，第二批试件为 TA8-TA16。第二批试验是对第一批试验的补充和深入研究，因此两批试件的类型有一定重复，参数存在一定差异。T 形钢管混凝土异形柱轴压试件截面见图 2-1，试件尺寸和强

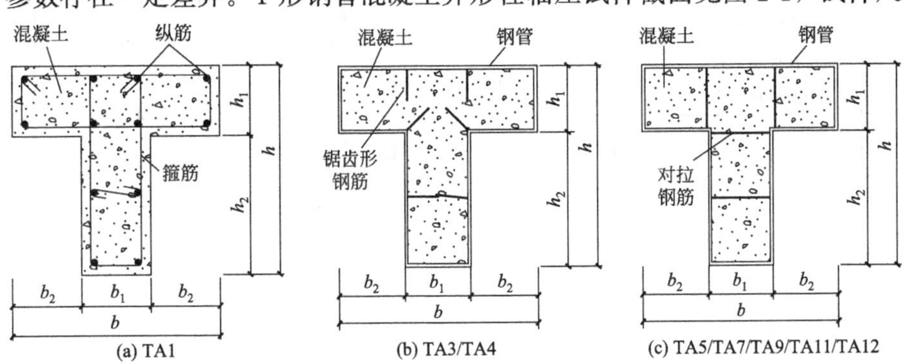

图 2-1 T 形钢管混凝土柱轴压试件截面和加劲肋构造图

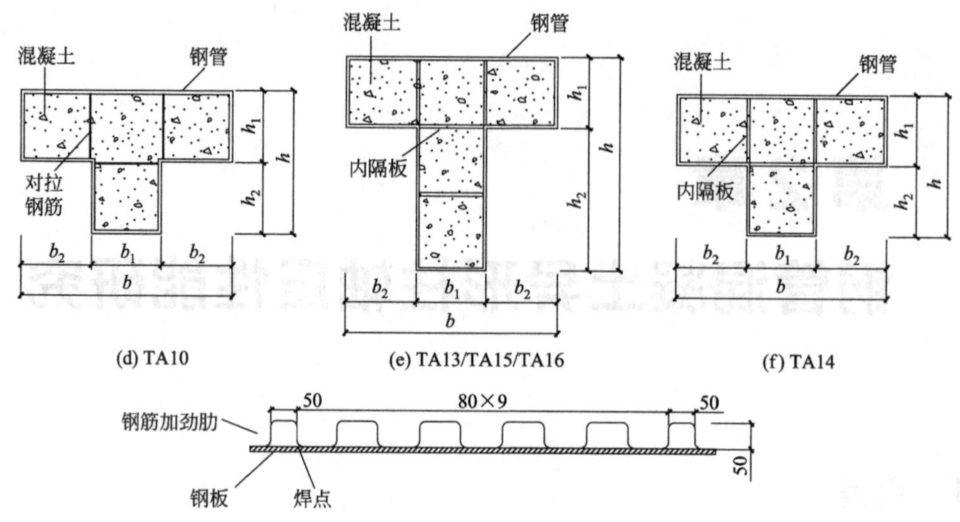

(d) TA10 (e) TA13/TA15/TA16 (f) TA14

(g) 锯齿形钢筋尺寸(单位：mm)

图 2-1 T形钢管混凝土柱轴压试件截面和加劲肋构造图（续）

度参数见表 2-1 和表 2-2。其中钢筋混凝土试件（TA1）作为对比试件，根据《混凝土异形柱结构技术规程》JGJ 149—2006[1] 的相关规定进行设计，截面的翼缘柱肢和腹板柱肢均配置纵筋和封闭箍筋。纵筋直径 $d=12.0$mm，纵筋屈服强度 $f_1=353$MPa；箍筋直径 $d_s=6.5$mm，箍筋屈服强度 $f_s=373$MPa，箍筋间距 $s=150$mm。试验考察了加劲肋形式、截面尺寸、钢管含钢率、加劲肋间距等参数的影响。

T形钢管混凝土柱轴压试件尺寸表（单位：mm） **表 2-1**

试件编号	试件类型	b_1	b_2	b	h_1	h_2	h	H
TA1	钢筋混凝土	110	110	330	110	160	270	900
TA2	普通钢管混凝土	110	110	330	110	160	270	900
TA3	锯齿形钢筋加劲钢管混凝土	110	110	330	110	160	270	900
TA4	锯齿形钢筋加劲钢管混凝土	110	110	330	110	160	270	900
TA5	对拉钢筋加劲钢管混凝土	110	110	330	110	160	270	900
TA6	非加劲钢管约束混凝土	110	110	330	110	160	270	900
TA7	加劲钢管约束混凝土	110	110	330	110	160	270	900
TA8-1 TA8-2 TA8-3	普通钢管混凝土	100	100	300	100	200	300	900
TA9-1 TA9-2 TA9-3	对拉钢筋加劲钢管混凝土	100	100	300	100	200	300	900

续表

试件编号	试件类型	b_1	b_2	b	h_1	h_2	h	H
TA10-1 TA10-2	对拉钢筋加劲钢管混凝土	100	100	300	100	100	200	900
TA11-1 TA11-2	对拉钢筋加劲钢管混凝土	100	100	300	100	200	300	900
TA12-1 TA12-2	对拉钢筋加劲钢管混凝土	100	100	300	100	200	300	900
TA13-1 TA13-2 TA13-3	多腔式钢管混凝土	100	100	300	100	200	300	900
TA14-1 TA14-2	多腔式钢管混凝土	100	100	300	100	100	200	900
TA15-1 TA15-2	多腔式钢管混凝土	100	100	300	100	200	300	900
TA16-1 TA16-2	多腔式钢管混凝土	100	100	300	100	200	300	900

T 形钢管混凝土柱轴压试件参数表　　**表 2-2**

试件编号	试件类型	混凝土	钢管		加劲肋		
		抗压强度 f_{ck}(MPa)	屈服强度 f_y(MPa)	厚度 t_y(mm)	屈服强度 f_h(MPa)	钢筋直径/钢板厚度 d_h(mm)	约束点间距 S(mm)
TA1	钢筋混凝土	23.2	—	—	—	—	—
TA2	普通钢管混凝土	23.2	315	3.5	—	—	—
TA3	锯齿形钢筋加劲钢管混凝土	23.2	301	1.9	304	8.0	80
TA4	锯齿形钢筋加劲钢管混凝土	23.2	315	3.5	304	8.0	80
TA5	对拉钢筋加劲钢管混凝土	23.2	315	3.5	304	8.0	100
TA6	非加劲钢管约束混凝土	23.2	315	3.5	—	—	—
TA7	加劲钢管约束混凝土	23.2	315	3.5	304	8.0	100
TA8-1 TA8-2 TA8-3	普通钢管混凝土	36.9	306	3.0	—	—	—
TA9-1 TA9-2 TA9-3	对拉钢筋加劲钢管混凝土	36.9	306	3.0	495	7.0	100

续表

试件编号	试件类型	混凝土	钢管		加劲肋		
		抗压强度 f_{ck}(MPa)	屈服强度 f_y(MPa)	厚度 t_y(mm)	屈服强度 f_h(MPa)	钢筋直径/钢板厚度 d_h(mm)	约束点间距 S(mm)
TA10-1 TA10-2	对拉钢筋加劲钢管混凝土	36.9	306	3.0	495	7.0	100
TA11-1 TA11-2	对拉钢筋加劲钢管混凝土	42.9	306	3.0	495	7.0	100
TA12-1 TA12-2	对拉钢筋加劲钢管混凝土	36.9	232	2.0	495	7.0	100
TA13-1 TA13-2 TA13-3	多腔式钢管混凝土	36.9	306	3.0	306	3.0	—
TA14-1 TA14-2	多腔式钢管混凝土	36.9	306	3.0	306	3.0	—
TA15-1 TA15-2	多腔式钢管混凝土	42.9	306	3.0	306	3.0	—
TA16-1 TA16-2	多腔式钢管混凝土	36.9	232	2.0	232	2.0	—

2.2.1.2 L形钢管混凝土柱轴压试件基本参数

L形钢管混凝土柱轴压试件截面见图2-2，试件参数见表2-3。柱构件采用多腔室形式，在两个柱肢交汇处核心柱采用方钢管，改善其协调柱肢变形的能力；在柱肢端部也采用方钢管，形成钢管混凝土端柱，增大构件的承载力和变形能力。试验考察了柱肢宽厚比、混凝土抗压强度、构件长细比等参数的影响。

L形多腔式钢管混凝土短柱试件参数　　表2-3

试件分组	柱肢钢管宽厚比	方钢管		柱肢钢管		混凝土轴心抗压强度	试件高度
	D/t	t(mm)	f_y(MPa)	t(mm)	f_y(MPa)	f_{ck}(MPa)	L(mm)
L-55-56-1	55	2.74	352	2.72	302	56.5	600
L-55-56-2	55	2.74	352	2.72	302	56.5	600
L-55-56-3	55	2.74	352	2.72	302	56.5	600
L-77-56-1	77	2.74	352	2.72	302	56.5	600
L-77-56-2	77	2.74	352	2.72	302	56.5	600
L-77-56-3	77	2.74	352	2.72	302	56.5	600
L-110-56-1	110	2.74	352	2.72	302	56.5	600
L-110-56-2	110	2.74	352	2.72	302	56.5	600
L-77-63-1	77	2.74	352	2.72	302	63.4	600
L-77-63-2	77	2.74	352	2.72	302	63.4	600
L-77-63-3	77	2.74	352	2.72	302	63.4	600

注：试件的命名方法——以L-55-56-1为例，L表示L形多腔钢管混凝土短柱，55表示试件柱肢钢管宽厚比 $D/t=55$，56表示试件混凝土轴心抗压强度 $f_{ck}=56.5$MPa，1表示相同试件组的第一个试件。

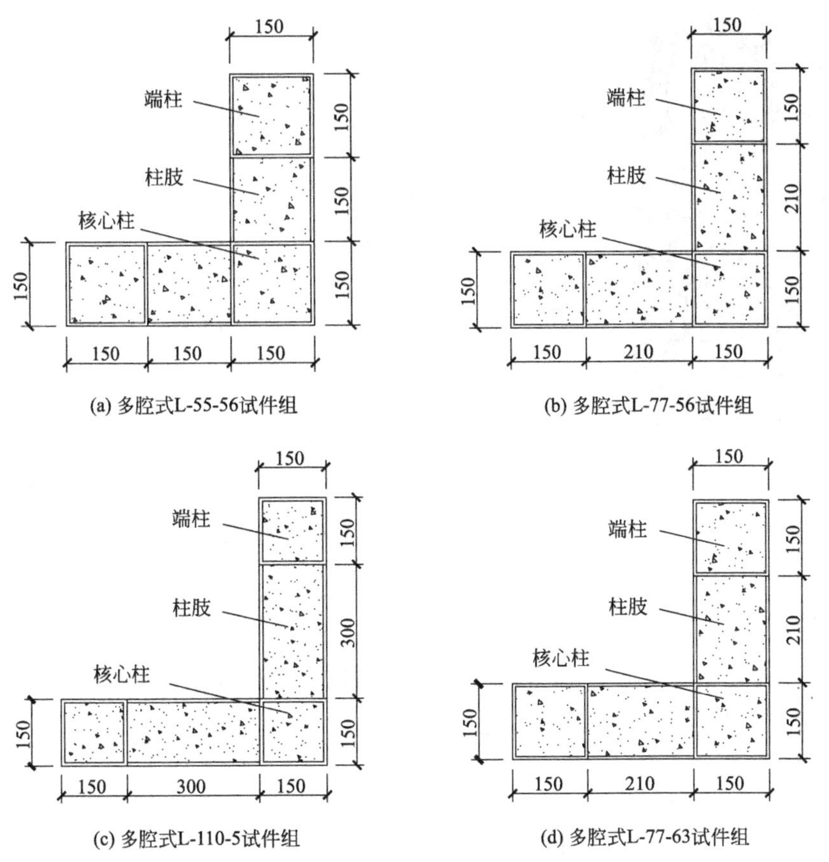

图 2-2　L 形加劲钢管混凝土短柱截面（单位：mm）

2.2.2　试验加载和测量方案

试验采用 1000t 液压式压力机加载（图 2-3(a)、(b)），底部加载板向上提升，顶部加载板固定不动。底部加载板 4 个角各布置 1 个 LVDT 位移传感器（图 2-3(c) 中编号为 1、2、3、4），测量下加载板的位移；同时顶部加载板对角位置共布置 2 个 LVDT（图 2-3(c) 中编号为 5 和 6），测量上部加载板的虚位移。在柱子外侧四个面的中部截面处各布置一个千分表，标距为 200mm（如图 2-3(b)、(c) 所示），用于监测试件在各级荷载作用下的轴向变形，并进行试件的物理对中。轴向荷载通过力传感器测量，并与位移传感器的测量结果共同通过北京波谱 WS3811 应变采集仪进行采集，并在电脑上同步显示轴向荷载-位移曲线，进行实时监控。试验时为测得轴压荷载-位移曲线的下降段，在试件两侧布置可以调节高度的反力装置，该装置由下部加固的混凝土柱和上部可调节高度的刚性元件组成。通过调节反力装置高度，使其在试件达到极限承载力之前不参与受力，当荷载接近试件峰值承载力时，使反力装置与试件共同承担竖向荷载，利用刚性元件吸收试件达到极限承载力后压力机释放的积聚应变能，从而测得包括下降段在内的完整轴压荷载-位移曲线。

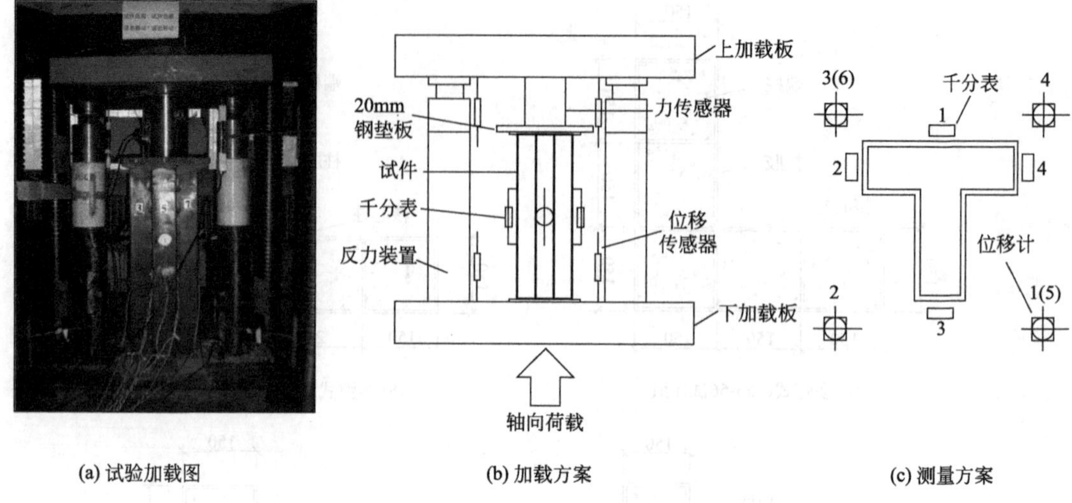

(a) 试验加载图　(b) 加载方案　(c) 测量方案

图 2-3　轴压试验加载方案和测量方案

2.2.3　试验现象和破坏模式

为了便于描述试验现象，对 T 形和 L 形试件的各钢板面进行编号（俯视图为逆时针顺序），如图 2-4 所示。

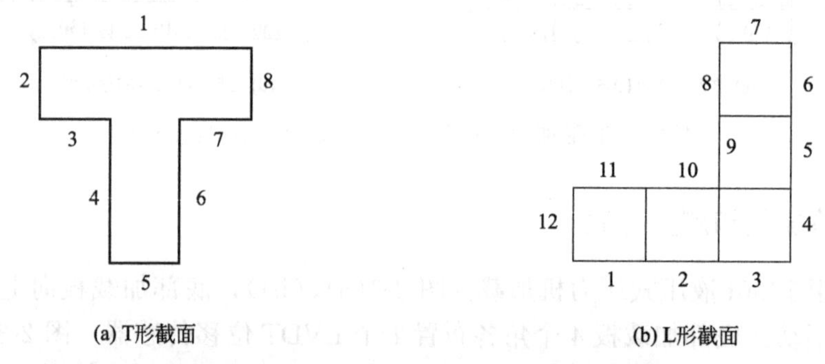

(a) T形截面　(b) L形截面

图 2-4　钢管混凝土异形柱各面编号（俯视图）

2.2.3.1　T 形钢管混凝土柱试件

（1）非加劲 T 形钢管混凝土柱试件 TA2

图 2-5 为非加劲 T 形钢管混凝土柱试件 TA2 破坏后钢管的屈曲模式以及钢管剥离后内部混凝土的破坏现象。图中圆圈旁的数字表示局部屈曲发生时对应的荷载。加载至 2200kN 时，钢管宽厚比最大的 1 面钢板上部首先出现局部屈曲，随后 4 面钢板上部也出现了局部屈曲。在荷载下降段，除了 3 面钢板上部出现新的屈曲，其他各面未出现新的屈曲现象，但之前出现的屈曲程度更加明显。试验结束后，腹板柱肢 4 面和 6 面钢板屈曲较明显，屈曲波高度达到 10mm，其他部位屈曲波高度大多在 5mm 以下。剥离钢管后，发现屈曲处钢板大多与内部混凝土脱开，3 面和 4 面钢板局部屈曲处对应的内部混凝土出现比较轻微的压溃破坏。钢管焊缝质量良好，未出现开裂现象。综上所述，试件 TA2 的破坏模式以钢管局部屈曲和混凝土局部压溃为主，且屈曲程度和混凝土局部压溃程度均比较

轻微，说明材料强度未充分利用，试件破坏模式偏于脆性。

(a) 1面钢板

(b) 3、5、7面钢板

(c) 3、4面混凝土

图 2-5　试件 TA2 破坏现象

（2）钢筋加劲 T 形钢管混凝土柱试件 TA5

图 2-6 为对拉钢筋加劲 T 形钢管混凝土柱试件 TA5 的破坏现象。在荷载上升段钢管各面均未出现屈曲现象。由于荷载下降阶段试件处于不稳定状态，因此未观察试验现象。试验结束后观察到，屈曲部位主要集中在柱上部，柱底部附近的屈曲主要为端部效应所致。宽厚比较大的 1 面、4 面和 6 面钢板屈曲的程度最严重，屈曲波高度达 10mm 左右，且屈曲处的内部混凝土严重压溃，深度为 10～20mm。通过敲击其他部位钢管，发现钢管和混凝土接触效果较好，相互间未脱离开。钢板和阴角处的加劲肋作用效果良好，钢板位移均被有效限制。试件各焊缝未出现开裂现象。综上所述，在加劲肋作用下，试件 TA5 相对 TA2 来说钢板屈曲较晚，屈曲部位较多，屈曲分布较为分散，混凝土和钢板相互作用较大。

(a) 1面

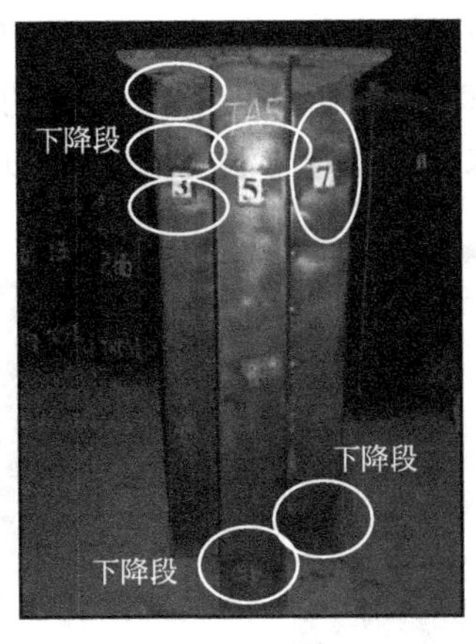

(b) 3、5、7面

(c) 2、3、4面

图 2-6　试件 TA5 破坏现象

（3）多腔 T 形钢管混凝土柱试件 TA13

多腔 T 形钢管混凝土柱试件相比于钢筋加劲试件来说，钢板加劲肋在整个长度方向上对钢管均有约束作用。三个试件在整个试验过程中的现象均较为接近，以试件 TA13-2 为例来介绍其破坏现象（图 2-7）。钢管局部屈曲均发生在荷载下降段，且由于内置钢板的约束作用强于对拉钢筋，钢管各面的屈曲波高度均较小，均不超过 3mm。试验结束后剖开钢管屈曲较为严重部位处的钢板，发现内部混凝土上有细微的斜裂缝，总体来说混凝土未出现明显破坏。

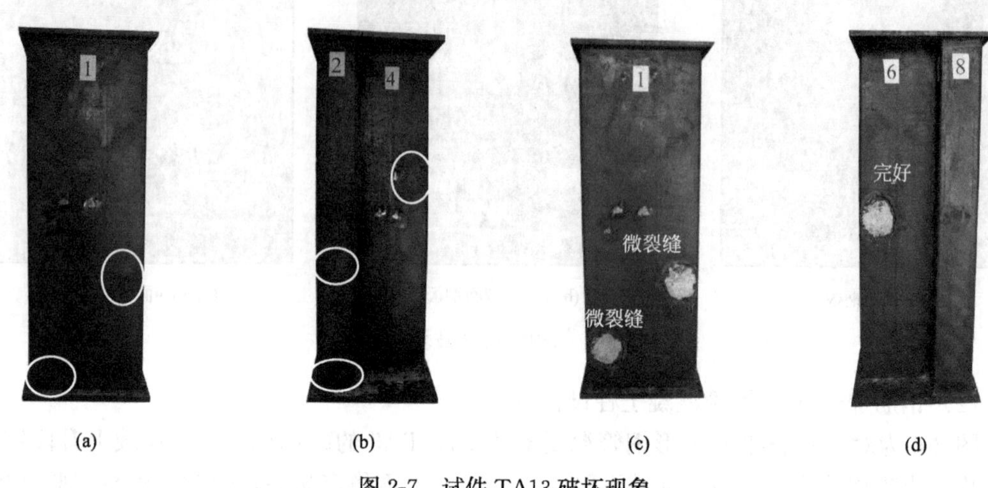

图 2-7　试件 TA13 破坏现象

2.2.3.2　L 形钢管混凝土柱试件

（1）L 形钢管混凝土柱试件 L-55-56-1

组别 L-55-56 的试件共 3 个，其试验参数完全一致，试验现象基本相同，以试件 L-55-56-1 为例来分析钢管和混凝土的破坏模式，如图 2-8 所示。当轴向荷载增加到 5600kN（0.63P_e，P_e 为峰值承载力），试件的钢管开始出现轻微局部屈曲。当试件发生破坏时，由于宽厚比小，钢管局部屈曲程度相对较轻，屈曲波高度一般在 6～10mm 之间，但呈现多波屈曲现象。切开试件钢管可发现，由于钢管对混凝土的约束能力较强，混凝土只是轻微的局部压溃，裂缝很少，并且深度较浅。钢管屈曲部位与混凝土压溃部位整体上是对应的。与传统的 L 形钢管混凝土短柱不同的是，本文研究的 L 形多腔钢管混凝土短柱在阴角处由于内隔板的限制作用，未出现钢管与混凝土脱开的现象，两者能够有效共同工作。

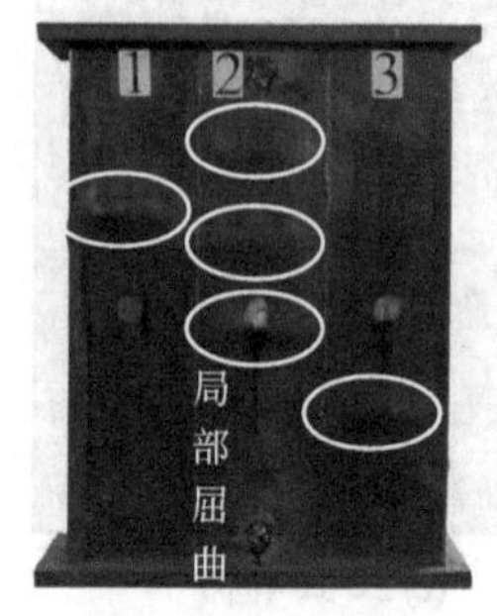

(a) 1、2、3面钢板

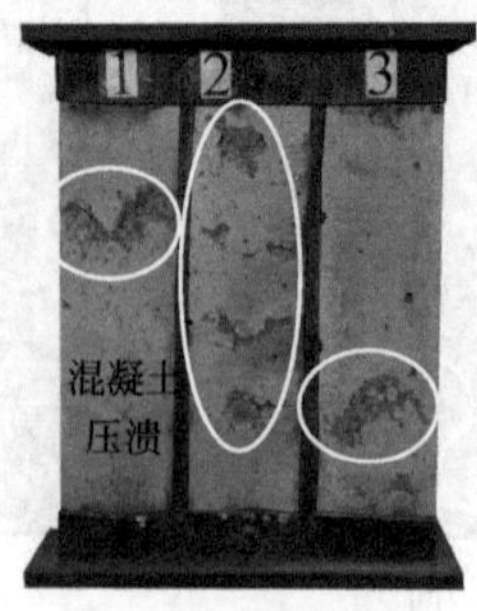

(b) 1、2、3面混凝土

(c) 7、10、11面钢板

(d) 7、10、11面混凝土

图 2-8　试件 L-55-56-1 破坏模式

（2）L 形钢管混凝土柱试件 L-77-56-1

组别 L-77-56 的试件共 3 个，其试验参数完全一致，试验现象基本相同，以试件 L-77-56-1 为例来分析钢管和混凝土的破坏模式，如图 2-9 所示。当轴向荷载增加到 5200kN（0.51P_e），试件宽厚比较大的 2、5 面钢管出现轻微局部屈曲。当轴向荷载增加到 6000kN，试件发出一声巨响，此时 2 号面中上部的局部屈曲比较严重，通过敲击可以判断此处钢管和混凝土已脱开。随着轴向荷载的增加，钢管的其他部位陆续出现局部屈曲。当试件发生破坏时，钢管各个面均有局部屈曲，且宽厚比较大的 2、5、9、10 号面最为严重。切开试件钢管可发现，多处混凝土有较为严重的局部压溃，并且 12 号面混凝土出现贯通整个表面的竖向裂缝，表明此处的混凝土被完全压溃。钢管屈曲部位与混凝土压溃部位整体上是对应的。阴角处钢管与混凝土未脱开，两者能够共同工作。

(a) 1、2、3面钢板

(b) 1、2、3面混凝土

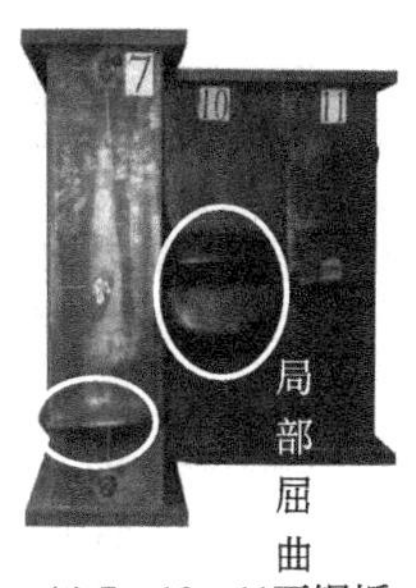

(c) 7、10、11面钢板

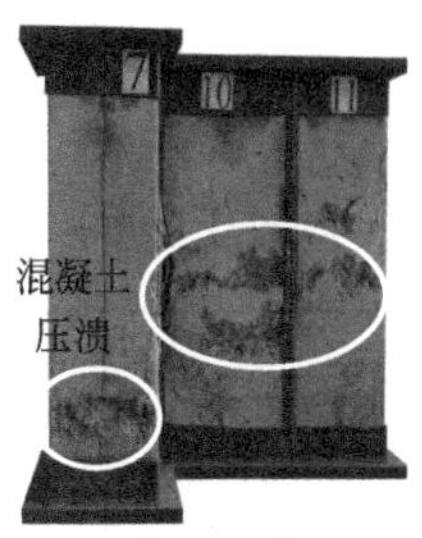

(d) 7、10、11面混凝土

图 2-9　试件 L-77-56-1 破坏模式

（3）L 形钢管混凝土柱试件 L-110-56-1

组别 L-110-56 的试件共 2 个，其试验参数完全一致，试验现象基本相同，以试件 L-110-56-1 为例来分析钢管和混凝土的破坏模式，如图 2-10 所示。当轴向荷载增加到 4800kN（0.38P_e），宽厚比较大的 2 号面钢板中部出现局部屈曲。当轴向荷载增加到 6000kN，5、10 号面的钢板也出现了轻微局部屈曲，紧接着是 9 号面钢管出现局部屈曲。当试件发生破坏时，各个面钢管均有局部屈曲，并且宽厚比较大的 2、5、9、10 号面的钢管尤为严重，屈曲波高度在 25～30mm 之间。钢管局部屈曲严重，导致 5 号面与 6 号面之间的焊缝开裂，开裂长度在 80mm 左右。切开试件钢管可发现，除了 9 号面之外，其余各个面的混凝土均有较为严重的局部压溃。混凝土表面上分布着深浅不同的横向裂缝、纵向裂缝以及斜裂缝，特别明显的是 5 号面与 6 号面之间的斜裂缝。钢管屈曲部位与混凝土

(a) 1、2、3面钢板

(b) 1、2、3面混凝土

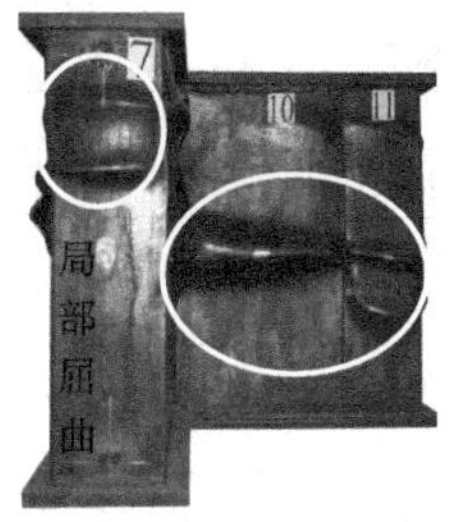

(c) 7、10、11面钢板

(d) 7、10、11面混凝土

图 2-10　试件 L-110-56-1 破坏模式

压溃部位整体上是对应的。虽然钢管与混凝土破坏严重，但阴角处钢管与混凝土没有明显的脱开。相对而言，宽厚比大的柱肢钢管对混凝土的约束作用较弱。

2.3 轴压试验结果分析

2.3.1 轴压荷载-位移曲线和力学性能指标

2.3.1.1 T形钢管混凝土柱试件

T形钢管混凝土柱试件的轴压荷载-位移曲线分组列于图2-11中。将轴压荷载-位移曲线与试验现象、钢板应变结果结合起来，得出各试件的试验承载力、延性系数等参数指标，列于表2-4。

T形钢管混凝土柱轴压性能指标 **表2-4**

试件	试验承载力 P_e(kN)	试验承载力平均值 P_a(kN)	叠加承载力 P_n(kN)	承载力提高系数 $E_p=P_e/P_n$	延性系数 μ
TA1	2030	2030	1698	1.20	3.06
TA2	2672	2672	2476	1.08	2.19
TA3	2259	2259	1917	1.18	2.95
TA4	2549	2549	2476	1.03	2.66
TA5	2827	2827	2476	1.14	4.22
TA6	1094	1094	1250	0.88	1.41
TA7	1946	1946	1250	1.56	3.65
TA8-1	2589	3005	2945	0.88	1.15
TA8-2	3192			1.08	1.36
TA8-3	3235			1.10	1.55
TA9-1	2743	2849	2945	0.93	2.11
TA9-2	2908			0.99	2.00
TA9-3	2897			0.98	2.21
TA10-1	2332	2402	2392	0.97	2.12
TA10-2	2472			1.03	1.38
TA11-1	3020	3018	3248	0.93	1.64
TA11-2	3015			0.93	1.57
TA12-1	2288	2310	2400	0.95	1.95
TA12-2	2331			0.97	2.06
TA13-1	3856	3853	3312	1.16	2.33
TA13-2	3896			1.18	2.75
TA13-3	3807			1.15	2.30
TA14-1	3109	3112	2668	1.17	1.70
TA14-2	3115			1.17	2.00
TA15-1	4041	4105	3615	1.12	2.29
TA15-2	4168			1.15	1.83
TA16-1	3211	3072	2585	1.24	1.77
TA16-2	2933			1.13	2.00

注：叠加承载力 $P_n=f_cA_c+f_yA_s$；延性系数 μ 定义为破坏位移与屈服位移的比值。

图2-11(a)是钢筋混凝土试件（TA1）和非加劲钢管混凝土试件（TA2）的对比。试件TA2的峰值承载力相对于试件TA1提高了32%，钢管混凝土试件的含钢率大于钢筋

混凝土试件的配筋率，而钢筋混凝土柱的配筋率存在上限。试件 TA2 的延性系数比试件 TA1 减小了 28%，这是因为 T 形钢管在荷载下降段出现多处明显局部屈曲，钢管的承载力降低，同时钢管的屈曲减弱了对混凝土的约束效应，使得混凝土的承载力下降较快。钢筋混凝土试件 TA1 中相邻箍筋之间的混凝土压溃现象较为严重，而钢管混凝土试件 TA2 由于有钢管包裹，内部混凝土破坏程度较轻。

图 2-11(b) 是锯齿形钢筋加劲钢管混凝土试件（TA3 和 TA4）和对拉钢筋加劲钢管混凝土试件（TA5）的对比。对于锯齿形钢筋加劲钢管混凝土试件，当钢管壁厚由 1.9mm 增加到 3.5mm，峰值承载力提高了 12.8%，但延性略有下降。试件 TA5 比试件 TA4 的峰值承载力提高了 10.9%，延性系数提高了 58.6%，说明对拉钢筋对钢管稳定承载力和对混凝土约束作用的提高更为明显。这是因为锯齿形钢筋嵌固在混凝土中，会随混凝土的膨胀而产生一定位移，不满足完全嵌固的要求，且锯齿形钢筋的受拉对混凝土也产生不利影响；而对拉钢筋直接焊接在相对的两块钢板上，直接利用钢筋的受拉性能来延缓钢管屈曲，且不会对混凝土产生不利影响。因此对拉钢筋加劲肋是一种有效的钢管加劲肋形式。

图 2-11(c) 是钢筋混凝土试件（TA1）、非加劲钢管约束试件（TA6）和加劲钢管约束试件（TA7）的对比。钢管约束混凝土试件内部均未配置纵筋和箍筋；加劲试件的对拉钢筋加劲肋布置与钢管混凝土试件（TA5）相同。非加劲钢管约束试件 TA6 的承载力和延性远差于钢筋混凝土试件 TA1，是由于异形钢管对核心混凝土的约束作用不强，同时又不直接承担轴向荷载，故对构件承载力的贡献很少；而加劲钢管约束混凝土试件 TA7 的延性要好于试件 TA1，延性系数提高了 19%，在未配置纵筋的情况下其承载力也接近于 TA1。从试验现象也可以看出，试件 TA6 钢管和混凝土在阴角处脱开，钢管剖开后，混凝土在翼缘柱肢和腹板柱肢相交处被竖直劈裂成两半，属于明显的脆性破坏。而试件 TA7 阴角处钢管和混凝土并未脱开，钢管剖开后内部混凝土未出现明显破坏现象。这说明对于钢管混凝土异形柱，在阴角处设置加劲肋对于提升构件性能作用很大。

图 2-11(d) 是非加劲钢管混凝土试件（TA8）和对拉钢筋加劲钢管混凝土试件（TA9）的对比。试件 TA8-1 承载力明显低于试件 TA8-2 和 TA8-3，这可能试件浇筑混凝土时采用人工现场搅拌，局部混凝土浇筑有缺陷，强度离散性较大。相对于试件组 TA8，设置对拉钢筋加劲肋后，试件组 TA9 的延性提高达 48%～64%，但峰值承载力平均值降低了 5.2%。其主要原因是对拉钢筋的焊接对钢管产生一定初始缺陷，导致其承载力反而降低；但加载后期对拉钢筋加劲的钢管有效延缓了混凝土裂缝扩展和压溃，试件变形能力大大提高。

图 2-11(e) 是对拉钢筋加劲标准试件（TA9）和短截面试件（TA10）的对比。将截面尺寸增大后，标准试件组 TA9 比短截面试件组 TA10 的刚度、承载力和延性有明显提高，但两组试件的承载力提高系数相差不大，说明两组试件的力学性能差别仅是由于材料用量的差别造成的。

图 2-11(f) 是对拉钢筋加劲标准试件（TA9）和混凝土强度较高试件（TA11）的对比。混凝土强度提高后，试件的承载力提高 5%左右，但承载力提高系数基本相同，说明两种混凝土强度的试件中约束作用没有明显差别。而提高混凝土强度后，试件延性降低了 20%～30%，说明钢管混凝土异形柱的变形能力在混凝土强度较高时明显下降。

图 2-11(g) 是对拉钢筋加劲标准试件（TA9）和较薄钢管壁厚试件（TA12）的对比。试件组 TA12 的平均峰值承载力比试件组 TA9 降低了 26%，初始刚度降低较为明显。两个试件的延性相差不大。两组试件的承载力增强系数较为接近，说明其承载力和刚度的差别仅是由于材料用量的差别造成的，两组试件的力学性能较为接近。

图 2-11(h) 是非加劲钢管混凝土试件（TA8）和多腔式钢管混凝土标准试件（TA13）的对比。试件 TA13-2 可能由于试件加工的离散性及加载过程中人工操作的一些细微失误而导致其在屈服后刚度发生了突变。多腔式钢管混凝土柱通过设置内隔板，含钢率提高了 2.4%，因而峰值承载力提高了 30%，同时延性也提高了 70%，试件 TA13-2 的延性更是提高了 100%。这主要是因为内隔板将 T 形钢管混凝土柱转换成矩形钢管混凝土柱束，每个矩形钢管均对核心混凝土提供约束作用，试件整体性更好。

图 2-11(i) 是对拉钢筋加劲标准试件（TA9）和多腔式标准试件（TA13）的对比。多腔式钢管混凝土试件由于设置了内隔板，提高了含钢率，峰值承载力相应提高了 30% 以上，同时试件延性也有小幅度提高。多腔式钢管混凝土试件的承载力提高系数明显高于对拉钢筋加劲试件，这是由于多腔钢管对混凝土提供了更多的约束效应。

图 2-11(j) 是多腔式标准试件（TA13）和短截面试件（TA14）的对比。试件 TA13 比 TA14 的承载力和刚度提高明显，但延性提高不明显，承载力提高系数也较为接近，说明结果的差异主要来自于材料用量的差异。

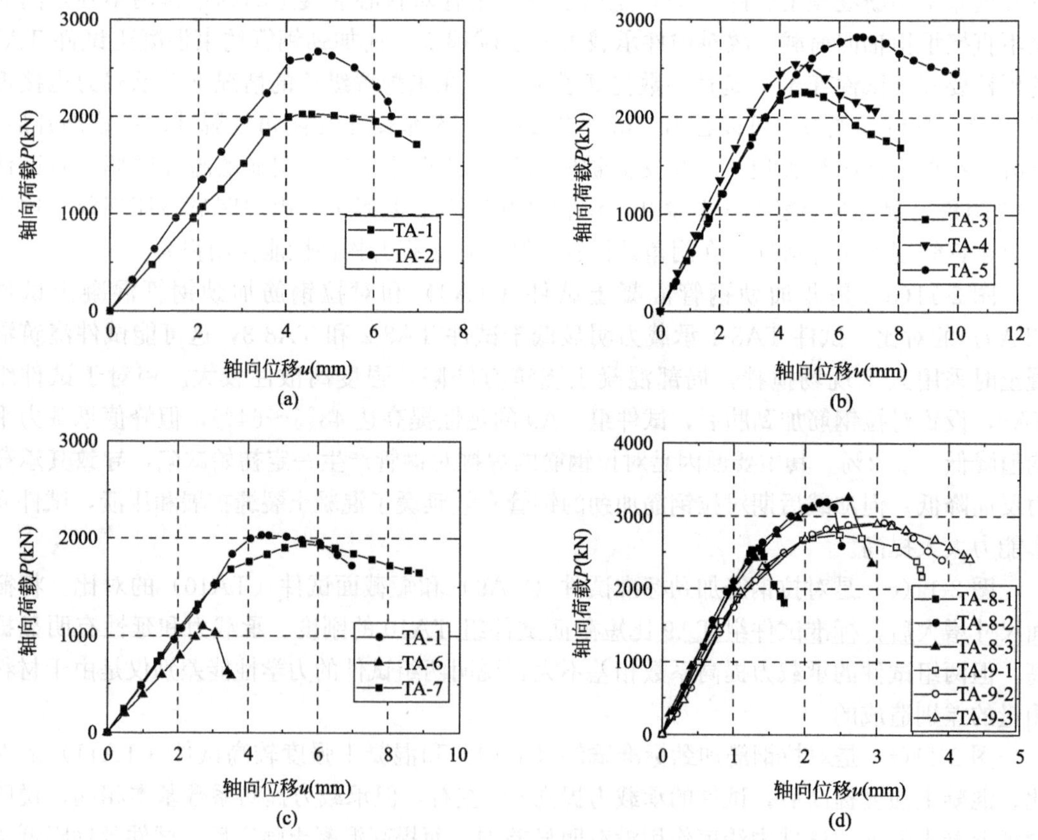

图 2-11 T 形钢管混凝土试件轴压荷载-位移曲线

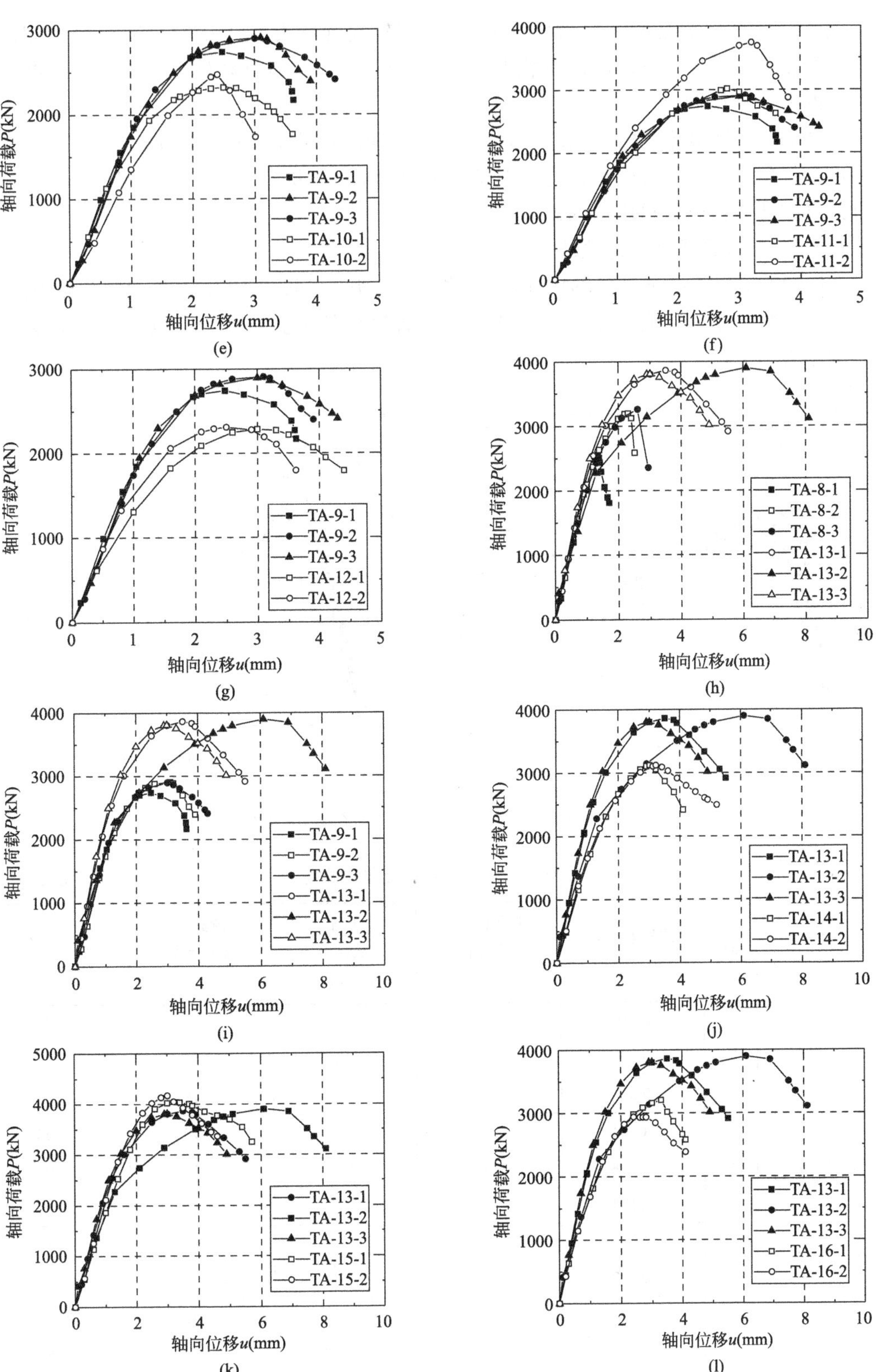

图 2-11　T 形钢管混凝土试件轴压荷载-位移曲线（续）

图 2-11(k) 是多腔式标准试件（TA13）和较高强度混凝土试件（TA15）的对比。提高混凝土强度后，试件的峰值承载力提高了约 6.5%，但延性降低了约 30%，承载力提高系数两者比较接近。

图 2-11(l) 是多腔式标准试件（TA13）和钢管较薄试件（TA16）的对比。标准试件的刚度和峰值承载力均有明显提高，但延性系数和承载力提高系数并没有明显提高，说明这种差异主要来自于材料用量的差异。

2.3.1.2 L 形钢管混凝土柱试件

L 形钢管混凝土柱试件的轴压荷载-位移曲线分组列于图 2-12 中。将轴压荷载-位移曲线与试验现象、钢板应变结果结合起来，得出各试件的试验承载力、延性系数等参数指标，列于表 2-5。

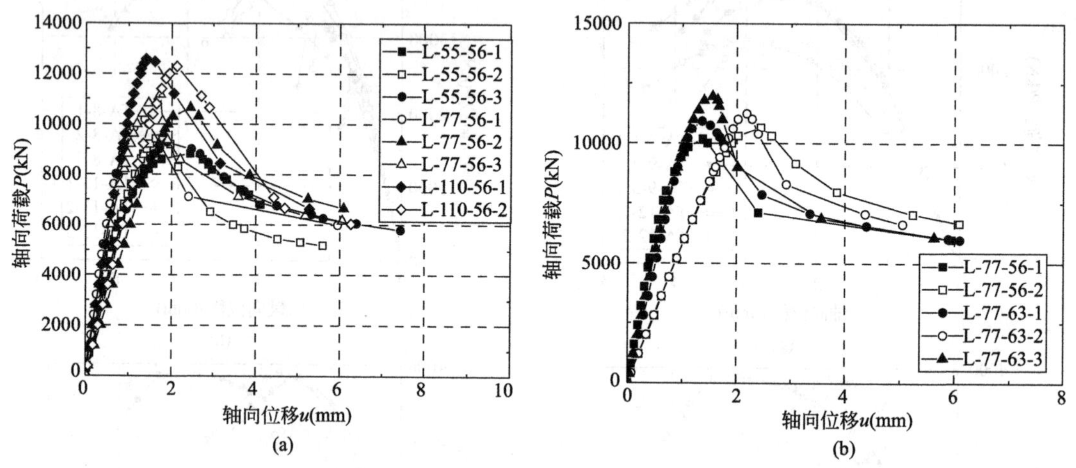

图 2-12 L 形钢管混凝土试件轴压荷载-位移曲线

L 形钢管混凝土柱轴压性能指标 **表 2-5**

组别	编号	试验承载力 P_e(kN)	试验承载力平均值 P_a(kN)	叠加承载力 P_n(kN)	承载力提高系数 $E_p=P_e/P_n$	延性系数 μ
L-55-56	1	8821	9163	8188	1.08	4.64
	2	9403			1.15	2.87
	3	9266			1.13	3.95
L-77-56	1	10181	10671	9365	1.19	2.99
	2	10658			1.14	2.02
	3	11174			1.19	3.33
L-110-56	1	12575	12429	11131	1.13	2.27
	2	12283			1.10	1.95
L-77-63	1	10923	11370	10216	1.07	1.90
	2	11235			1.10	1.27
	3	11951			1.17	1.92

图 2-12(a) 是柱肢钢板宽厚比变化下的轴压荷载-位移曲线对比。几组试件的试验承载力是叠加承载力的 1.08～1.19 倍，说明钢管对混凝土产生了一定的约束作用，有效地提高了混凝土的强度。随着柱肢钢管宽厚比的增大，试件的试验承载力随之提高，但承载力提高系数并没有提高。试件组 L-55-56 的延性较好，试件组 L-110-56 的延性较差，这主要是由于随着柱肢钢管宽厚比的增大，钢管的局部屈曲越来越严重，钢管对混凝土的约束效果变差，承载力下降较快。

图 2-12(b) 是混凝土强度变化下的轴压荷载-位移曲线对比。随着混凝土强度的增大，试件的峰值承载力随之增大，承载力提高系数没有明显提高，延性系数下降明显，试件更倾向于脆性破坏。

2.3.2 轴压荷载-应力曲线分析

采用文献［140］建议的应力分析方法，将试验测得的柱中截面钢管横向应变 ε_h 和纵向应变 ε_v 数据转化为相应的横向应力 σ_h、纵向应力 σ_v 和折算应力 σ_z，得到试件的轴压荷载 N-应力 σ 关系曲线，分析钢管应力在整个加载过程中的发展规律，明确钢管和混凝土的相互作用机理，为后续的数值分析提供试验研究基础。

图 2-13～图 2-17 分别为试件 TA9、TA13、L-55-56-1、L-77-56-1 和 L-110-56-1 的轴压荷载 N-中截面应力 σ 曲线。各试件的应力发展规律基本相似，且每个试件各个位置处的钢管应力发展也基本相似。加载初期钢管的纵向应力 σ_v 随荷载的增加呈线性增长，横向应力 σ_h 几乎为零，说明混凝土横向膨胀小于钢管，钢管和混凝土之间的相互作用可以忽略不计。进入弹塑性阶段后，试件混凝土膨胀量明显增加，钢管环向开始受拉，横向应力 σ_h 慢慢往正方向增大，约束作用逐渐体现。峰值承载力后，随着荷载的下降，纵向应力 σ_v 有所降低。折算应力 σ_z 发展规律总体上与纵向应力 σ_v 接近。折算应力 σ_z 达到屈服强度时，钢管屈服。从图中可以发现，所选测点处的钢管大多均能在峰值承载力附近达到屈服状态。对于出现局部屈曲的钢管部位，应力值会出现突变，且可能在加载全阶段未达到屈服强度。

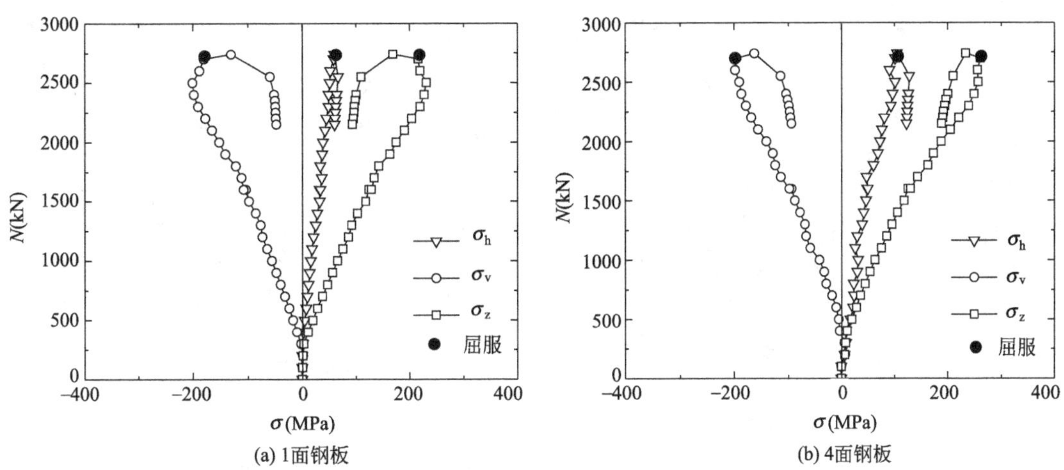

图 2-13　T 形钢管混凝土试件 TA9 轴压荷载-中截面应力曲线

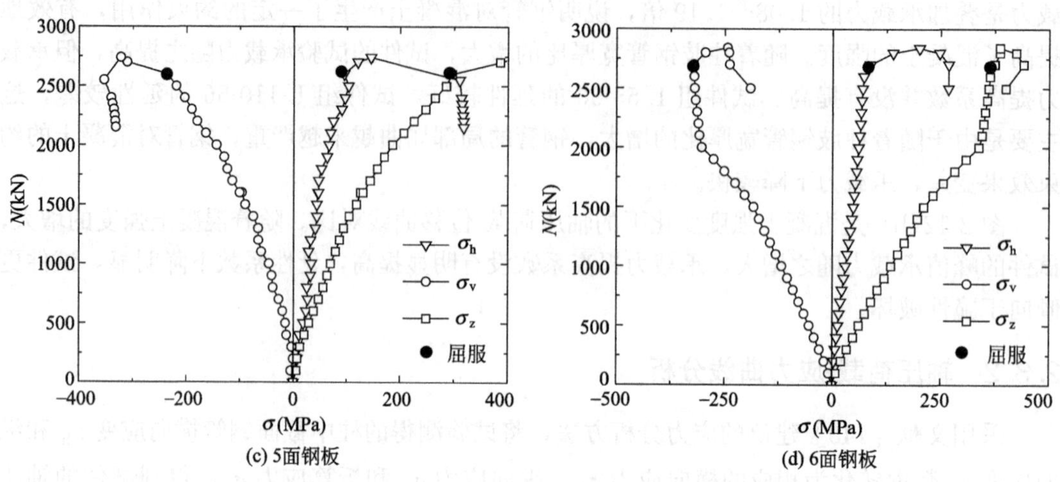

N(kN)
σ(MPa)
σ_h
σ_v
σ_z
屈服
(c) 5面钢板
(d) 6面钢板

图 2-13　T 形钢管混凝土试件 TA9 轴压荷载-中截面应力曲线（续）

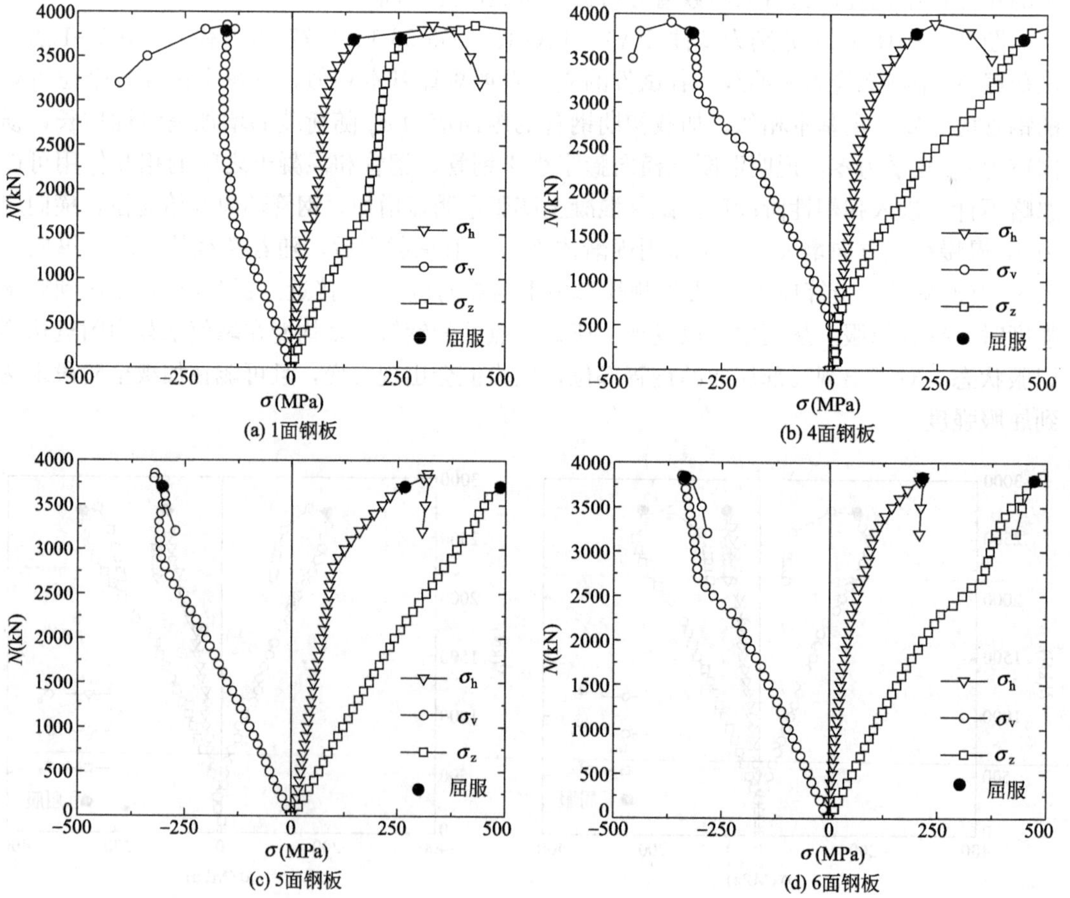

N(kN)
σ(MPa)
σ_h
σ_v
σ_z
屈服
(a) 1面钢板
(b) 4面钢板
(c) 5面钢板
(d) 6面钢板

图 2-14　T 形钢管混凝土试件 TA13 轴压荷载-中截面应力曲线

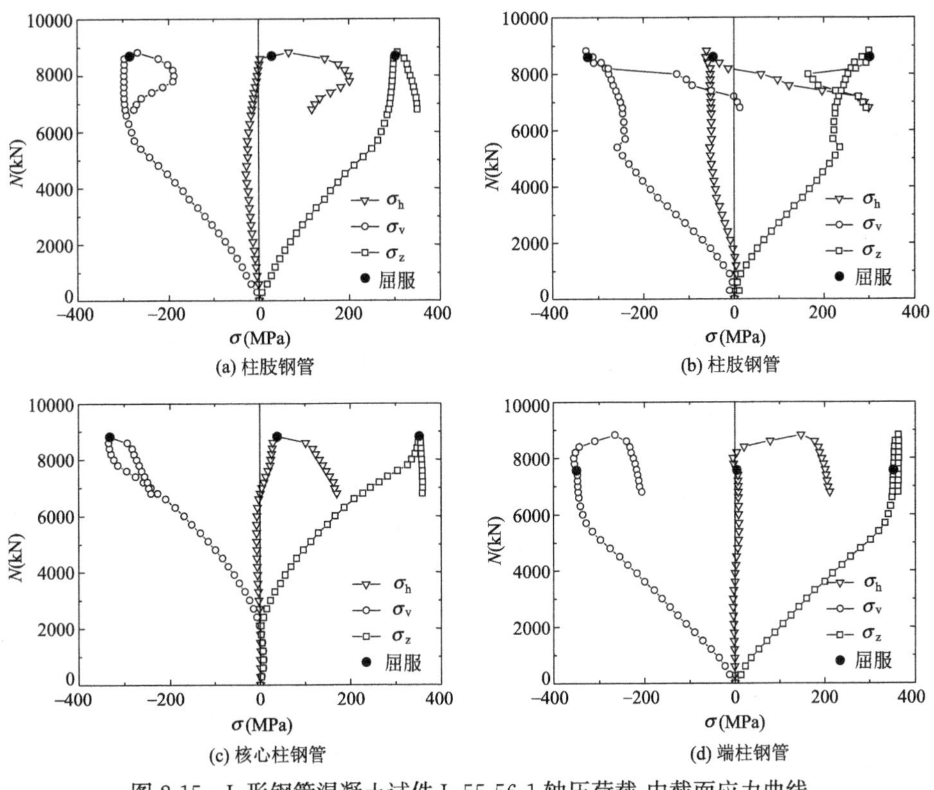

图 2-15　L 形钢管混凝土试件 L-55-56-1 轴压荷载-中截面应力曲线

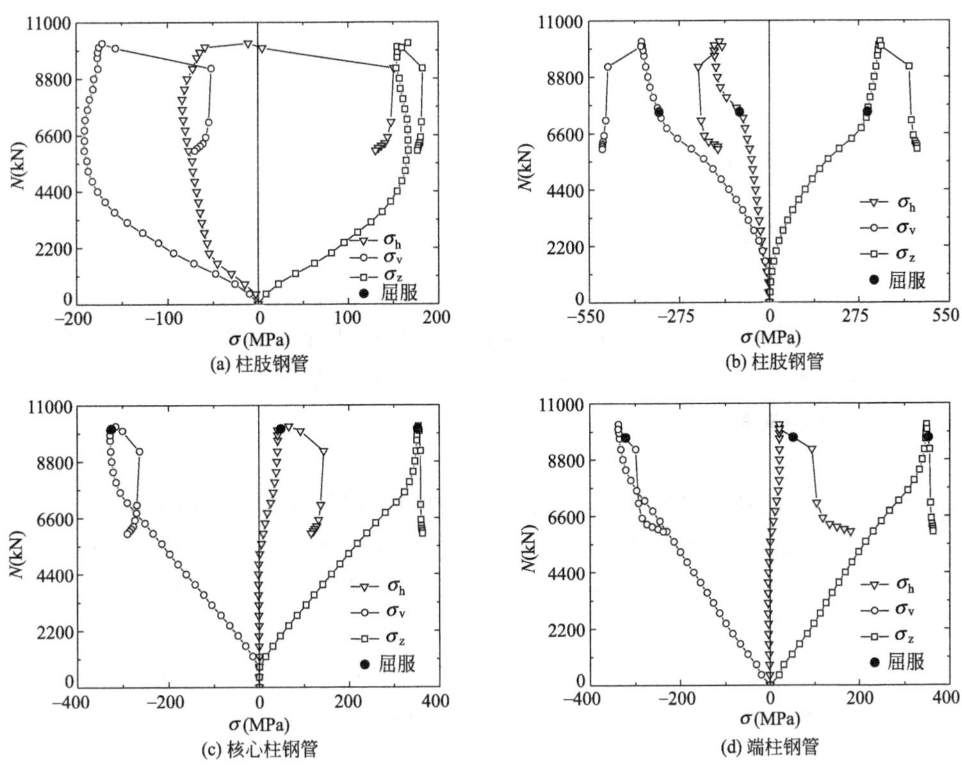

图 2-16　L 形钢管混凝土试件 L-77-56-1 轴压荷载-中截面应力曲线

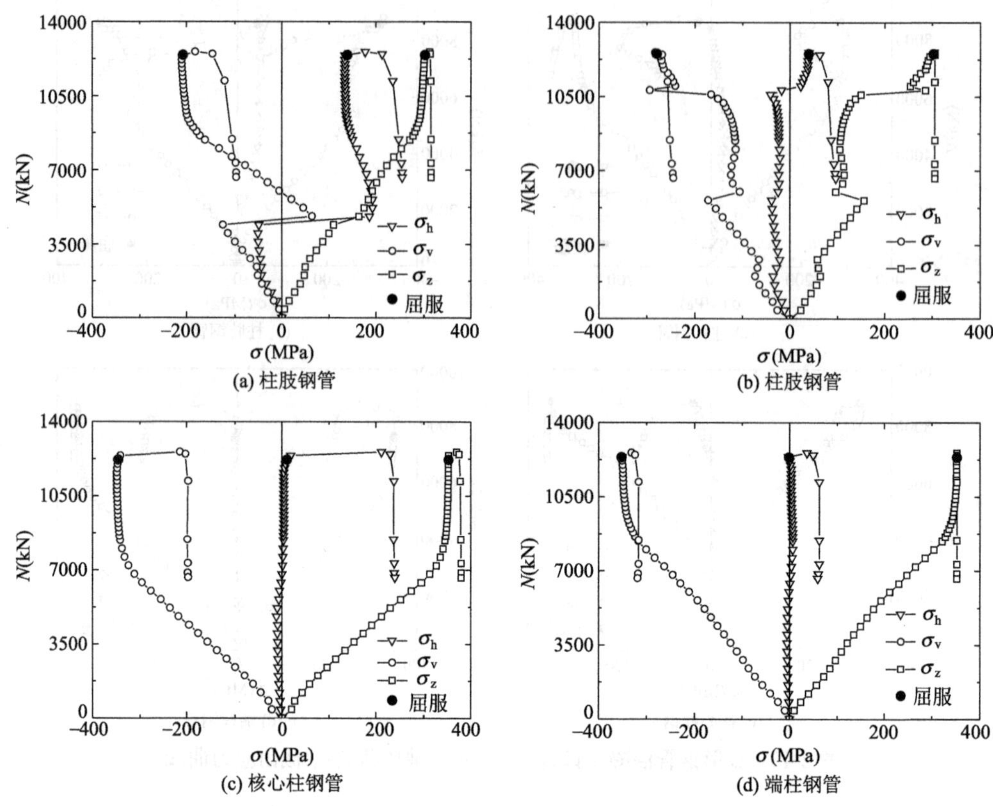

图 2-17 L 形钢管混凝土试件 L-110-56-1 轴压荷载-中截面应力曲线

2.4 有限元分析

2.4.1 有限元模型建立

本章应用有限元软件 ABAQUS 建立钢管混凝土异形柱轴压有限元模型，进行参数规律影响分析，对钢管混凝土异形柱的受力机理和破坏模式深入研究。基于数值分析结果，建立钢管混凝土异形柱轴压承载力力学模型，提出承载力设计方法。

2.4.1.1 材料本构关系

(1) 混凝土本构关系

混凝土本构关系采用 ABAQUS 软件提供的塑性损伤模型（Concrete Damage Plasticity）[141]，该模型屈服面函数与有效净水压力有关，混凝土受约束后强度提高的特性可以通过确定屈服面函数来实现。模型中的塑性参数取值为：膨胀角 $\psi=30°$，流动势偏移度 $c=0.1$，初始等效双轴抗压屈服应力与初始单轴抗压屈服应力的比值 $f_{b0}/f_{c0}=1.16$，受拉、压子午线偏量第二应力不变量的比值 $K_c=0.667$，黏性系数 $u=0.0001$。混凝土的弹性模量根据混凝土材性试验确定，泊松比取为 0.2。混凝土单轴应力-应变关系采用《混凝土结构设计规范》GB 50010—2010 附录 C 中给出的模型[142]，如图 2-18(a) 所示。

（2）钢材本构关系

钢材本构关系采用 ABAQUS 软件提供的三维等向弹塑性模型，满足 Von Mises 屈服准则，其输入的单轴应力-应变关系采用线性强化模型（图 2-18(b)），强化段弹性模量取 $0.01E_s$，E_s 为钢材的弹性模量，根据钢材材性试验确定，泊松比取为 0.3。

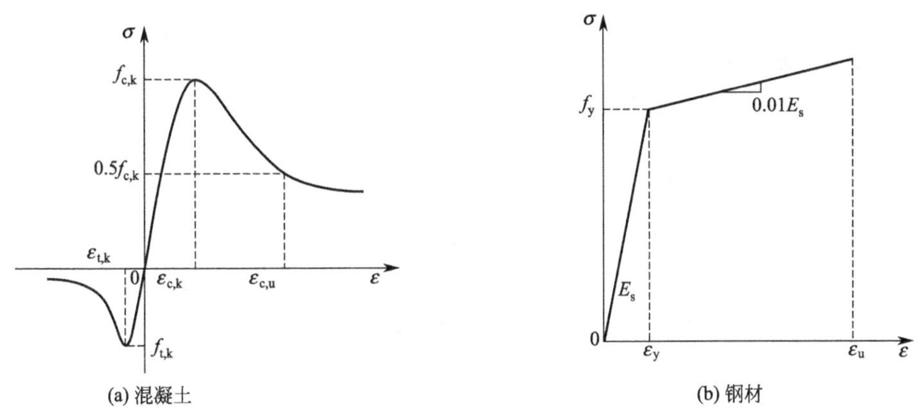

(a) 混凝土　　(b) 钢材

图 2-18　材料单轴应力-应变关系曲线

2.4.1.2　单元类型和网格划分

钢管各向同性且比较薄，采用四节点减缩积分的壳单元（S4R），单元厚度方向采用 5 个 Simpson 积分点。混凝土采用八节点减缩积分的三维实体单元（C3D8R）。钢筋加劲肋采用二节点线性空间梁单元（B31）。对不同尺寸的网格模型进行对比，发现矩形网格大小取 20～25mm 时，计算精度和计算效率均比较合理。钢管和混凝土的网格划分一致（如图 2-19 所示）。

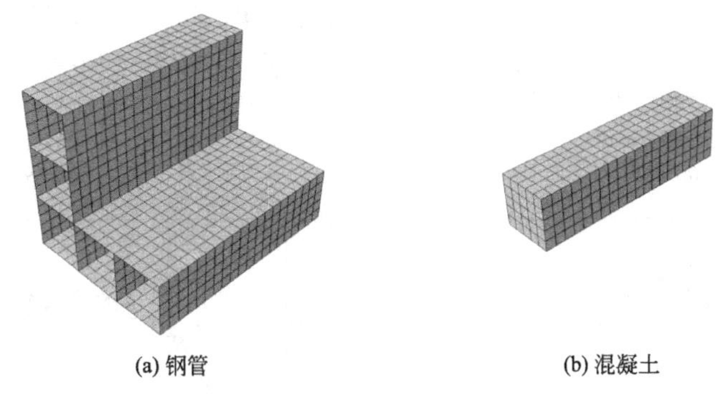

(a) 钢管　　(b) 混凝土

图 2-19　钢管与混凝土网格划分

2.4.1.3　部件间相互作用

（1）钢管与混凝土的相互作用

柱钢管与混凝土之间采用面与面接触（surface to surface）属性，接触面法向为硬接触（hard contact），钢管与混凝土可以分离但不相互穿透；切向采用库仑摩擦模型，并考虑小滑移，摩擦系数取为 0.25[143-144]。

（2）钢管与加劲肋的相互作用

异形钢管与内置加劲肋（内隔板、对拉钢筋）采用融合（merge）属性连接在一起，以模拟焊接工序。融合（merge）属性不能模拟焊缝断裂。

（3）混凝土与加劲肋的相互作用

多腔钢管混凝土异形柱的内隔板与混凝土之间采用面与面接触（surface to surface）属性。对拉钢筋加劲肋嵌固（embed）到混凝土内，嵌固位置处两者变形协调。

2.4.1.4 边界条件和加载

为了更加真实地模拟实际加载的方式，计算出异形柱试件的形心，建模时在柱顶和柱底形心处分别建立一个参考点，最后将柱顶和柱底截面设置成刚性体（rigid body constraint），并与对应的形心参考点绑定。有限元模拟的轴压柱边界条件，柱底采用固接，约束条件为三个线位移 $U_1=U_2=U_3=0$，三个角位移 $U_{R1}=U_{R2}=U_{R3}=0$；而柱顶仅释放竖向位移，约束条件为 $U_1=U_2=0$ 和 $U_{R1}=U_{R2}=U_{R_3}=0$。位移约束施加在参考点上。

加载方式采用位移加载，可使模型更容易收敛，并能够获得稳定的荷载下降段，轴向位移直接施加在参考点上。

2.4.1.5 有限元模型验证

根据上述步骤建立有限元模型，计算得到钢管混凝土异形柱的轴压荷载-位移曲线，与试验的对比见图 2-20。可看出在初始刚度、峰值承载力等方面两者吻合较好，曲线下降度略有差异，验证了有限元模型的可靠性。

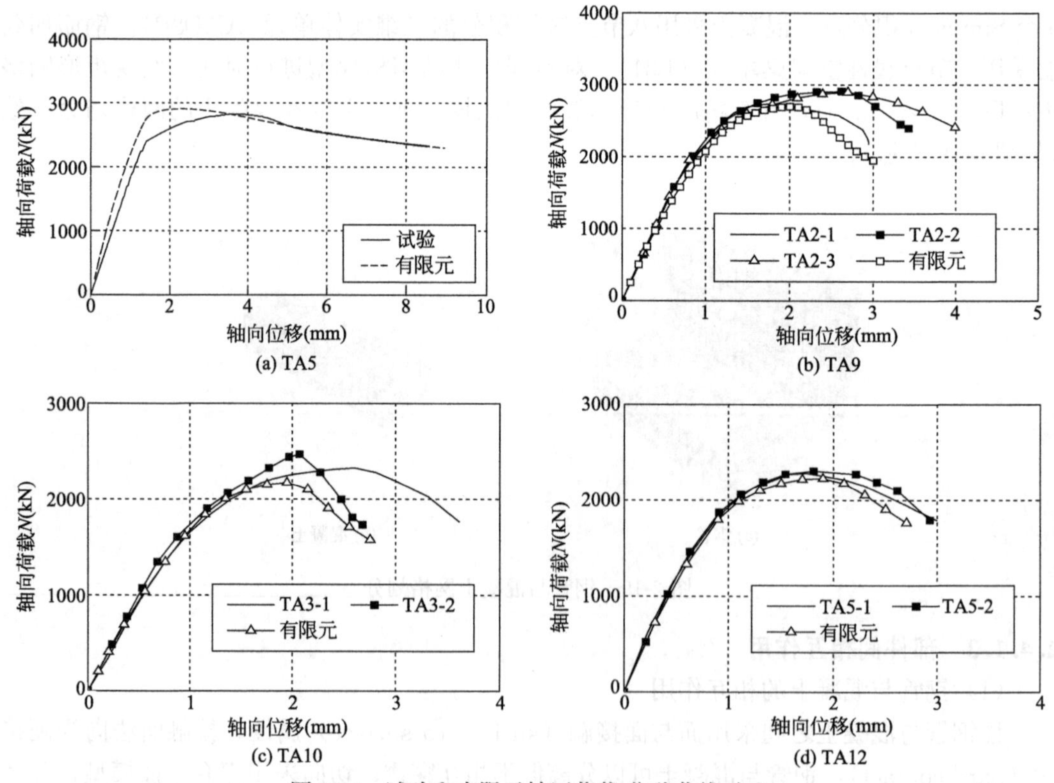

图 2-20 试验和有限元轴压荷载-位移曲线对比

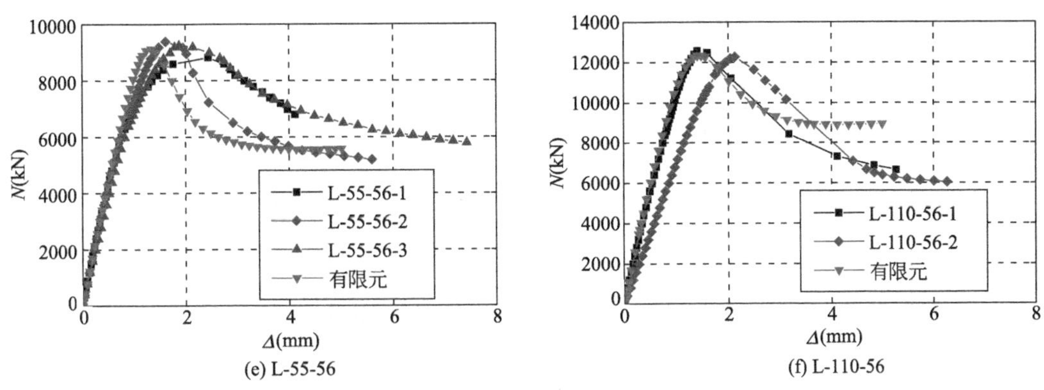

图 2-20　试验和有限元轴压荷载-位移曲线对比（续）

2.4.2　参数影响分析

分析钢管厚度、钢材强度等级和混凝土强度等级等参数对钢管混凝土异形短柱的轴压强度的影响。各参数之间的相互关系可以用套箍系数 θ（$\theta=A_sf_y/A_cf_{ck}$）表示，且以套箍系数 θ 为基本参数，研究钢管混凝土异形短柱的轴压承载力。为此，参照前文已建立的有限元模型，共建立了 120 个套箍系数 θ 在 0.5～4.0 范围内的钢管混凝土异形短柱模型，计算模型的轴压承载力，有限元模型参数如表 2-6 所示。

有限元模型参数分析取值　　**表 2-6**

变化参数	参数范围	固定值	套箍系数
含钢率 α	0.07,0.10,0.13,0.16,0.20 0.23,0.27 0.30,0.35,0.38,0.43	0.07	$\theta=\frac{A_sf_y}{A_cf_{ck}}$ 0.5～4.0
混凝土强度 f_{ck}(MPa)	30,46,59,70,94	59	
钢材强度 f_y(MPa)	235,302,390,420	302	

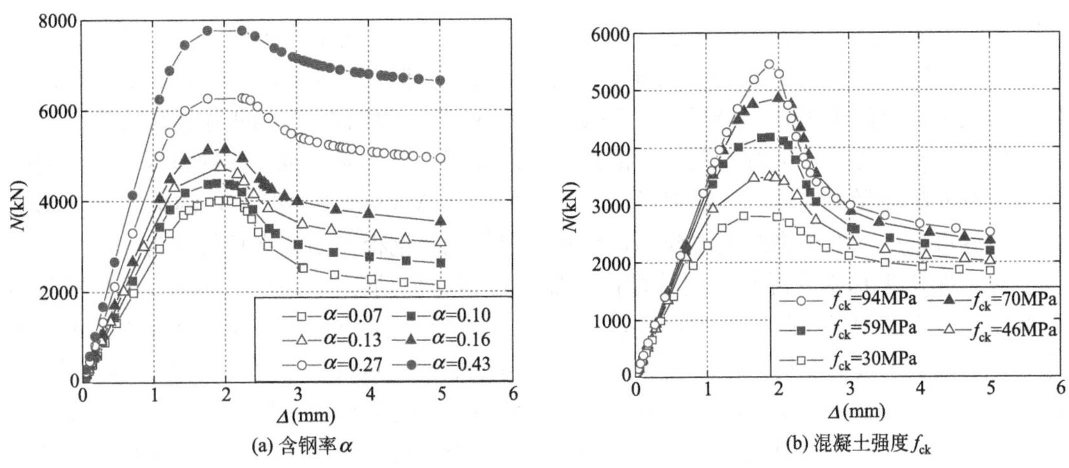

图 2-21　参数分析结果

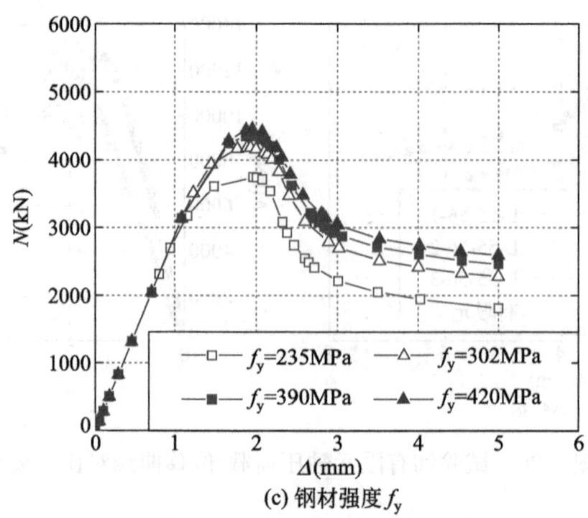

(c) 钢材强度f_y

图 2-21 参数分析结果（续）

由参数分析结果可知，含钢率的增加使试件的初始刚度、承载力和延性显著增加（如图 2-21(a) 所示）；混凝土强度的增加使试件的初始刚度和承载力增加，延性降低（如图 2-21(b) 所示）；钢材强度的增加使承载力和延性增加，初始刚度几乎不变（如图 2-21(c) 所示）。

2.5 承载力力学模型

相对于方钢管混凝土截面，异形钢管混凝土截面混凝土约束区分布更复杂。不仅钢管截面阳角数量比方钢管多，还有受力和变形更为复杂的阴角部位；复杂的截面使得混凝土约束区分布更加不规则。本章以 T 形截面短柱为例，介绍钢管混凝土异形柱承载力力学模型。

2.5.1 考虑约束效应的混凝土抗压强度

参考方钢管混凝土截面混凝土约束区分布，非加劲 T 形钢管混凝土截面（图 2-22(a)）混凝土约束区分布如图 2-22(b) 所示。其中各钢板中部区域刚度较小，为混凝土非约束区；两钢板交界的阳角处刚度较大，为混凝土约束区；两钢板交界的阴角处虽然刚度较大，但阴角受压时易发生背离混凝土的位移，因此阴角处混凝土也为非约束区；内部混凝土由于有外围混凝土包裹，为约束区域。参照混凝土 Mander 模型[145]，约束区与非约束区的边界可采用二次抛物线近似模拟，抛物线起始点与钢板平面的夹角可取为 45°。

对于加劲 T 形钢管混凝土短柱截面，如对拉钢筋加劲截面（图 2-22(c)），在其截面内宽厚比较大的钢板和阴角处均设置了加劲肋，加劲肋约束点改变了原有混凝土约束区的分布，约束点附近的非约束区转变为约束区，将原非约束区减少成若干个小的非约束区；阴角处加劲肋约束点限制了阴角向外的位移，使得原来的非约束区转变为约束区。新形成的非约束区与约束区边界仍然用二次抛物线近似模拟，抛物线起始点与钢板平面的夹角仍然采用 45°。阳角和阴角处的约束区特征尺寸取值借鉴文献［145］的方法，取较短钢板边长的 1/6。

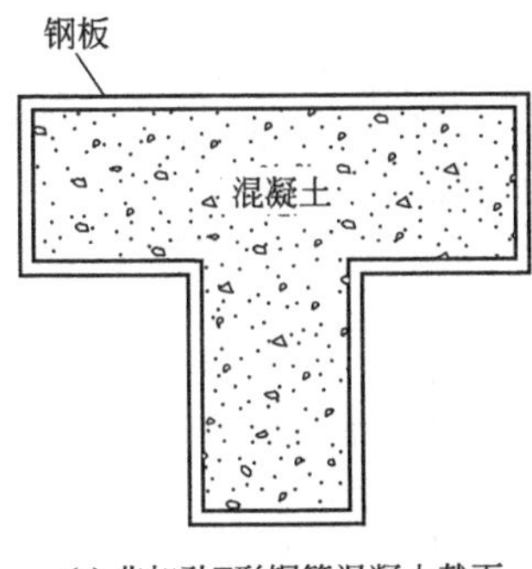

(a) 非加劲T形钢管混凝土截面

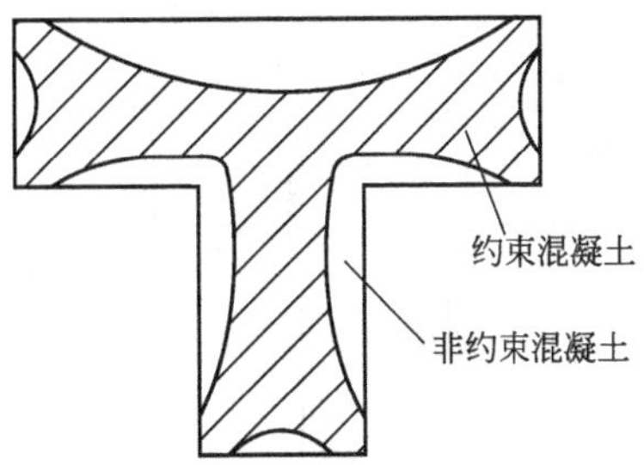

(b) 非加劲T形试件混凝土截面约束区

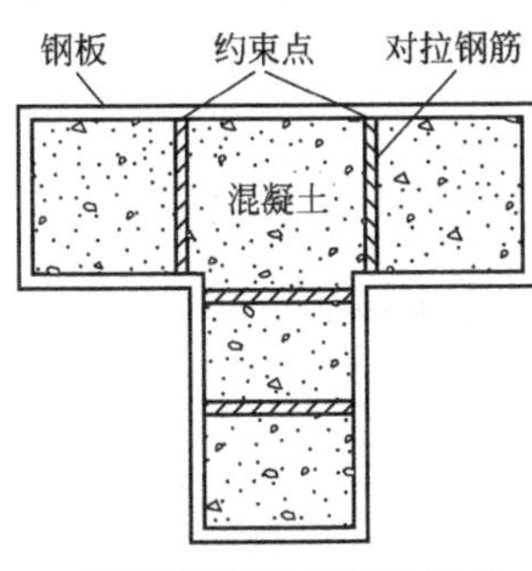

(c) 加劲T形钢管混凝土截面

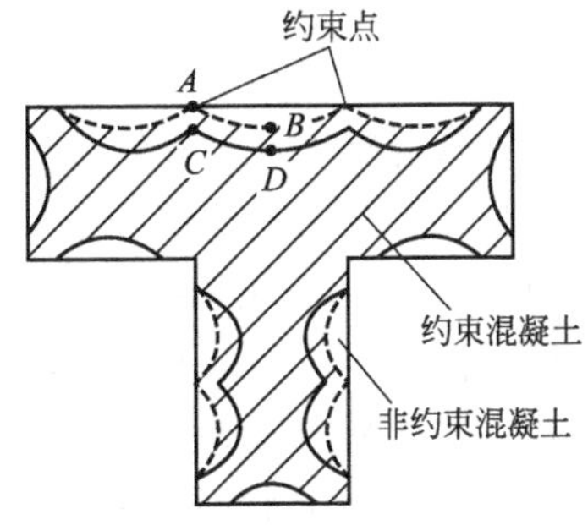

(d) 加劲T形试件混凝土截面约束区

图 2-22　T 形钢管混凝土截面混凝土约束区分布

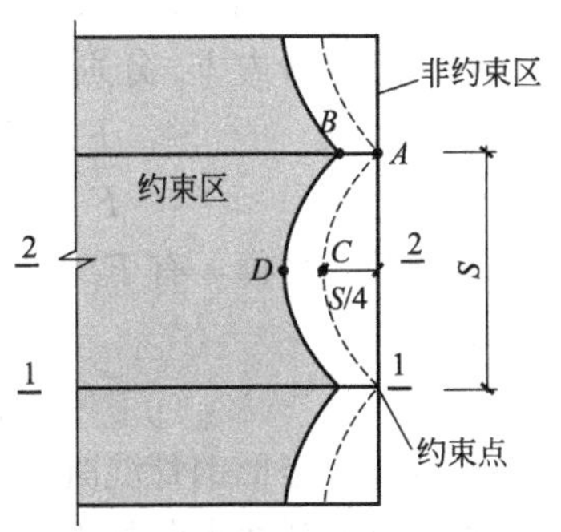

图 2-23　钢管混凝土异形柱中混凝土约束区竖向分布

以上所述为加劲肋约束点作用截面的约束区分布，在两加劲肋约束点所在的 1—1 截面（图 2-23）之间的非加劲截面（2—2 截面），即两约束截面的中间截面，此处无加劲肋约束点作用，混凝土约束区面积为所有截面最小。非加劲截面作为薄弱截面，其混凝土约束区分布决定了构件的承载力等力学性能。混凝土约束区沿构件竖向分布可采用二次抛物线描述，抛物线与钢板平面的夹角取为 45°。结合图 2-22(d) 和图 2-23，A 点为加劲截面约束点位置，B 点为加劲截面两约束点间的混凝土约束区边界的中点，C 点是 A 点沿抛物线边界扩展到非加劲截面对应的点，D 点是 B 点沿抛物线边界扩展到非加劲截面对应的点。这样就可以进一步构筑混凝土约束效应的计算方法，计算约束混凝土的抗压强度。

由于 T 形钢管混凝土截面较为复杂，难以像矩形钢管混凝土截面一样在截面建立平衡方程以考虑加劲肋对混凝土侧向压应力的提高作用。由图 2-22(c)、(d) 可看出，钢筋加劲肋近似将 T 形截面划分为若干矩形部分，每一部分混凝土约束区的分布与矩形钢管混凝土类似，只是内部混凝土连接处为约束区，因此可将 T 形钢管混凝土截面划分为若干矩形钢管混凝土截面，如图 2-24 所示。在加劲肋竖向间距范围内，钢筋 a 的拉力近似等于钢板 C 的拉力，钢筋 b 的拉力近似等于钢板 D 的拉力，钢筋 c 的拉力近似等于钢板 A 和 B 的拉力，因此可将钢筋等效为与钢管等厚的钢板，而钢板又将混凝土划分为若干矩形部分，矩形钢管厚度等于 T 形钢管厚度。

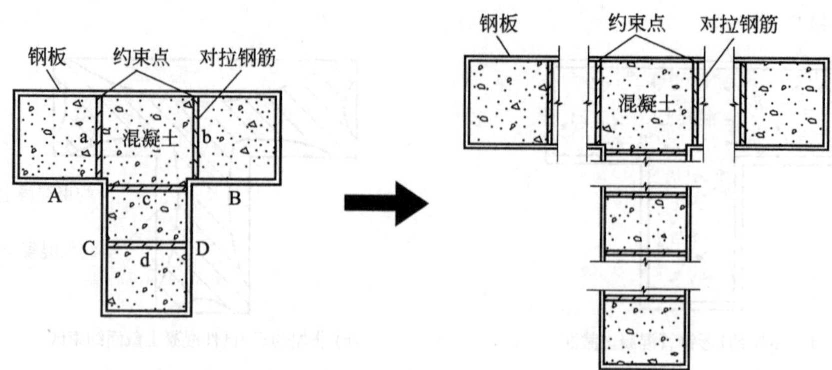

图 2-24　T 形钢管混凝土截面转化为若干矩形钢管混凝土截面

由于矩形钢管混凝土长边和短边处混凝土侧向压应力不相同，短边由于宽厚比较小，其侧向压应力相对较大。因此整个矩形截面加权平均后的混凝土侧向压应力应介于长边侧向压应力和短边侧向压应力之间。本章以边长为权系数，将求得的矩形钢管混凝土各边侧向压应力进行加权平均，最终得到 T 形钢管混凝土柱截面中混凝土受到的平均侧向压应力。

对于矩形钢管混凝土截面，钢管和混凝土的截面平衡如图 2-25 所示。假设对应于边长 L_i 的混凝土侧向压应力为 f_{li}，两边钢板横向应力为 f_{h}（可近似取钢材屈服强度的 10%[146]），则单位柱长度范围内两边钢板内力合力 F_{s} 与混凝土侧向合力 F_{c} 分别为：

$$F_{\mathrm{s}}=2f_{\mathrm{h}}t \tag{2-1}$$

$$F_{\mathrm{c}}=f_{li}L_i \tag{2-2}$$

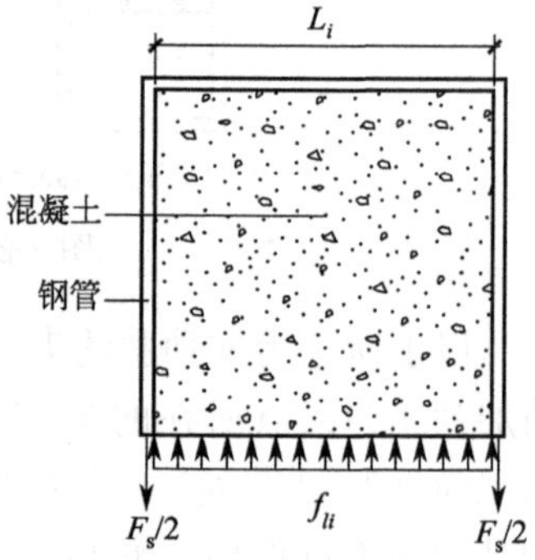

根据截面平衡，有 $F_{\mathrm{c}}=F_{\mathrm{s}}$，则可以得到混凝土侧向压应力为：

图 2-25　矩形钢管混凝土截面平衡

$$f_{li}=2f_{\mathrm{h}}t/L_i \tag{2-3}$$

将各等效矩形钢管混凝土截面内混凝土受到的侧向压应力进行加权平均，得到所有矩形钢管混凝土截面内混凝土外侧受到的侧向压应力加权平均值 f_l：

$$f_l=\sum_{i=1}^{m}f_{li}L_i\Big/\sum_{i=1}^{m}L_i \tag{2-4}$$

式中：m——T 形钢管转化为若干矩形钢管后的总边数。

考虑混凝土约束区的分布（图 2-22(d) 和图 2-23），将非约束区进行编号（图 2-26），分别求出控制截面（非加劲 2—2 截面）的非约束区面积。对于多腔式钢管混凝土异形柱，由于内隔板加劲肋沿柱全长布置，约束区沿柱全长分布是不变的，只需求出 1—1 截面的非约束区面积。令每块非约束区特征尺寸为 W_i（i 为非约束区编号），由以下公式计算：

$$W_1=L_1/3-d_{\mathrm{t}} \tag{2-5}$$

$$W_2=L_1/3-d_{\mathrm{t}}/2-(L_1/3)/6 \tag{2-6}$$

$$W_3=L_2-2L_2/6 \tag{2-7}$$

$$W_4=L_3-2L_3/6 \tag{2-8}$$

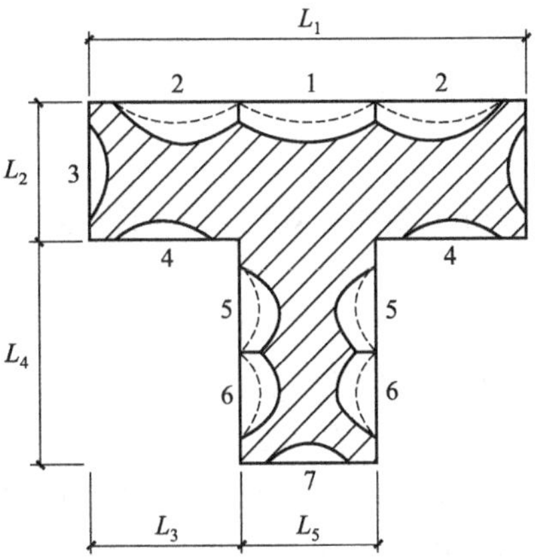

图 2-26　T 形钢管混凝土中混凝土约束区和非约束区分布

$$W_5 = L_4/2 - (L_4/2)/6 - d_t/2 \tag{2-9}$$

$$W_6 = L_4/2 - (L_4/2)/6 - d_t/2 \tag{2-10}$$

$$W_7 = L_5 - 2L_5/6 \tag{2-11}$$

式中：d_t——钢筋加劲肋直径（mm）；

L_i——相应钢板的边长（mm），如图 2-26 所示。

非加劲截面各非约束区面积 A_i 用下面各式计算：

$$A_1 = \frac{2}{3}W_1\left(\frac{1}{4}W_1\tan\alpha_1\right) + W_1\left(\frac{1}{4}S\tan\alpha_2\right) \tag{2-12}$$

$$A_2 = \frac{2}{3}W_2\left(\frac{1}{4}W_2\tan\alpha_1\right) + \frac{1}{3}W_2\left(\frac{1}{4}S\tan\alpha_2\right) + \frac{1}{2}W_2\left(\frac{1}{4}S\tan\alpha_2\right) \tag{2-13}$$

$$A_3 = \frac{2}{3}W_3\left(\frac{1}{4}W_3\tan\alpha_1\right) \tag{2-14}$$

$$A_4 = \frac{2}{3}W_4\left(\frac{1}{4}W_4\tan\alpha_1\right) \tag{2-15}$$

$$A_5 = \frac{2}{3}W_5\left(\frac{1}{4}W_5\tan\alpha_1\right) + \frac{1}{3}W_5\left(\frac{1}{4}S\tan\alpha_2\right) + \frac{1}{2}W_5\left(\frac{1}{4}S\tan\alpha_2\right) \tag{2-16}$$

$$A_6 = \frac{2}{3}W_6\left(\frac{1}{4}W_6\tan\alpha_1\right) + \frac{1}{3}W_6\left(\frac{1}{4}S\tan\alpha_2\right) + \frac{1}{2}W_6\left(\frac{1}{4}S\tan\alpha_2\right) \tag{2-17}$$

$$A_7 = \frac{2}{3}W_7\left(\frac{1}{4}W_7\tan\alpha_1\right) \tag{2-18}$$

截面非约束区总面积 A_{co} 为各个非约束区面积的总和，即

$$A_{co} = \sum_{i=1}^{n} A_i \tag{2-19}$$

式中：A_{co}——截面非约束区总面积（mm^2）；

A_i——第 i 个非约束区面积（mm^2）；

α_1、α_2——混凝土约束区与非约束区分界线起始点分别在截面内钢板上和纵向钢板上的倾角，可均取 45°；

i——非约束区编号；

n——非约束区的个数。

混凝土截面有效约束区面积 A_{cc} 为：

$$A_{cc}=A_c-A_{co} \tag{2-20}$$

定义有效约束系数 k_e 为混凝土截面有效约束区面积与总面积的比值：

$$k_e=\frac{A_{cc}}{A_c} \tag{2-21}$$

混凝土整个截面受到的均布侧向压应力 f_l' 定义为：

$$f_l'=k_e f_l \tag{2-22}$$

约束混凝土单向受压应力-应变关系参考 Mander 于 1988 年提出的适合于圆形箍筋和矩形箍筋约束下混凝土的骨架曲线[145]，如图 2-27 所示。

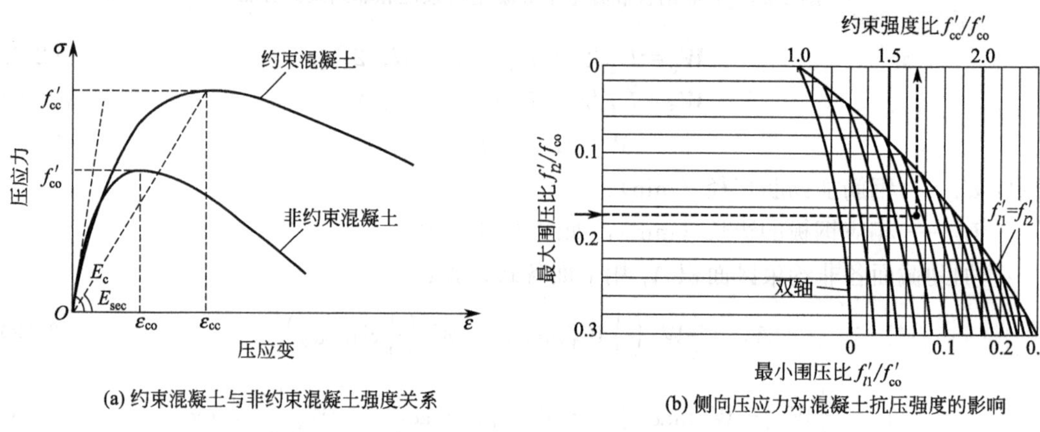

(a) 约束混凝土与非约束混凝土强度关系

(b) 侧向压应力对混凝土抗压强度的影响

图 2-27　约束混凝土抗压强度与侧向压应力的关系

Mander 模型中以相关曲线形式给出了矩形钢筋混凝土试件截面中混凝土均布侧压力和约束混凝土抗压强度的关系，其中 f_{l1}' 和 f_{l2}' 分别是矩形混凝土截面相邻面的侧向压应力，f_{co}' 即为非约束混凝土轴心抗压强度 f_{ck}，f_{cc}' 即为约束混凝土轴心抗压强度 f_{cc}。这里令 $f_{l1}'=f_{l2}'=f_l'$，可以由图 2-27(b) 回归出约束混凝土轴心抗压强度 f_{cc} 和均布侧向压应力 f_l' 的关系曲线，见式(2-23)：

$$f_{cc}=f_{ck}[-7.333(f_l'/f_{ck})^2+6.533(f_l'/f_{ck})+1] \tag{2-23}$$

由约束混凝土轴心抗压强度 f_{cc} 可通过式(2-24) 求得其对应的应变 ε_{cc}：

$$\varepsilon_{cc}=\varepsilon_{ck}\left[1+5\left(\frac{f_{cc}}{f_{ck}}-1\right)\right] \tag{2-24}$$

混凝土受压应力 f_c-应变 ε_c 关系曲线表达式为：

$$f_c=\frac{f_{cc}xr}{r-1+x^r} \tag{2-25}$$

式中：x、r——系数，用下式计算：

$$x=\frac{\varepsilon_c}{\varepsilon_{cc}} \tag{2-26}$$

$$r=\frac{E_c}{E_c-E_{sec}} \tag{2-27}$$

式中：E_c、E_{sec}——分别为混凝土弹性模量（N/mm^2）和约束混凝土抗压强度对应的割线模量（N/mm^2），用下式计算：

$$E_c=5000\sqrt{f_{ck}}\,(\text{MPa}) \tag{2-28}$$

$$E_{sec}=\frac{f_{cc}}{\varepsilon_{cc}} \tag{2-29}$$

2.5.2 考虑局部屈曲的钢管强度

为了使数值分析模型概念清晰且方便应用，钢材（钢管和钢筋）采用单轴应力-应变关系模型。根据钢材拉伸试验，对其结果进行简化，采用理想弹塑性应力-应变关系曲线模型（图 2-28），模型由弹性段和强化段组成，钢材进入屈服后，强化段切线模量取弹性模量的 1%。

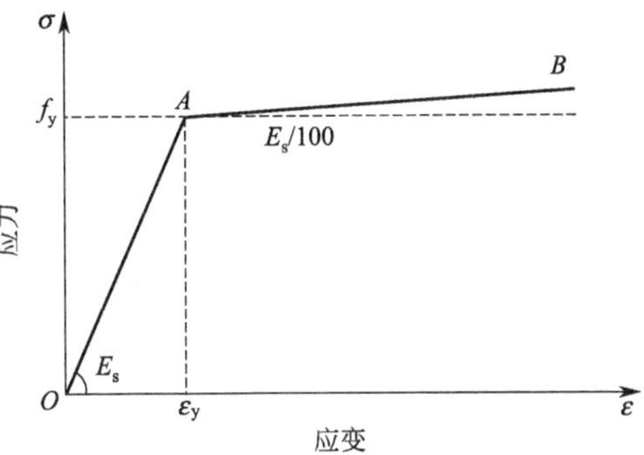

图 2-28 钢管和钢筋单轴应力-应变关系曲线

对于宽厚比小于 $60\sqrt{235/f_y}$ 的钢板，加载过程中认为钢板不会屈曲，能够达到屈服强度；对于宽厚比大于 $60\sqrt{235/f_y}$ 的钢板，考虑到加劲肋能够有效延缓钢板的局部屈曲，提出点约束形式的加劲四边固接板弹性屈曲强度公式：

$$f'_{cr}=\alpha_a\alpha_b f_{cr}=\alpha_a\alpha_b\frac{\pi^2 D}{b^2}\left(4\varphi^2\frac{4}{\varphi^2}+\frac{8}{3}\right) \tag{2-30}$$

若计算的 f'_{cr} 大于钢材屈服强度，则钢板屈服前不发生屈曲，取钢材屈服强度计算承载力。式中 α_a 和 α_b 分别是考虑加劲肋约束点沿钢板纵向间距 S_a 和横向间距 S_b 的影响系数，分别定义为：

$$\alpha_a=\sqrt{\left(\frac{S_a}{a}\right)^2+\left(1-\left(\frac{S_a}{a}\right)^2\right)\frac{f_y}{f_{cr}}} \tag{2-31}$$

$$\alpha_b=\sqrt{\left(\frac{S_b}{b}\right)^2+\left(1-\left(\frac{S_b}{b}\right)^2\right)\frac{f_y}{f_{cr}}} \tag{2-32}$$

式中，a 和 b 为非加劲情况下单个屈曲波范围的钢板边长，即 a 为钢管截面边长，b 为非加劲钢管纵向相邻两个屈曲波的波峰间距。当约束点沿钢板纵向间距 S_a 和横向间距 S_b 分别趋近于 a 和 b 时，$\alpha_a=1$，$\alpha_b=1$，$f'_{cr}=f_{cr}$，即非加劲四边固接钢板弹性屈曲承载力。当纵向间距 S_a 和横向间距 S_b 趋近于 0，钢板各处平面外位移为 0，钢板屈曲被完全限制，此时 $f'_{cr}=f_y$，即钢板能够达到屈服强度。

2.5.3 轴向荷载-位移曲线

由构件轴向压缩量（即柱顶位移）计算截面平均应变；再由材料单轴应力-应变曲线计算混凝土和钢管的截面应力，其中混凝土考虑约束区分布对抗压强度的提高，钢管考虑局部屈曲和加劲肋约束作用对承载力的影响。将混凝土和钢管各自承载力进行叠加，得到加劲 T 形钢管混凝土轴压荷载-位移曲线，与试验曲线的对比见图 2-29。

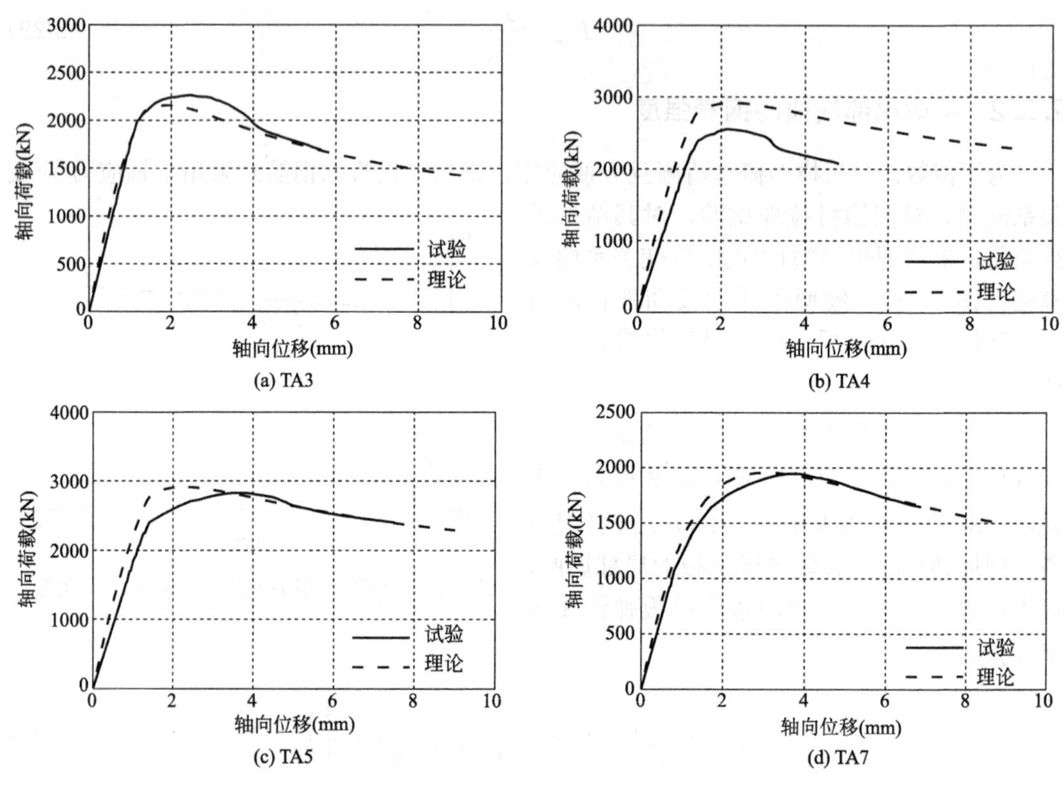

图 2-29 计算荷载-位移曲线与试验曲线的对比

2.6 轴压承载力设计方法

应用 ABAQUS 软件进行全面的参数分析，分别基于统一理论和叠加理论提出钢管混凝土异形短柱轴压承载力设计方法。

2.6.1 基于统一理论的承载力设计方法

统一理论认为钢管和混凝土作为一种新型组合材料，需要考虑钢管对混凝土约束作用的有利影响[147]。钢管混凝土异形柱截面轴压承载力 N_u 由式(2-33) 确定，其中 f_{sc} 为组合截面强度，A_{sc} 为组合截面面积。有限元计算承载力和部分试验结果对比如图 2-30 所示，f_{sc}/f_{ck} 和 θ 分别作为纵坐标和横坐标。通过回归分析，钢管混凝土异形柱的截面组合强度 f_{sc} 由式(2-34) 确定，其中系数 B 和 C 分别用于考虑钢材屈服强度和混凝土抗压

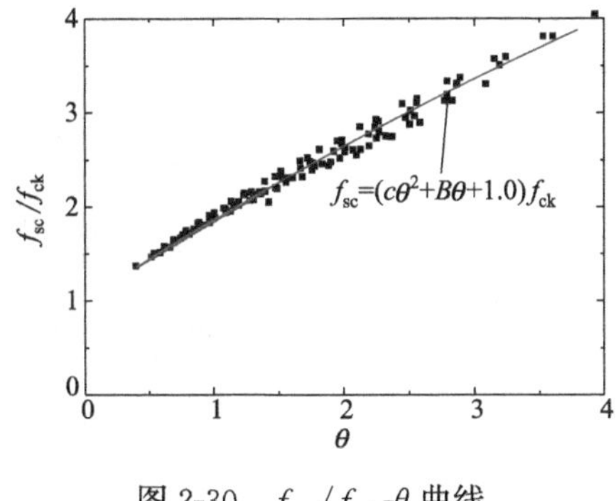

图 2-30　f_{sc}/f_{ck}-θ 曲线

强度的影响，由式(2-35)确定。

$$N_u=A_{sc}f_{sc} \tag{2-33}$$

$$f_{sc}=(C\theta^2+B\theta+1.0)f_{ck} \tag{2-34}$$

$$B=0.115f_y/235+0.7;\ C=-0.011f_{ck}/20+0.01 \tag{2-35}$$

2.6.2 基于叠加理论的承载力设计方法

本文基于叠加理论，考虑由钢管约束作用所带来的承载力提高系数 η，认为该提高系数 η 与套箍系数 θ 有关（如图 2-31 所示）。钢管混凝土异形柱截面轴压承载力 N_u 由式(2-36)确定，其中 N_0 为截面简单叠加承载力，由式(2-37)确定；承载力提高系数 η 由式(2-38)确定，其中系数 D 和 E 分别用于考虑钢屈服强度和混凝土抗压强度的影响，由式(2-39)确定。

$$N_u=\eta N_0 \tag{2-36}$$

$$N_0=A_c f_{ck}+A_s f_y \tag{2-37}$$

$$\eta=E\theta^2+D\theta+1.0 \tag{2-38}$$

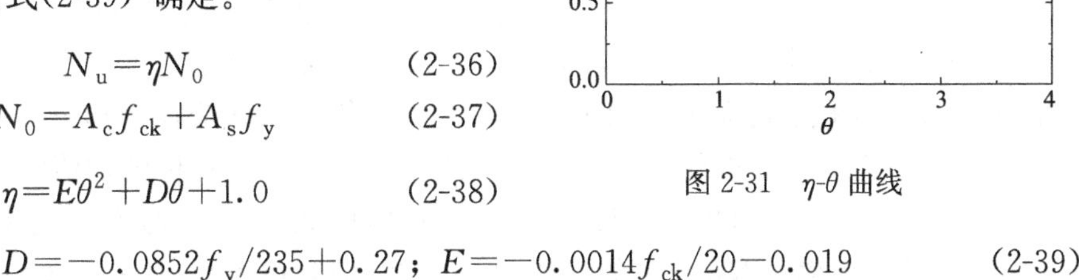

图 2-31　η-θ 曲线

$$D=-0.0852f_y/235+0.27;\ E=-0.0014f_{ck}/20-0.019 \tag{2-39}$$

2.6.3 设计轴压承载力与试验承载力的对比

图 2-32 为按照基于统一理论和叠加理论的设计承载力与试验承载力之间的对比，其中 N_{uc1} 和 N_{uc2} 分别由式(2-33)和式(2-36)确定，N_e 是试验承载力。对比表明，本章设计公式可以较准确地预测钢管混凝土异形短柱的轴压承载力。

2.6.4 设计轴压承载力与各国规范计算承载力的对比

美国规范 ANSI/AISC 360-10[148] 和欧洲规范 EC 4（2004）[149] 针对方形、矩形钢管混凝土柱承载力计算均采用简单叠加理论，而《钢管混凝土结构技术规范》GB 50936—2014[96] 采用统一理论，虽然这些规范均无针对钢管混凝土异形柱的承载力计算方法，但由于加劲后的钢管混凝土异形柱与方形、矩形柱性能接近，可以借鉴进行计算。

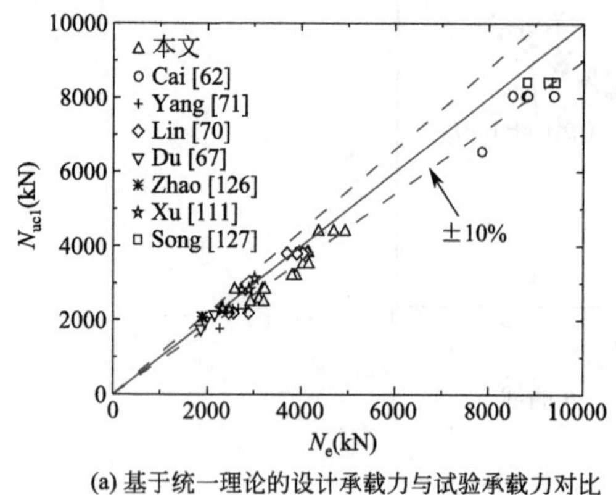

(a) 基于统一理论的设计承载力与试验承载力对比

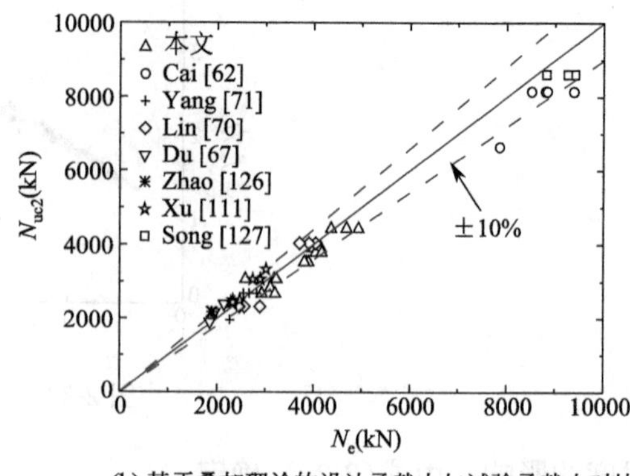

(b) 基于叠加理论的设计承载力与试验承载力对比

图 2-32　设计轴压承载力与试验承载力的对比

（1）美国规范 ANSI/AISC 360-10 轴压承载力 N_A：

$$N_A=0.85A_c f_{ck}+A_s f_y \tag{2-40}$$

（2）欧洲规范 EC 4（2004）轴压承载力 N_E：

$$N_E=A_c f_{ck}+A_s f_y \tag{2-41}$$

（3）中国规范 GB 50936—2014 轴压承载力 N_C：

$$N_C=A_{sc} f_{sc} \tag{2-42}$$

$$f_{sc}=(G\theta^2+F\theta+1.212)f_{ck} \tag{2-43}$$

$$F=0.131f_y/235+0.723;\ G=-0.07f_{ck}/20+0.026 \tag{2-44}$$

将本章提出的设计承载力与试验承载力，以及美国规范、欧洲规范、中国规范的计算承载力进行比较，见表 2-7。由于未考虑钢管对核心混凝土的约束作用，美国规范 ANSI/AISC 360-10 和欧洲规范 EC 4（2004）计算值均低于试验承载力；而中国规范 GB 50936—2014 考虑钢管对核心混凝土的约束作用，且方钢管约束效应比异形钢管强，所以规范计算值偏于不安全。试验承载力与 N_{uc1}（按式(2-33）计算）比值的均值为 1.08，均方差为 0.064；与 N_{uc2}（按式(2-36）计算）比值的均值为 1.05，均方差为 0.063；与 EC 4（2004）的计算承载力 N_E 比值的均值为 1.133，均方差为 0.067；与 GB 50936—2014 的计算承载力 N_C 比值的均值为 0.981，均方差为 0.07。本文两种简化设计公式计算结果介于 EC 4（2004）和 GB 50936—2014 之间，且均与试验承载力吻合良好。

钢管混凝土异形短柱承载力对比（kN）　　**表 2-7**

来源	试件编号	N_e	N_A	$\frac{N_e}{N_A}$	N_E	$\frac{N_e}{N_E}$	N_C	$\frac{N_e}{N_C}$	N_{uc1}	$\frac{N_e}{N_{uc1}}$	N_{uc2}	$\frac{N_e}{N_{uc2}}$
本文	L-59	4086	3580	1.14	3717	1.09	4425	0.92	3818	1.07	3903	1.05
	L-70	4663	4086	1.14	4250	1.10	5120	0.91	4388	1.06	4430	1.05
	T-200-3-37-N	3005	2545	1.18	2802	1.07	3206	0.94	2827	1.06	3062	0.98
	T-200-3-37-S	3853	2891	1.33	3147	1.22	3560	1.08	3204	1.20	3520	1.09
	T-100-3-37-S	3112	2326	1.34	2531	1.23	2861	1.09	2578	1.21	2835	1.10
	T-200-3-43-S	4105	3130	1.31	3429	1.20	3931	1.04	3512	1.17	3783	1.09
	T-200-2-37-S	3072	2223	1.38	2486	1.24	2899	1.06	2500	1.23	2670	1.15

续表

来源	试件编号	N_{e}	N_{A}	$\frac{N_{e}}{N_{A}}$	N_{E}	$\frac{N_{e}}{N_{E}}$	N_{C}	$\frac{N_{e}}{N_{C}}$	N_{uc1}	$\frac{N_{e}}{N_{uc1}}$	N_{uc2}	$\frac{N_{e}}{N_{uc2}}$
蔡健[12]	C1,C2 C6,C7	8743	7425	1.18	7584	1.15	8428	1.04	8042	1.09	8138	1.07
	C3	9384	7425	1.26	7584	1.24	8428	1.11	8042	1.17	8138	1.15
	C4	7850	6132	1.28	6297	1.25	7176	1.09	6540	1.20	6642	1.18
	C5	10875	9868	1.10	10016	1.09	10527	1.03	11087	0.98	11324	0.96
杨远龙[15]	TA2	2672	2162	1.24	2324	1.15	2547	1.05	2312	1.16	2676	1.00
	TA3	2259	1635	1.38	1803	1.25	2034	1.11	1775	1.27	1965	1.15
	TA4	2549	2162	1.18	2324	1.10	2547	1.00	2312	1.10	2676	0.95
	TA5	2827	2162	1.31	2324	1.22	2547	1.11	2312	1.22	2676	1.06
林振宇[20]	L2	2460	2061	1.19	2123	1.16	2450	1.004	2198	1.12	2318	1.06
	LR2	2730	2061	1.32	2123	1.29	2450	1.11	2198	1.24	2318	1.18
	L3	3708	3544	1.05	3646	1.02	4198	0.88	3803	0.98	4030	0.92
	LR3	3975	3544	1.12	3646	1.09	4198	0.95	3803	1.04	4030	0.98
杜国锋[17]	T1	1855	1581	1.17	1739	1.07	1991	0.93	1760	1.05	1906	0.97
	T2	1950	1767	1.10	1921	1.01	2173	0.90	1965	0.99	2160	0.90
	T3	2148	1931	1.11	2082	1.03	2332	0.92	2153	1.00	2391	0.90
徐创泽[35]	TA2	2849	2545	1.12	2802	1.02	3206	0.89	2827	1.01	3062	0.93
	TA3	2402	2067	1.16	2272	1.06	2595	0.93	2295	1.05	2491	0.96
	TA4	3018	2785	1.08	3084	0.98	3570	0.85	3129	0.96	3332	0.91
	TA5	2310	2045	1.13	2308	1.00	2710	0.85	2312	1.00	2438	0.95
宋华[37]	L-55-56	9163	7799	1.17	8188	1.12	9347	0.98	8422	1.09	8607	1.06
	L-77-56	10671	8915	1.20	9365	1.14	10694	1.00	9616	1.10	9822	1.08
	L-110-56	12429	10588	1.17	11131	1.12	12776	0.97	11409	1.09	11644	1.07
	L-77-63	11370	9706	1.17	10216	1.11	11744	0.97	10516	1.08	10663	1.07
均值				**1.23**		**1.11**		**0.94**		**1.08**		**1.03**
标准差				**0.096**		**0.091**		**0.080**		**0.089**		**0.084**

2.7 构件轴压稳定承载力设计方法

对参考文献［147］中钢管混凝土柱构件的稳定承载力计算方法，本文给出等肢钢管混凝土异形柱的轴压稳定承载力计算公式：

$$N_{u,cr}=\varphi N_{u} \tag{2-45}$$

式中：N_{u}——钢管混凝土异形短柱轴心受压承载力；

φ——钢管混凝土异形柱轴心受压稳定系数。

有限元模型要确定挠动偏心荷载的施加方式，先将加载点施加在试件截面形心（如图 2-33 所示），计算表明最弱轴为 y_0-y_0，与理论计算出的最弱轴相符。规定向阴角方向为正，向阳角为负，结合有限元计算结果和文献［150］，沿负向加载更易失稳。确定最不利加载方向后，考虑试件初始缺陷的影响，施加 $L/1000$ 柱高的初始偏心距[147][150]，试件两端为铰接，且允许试件扭转，有限元计算时考虑几何非线性的影响。由图 2-34 可知，有限元软件 ABAQUS 计算结果与采用文献［150］计算的钢管混凝土异形柱轴压稳定系数相比偏小，文献计算偏于不安全，且计算较复杂，不便于设计运用。因此，有必要提出钢管混凝土异形柱轴压稳定系数计算公式，因此选用的有限元分析参数如表 2-8 所示，共设计了 160 个有限元模型。

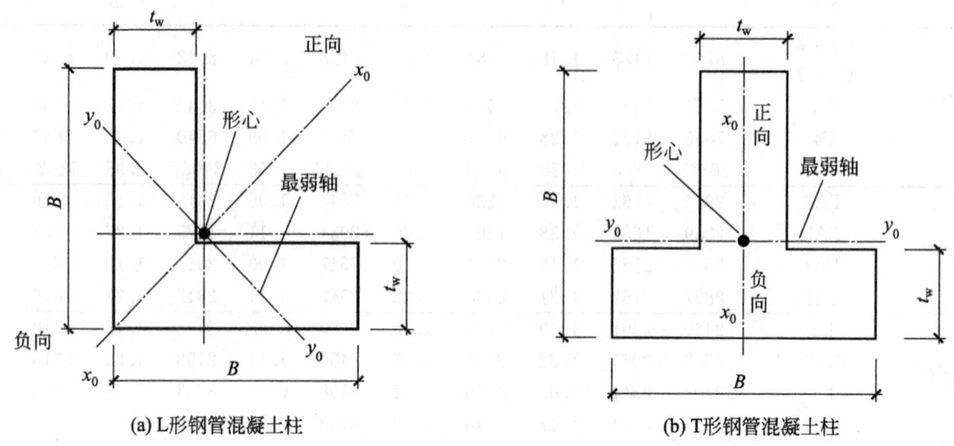

图 2-33　最不利加载方向

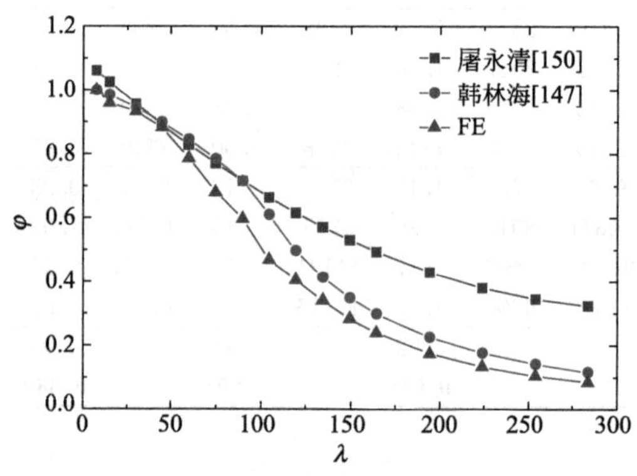

图 2-34　轴压稳定系数 φ 比较

轴压稳定系数参数分析取值　　**表 2-8**

参数	取值范围	固定值	套箍系数
λ	7,15,30,45,60,75,90,105,119 134,149,164,194,224,254,284	—	$\theta=\frac{A_s f_y}{A_c f_{ck}}$ 0.5～4.0
α	0.10,0.16,0.23,0.30,0.38	0.23	
f_y(MPa)	235,345,390,420	345	
f_{ck}(MPa)	30,46,59,70	46	

注：其中长细比 λ 按截面轮廓尺寸确定，$\lambda=l\sqrt{A/I_{min}}$，$l$ 为试件计算长度，I_{min} 为最小截面惯性矩，A 为截面面积。

图 2-35 显示了不同含钢率 α、钢材屈服强度 f_y 和混凝土抗压强度 f_{ck} 对钢管混凝土异形柱 φ-λ 曲线的影响规律。通过大量参数分析结果发现，钢管混凝土异形柱轴压 φ-λ 曲线可以用图 2-36 的典型曲线来表示。典型 φ-λ 曲线可以大致分为三个阶段[151]，如果

$\lambda \leqslant \lambda_0$，柱的破坏模式是横截面强度破坏（图 2-37(a)），轴压稳定系数近似等于 1.0；如果 $\lambda_0 < \lambda \leqslant \lambda_p$，属于弹塑性失稳（图 2-37(b)）；如果 $\lambda > \lambda_p$，属于弹性失稳（图 2-37(c)）。典型 φ-λ 曲线可用式(2-46) 表示，其中 λ_0 和 λ_p 分别为强度破坏和弹塑性失稳的界限长细比，分别按式(2-47)、式(2-48) 确定。

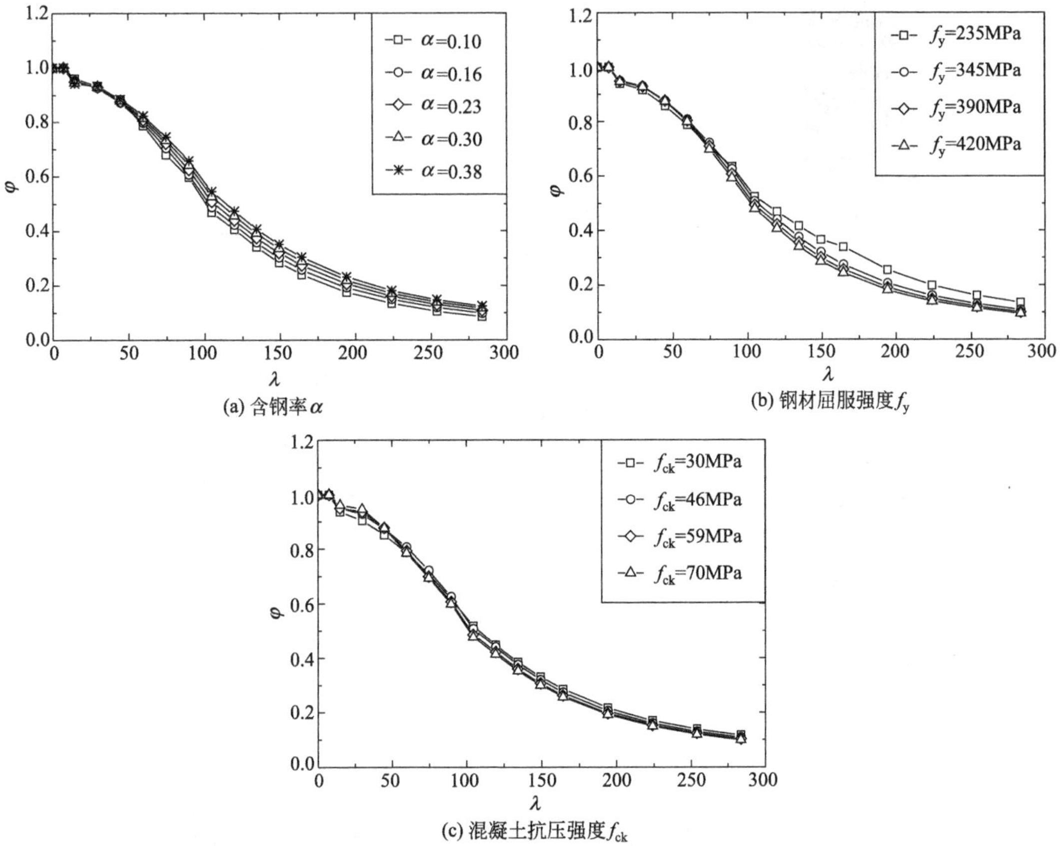

(a) 含钢率 α

(b) 钢材屈服强度 f_y

(c) 混凝土抗压强度 f_{ck}

图 2-35　不同参数对 φ-λ 曲线的影响

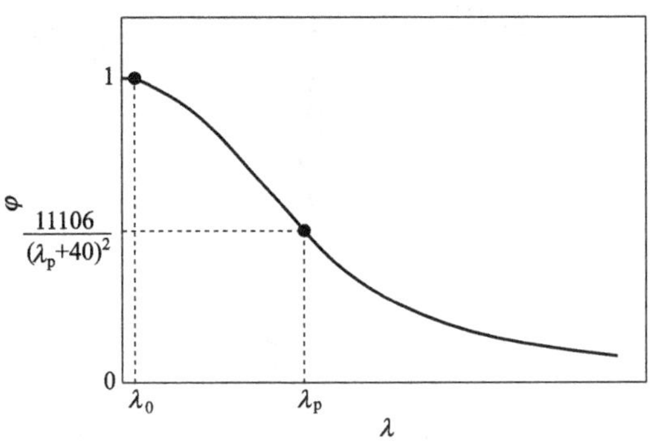

图 2-36　典型 φ-λ 曲线

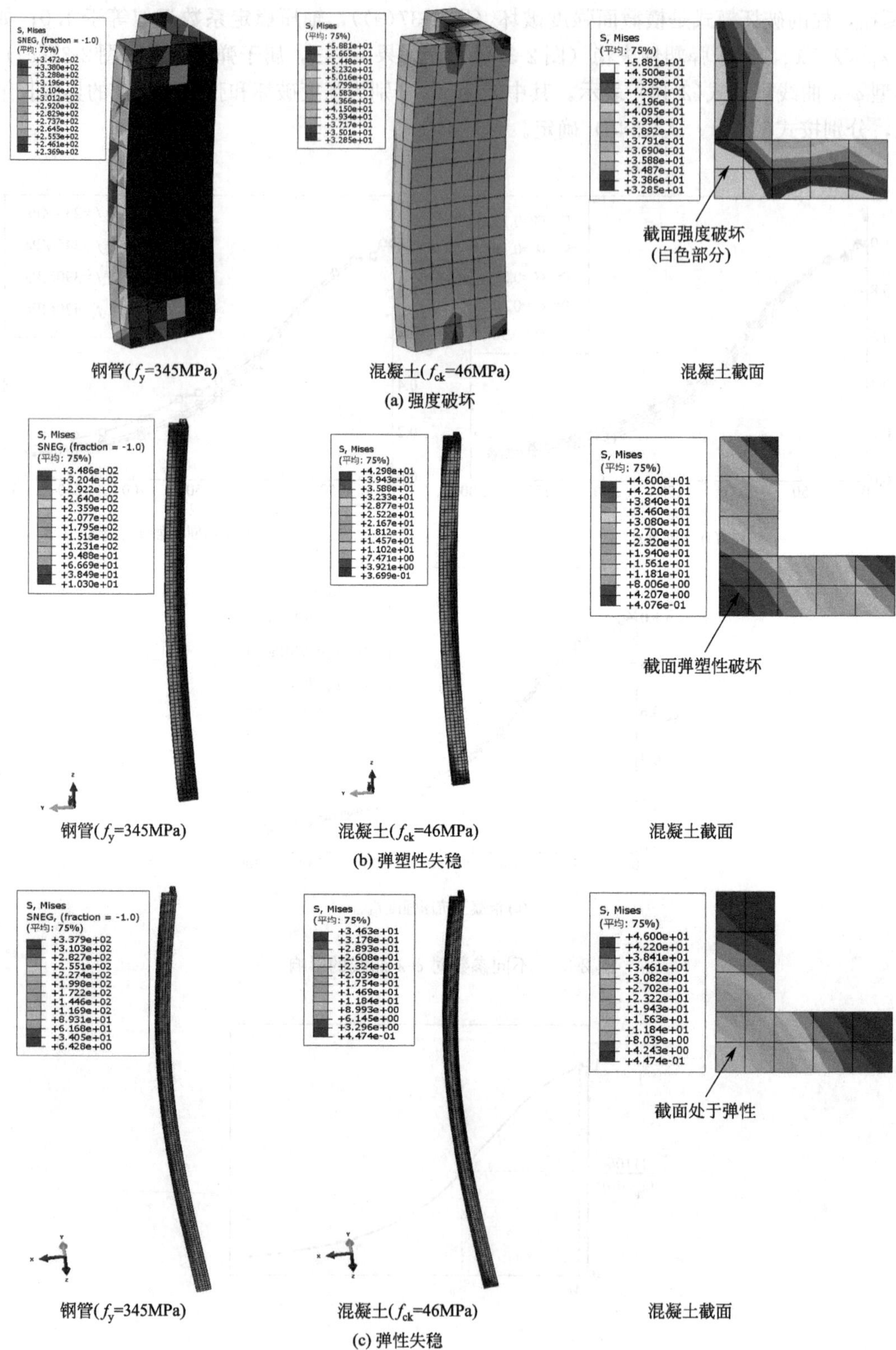

钢管(f_y=345MPa) 混凝土(f_{ck}=46MPa) 混凝土截面

(a) 强度破坏

钢管(f_y=345MPa) 混凝土(f_{ck}=46MPa) 混凝土截面

(b) 弹塑性失稳

钢管(f_y=345MPa) 混凝土(f_{ck}=46MPa) 混凝土截面

(c) 弹性失稳

图 2-37 钢管混凝土异形柱轴压破坏模式

$$\varphi=\begin{cases}1.0 & (\lambda\leqslant\lambda_0)\\ -3\times10^{-5}\lambda^2-0.0016\lambda+1.0 & (\lambda_0<\lambda\leqslant\lambda_p)\\ 11106/(\lambda+40)^2 & (\lambda>\lambda_p)\end{cases} \tag{2-46}$$

$$\lambda_0=\pi\sqrt{(220\theta+450)/[(0.85\theta+1.18)f_{ck}]} \tag{2-47}$$

$$\lambda_p=1932/\sqrt{f_y} \tag{2-48}$$

图 2-38 为本章提出的钢管混凝土异形柱轴压稳定系数计算值与有限元计算值、规范 GB 50936—2014 计算值的对比。可以看出，按公式(2-46) 计算的钢管混凝土异形柱轴压稳定系数与有限元计算结果吻合较好，且与《钢管混凝土结构技术规范》GB 50936—2014 很接近，表明该轴压稳定系数的计算公式是合理的，同时也说明可以采用规范 GB 50936—2014 计算钢管混凝土异形柱轴压稳定系数。

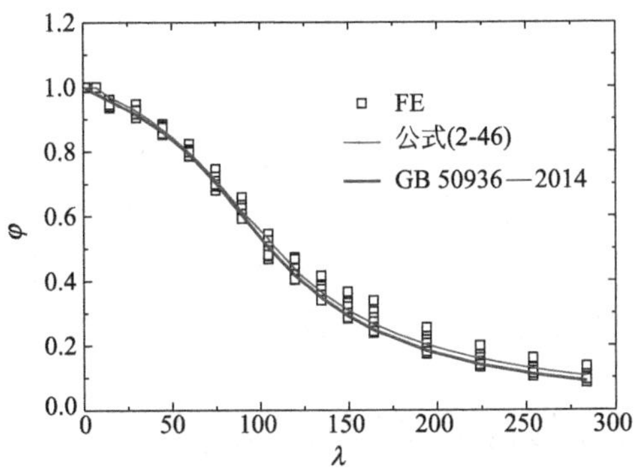

图 2-38　轴压稳定系数比较

2.8　小结

(1) T 形和 L 形钢管混凝土轴压短柱在设置合理的加劲构造时，以局部受压破坏模式为主，钢管出现局部屈曲，混凝土局部压溃。异形柱阴角处设置加劲肋能达到或接近阳角的效果。对拉钢筋加劲肋和内隔板加劲肋均能有效延缓钢管的局部屈曲，提高对混凝土的约束效应。加劲钢管混凝土异形柱的轴压承载力相比简单叠加承载力可提高 10%左右；合理设置加劲肋的试件延性系数相比非加劲试件可提高 20%以上。

(2) 基于试验和有限元研究结果，提出了钢管混凝土异形柱轴压承载力力学模型，该模型通过考虑混凝土约束区分布形式来计算约束混凝土抗压强度，同时考虑了加劲肋对钢管屈曲承载力的提高效果。基于力学模型计算的钢管混凝土异形柱荷载-位移曲线与试验结果吻合良好。

(3) 在有限元参数分析的基础上，提出了分别基于统一理论和叠加理论的轴压承载力设计方法，并提出了轴压稳定承载力设计方法。承载力设计方法计算结果与现有试验和有限元结果吻合良好。

第3章 钢管混凝土异形柱弯曲性能研究

3.1 引言

本章基于现有钢管混凝土异形柱弯曲性能试验，应用有限元软件 ABAQUS 对其进行特征方向受弯承载力分析，再应用纤维模型法程序进行任意加载角度受弯承载力分析。在考察截面尺寸、含钢率和材料强度等参数对钢管混凝土异形柱弯曲性能的影响规律基础上，提出钢管混凝土异形柱的受弯承载力计算方法。

3.2 钢管混凝土异形柱受弯有限元模型

3.2.1 钢材和混凝土的本构关系

钢材本构关系见本书第 2 章 2.4.1 节。混凝土采用塑性损伤模型（Concrete Damage Plasticity），塑性参数取值见 2.4.1.1 节，混凝土单轴应力-应变关系根据《混凝土结构设计规范》GB 50010—2010[142] 附录 C 确定。钢材和混凝土的材性数据根据文献［48］［50］确定。

3.2.2 单元类型和网格划分

钢管采用四节点线性减缩积分壳单元（S4R），核心混凝土采用八节点线性减缩积分实体单元（C3D8R）。对不同网格尺寸的有限元模型进行对比，发现矩形网格大小取 25～30mm 时计算精度和计算效率均比较合理。钢管和混凝土采用相同的网格划分（图 3-1）。

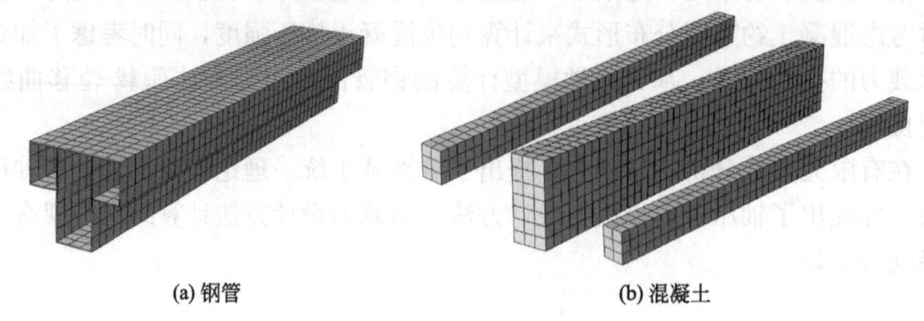

(a) 钢管　　(b) 混凝土

图 3-1　有限元模型网格划分

3.2.3　有限元模型各部分相互作用、边界条件和加载方式

钢管和混凝土的相互作用参考本书2.4.1.3节的内容。钢管与混凝土在柱上下端采用刚体约束（rigid body constraint）模拟柱端的盖板，使二者共同受力。边界条件根据文献[48][50]中试验确定，试件在柱端刚体约束参考点上，采用三分点位移控制加载方式，加载方向为三个特征方向（YYSY、YYSL和PXFB）（图3-2）。

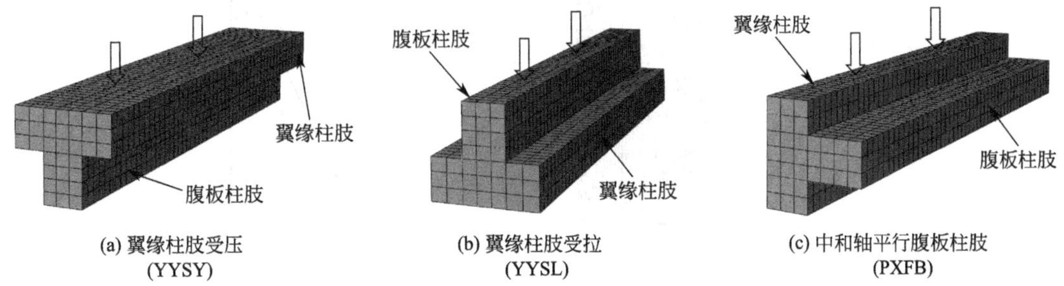

图3-2　钢管混凝土异形柱特征方向受弯加载方案

3.3　钢管混凝土异形柱受弯纤维模型法

构件在纯弯作用下的变形如图3-3所示，其中L_0为计算长度，u_m为跨中挠度。图3-4以T形钢管混凝土柱翼缘受压（YYSY）为例说明在纯弯受力下的单元划分及平截面假定下的应变分布情况。本章进行钢管混凝土异形柱受弯作用下的荷载-变形关系曲线全过程分析时，采用如下基本假设[147]：

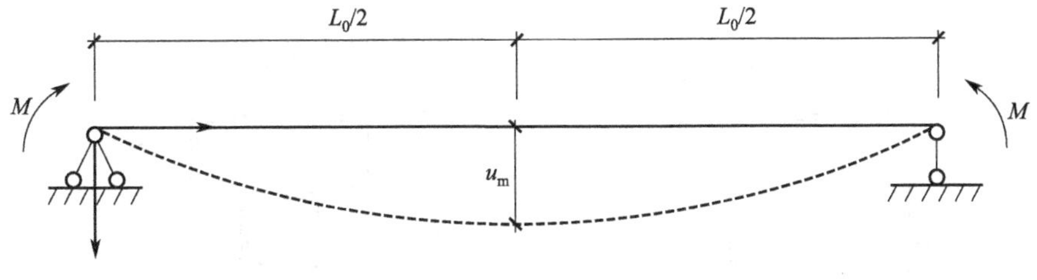

图3-3　纯弯构件变形曲线

（1）加载过程中截面始终保持为平截面，钢管和混凝土之间无相对滑移；

（2）构件两端为简支边界条件，挠曲线为正弦半波曲线，即$u=u_m\times\sin(\pi z/L_0)$；

（3）钢材和混凝土的单轴应力-应变关系按本书2.4.1.1节的相关内容确定，忽略混凝土的抗拉贡献；

（4）混凝土约束区分布采用2.5.1节轴压短柱中的分布模式，并考虑钢管局部屈曲的影响；

（5）不考虑构件剪切变形的影响；

（6）忽略混凝土收缩和徐变的影响。

参考文献[147]中钢管混凝土柱受弯纤维模型法编程步骤，将钢管混凝土异形柱的

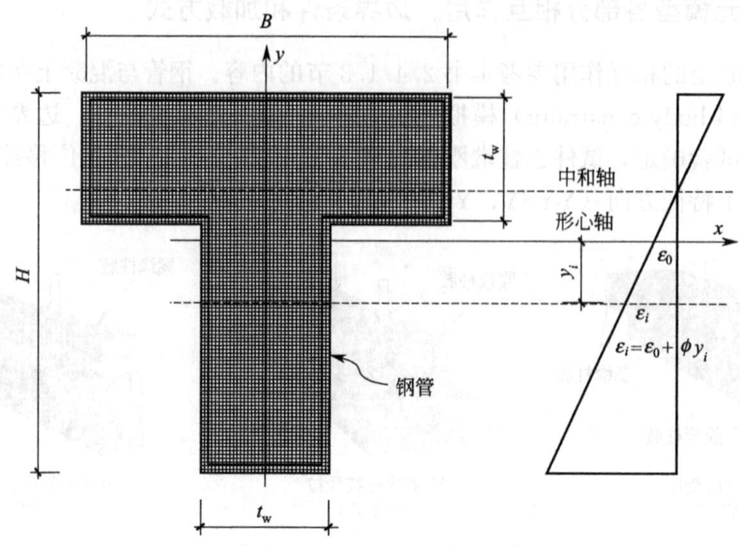

图 3-4　T 形钢管混凝土柱单元划分及应变分布-YYSY

纤维模型应用 MATLAB 软件编程实现，此处省略详细编程步骤。

3.4　模型验证及参数分析

3.4.1　试验基本参数

文献［48］［50］进行了钢管混凝土异形柱弯曲性能试验，试件类型包括非加劲 T 形钢管混凝土柱和多腔式 T 形钢管混凝土柱（图 3-5），试件参数见表 3-1。

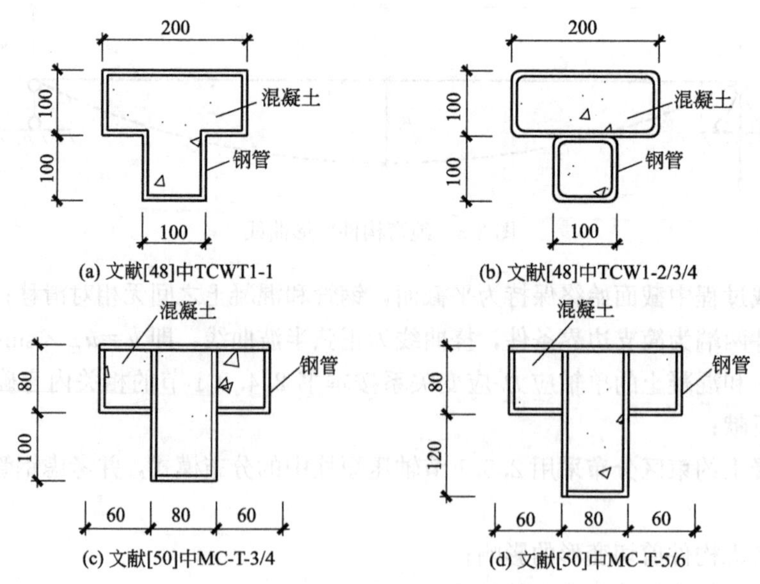

图 3-5　T 形钢管混凝土柱截面（单位：mm）

T 形钢管混凝土柱弯曲试验试件参数　　**表 3-1**

试件编号	混凝土强度 f_{cu}(MPa)	钢管屈服强度 f_y(MPa)	钢管厚度 t(mm)	加载位置	加载方式	试件跨度 L_0(mm)
TCWT1-1	49.7	391.0	4.0	腹板	三分点	1200
TCW1-2	49.7	391.0	3.0	腹板	三分点	1200
TCW1-3	49.7	391.0	4.0	腹板	三分点	1200
TCW1-4	49.7	336.0	5.0	腹板	三分点	1200
MC-T-3	43.7	236.5	2.5	翼缘	三分点	1200
MC-T-4	43.7	236.5	2.5	腹板	三分点	1200
MC-T-5	43.7	236.5	2.5	翼缘	三分点	1200
MC-T-6	43.7	236.5	2.5	腹板	三分点	1200

注：试件 TCWT1-1、TCW1-2/3/4 来源于文献［48］；试件 MC-T-3～MC-T-6 来源于文献［50］。

3.4.2 有限元模型和纤维模型验证

图 3-6 为有限元模拟的跨中弯矩（M)-挠度（u）曲线与文献［48］［50］中试验结果的对比，可以看出有限元模拟的刚度和承载力与试验结果基本一致。有限元模拟的破坏模式与试验破坏模式比较符合（图 3-7）。本文建立的有限元模型总体上能够较好地预测试验结果，验证了模型的合理性。图 3-8 为钢管混凝土异形柱采用有限元（FEM）模型的跨中弯矩（M)-挠度（u）曲线与纤维模型法（FM）计算结果的对比，两种方法计算得到的

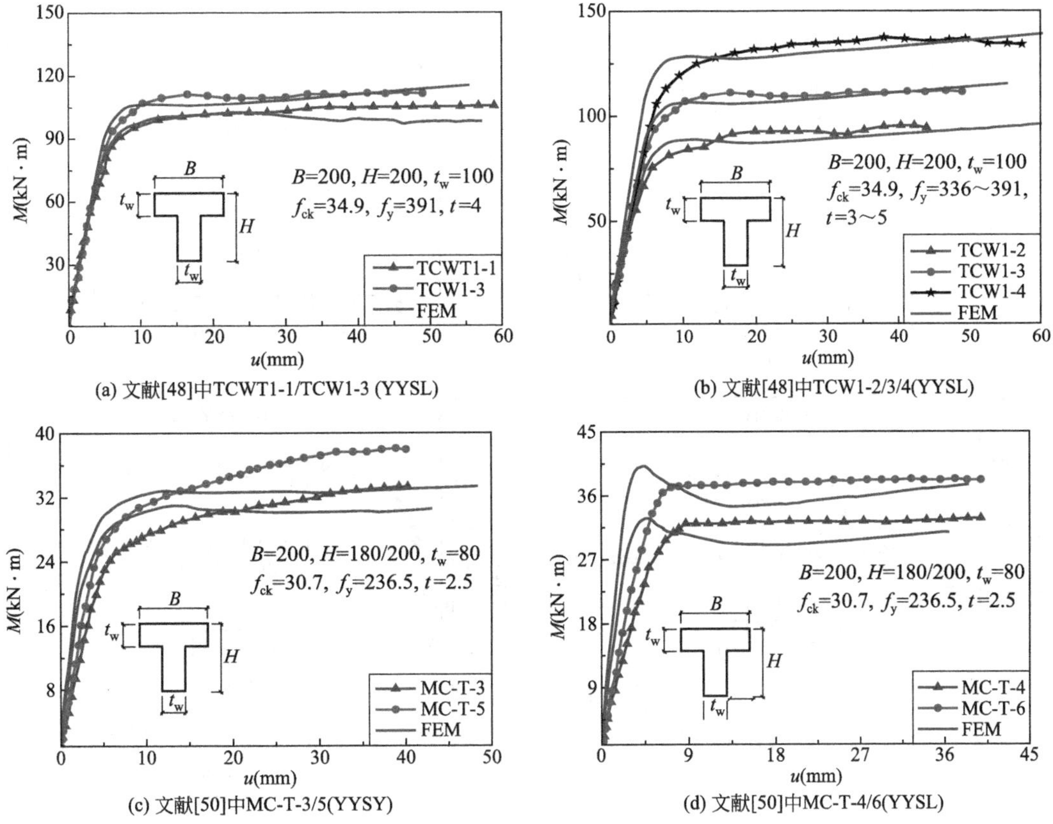

(a) 文献[48]中TCWT1-1/TCW1-3 (YYSL)

(b) 文献[48]中TCW1-2/3/4(YYSL)

(c) 文献[50]中MC-T-3/5(YYSY)

(d) 文献[50]中MC-T-4/6(YYSL)

图 3-6　钢管混凝土异形柱跨中弯矩-位移曲线

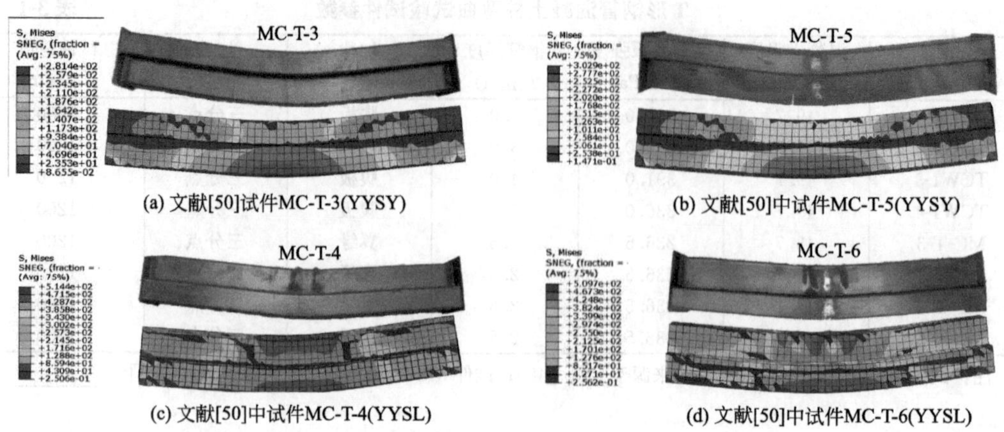

(a) 文献[50]试件MC-T-3(YYSY)　(b) 文献[50]中试件MC-T-5(YYSY)

(c) 文献[50]中试件MC-T-4(YYSL)　(d) 文献[50]中试件MC-T-6(YYSL)

图 3-7　有限元模拟破坏模式与试验破坏模式的比较

跨中弯矩（M）-挠度（u）曲线在刚度、承载力和延性等方面吻合良好，说明了纤维模型法用于模拟钢管混凝土异形柱弯曲性能的合理性。

本文采用文献［44］中关于极限受弯承载力的规定，将试件受拉侧边缘纤维纵向应变达到 0.01 时对应的承载力作为极限受弯承载力 M_u。试验结果和有限元计算结果（图 3-6）

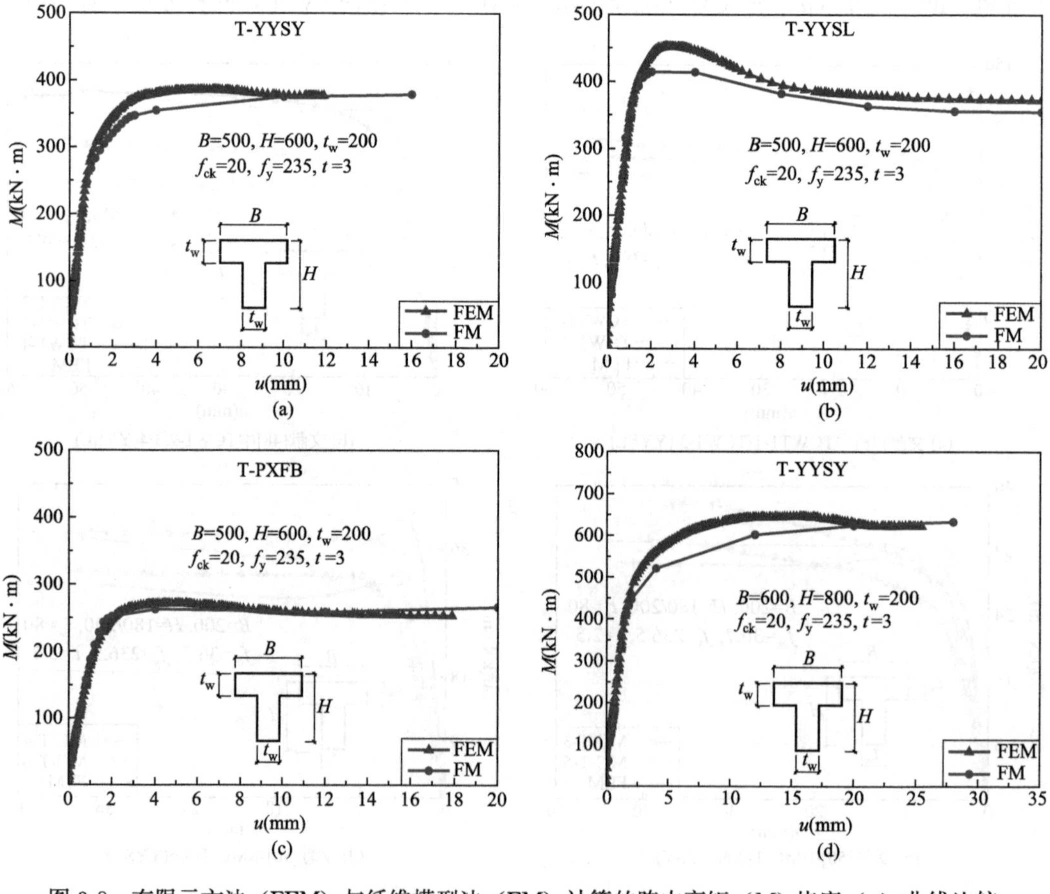

(a) T-YYSY　B=500, H=600, t_w=200, f_{ck}=20, f_y=235, t=3

(b) T-YYSL　B=500, H=600, t_w=200, f_{ck}=20, f_y=235, t=3

(c) T-PXFB　B=500, H=600, t_w=200, f_{ck}=20, f_y=235, t=3

(d) T-YYSY　B=600, H=800, t_w=200, f_{ck}=20, f_y=235, t=3

图 3-8　有限元方法（FEM）与纤维模型法（FM）计算的跨中弯矩（M）-挠度（u）曲线比较

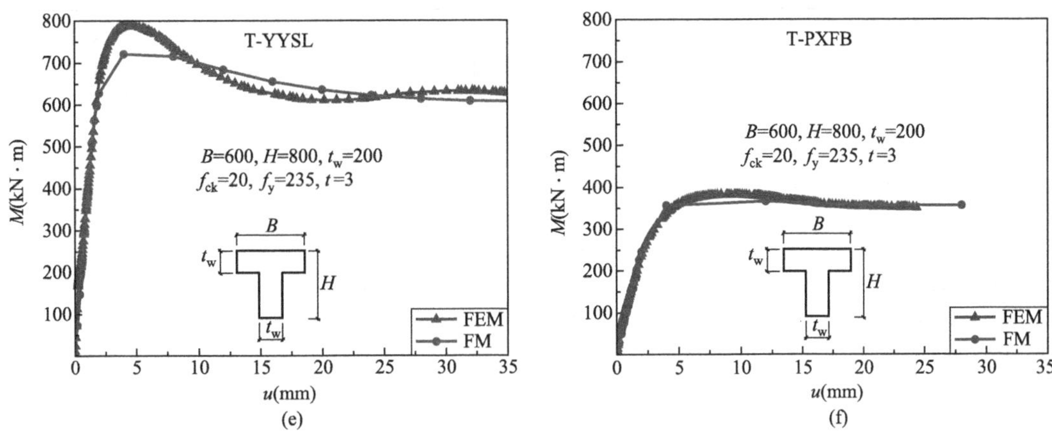

图3-8 有限元方法（FEM）与纤维模型法（FM）计算的跨中弯矩（M）-挠度（u）曲线比较（续）

均表明，多腔钢管混凝土异形柱试件（如TCW1-3）的受弯承载力比普通钢管混凝土异形柱试件（TCWT1-1）仅高约6%；再结合有限元计算的极限状态下截面应力分布（图3-9），试件TCW1-3的翼缘柱肢与腹板柱肢交界处的钢板离中和轴很近，应力约为$0.2f_y$，此处钢板对试件受弯承载力贡献很小，可以忽略不计。因此后续分析仅针对截面类型同TCWT1-1的钢管混凝土异形柱。

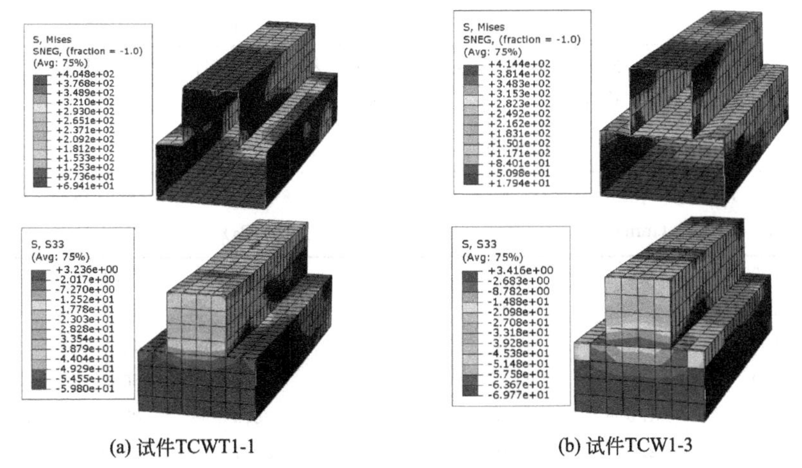

图3-9 文献［48］试验试件有限元应力云图

3.4.3 钢管混凝土异形柱受弯承载力参数分析

在3.2节建立的有限元模型基础上，计算钢管混凝土等肢异形柱沿特征方向（YYSY、YYSL、PXFB）的受弯承载力，考察截面尺寸、含钢率、材料强度等参数的影响，具体参数信息及计算结果详见表3-2和表3-3，其中M_u为试件受拉侧边缘纤维纵向应变达到0.01时对应的受弯承载力。

T 形钢管混凝土柱参数分析表 **表 3-2**

T 形截面尺寸(mm)($B\times H\times t_w$)	t (mm)	α (%)	f_y (MPa)	f_{ck} (MPa)	M_u(kN·m) (YYSY)	M_u(kN·m) (YYSL)	M_u(kN·m) (PXFB)
200×200×100	2.0	5.6	235	20.1	31.4	32.8	29.4
200×200×100	2.0	5.6	345	26.8	45.0	45.9	41.9
200×200×100	2.0	5.6	345	38.5	47.1	49.1	43.7
200×200×100	4.0	11.7	235	38.5	63.3	65.0	59.1
200×200×100	4.0	11.7	345	38.5	87.1	86.5	81.8
300×300×100	2.0	5.0	235	20.1	65.5	76.8	58.9
300×300×100	2.0	5.0	345	32.4	94.9	110.9	85.5
300×300×100	3.0	7.7	235	20.1	90.8	97.2	78.4
300×300×100	3.0	7.7	345	38.5	115.3	154.5	122.1
300×300×100	3.0	7.7	235	40.0	99.8	121.6	92.3
300×300×100	4.0	10.5	345	32.4	173.1	184.7	153.0
300×300×100	4.0	10.5	345	38.5	179.1	191.3	155.8
400×400×100	2.0	4.8	235	20.1	106.9	140.2	97.6
400×400×100	2.0	4.8	235	32.4	107.8	158.4	109.4
400×400×100	2.0	4.8	235	38.5	115.5	164.6	113.6
400×400×100	2.0	4.8	345	32.4	150.6	195.0	141.8
400×400×100	4.0	10.0	345	32.4	283.3	328.8	245.2
500×600×200	3.0	3.8	235	20.1	385.4	438.2	264.1
600×800×200	3.0	3.7	235	20.1	644.3	752.0	382.7
800×800×200	3.0	3.5	235	20.1	664.6	820.3	591.9

注：$H\times B\times t_w$ 为截面尺寸，如图 3-4 所示；t 为钢管厚度；α 为试件含钢率；f_y 为钢管屈服强度标准值；f_{ck} 为混凝土棱柱体抗压强度试验值。

L 形钢管混凝土柱参数分析表 **表 3-3**

L 形截面尺寸(mm)($B\times H\times t_w$)	t (mm)	α (%)	f_y (MPa)	f_{ck} (MPa)	M_u(kN·m) (YYSY)	M_u(kN·m) (YYSL)
200×200×100	2.0	5.6	235	20.1	31.1	31.2
200×200×100	2.0	5.6	345	26.8	43.4	46.6
200×200×100	2.0	5.6	345	38.5	44.8	48.8
200×200×100	4.0	11.7	235	38.5	60.5	63.9
200×200×100	4.0	11.7	345	38.5	82.0	86.2
300×300×100	2.0	5.0	235	20.1	64.0	75.4
300×300×100	2.0	5.0	345	32.4	88.2	107.4
300×300×100	3.0	7.7	235	20.1	89.2	102.1
300×300×100	3.0	7.7	345	38.5	131.1	151.2
300×300×100	4.0	10.5	345	38.5	169.5	187.1
400×400×100	2.0	4.8	235	20.1	101.9	136.8
400×400×100	2.0	4.8	235	32.4	108.8	158.6
400×400×100	2.0	4.8	235	38.5	111.7	164.2
400×400×100	2.0	4.8	345	32.4	161.8	207.4
400×400×100	3.0	7.3	345	32.4	214.3	253.1
400×400×100	4.0	10.0	235	32.4	201.0	255.3

3.5 钢管混凝土异形柱受弯承载力计算方法

本节以 T 形钢管混凝土柱为例介绍受弯承载力计算方法，L 形钢管混凝土柱可采用相同的方法进行计算。先介绍沿特征方向（YYSY、YYSL、PXFB）的受弯承载力计算方法，任意方向的受弯承载力计算方法见 3.7 节。

（1）翼缘柱肢受压（YYSY）

1）对于截面中和轴在翼缘柱肢的情况，根据图 3-10 简化模型可以得到受弯承载力计算公式如下：

$$\begin{cases} M = Dh^2 + Ph + G \\ h = -\dfrac{F}{E} \end{cases} \tag{3-1}$$

式中：$E = 4tf_y + (B-2t) \times f_{ck}$

$F = (B - t_w - 2H)tf_y - (B-2t)t \times f_{ck}$

$D = 2tf_y + 0.5(B-2t)f_{ck}$

$P = (B - 2H - t_w)tf_y - (B-2t)t \times f_{ck}$

$G = (H - 0.5t)t_w t f_y + (H^2 - 2Ht + 2t^2)tf_y - 0.5Bt^2 f_y + 0.5(B-2t)t^2 f_{ck}$

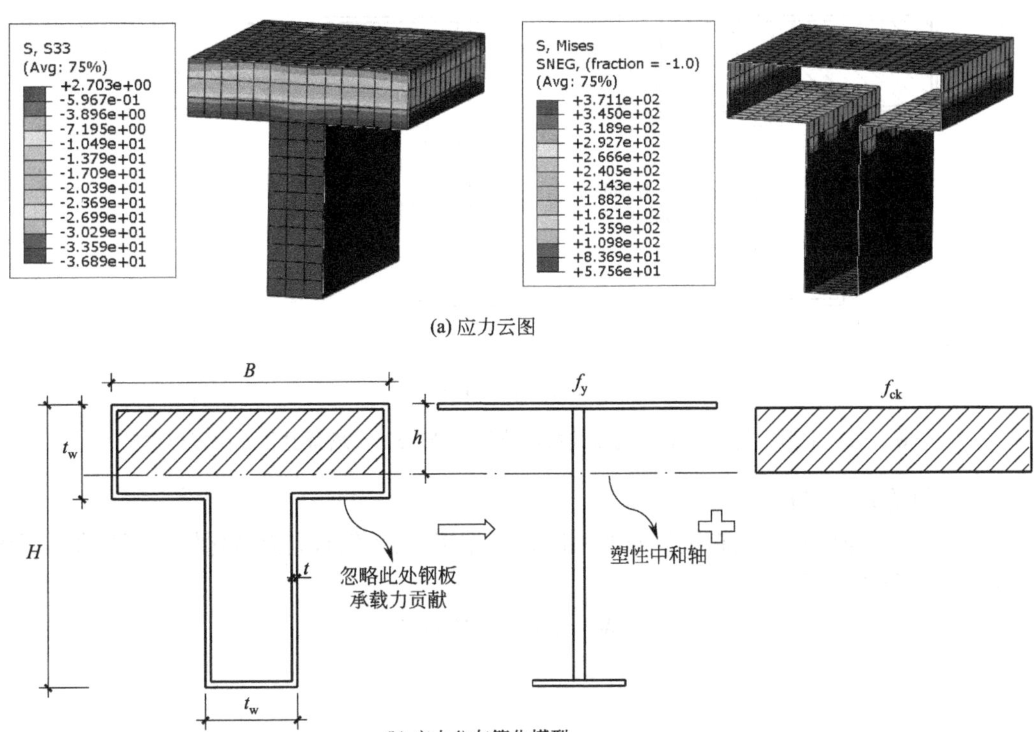

图 3-10　T 形钢管混凝土柱截面纯弯简化模型-YYSY（截面中和轴在翼缘柱肢）

2）对于截面中和轴在腹板柱肢的情况，根据图 3-11 简化模型可以得到受弯承载力计算公式如下：

$$\begin{cases} M = Dh^2 + Ph + G \\ h = -\dfrac{F}{E} \end{cases} \tag{3-2}$$

式中：$E = 4tf_y$

$F = (B - t_w - 2H)tf_y + (B - 2t)(t_w - 2t) \times 1.1f_{ck}$

$D = 2tf_y$

$P = (B - t_w - 2H)tf_y + (B - 2t)(t_w - 2t)f_{ck}$

$G = (H - 0.5t)t_w tf_y + (H^2 - 2Ht + 2t^2)tf_y - 0.5Bt^2 f_y + 0.55(B - 2t)(t_w - 2t)^2 f_{ck}$

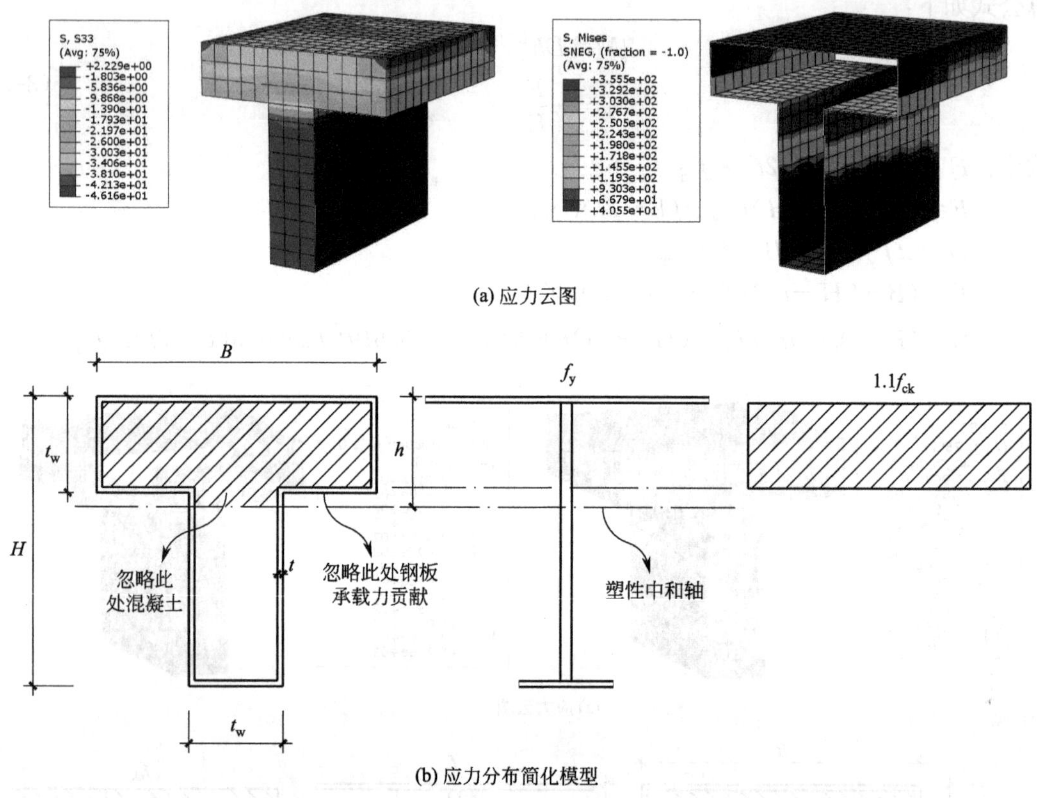

图 3-11　T 形钢管混凝土柱截面纯弯简化模型-YYSY（截面中和轴在腹板柱肢）

（2）翼缘柱肢受拉（YYSL）

1）对于截面中和轴在腹板柱肢的情况，根据图 3-12 截面应力简化模型可以得到受弯承载力计算公式如下：

$$\begin{cases} M = Dh^2 + Ph + G \\ h = -\dfrac{F}{E} \end{cases} \tag{3-3}$$

式中：$E = 4tf_y + (t_w - 2t) \times f_{ck}$

$F = (t_w - B - 2H)tf_y - t(t_w - 2t) \times f_{ck}$

$D = 2tf_y + 0.5(t_w - 2t)f_{ck}$

$P = (t_w - B - 2H)tf_y - t(t_w - 2t) \times f_{ck}$

$$G = Btf_y(H - 0.5t) + (H^2 - 2Ht + 2t^2)tf_y - 0.5t_w t^2 f_y + 0.5(t_w - 2t)t^2 f_{ck}$$

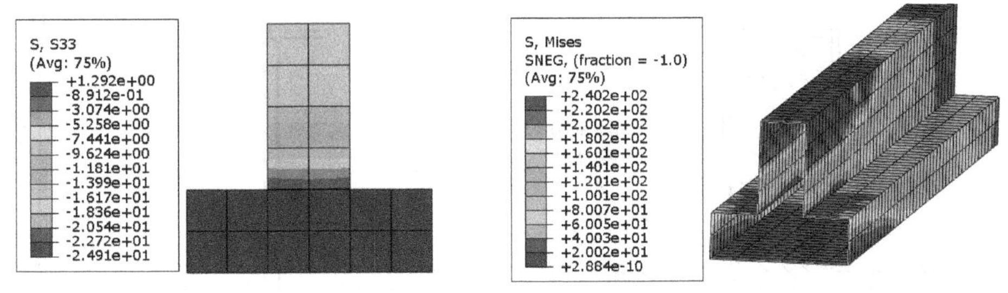

(a) 应力云图

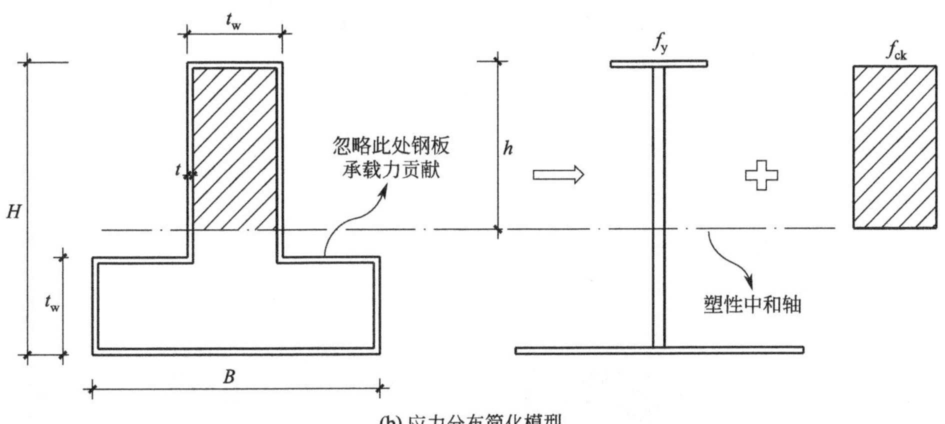

(b) 应力分布简化模型

图 3-12　T 形钢管混凝土柱截面纯弯简化模型-YYSL（截面中和轴在腹板柱肢）

2）对于截面中和轴在翼缘柱肢的情况，根据图 3-13 截面应力简化模型可以得到受弯承载力计算公式如下：

$$\begin{cases} M = Dh^2 + Ph + G \\ h = -\dfrac{F}{E} \end{cases} \tag{3-4}$$

式中：$E = 4tf_y$

$F = (t_w - B - 2H)tf_y + (H - t_w - t)(t_w - 2t) \times f_{ck}$

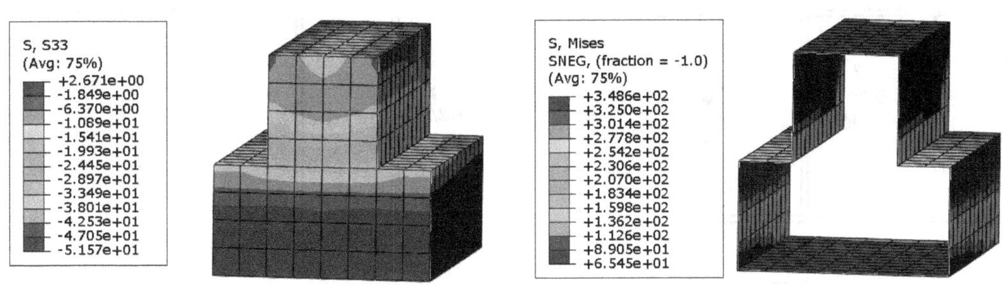

(a) 应力云图

图 3-13　T 形钢管混凝土柱截面纯弯简化模型-YYSL（截面中和轴在翼缘柱肢）

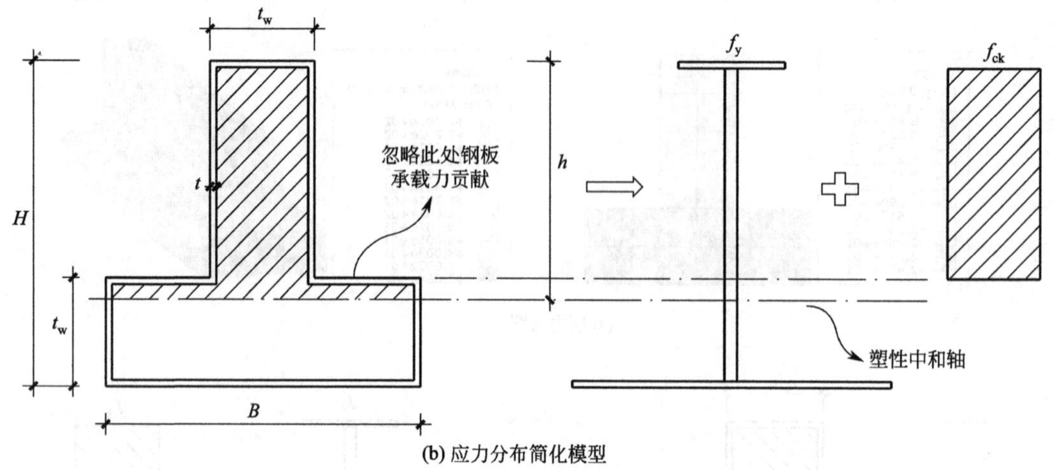

(b) 应力分布简化模型

图 3-13　T形钢管混凝土柱截面纯弯简化模型-YYSL（截面中和轴在翼缘柱肢）（续）

$$D=2tf_y$$

$$P=(t_w-B-2H)tf_y+(t_w-2t)(H-t_w)f_{ck}$$

$$G=Btf_y(H-0.5t)+tH^2f_y-0.5t_wt^2f_y+0.5(t_w-2t)(H-t_w)(t_w-H-2t)f_{ck}$$

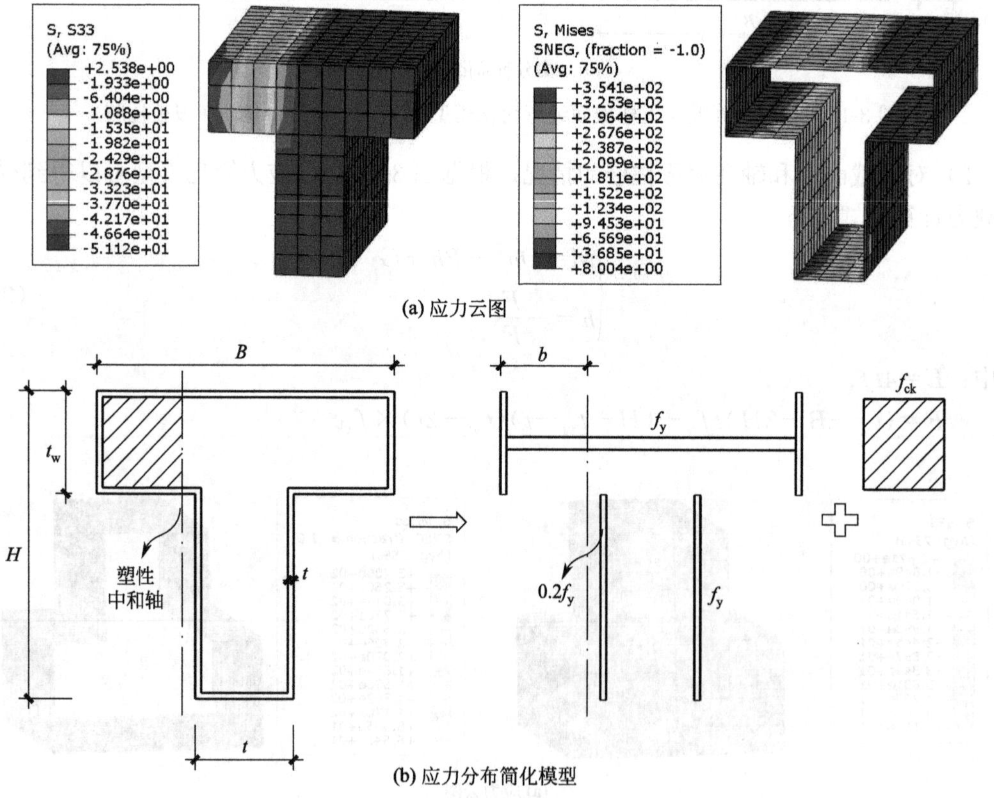

(b) 应力分布简化模型

图 3-14　T形钢管混凝土柱截面纯弯简化模型-PXFB（截面中和轴在翼缘柱肢）

(3) 中和轴平行腹板（PXFB）

1）对于截面中和轴在翼缘柱肢的情况，根据图 3-14 截面应力简化模型可得到受弯承载力计算公式如下：

$$\begin{cases} M=Db^2+Pb+G \\ b=-\dfrac{F}{E} \end{cases} \tag{3-5}$$

式中：$E=4tf_y+(t_w-2t)f_{ck}$

$F=-1.2(H-t_w)tf_y-2Btf_y-(t_w-2t)tf_{ck}$

$D=2tf_y+0.5(t_w-2t)f_{ck}$

$P=-2Btf_y-1.8(H-t_w)tf_y-(t_w-2t)tf_{ck}$

$G=tB^2f_y+t_w(B-0.5t)tf_y+0.5(H-t_w)(1.2B+0.8t_w-0.8t)tf_y+0.5(t_w-2t)t^2f_{ck}-0.5t_wt^2f_y$

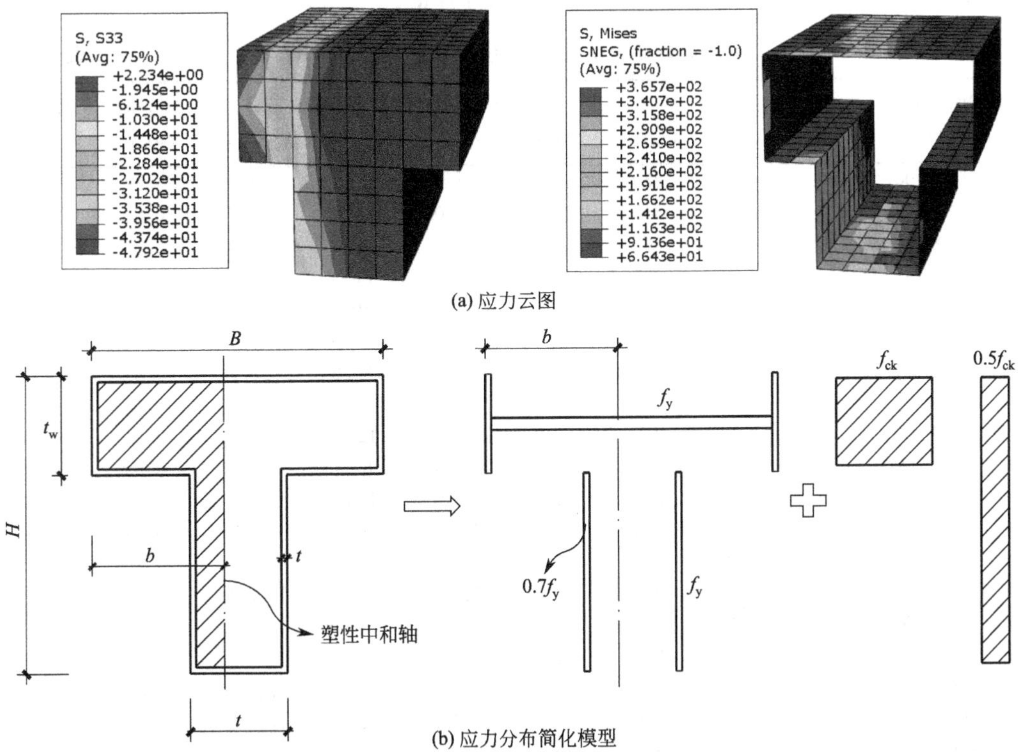

图 3-15　T 形钢管混凝土柱截面纯弯简化模型-PXFB（截面中和轴在腹板柱肢）

2）对于截面中和轴在腹板柱肢的情况，根据图 3-15 截面应力简化模型可得到受弯承载力计算公式如下：

$$\begin{cases} M=Db^2+Pb+G \\ b=-\dfrac{F}{E} \end{cases} \tag{3-6}$$

式中：$E=4tf_y+0.5(H-2t)f_{ck}$

$$F=0.5(B-t_w)(t_w-2t)f_{ck}+0.25(H-2t)(t_w-B-2t)f_{ck}-2Btf_y-0.3tf_y(H-t_w)$$

$$D=2tf_y+0.25(H-2t)f_{ck}$$

$$P=0.5(B-t_w)(t_w-2t)f_{ck}-2Btf_y-0.25(H-2t)(B-t_w+2t)f_{ck}-0.3(H-t_w)tf_y$$

$$G=B^2tf_y+(H-2t)(t_w-t)tf_y+(H-t_w)tf_y(0.15B+0.85t_w-0.85t)+\frac{1}{16}(H-2t)(B-t_w+2t)^2f_{ck}-0.1(B-t_w)^2(t_w-2t)f_{ck}$$

3.6 钢管混凝土异形柱截面受弯承载力简化公式计算值、有限元计算值和欧洲规范 EC 4 设计值的对比

表 3-4 至表 3-8 为钢管混凝土异形柱截面受弯承载力简化公式计算值、有限元计算值和欧洲规范 EC 4 设计值的对比，其中 M_u（FEM）为有限元计算值，M_u（EC 4）为欧洲规范 EC 4（2004）的计算值，M_{u1} 为简化公式计算值。

T 形钢管混凝土柱截面受弯承载力对比-YYSY **表 3-4**

T 形截面(mm) ($B\times H\times t_w$)	t (mm)	α (%)	f_y (MPa)	f_{ck} (MPa)	M_u(FEM) (kN·m)	M_u(EC 4) (kN·m)	M_{u1} (kN·m)	M_{u1}/M_u (FEM)	M_{u1}/M_u (EC 4)
200×200×100	2.0	5.6	235	20.1	31.4	29.1	25.8	0.82	0.89
200×200×100	2.0	5.6	345	26.8	45.0	42.4	37.7	0.84	0.89
200×200×100	2.0	5.6	345	38.5	47.1	43.4	38.3	0.81	0.88
200×200×100	4.0	11.7	235	38.5	63.3	56.3	50.1	0.79	0.89
200×200×100	4.0	11.7	345	38.5	87.1	80.3	72.2	0.83	0.90
300×300×100	2.0	5.0	235	20.1	65.5	59.5	53.1	0.81	0.89
300×300×100	2.0	5.0	345	32.4	94.9	87.8	78.2	0.82	0.89
300×300×100	3.0	7.7	235	20.1	90.8	85.7	77.8	0.86	0.91
300×300×100	3.0	7.7	345	38.5	115.3	128.3	115.3	0.84	0.90
300×300×100	3.0	7.7	235	40.0	99.8	89.7	79.5	0.80	0.89
300×300×100	4.0	10.5	345	32.4	173.1	163.3	149.7	0.86	0.92
400×400×100	2.0	4.8	235	20.1	106.9	99.2	89.8	0.83	0.91
400×400×100	2.0	4.8	235	32.4	107.8	101.5	90.7	0.85	0.89
400×400×100	2.0	4.8	235	38.5	115.5	102.2	91.0	0.79	0.89
400×400×100	2.0	4.8	345	32.4	150.6	146.4	132.2	0.88	0.90
400×400×100	4.0	10.0	345	32.4	283.3	274.3	255.3	0.90	0.93
500×600×200	3.0	3.8	235	20.1	385.4	347.1	317.9	0.82	0.92
600×800×200	3.0	3.7	235	20.1	644.3	569.9	533.5	0.83	0.94
800×800×200	3.0	3.5	235	20.1	664.6	606.8	544.6	0.82	0.90
					均值			0.83	0.90
					均方差			0.027	0.015

T 形钢管混凝土柱受弯承载力对比-YYSL **表 3-5**

T 形截面(mm) ($B\times H\times t_w$)	t (mm)	α (%)	f_y (MPa)	f_{ck} (MPa)	M_u(FEM) (kN·m)	M_u(EC 4) (kN·m)	M_{u1} (kN·m)	M_{u1}/M_u (FEM)	M_{u1}/M_u (EC 4)
200×200×100	2.0	5.6	235	20.1	32.8	31.1	29.6	0.90	0.95
200×200×100	2.0	5.6	345	26.8	45.9	44.9	43.0	0.94	0.96
200×200×100	2.0	5.6	345	38.5	49.1	47.7	44.8	0.91	0.94

续表

T 形截面(mm) ($B \times H \times t_w$)	t (mm)	α (%)	f_y (MPa)	f_{ck} (MPa)	M_u(FEM) (kN·m)	M_u(EC 4) (kN·m)	M_{u1} (kN·m)	M_{u1}/M_u (FEM)	M_{u1}/M_u (EC 4)
200×200×100	4.0	11.7	235	38.5	65.0	59.9	57.1	0.88	0.95
200×200×100	4.0	11.7	345	38.5	86.5	82.4	80.1	0.93	0.97
300×300×100	2.0	5.0	235	20.1	76.8	73.3	64.9	0.85	0.89
300×300×100	2.0	5.0	345	32.4	110.9	109.6	96.6	0.87	0.88
300×300×100	3.0	7.7	235	20.1	97.2	100.0	90.8	0.93	0.91
300×300×100	3.0	7.7	345	38.5	154.5	155.1	138.5	0.90	0.89
300×300×100	3.0	7.7	235	40.0	121.6	114.7	100.1	0.82	0.87
300×300×100	4.0	10.5	345	32.4	184.7	185.8	170.8	0.93	0.92
400×400×100	2.0	4.8	235	20.1	140.2	134.4	113.8	0.81	0.85
400×400×100	2.0	4.8	235	32.4	158.4	147.7	122.0	0.77	0.83
400×400×100	2.0	4.8	235	38.5	164.6	152.2	124.8	0.76	0.82
400×400×100	2.0	4.8	345	32.4	195.0	201.2	169.5	0.87	0.84
400×400×100	4.0	10.0	345	32.4	328.8	338.6	298.2	0.91	0.88
500×600×200	3.0	3.8	235	20.1	438.2	424.9	377.0	0.86	0.89
600×800×200	3.0	3.7	235	20.1	752.0	739.0	635.0	0.84	0.86
800×800×200	3.0	3.5	235	20.1	820.3	859.0	716.3	0.87	0.83
			均值					0.87	0.89
			均方差					0.051	0.045

T 形钢管混凝土柱受弯承载力对比-PXFB　　　**表 3-6**

T 形截面(mm) ($B \times H \times t_w$)	t (mm)	α (%)	f_y (MPa)	f_{ck} (MPa)	M_u(FEM) (kN·m)	M_u(EC 4) (kN·m)	M_{u1} (kN·m)	M_{u1}/M_u (FEM)	M_{u1}/M_u (EC 4)
200×200×100	2.0	5.6	235	20.1	29.4	27.4	27.8	0.83	0.89
200×200×100	2.0	5.6	345	26.8	41.9	38.8	40.4	0.84	0.90
200×200×100	2.0	5.6	345	38.5	43.7	40.3	41.9	0.86	0.93
200×200×100	4.0	11.7	235	38.5	59.1	53.1	54.2	0.78	0.87
200×200×100	4.0	11.7	345	38.5	81.8	71.1	76.4	0.77	0.88
300×300×100	2.0	5.0	235	20.1	58.9	50.6	56.4	0.78	0.90
300×300×100	2.0	5.0	345	32.4	85.5	74.4	82.7	0.81	0.93
300×300×100	3.0	7.7	235	20.1	78.4	74.9	78.6	0.76	0.79
300×300×100	3.0	7.7	345	38.5	122.1	110.2	119.3	0.81	0.90
300×300×100	3.0	7.7	235	40.0	92.3	75.3	86.2	0.79	0.97
300×300×100	4.0	10.5	345	38.5	155.8	145.0	152.1	0.73	0.78
400×400×100	2.0	4.8	235	20.1	97.6	78.6	92.0	0.74	0.92
400×400×100	2.0	4.8	235	32.4	109.4	105.4	101.0	0.77	0.80
400×400×100	2.0	4.8	235	38.5	113.6	109.9	105.1	0.78	0.80
400×400×100	2.0	4.8	345	32.4	141.8	115.4	137.3	0.77	0.95
400×400×100	4.0	10.0	345	32.4	245.2	225.8	242.8	0.66	0.71
500×600×200	3.0	3.8	235	20.1	264.1	246.0	282.0	0.85	0.91
600×800×200	3.0	3.7	235	20.1	382.7	333.2	407.2	0.78	0.89
800×800×200	3.0	3.5	235	20.1	591.9	605.2	583.9	0.81	0.80
			均值					0.78	0.87
			均方差					0.047	0.069

L 形钢管混凝土柱受弯承载力对比-YYSY **表 3-7**

L 形截面(mm) ($B\times H\times t_w$)	t (mm)	α (%)	f_y (MPa)	f_{ck} (MPa)	M_u(FEM) (kN·m)	M_u(EC 4) (kN·m)	M_{ul} (kN·m)	M_{ul}/M_u (FEM)	M_{ul}/M_u (EC 4)
200×200×100	2.0	5.6	235	20.1	31.1	29.1	26.9	0.86	0.93
200×200×100	2.0	5.6	345	26.8	43.4	42.4	39.4	0.91	0.93
200×200×100	2.0	5.6	345	38.5	44.8	43.4	39.7	0.89	0.92
200×200×100	4.0	11.7	235	38.5	60.5	56.3	52.2	0.86	0.93
200×200×100	4.0	11.7	345	38.5	82.0	80.3	75.7	0.92	0.94
300×300×100	2.0	5.0	235	20.1	64.0	59.5	54.8	0.86	0.92
300×300×100	2.0	5.0	345	32.4	88.2	87.8	80.5	0.91	0.92
300×300×100	3.0	7.7	235	20.1	89.2	85.7	80.7	0.90	0.94
300×300×100	3.0	7.7	345	38.5	131.1	128.3	119.1	0.91	0.93
300×300×100	4.0	10.5	345	38.5	169.5	165.6	156.3	0.92	0.94
400×400×100	2.0	4.8	235	20.1	101.9	99.2	92.0	0.90	0.93
400×400×100	2.0	4.8	235	32.4	108.8	101.5	92.3	0.85	0.91
400×400×100	2.0	4.8	235	38.5	111.7	102.2	92.4	0.83	0.90
400×400×100	2.0	4.8	345	32.4	161.8	146.4	135.2	0.84	0.92
400×400×100	3.0	7.3	345	32.4	214.3	212.2	200.4	0.94	0.94
400×400×100	4.0	10.0	235	32.4	201.0	192.2	180.8	0.90	0.94
			均值					0.89	0.93
			均方差					0.032	0.011

L 形钢管混凝土柱受弯承载力对比-YYSL **表 3-8**

L 形截面(mm) ($B\times H\times t_w$)	t (mm)	α (%)	f_y(MPa)	f_{ck}(MPa)	M_u(FEM) (kN·m)	M_u(EC 4) (kN·m)	M_{ul} (kN·m)	M_{ul}/M_u (FEM)	M_{ul}/M_u (EC 4)
200×200×100	2.0	5.6	235	20.1	31.2	31.1	29.6	0.95	0.95
200×200×100	2.0	5.6	345	26.8	46.6	44.9	43.0	0.92	0.96
200×200×100	2.0	5.6	345	38.5	48.8	47.7	44.8	0.92	0.94
200×200×100	4.0	11.7	235	38.5	63.9	59.9	57.1	0.89	0.95
200×200×100	4.0	11.7	345	38.5	86.2	82.4	80.1	0.93	0.97
300×300×100	2.0	5.0	235	20.1	75.4	73.3	64.9	0.86	0.89
300×300×100	2.0	5.0	345	32.4	107.4	109.6	96.6	0.90	0.88
300×300×100	3.0	7.7	235	20.1	102.1	100.0	90.8	0.89	0.91
300×300×100	3.0	7.7	345	38.5	151.2	155.1	138.5	0.92	0.89
300×300×100	4.0	10.5	345	38.5	187.1	192.6	175.1	0.94	0.91
400×400×100	2.0	4.8	235	20.1	136.8	134.4	113.8	0.83	0.85
400×400×100	2.0	4.8	235	32.4	158.6	147.7	122.0	0.77	0.83
400×400×100	2.0	4.8	235	38.5	164.2	152.2	124.8	0.76	0.82
400×400×100	2.0	4.8	345	32.4	207.4	201.2	169.5	0.82	0.84
400×400×100	3.0	7.3	345	32.4	253.1	273.6	236.3	0.93	0.86
400×400×100	4.0	10.0	235	32.4	255.3	251.3	215.8	0.85	0.86
			均值					0.88	0.89
			均方差					0.057	0.047

T 形钢管混凝土柱的参数范围为：柱肢宽厚比 $B/t_w(H/t_w)=2.0\sim4.0$，钢管厚度 $t=2.0\sim4.0$mm，含钢率 $\alpha=4.8\%\sim11.7\%$，钢材屈服强度 $f_y=235\sim345$MPa，混凝土抗压强度 $f_{ck}=20.1\sim38.5$MPa。对于三个特征方向的截面受弯承载力（表 3-4、表 3-5、表 3-6），本文公式计算值与欧洲规范 EC 4（2004）设计值比值的均值范围为 0.87～0.90，

本文公式计算值与有限元计算值比值的均值范围为 0.78～0.87。

L 形钢管混凝土柱的参数范围为：柱肢宽厚比 $B/t_w(H/t_w)=2.0\sim4.0$，钢管厚度 $t=2.0\sim4.0$mm，含钢率 $\alpha=3.5\%\sim11.7\%$，钢材屈服强度 $f_y=235\sim345$MPa，混凝土抗压强度 $f_{ck}=20.1\sim38.5$MPa。对于两个特征方向的截面受弯承载力（表 3-7、表 3-8），本文公式计算值与欧洲规范 EC 4（2004）设计值比值的均值范围为 0.89～0.93，本文公式计算值与有限元计算值比值的均值范围为 0.88～0.89。

综上可知，本文提出的简化计算公式总体上能够较准确地预测钢管混凝土异形柱截面的受弯承载力，且具有一定安全储备。

3.7 T 形钢管混凝土柱截面任意角度受弯承载力

本节将基于 3.5 节 T 形钢管混凝土柱三个特征方向受弯承载力研究的基础上，运用 3.3 节建立的纤维模型法进行 T 形钢管混凝土柱任意角度受弯承载力研究（图 3-16）。

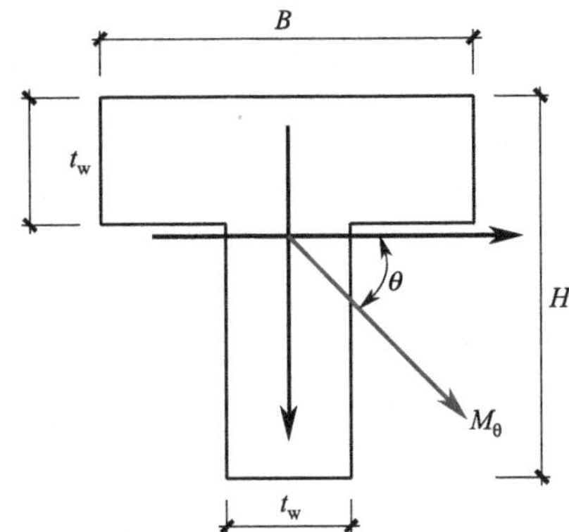

图 3-16　任意角度弯矩作用下的 T 形钢管混凝土柱

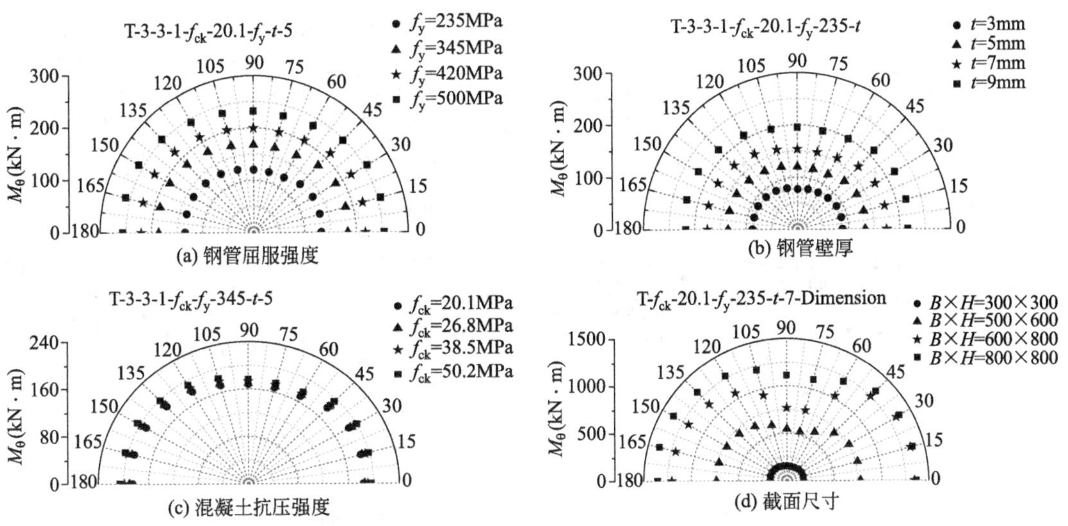

图 3-17　各参数对 T 形钢管混凝土柱截面任意角度受弯承载力的影响

从图 3-17 各参数对 T 形钢管混凝土柱截面任意角度受弯承载力的影响结果可以得出，T 形钢管混凝土柱任意角度受弯承载力图形可近似为椭圆形，钢管屈服强度、钢管壁厚和混凝土抗压强度等参数对任意角度受弯承载力分布图形状几乎无影响，均为大小不等的同心椭圆。基于大量参数分析，采用图 3-18 所示的椭圆形曲线近似拟合截面任意角度受弯承载力 M_θ[15]，用公式(3-7) 表达，其中 M_t 为截面中和轴平行翼缘柱肢且翼缘柱肢受拉的受弯承载力（$\theta=0°$，YYSL），M_w 为截面中和轴平行腹板柱肢时的受弯承载力（$\theta=90°$，PXFB），M_c 为截面中和轴平行翼缘柱肢且翼缘柱肢受压的受弯承载力（$\theta=180°$，YYSY）。M_t、M_c、M_w 的计算根据 3.5 节相应特征方向简化模型计算得到。

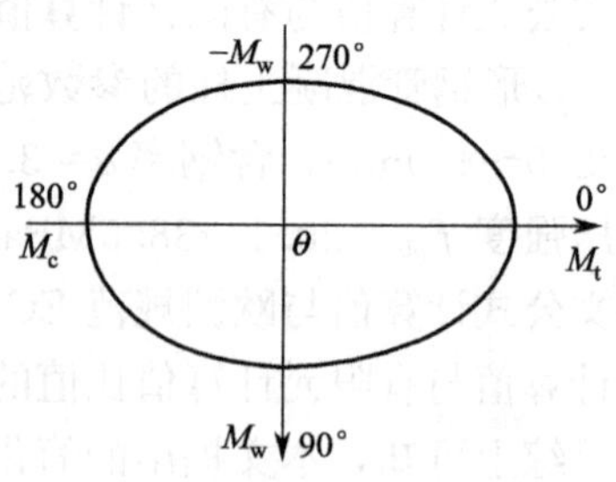

图 3-18　T 形钢管混凝土柱截面任意角度受弯承载力的椭圆拟合

$$M_\theta=\begin{cases}\sqrt{(M_t\cos\theta)^2+(M_w\sin\theta)^2}\text{，对于 }0°\sim90°\text{和 }270°\sim360°\\\sqrt{(M_c\cos\theta)^2+(M_w\sin\theta)^2}\text{，对于 }90°\sim270°\end{cases}\tag{3-7}$$

图 3-19 为用纤维模型法和公式(3-7) 计算的 T 形钢管混凝土柱截面任意角度受弯承载力对比，从对比图可以看出，简化公式能较准确地预测 T 形钢管混凝土柱截面任意角度受弯承载力。

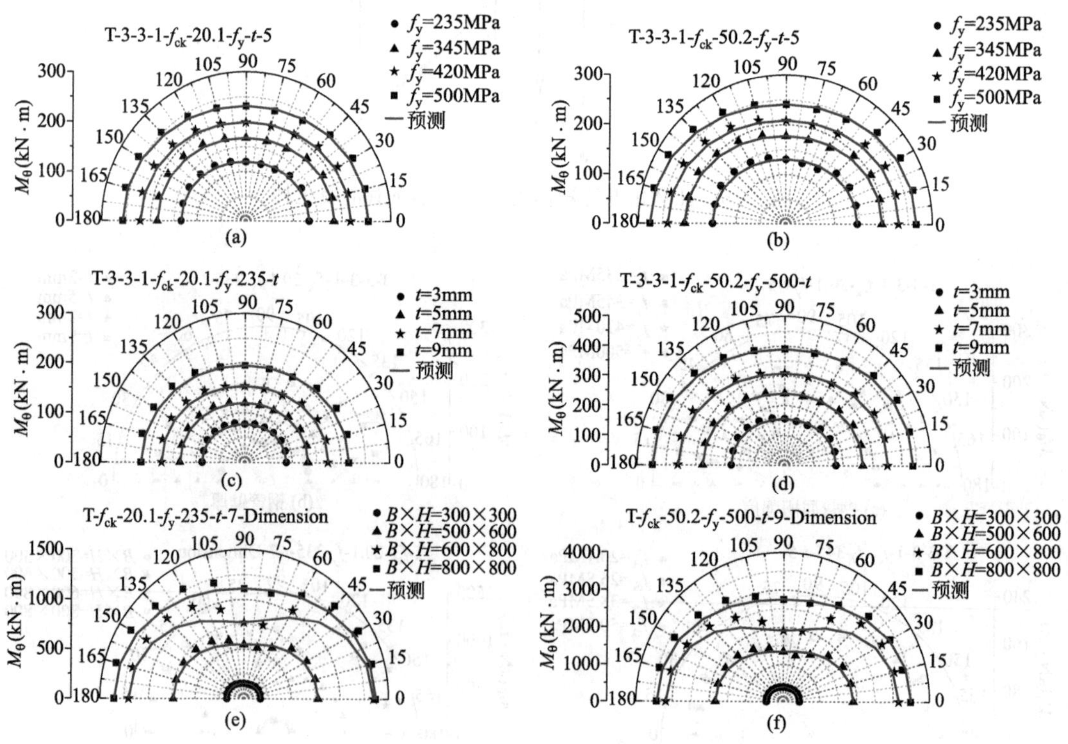

图 3-19　T 形钢管混凝土柱截面任意角度受弯承载力椭圆形拟合对比

3.8 小结

(1) 本章建立了钢管混凝土异形柱弯曲性能有限元模型和纤维模型，模型计算结果在弯曲破坏模式、应力分布、承载力、延性等方面与现有试验结果有良好的吻合。研究同时表明将构件受拉侧边缘纤维纵向应变达到 0.01 来作为受弯承载力设计依据是合理的。

(2) 基于有限元参数分析，给出了钢管混凝土异形柱弯曲破坏时的截面应力分布模式，并基于应力分布模式提出了受弯承载力直接计算方法，该方法包括了若干特征加载方向以及任意角度加载方向的承载力计算方法。受弯承载力计算方法能比较准确地预测钢管混凝土异形柱的受弯承载力，且有一定安全储备。

第4章 钢管混凝土异形柱偏压性能研究

4.1 引言

在本书第2章钢管混凝土异形柱轴心受压性能研究中得到了轴心受压截面承载力和稳定承载力计算方法；在第3章纯弯性能研究中得到了受弯承载力计算方法。本章将对偏压受力情况下的力学性能和承载力进行研究。首先进行了钢管混凝土异形柱偏心受压试验，通过试验分析钢管混凝土异形柱的偏压破坏模式，评价其承载力、延性等力学性能。应用纤维模型法和有限单元法对其偏压性能进行数值分析，考虑混凝土约束区的分布规律，以及钢管的屈曲影响，计算钢管混凝土异形柱偏压荷载-位移曲线。在此基础上进行相关参数的影响分析，最终提出承载力相关曲线计算方法和简化设计方法。

4.2 钢管混凝土异形柱偏压性能试验研究

4.2.1 试件设计

本章试验设计了以钢管混凝土异形柱（T形柱）为主的中长柱偏心受压试件，试件类型包括钢筋混凝土柱对比试件、普通钢管混凝土异形柱试件和加劲钢管混凝土异形柱试件。试验考察的主要参数为偏心距。由于T形柱沿非对称主轴偏压时，偏心方向不同其偏压性能也不尽相同，试验中荷载偏心方向均取对试件受力不利的偏向腹板柱肢的方向（轴压试件中腹板柱肢破坏程度比翼缘柱肢严重）。

试件长度按照实际构件尺寸缩尺而来，模型相似比取为1∶2，柱计算长度为1500mm，长细比为20。为便于对比，各试件截面外围尺寸相同，混凝土强度相同，相同型号的钢板、钢管和钢筋其材料性能也相同。图4-1为试件截面图，表4-1为试件详细参数。

（1）T形钢筋混凝土柱对比试件（TE1和TE2）：根据《混凝土异形柱结构技术规程》JGJ 149—2017设计，翼缘柱肢和腹板柱肢均配置纵筋和封闭箍筋。试件TE1和TE2荷载偏心距分别为25mm和50mm。

（2）普通T形钢管混凝土柱试件（TE3和TE4）：由钢板弯折并焊接成T形钢管，再浇筑混凝土而成。试件钢管内部未设置加劲肋。试件TE3和TE4荷载偏心距分别为

25mm 和 50mm。

（3）T 形加劲钢管混凝土柱试件（TE5 和 TE6）：内置对拉钢筋加劲肋焊接在翼缘柱肢和腹板柱肢相交的阴角处，以及宽厚比较大的钢板中部。先将钢板弯折并焊接成 T 形钢管，然后在钢板加劲肋焊接部位钻孔，孔径略大于对拉钢筋直径，将钢筋穿入钢板孔，两端焊接在相对的钢板上，加劲肋焊点竖向间距为 100mm。试件 TE5 和 TE6 荷载偏心距分别为 50mm 和 25mm。

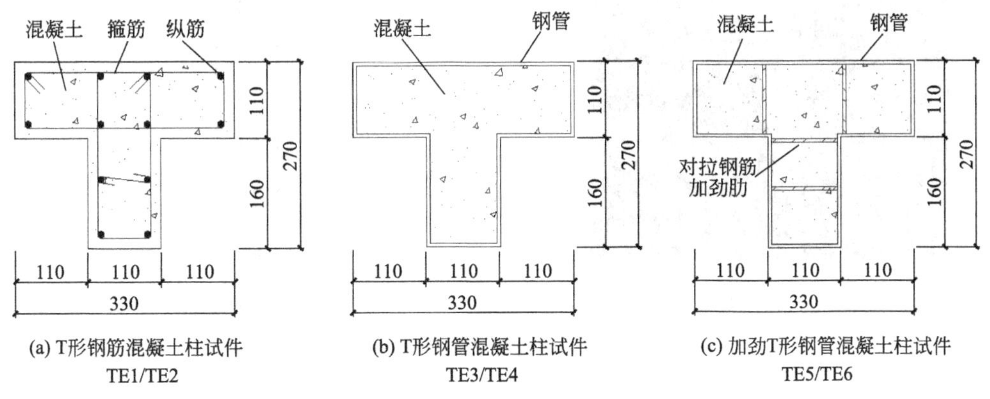

(a) T形钢筋混凝土柱试件 TE1/TE2　(b) T形钢管混凝土柱试件 TE3/TE4　(c) 加劲T形钢管混凝土柱试件 TE5/TE6

图 4-1　偏压试件截面（单位：mm）

偏压试件参数　　**表 4-1**

试件类型	试件	e (mm)	f_{ck} (MPa)	f_y (MPa)	t_y (mm)	f_j (MPa)	d_j (mm)	f_h/f_s (MPa)	d_h/d_s (mm)	S (mm)
钢筋	TE1	25	17.0	—	—	353	12.0	373	6.5	150
混凝土	TE2	50	37.5	—	—	353	12.0	373	6.5	150
普通钢管	TE3	25	37.5	315	3.49	—	—	—	—	—
混凝土	TE4	50	37.5	315	3.49	—	—	—	—	—
加劲钢管	TE5	50	37.5	315	3.49	—	—	304	8.0	100
混凝土	TE6	25	37.5	315	3.49	—	—	304	8.0	100

注：e 为荷载偏心距（mm）；f_{ck} 为混凝土棱柱体抗压强度实测值（MPa）；f_y 为钢板屈服强度实测值（MPa）；t_y 为钢板厚度（mm）；f_j 为纵筋屈服强度实测值（MPa）；d_j 为纵筋直径（mm）；f_h 为箍筋屈服强度实测值（MPa）；f_s 为对拉钢筋加劲肋屈服强度实测值（MPa）；d_h 为箍筋直径（mm）；d_s 为对拉钢筋加劲肋直径（mm）；S 为箍筋间距/加劲肋焊点间距（mm）。

4.2.2　偏压试验加载装置、测量仪器和加载制度

试验采用 500t 液压式长柱试验机加载（图 4-2）。试件两端边界条件为铰接，偏心加载边界条件采用刀口铰进行模拟。刀口铰分为两部分，一部分是固定在试验机加载板上的焊有三角形凸起的端板，另一部分是固定在柱端的含有锯齿形凹槽的端板，偏心距通过调节三角形凸起与锯齿形凹槽的接合部位来增减，以 25mm 为模数（图 4-2(b)）。加载时保持偏心距不变，即竖向力和弯矩以固定比例施加。在底部和顶部加载板共布置了 6 个 LVDT 位移传感器，用于测量加载板的位移。为了测量柱子沿偏心方向的侧向位移，在柱子两端及四分点均匀布置了 5 个机电百分表；同时垂直于偏心方向在柱子两端及中截面布置了 3 个机电百分表，用于监测平面外位移。

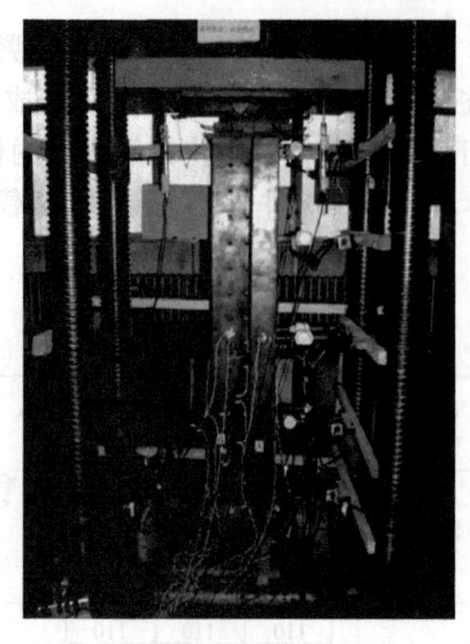

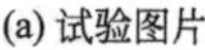

(a) 试验图片

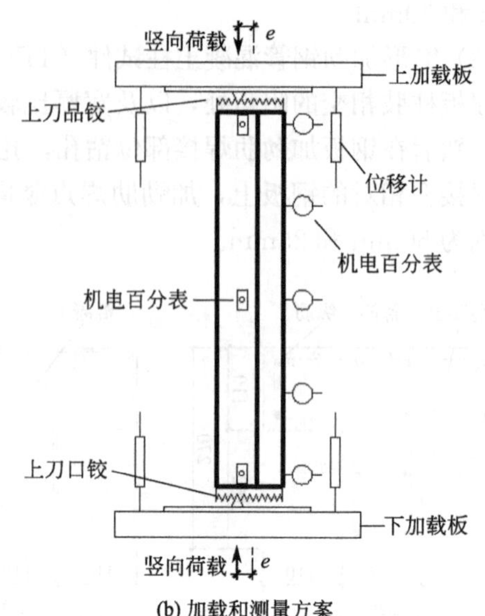

(b) 加载和测量方案

图 4-2 偏压试验加载装置和测量仪器

4.2.3 偏压试验破坏模式

为了便于描述试验现象，对 T 形钢管混凝土柱试件的各钢板面进行编号（详见本书第 2 章图 2-5）。

(1) 钢筋混凝土异形柱试件

如图 4-3 所示，试件首先在中间高度受压腹板柱肢处出现竖向裂缝，随偏压荷载增大，翼缘柱肢处混凝土逐渐出现横向受拉裂缝。当达到峰值荷载时，受压腹板柱肢混凝土压溃剥落，内部纵筋压屈；受拉翼缘柱肢混凝土沿柱高均匀分布若干条横向裂缝。当试件破坏时，试件的最终破坏模式为跨中弯曲破坏。

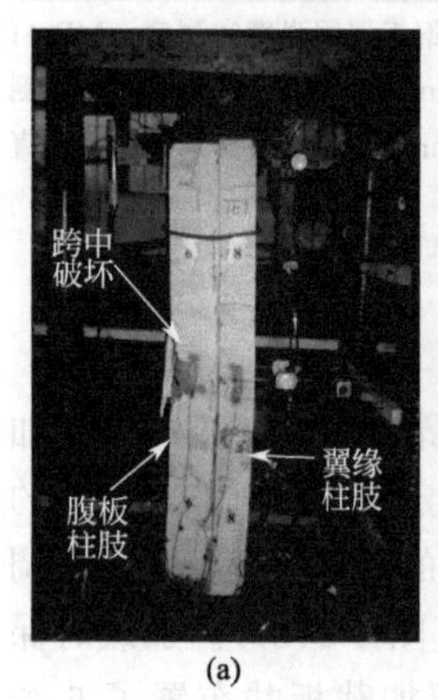

(a)

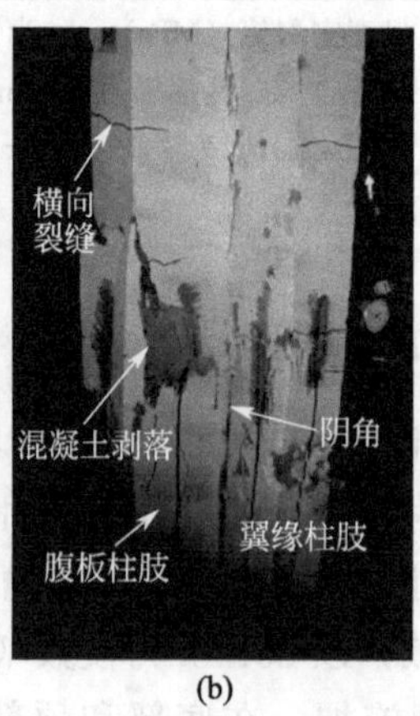

(b)

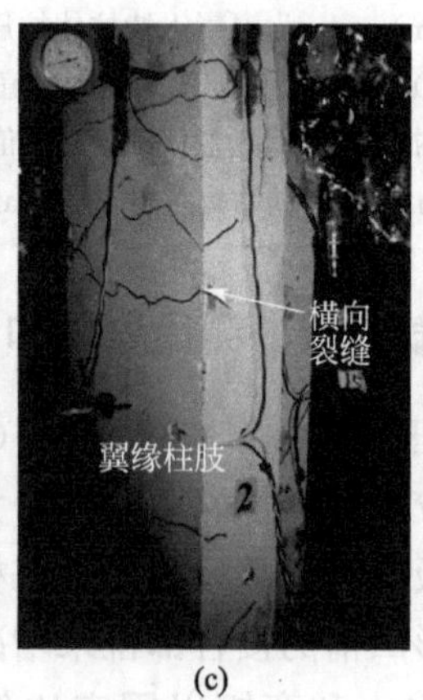

(c)

(d)

图 4-3 钢筋混凝土试件 TE1 破坏模式

(2) 普通钢管混凝土异形柱试件

试件破坏部分出现在曲率最大的柱中部（图 4-4(a)）。受压腹板柱肢钢管出现局部屈曲现象，屈曲部位主要分布在受压区的 5 面以及附近的宽厚比较大的 4 面和 6 面钢板上，屈曲波高度较大，普遍为 5～10mm，个别甚至达到 20mm（图 4-4(b)、(c)）；而受拉翼缘柱肢的钢板均未出现局部屈曲现象。同时观察到柱中间高度钢管阴角处位移比较复杂，通过敲击判断阴角钢管脱离内部混凝土，同时钢板屈曲处大多也均与内部混凝土脱离，有的甚至在两个屈曲波之间的钢板全部脱离内部混凝土。试件各焊缝质量良好，未出现开裂现象。剖开钢管后发现腹板混凝土被压溃，混凝土在阴角处出现通长的纵向裂缝（图 4-4(d)）。

(a)

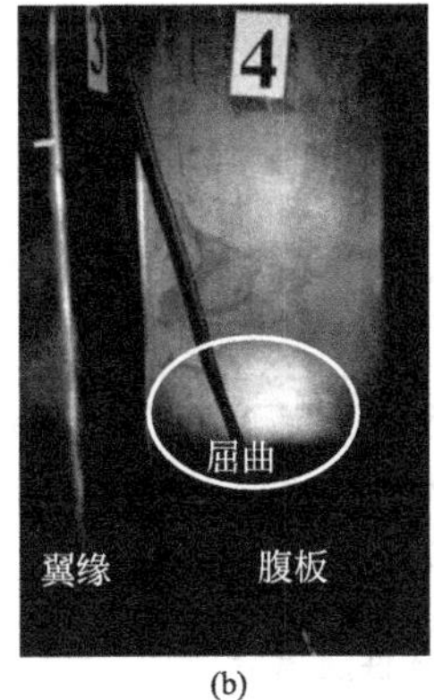

(b)

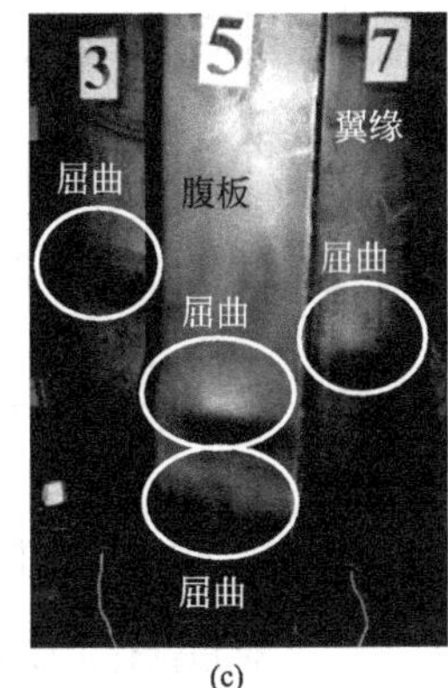

(c)

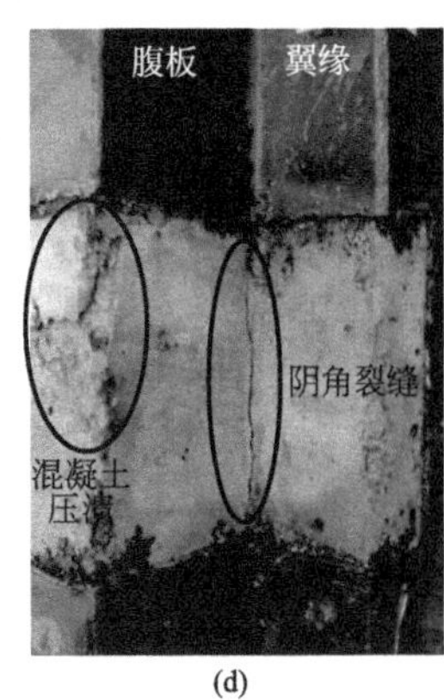

(d)

图 4-4　试件 TE4 破坏模式

（3）加劲钢管混凝土异形柱试件

试件在竖向荷载施加的上升段未发生钢管屈曲现象。试件破坏部分出现在曲率最大的柱中部（图 4-5(a)），屈曲部位主要分布在受压区的 5 面以及附近的宽厚比较大的 4 面和 6 面钢板上，屈曲波高度普遍为 5～10mm，个别甚至达到 20mm（图 4-5(b)、(c)）；而受拉翼缘柱肢的钢板均未出现局部屈曲现象。由于钢管阴角处和宽厚比较大的钢板均设置了对拉钢筋加劲肋，阴角和钢板焊点的位移均被有效限制，大多数屈曲处钢板与内部混凝土接触良好，未脱离开。剖开钢管发现腹板混凝土被压溃外鼓，并伴随若干受压裂缝，破坏深度 10mm 左右；而阴角处混凝土无纵向贯通裂缝（图 4-5(d)）。试件各钢板间焊缝未出现开裂现象。

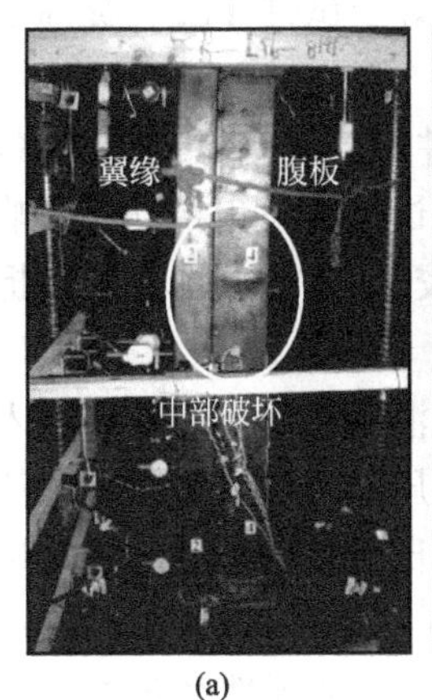

(a)

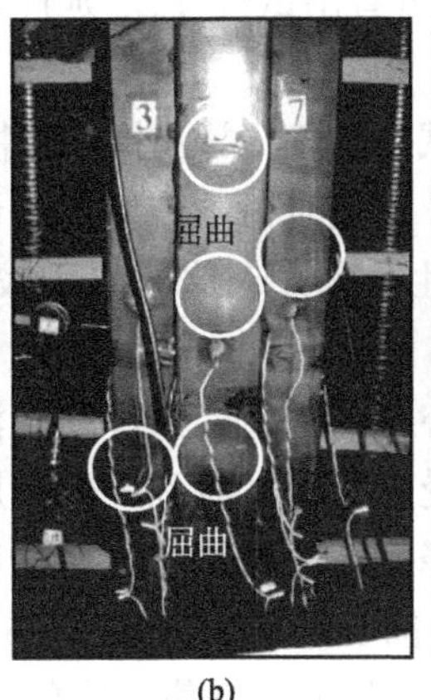

(b)

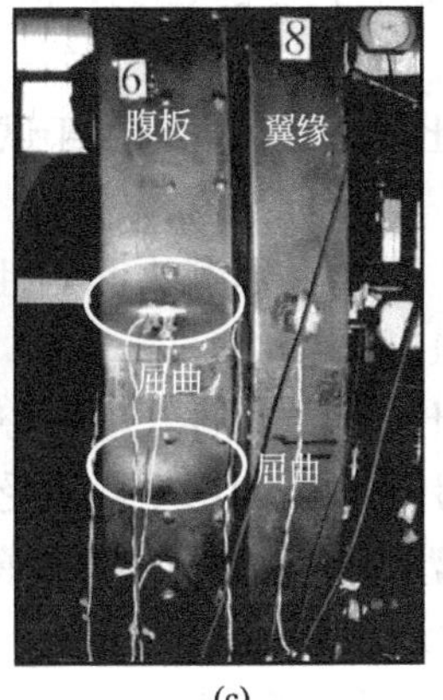

(c)

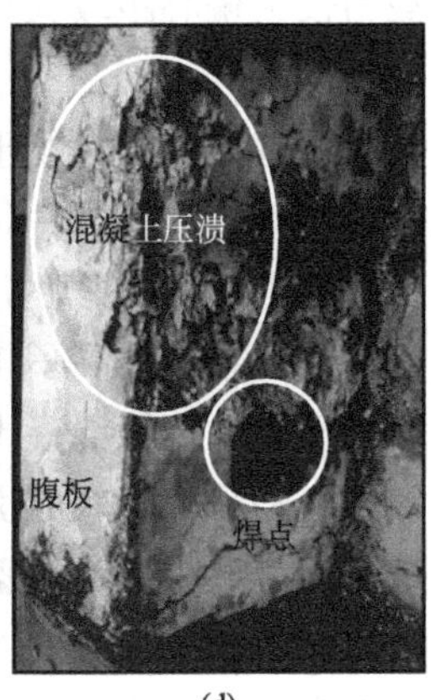

(d)

图 4-5　试件 TE6 破坏模式

4.2.4 偏压试验结果分析

试验中得到试件竖向荷载-跨中侧向挠度曲线，如图 4-6 所示。由试验曲线统计得到试件的主要力学性能指标如表 4-2 所示。

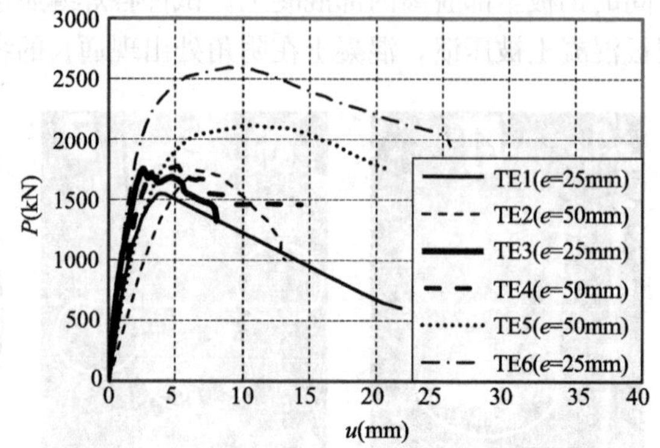

图 4-6 竖向荷载-中截面侧向挠度曲线

偏压试件主要力学性能指标 **表 4-2**

试件	屈服位移 u_y(mm)	屈服荷载 P_y(kN)	峰值位移 u_p(mm)	峰值荷载 P_p(kN)	极限位移 u_u(mm)	延性系数 $\mu=u_u/u_y$
TE1	2.68	1389	3.96	1548	7.15	2.66
TE2	5.34	1603	6.60	1740	10.40	1.95
TE3	1.95	1557	2.58	1755	6.95	3.57
TE4	2.86	1660	3.15	1739	9.12	3.10
TE5	4.39	1818	10.43	2120	19.59	4.46
TE6	3.04	2188	8.97	2597	20.01	6.59

注：极限位移 u_u 取承载力下降到峰值承载力 85%时的位移。

对于钢筋混凝土异形柱试件，由于偏心距较小试件 TE1 混凝土强度较低，导致试件承载力仅为偏心距较大试件 TE2 的 89%，但可看出试件 TE1 延性好于试件 TE2，提高了 36%。

对于普通钢管混凝土异形柱试件，由于试件 TE3 试验时在试件底部装有荷载传感器，改变了试件的边界条件，不能完全看作铰接。加载时荷载传感器和试件间发生错动，影响了试件的承载力和延性，使得其承载力和延性系数并未比偏心距较大试件 TE4 有明显提高，但延性系数提高了 15%。

对于加劲钢管混凝土异形柱试件，随偏心距的增大，试件腹板混凝土受压区较早进入弹塑性，随后二阶效应引起中截面由全截面受压状态过渡到一侧受压、一侧受拉状态，使得试件的弹性刚度、弹塑性刚度和峰值荷载降低；两试件的延性均比较好，偏心距较小试件 TE6 达到极限承载力后，荷载下降缓慢，偏心距较大试件 TE5 荷载下降段较 TE6 略陡。由表 4-2 可以看出，试件 TE6 相对于 TE5 在屈服荷载、峰值荷载和延性系数方面分别提高了 20.3%、22.5%和 47.8%。

对比相同偏心距的钢筋混凝土异形柱和加劲钢管混凝土异形柱试件，偏心距较小（e＝25mm）时，加劲钢管混凝土试件 TE6 的上升段刚度和峰值承载力均大于钢筋混凝土试件 TE1，荷载下降段也较为平缓，这是由于对拉钢筋加劲肋限制了约束点处钢管位移，提高了对混凝土的约束效应。由表 4-2 可以看出，加劲钢管混凝土柱相对钢筋混凝土柱，其屈服荷载、峰值荷载和延性系数分别提高了 58％、68％和 148％。偏心距较大（e＝50mm）时，加劲钢管混凝土试件 TE5 的上升段刚度大于钢筋混凝土试件 TE2，屈服荷载相对后者提高了 13％。随加载的进行，加劲异形钢管对混凝土的约束效应逐渐显现，其峰值承载力和延性系数分别比钢筋混凝土试件 TE2 提高了 22％和 129％。

4.3　钢管混凝土异形柱偏压性能数值分析（纤维模型法）

4.3.1　程序原理

对于以轴向变形和弯曲变形为主的偏压构件的分析，多数采用纤维模型法，其中包括截面层面上的偏压作用分析和构件层面上的偏压作用分析。截面层面上的偏压作用分析将截面上轴力作用下的平均应变和弯矩作用平截面假定下的应变进行叠加，根据本构关系得到截面应力，再计算出截面内轴力和内弯矩，通过迭代找到内外力平衡的状态。构件层面上的偏压作用分析通常先结合试验中试件变形情况假定构件的理想变形（如正弦半波形状），对构件破坏控制截面上的轴力和弯矩作用进行叠加，计算出截面内轴力和内弯矩，通过迭代使构件满足平衡条件。

无论是截面层次的偏压作用分析，还是构件层次的偏压作用分析，均存在三种加载方式（图 4-7），或者称之为加载路径：（Ⅰ）先施加竖向压力 N，保持 N 大小和方向不变，施加弯矩 M，高层结构中的柱子接近这种加载方式；（Ⅱ）保持竖向压力 N 的偏心距大小和方向不变，即保持竖向压力 N 和弯矩 M 成比例施加，施工阶段的柱子接近这种加载方式；（Ⅲ）先施加弯矩 M，保持弯矩大小和方向不变，施加竖向压力 N，这种加载方式

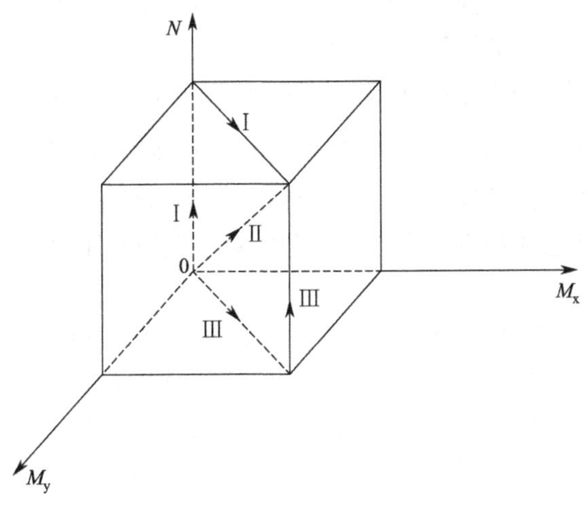

图 4-7　偏压截面和构件加载路径图

比较少见。本章主要考察前两种加载方式下截面和构件的偏压力学性能。

由于材料非线性、几何非线性和截面的非对称性，为了满足平衡条件，加载路径Ⅱ中构件纵轴变形方向和破坏控制截面的中和轴方向（两者相互垂直）均将发生变化，即构件扭转，作用在截面两个主轴的弯矩将重新分布，弯矩相对大小将改变。具体来说，对于中心对称截面（如圆形），偏心加载的全阶段变形轴方向不变，构件不发生扭转。对于双轴对称截面（如方形、矩形、十字形，工字形），当偏心加载方向沿对称轴方向时，加载的全阶段变形轴方向不变，构件不发生扭转；当偏心加载方向与两对称轴呈一定夹角时，在偏心加载的弹性阶段截面变形轴不发生变化，构件不扭转，进入弹塑性阶段变形轴将发生变化，构件扭转。对于单轴对称截面（如 T 形、L 形），当偏心加载方向沿对称轴方向，加载的全阶段变形轴方向不变，构件不发生扭转；其他偏心加载方向时，加载的全阶段构件均发生扭转。本章的数值程序中考虑构件变形轴方向的变化，即考虑构件扭转对承载力的影响。

结合本章试验研究结果和其他学者研究成果，以加劲 T 形钢管混凝土柱为研究对象，偏压数值分析程序采用以下几点假定：

(1) 加载过程中截面始终保持为平截面，钢管、混凝土和钢筋之间无相对滑移；

(2) 构件两端为简支边界条件，长度方向轴线变形假定为正弦半波；

(3) 不考虑混凝土受拉作用，混凝土中产生拉应力即开裂退出工作；

(4) 混凝土约束区分布采用第 2 章轴压短柱中的分布模式，并考虑钢管局部屈曲的影响；

(5) 不考虑构件剪切变形的影响；

(6) 忽略混凝土收缩和徐变的影响。

4.3.2 材料应力-应变关系

4.3.2.1 材料强度

(1) 考虑约束效应的混凝土抗压强度

钢管混凝土异形柱中约束混凝土的抗压强度采用第 2 章轴压构件的方法进行计算。

(2) 考虑局部屈曲的异形钢管抗压强度

根据《钢管混凝土结构技术规范》GB 50936—2014 的规定，对于宽厚比不大于 $60\sqrt{235/f_y}$ 的钢板，加载过程中认为钢板不会发生局部屈曲，能够达到屈服强度；对于宽厚比大于 $60\sqrt{235/f_y}$ 的钢板，加载至一定阶段认为钢板会发生局部屈曲，只能达到屈曲强度；对于设置加劲肋的钢板，应考虑加劲肋对钢板局部屈曲的延缓作用，及其对钢板屈曲强度的提高作用。

轴压构件中 T 形钢管截面上应力为均匀分布（图 4-8(a)、(b)），可采用公式 (2-30) 分别对每个钢板计算考虑局部屈曲后的抗压强度，再将所有钢板的承载力进行叠加，求得整个 T 形钢管的承载力。但对于承受偏压荷载的异形钢管，截面上有的钢板应力为均匀分布，有的钢板应力为非均匀分布（图 4-9(a)、(b)），公式(2-30) 在这种情况下已不再适用，需要提出针对偏压构件的考虑局部屈曲的异形钢管抗压强度计算方法。

试验中观察到，无论轴压构件中的钢板，还是偏压构件中的钢板，屈曲后钢板截面中部平面外位移最大，两侧与其他钢板焊接处附近由于刚度较大，平面外位移较小。钢板屈曲后，钢板整个截面承担的荷载不再增加，发生截面上的应力重分布。可假定钢板屈曲后，截面中部单元退出工作，后续加载过程中应力始终为零；截面两侧单元仍然正常工作，能够达到钢材屈服强度（图 4-8(c)、图 4-9(c)），应力重分布前后截面的外力维持不变。

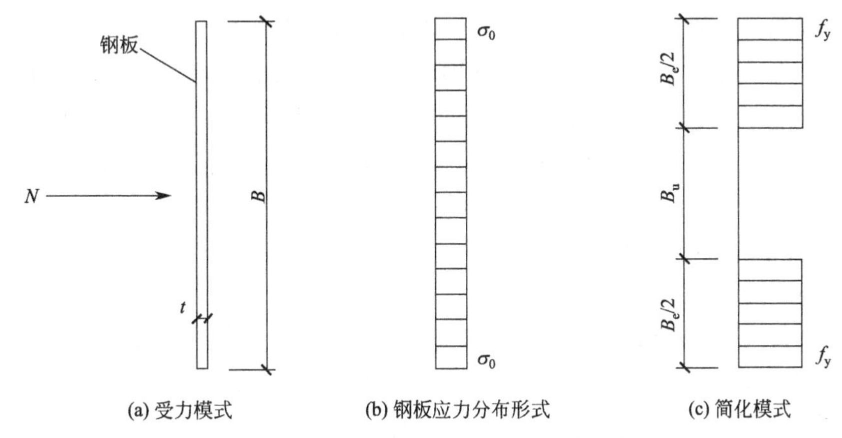

图 4-8　轴压构件中钢板应力分布及简化模式

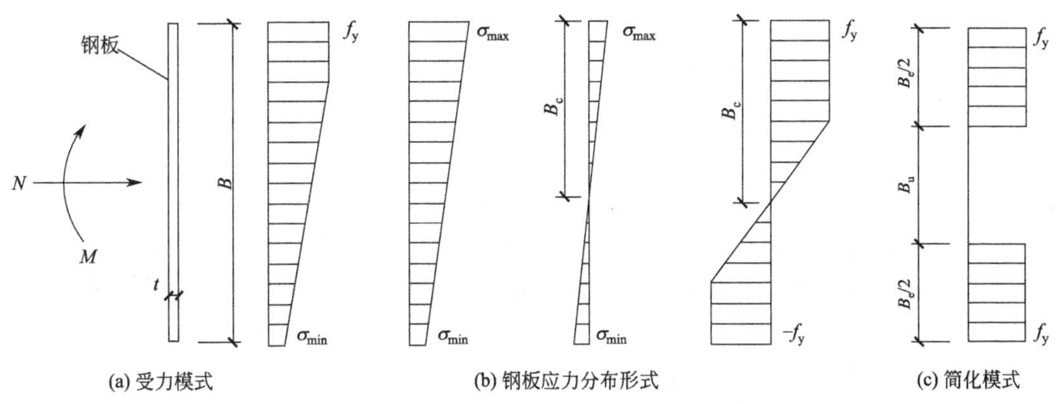

图 4-9　偏压构件中钢板应力分布及简化模式

对于轴压构件中的钢板和偏压构件中应力均匀分布的钢板，当截面应力达到由式(2-30) 计算的屈曲承载力 f'_{cr} 后，截面上应力简化为图 4-8(c) 的形式，退出工作的中间钢板区域宽度 B_u 用式(4-1) 计算：

$$B_u=(1-f'_{cr}/f_y)B \tag{4-1}$$

两侧正常工作钢板区域宽度 B_e 为：

$$B_e=B-B_u \tag{4-2}$$

对于偏压构件，如果钢板全截面受压，则当钢板截面应力满足式(4-3) 时，判断钢板屈曲：

$$\sum_{i=1}^{n}\sigma_i A_i \geqslant f'_{cr}A = f'_{cr}Bt \tag{4-3}$$

式中：σ_i——钢板截面任意单元应力（N/mm^2）；

A_i——钢板截面任意单元面积（mm^2）；

t——钢板厚度（mm）；

n——钢板的单元数。

如果钢板截面一部分受压一部分受拉，则需要验算受压区钢板宽厚比 B_c/t 是否大于 $60\sqrt{235/f_y}$，若大于则用公式(4-3) 判断钢板是否发生局部屈曲，若判定钢板发生屈曲，则用公式（4-1）计算退出工作钢板区域截面长度 B_u，用公式(4-2) 计算两侧正常工作钢板区域截面长度 B_e；如果受压区钢板宽厚比 B_c/t 小于 $60\sqrt{235/f_y}$，则钢板不会发生局部屈曲。

4.3.2.2 混凝土应力-应变关系曲线

（1）骨架曲线

确定骨架曲线，首先需要确定在钢管约束作用下混凝土的峰值抗压强度和峰值应变。钢管混凝土异形柱中混凝土受压应力-应变骨架曲线采用本书第 2 章轴压构件单向加载的受压应力-应变关系曲线。

（2）卸载曲线

混凝土卸载曲线只考虑在受压状态下的卸载，当混凝土卸载到受拉状态（即开裂）时，不考虑混凝土的抗拉强度，即开裂退出工作。图 4-10 是 Mander 混凝土模型受压状态下的卸载曲线，考虑到实际应用简便和易于收敛等因素，对原 Mander 模型的卸载曲线段进行简化，用直线代替原曲线。当受压应力卸载到 0 时，曲线将沿水平轴线的负向移动。

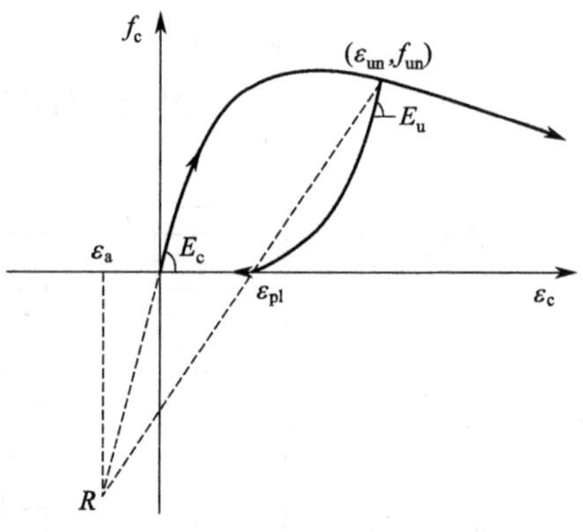

图 4-10　Mander 混凝土模型卸载曲线

混凝土受压卸载曲线（$\varepsilon_{pl} \leqslant \varepsilon \leqslant \varepsilon_{un}$）：

$$f_c = f_{un} - E_u(\varepsilon_{un} - \varepsilon) \tag{4-4}$$

式中：f_{un}、ε_{un}——分别为混凝土卸载点应力（N/mm^2）和应变；

E_u——混凝土卸载点初始切线模量（N/mm^2），用式(4-5) 表示：

$$E_u = bcE_c \tag{4-5}$$

b、c——系数，分别用下式表示：

$$b = \frac{f_{un}}{f_{ck}} \geqslant 1 \tag{4-6}$$

$$c = \left(\frac{\varepsilon_{cc}}{\varepsilon_{un}}\right)^{0.5} \leqslant 1 \tag{4-7}$$

式中：ε_{pl}——混凝土卸载残余应变，用下式表示：

$$\varepsilon_{pl}=\varepsilon_{un}-\frac{(\varepsilon_{un}+\varepsilon_{a})f_{un}}{(f_{un}+E_{c}\varepsilon_{a})} \tag{4-8}$$

ε_{a}——卸载曲线中 R 点对应的应变，用下式表示：

$$\varepsilon_{a}=a\sqrt{\varepsilon_{un}\varepsilon_{cc}} \tag{4-9}$$

a——系数，按下式计算：

$$a=0.09\frac{\varepsilon_{un}}{\varepsilon_{cc}} \tag{4-10}$$

（3）再加载曲线

混凝土的再加载曲线见图 4-11，当重新加载点的应变小于卸载残余应变时，重新加载曲线首先沿横轴正向移动，此阶段混凝土应力为 0，一旦混凝土应变大于卸载残余应变，则按照再加载曲线加载；若应力未卸载到 0，则再加载时从卸载终点开始再加载。同卸载曲线一样，考虑到实际应用简便和程序易于收敛等因素，对 Mander 模型的再加载曲线进行简化，用直线代替原曲线。再加载曲线分为直线段和骨架曲线段，直线段从再加载初始点开始，终点与卸载初始点重合；之后再加载曲线进入骨架曲线段。

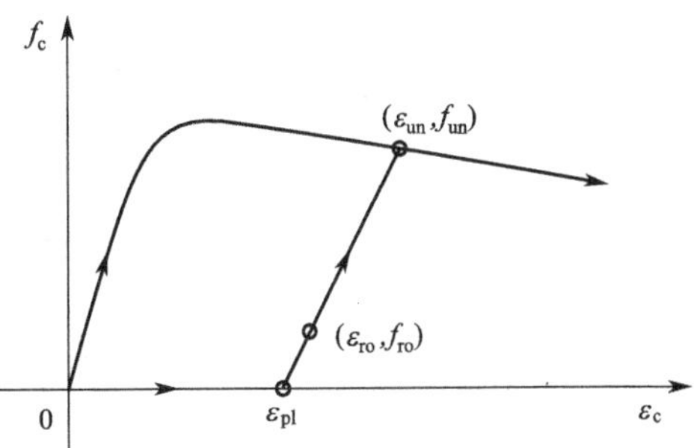

图 4-11　Mander 混凝土模型重新加载曲线

①再加载直线段（$\varepsilon_{ro}\leqslant\varepsilon_{c}\leqslant\varepsilon_{un}$）：

$$f_{c}=f_{ro}+E_{r}(\varepsilon_{c}-\varepsilon_{ro}) \tag{4-11}$$

式中：f_{ro}、ε_{ro}——分别为混凝土再加载点的应力（N/mm^2）和应变；

E_{r}——再加载模量（N/mm^2），用下式表示：

$$E_{r}=\frac{f_{ro}-f_{un}}{\varepsilon_{ro}-\varepsilon_{un}} \tag{4-12}$$

②再加载骨架曲线段

当混凝土重新加载回到骨架曲线上后按骨架曲线进行加载。

$$f_{c}=\frac{f_{cc}xr}{r-1+x^{r}} \tag{4-13}$$

4.3.2.3　钢材应力-应变关系曲线

本章采用钢材双线性单轴应力-应变滞回关系曲线，具有以下特征：①在屈服荷载 f_y 之前，钢材为弹性加载阶段；②达到 f_y 后，钢材进入理想塑性段；③钢材卸载刚度与弹性阶段刚度相同；④反向加载时钢材考虑了包辛格效应。

混凝土受压膨胀使钢管产生环向拉应力。根据 Von Mises 屈服准则，由于环向拉应力的影响，钢管纵向抗压承载力将降低，抗拉承载力将提高。文献［146］建议对于圆形和方形钢管混凝土构件，峰值荷载时钢材横向拉应力可取钢材屈服强度 f_y 的 10%。由于加劲异形钢管与方钢管性能相似，因此异形钢管的横向拉应力也建议取钢材屈服强度 f_y

的10%。再由Von Mises屈服准则求得考虑环向拉应力的钢材纵向抗压强度和纵向抗拉强度：

$$\sigma_v^2-\sigma_h\sigma_v+\sigma_h^2=f_y^2 \tag{4-14}$$

式中，σ_h、σ_v 分别为钢材环向应力和纵向应力，压应力时取正值，拉应力时取负值。当 $\sigma_h=0.1f_y$ 时，$\sigma_v=-1.05f_y$（拉应力）或 $\sigma_v=0.95f_y$（压应力）。当钢材纵向应力超过此界限时进入理想塑性段。模型中还考虑了包辛格效应的影响，在受拉和受压再加载阶段，引入刚度软化段，即在 $0.65f_y$ 的应力范围内钢材的再加载刚度取为弹性刚度的30%。钢材单轴加卸载曲线见图4-12，表达式如下：

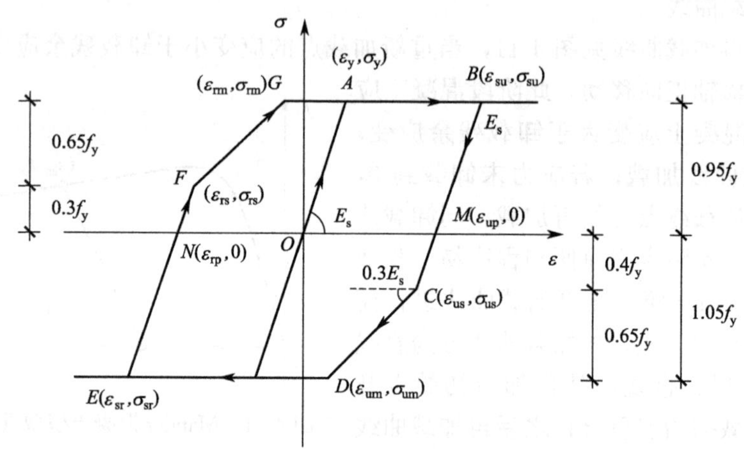

图4-12 钢材单轴应力-应变滞回曲线

（1）骨架曲线 $O—A—B$

①弹性段 $O—A$（$0\leqslant\varepsilon_s\leqslant\varepsilon_y$）

$$\sigma_s=E_s\varepsilon_s \tag{4-15}$$

②理想塑性段 $A—B$（$\varepsilon_s>\varepsilon_y$）

$$\sigma_s=0.95f_y \tag{4-16}$$

ε_y 为钢材受压屈服应变，按下式计算：

$$\varepsilon_y=\frac{0.95f_y}{E_s} \tag{4-17}$$

（2）卸载曲线 $B—M—C—D—E$

①初始卸载段 $B—C$（$\varepsilon_{us}\leqslant\varepsilon_s\leqslant\varepsilon_{su}$）

$$\sigma_s=\sigma_{su}-E_s(\varepsilon_{su}-\varepsilon_s) \tag{4-18}$$

$$\sigma_{us}=-0.4f_y \tag{4-19}$$

$$\varepsilon_{us}=\varepsilon_{up}-\frac{0.4f_y}{E_s} \tag{4-20}$$

$$\varepsilon_{up}=\varepsilon_{su}-\frac{\sigma_{su}}{E_s} \tag{4-21}$$

式中：σ_{su}、ε_{su}——分别为钢材卸载点 B 的应力（N/mm^2）和应变；

ε_{up}——钢材卸载残余应变；

σ_{us}、ε_{us}——分别为钢材卸载软化段起始点 C 的应力（N/mm^2）和应变。

②卸载软化段 C—D（$\varepsilon_{um} \leqslant \varepsilon_s < \varepsilon_{us}$）

$$\sigma_s = \sigma_{us} - E_s'(\varepsilon_{us} - \varepsilon_s) \tag{4-22}$$

$$E_s' = 0.3E_s \tag{4-23}$$

$$\varepsilon_{um} = \varepsilon_{us} - \frac{0.65f_y}{E_s'} \tag{4-24}$$

$$\sigma_{um} = -1.05f_y \tag{4-25}$$

式中：E_s'——钢材卸载软化段的弹性模量（N/mm^2）；

σ_{um}、ε_{um}——分别为钢材加载至受拉屈服强度（D 点）时的应力（N/mm^2）和应变。

③理想塑性水平段 D—E

$$\sigma_s = -1.05f_y \tag{4-26}$$

（3）重新加载曲线 E—F—G

①按初始弹性模量再加载段 E—F（$\varepsilon_{sr} \leqslant \varepsilon_s \leqslant \varepsilon_{rs}$）

$$\sigma_s = \sigma_{sr} + E_s(\varepsilon_s - \varepsilon_{sr}) \tag{4-27}$$

$$\varepsilon_{rs} = 0.3f_y \tag{4-28}$$

$$\varepsilon_{rs} = \varepsilon_{rp} + 0.3\varepsilon_y \tag{4-29}$$

$$\varepsilon_{rp} = \varepsilon_{sr} + \frac{\sigma_{sr}}{E_s} \tag{4-30}$$

式中：σ_{sr}、ε_{sr}——分别为钢材再加载点 E 的应力（N/mm^2）和应变；

σ_{rs}、ε_{rs}——分别为再加载软化段起始点 F 的应力（N/mm^2）和应变；

ε_{rp}——钢材再加载残余应变。

②再加载软化段 F—G（$\varepsilon_{rs} < \varepsilon_s \leqslant \varepsilon_{rm}$）

$$\sigma_s = \sigma_{rs} + E_s'(\varepsilon_s - \varepsilon_{rs}) \tag{4-31}$$

$$\sigma_{rm} = 0.95f_y \tag{4-32}$$

$$\varepsilon_{rm} = \varepsilon_{rs} + 2.17\varepsilon_y \tag{4-33}$$

式中：σ_{rm}、ε_{rm}——分别为钢材由再加载软化段加载至抗压屈服强度时的应力（N/mm^2）和应变。

③理想塑性水平段 G—A（$\varepsilon_s > \varepsilon_{rm}$）

$$\sigma_s = 0.95f_y \tag{4-34}$$

4.3.3　钢管混凝土异形柱偏压性能纤维模型法

4.3.3.1　截面偏压性能纤维模型法原理

以 T 形钢管混凝土柱为例，截面单元划分和偏心荷载作用位置见图 4-13。偏心荷载 N 作用点与原点的连线与 x 轴正向呈 θ 角，偏心荷载 N 距 x 轴距离为偏心距 e 在 y 轴上

的投影 e_y，偏心荷载 N 距 y 轴距离为偏心距 e 在 x 轴上的投影 e_x。

下面分别通过加载路径Ⅰ和加载路径Ⅱ对钢管混凝土异形柱截面偏压性能纤维模型法进行介绍。

1. 加载路径Ⅰ

在钢管混凝土异形柱截面上先施加轴心压力 N，保持轴力 N 大小不变的情况下，对截面施加弯矩 M，具体为施加截面曲率 ϕ，以增量的形式进行迭代，得到对应于一定轴力下的截面弯矩 M-曲率 ϕ 关系曲线。将数值程序编制步骤归纳为程序流程图，如图 4-14 所示。数值程序的编制步骤如下。

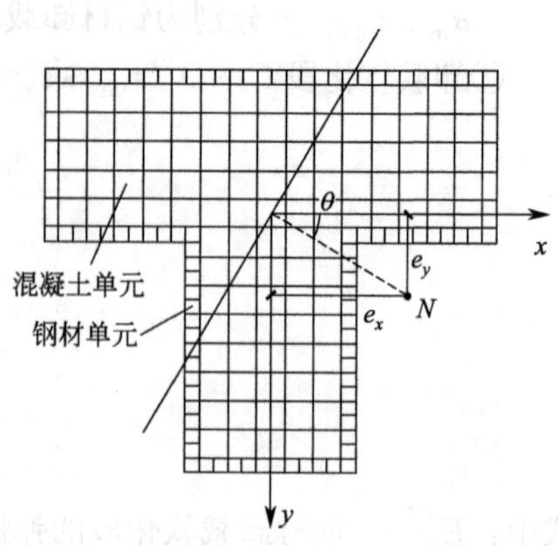

图 4-13　截面单元划分和偏心荷载位置

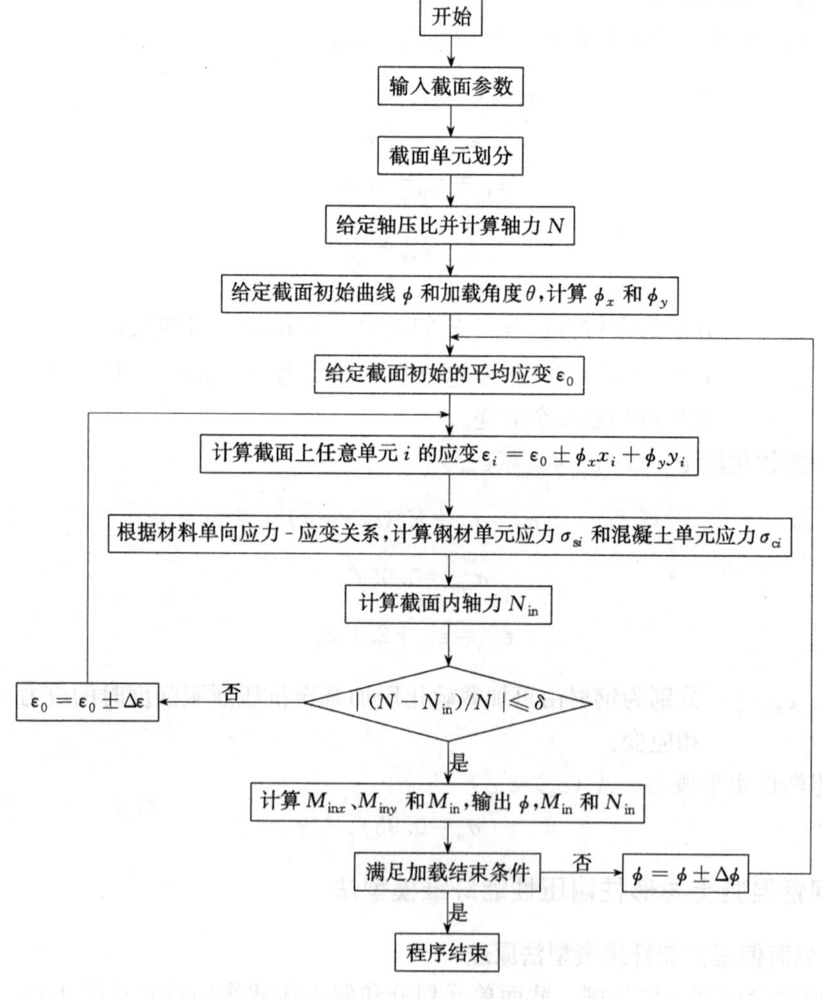

图 4-14　截面加载路径Ⅰ程序流程图

(1) 输入截面参数（包括截面形状、尺寸等）和材料强度，对截面划分单元。

(2) 给定轴压比 n_0，计算实际施加的轴力 N。

(3) 给定加载角度 θ、跨中截面初始曲率 ϕ，计算曲率 ϕ 在 x 轴和 y 轴上的分量 ϕ_x 和 ϕ_y。

(4) 给定截面平均应变 ε_0，计算截面上各单元形心处的应变 ε_i。

$$\varepsilon_i=\varepsilon_0+\phi_x x_i+\phi_y y_i \tag{4-35}$$

式中：x_i、y_i——分别为单元形心的 x 轴坐标和 y 轴坐标。

(5) 由混凝土和钢材各单元形心处的应变通过材料的应力-应变关系曲线计算混凝土单元应力 σ_{ci} 和钢材单元应力 σ_{si}，进而计算截面上的内轴力 N_{in} 和绕 x 轴、y 轴的内弯矩 M_{inx}、M_{iny}：

$$N_{in}=\sum_{i=1}^{n}(\sigma_{ci}A_{ci}+\sigma_{si}A_{si}) \tag{4-36}$$

$$M_{inx}=\sum_{i=1}^{m}(\sigma_{ci}A_{ci}y_{ci})+\sum_{j=1}^{n}(\sigma_{sj}A_{sj}y_{sj}) \tag{4-37}$$

$$M_{iny}=\sum_{i=1}^{m}(\sigma_{ci}A_{ci}x_{ci})+\sum_{j=1}^{n}(\sigma_{sj}A_{sj}x_{sj}) \tag{4-38}$$

式中：m、n——分别为混凝土和钢管单元个数。

(6) 判断平衡条件 $|(N-N_{in})/N|\leqslant\delta$ 是否满足，如果不满足，则调整截面平均应变 ε_0，返回步骤(4)；如果满足，则输出相应的 M_{inx}、M_{iny}、ϕ_x、ϕ_y，并计算弯矩的矢量和 M_{in}，输出 M_{in}-ϕ 曲线。

(7) 给定截面曲率 ϕ 的一个增量 $\Delta\phi$，即令 $\phi=\phi+\Delta\phi$，判断曲率 ϕ 是否达到预期施加的最终曲率值，如果达到则停止计算，如果未达到，则重复进行步骤(3)～(6)，从而得到截面弯矩 M_{in}-曲率 ϕ 全过程曲线。

2. 加载路径Ⅱ

在钢管混凝土异形柱截面上，保持竖向压力 N 的偏心距大小和方向不变，即保持竖向压力 N 和弯矩 M 成比例施加，以增量的形式进行迭代，得到对应于一定偏心距下的截面弯矩 M-曲率 ϕ 关系曲线。不同于加载路径Ⅰ，由于材料非线性、几何非线性和截面的非对称性，为了同时满足两个主轴方向的内外弯矩平衡，路径Ⅱ加载过程中控制截面（破坏截面）的中和轴方向将发生变化，即构件发生扭转。将加载路径Ⅱ的数值程序编制步骤归纳为程序流程图，如图 4-15 所示。数值程序编制步骤如下。

(1) 输入截面参数（包括截面形状、尺寸等）和材料强度，对截面划分单元。

(2) 给定竖向荷载偏心距 e 和偏心方向角 θ，并假定构件纵轴角度 $\theta_1=\theta$，计算沿 x 方向的偏心距 e_x 和沿 y 方向的偏心距 e_y：

$$e_x=e\cos\theta \tag{4-39}$$

$$e_y=e\sin\theta \tag{4-40}$$

(3) 给定跨中截面初始曲率 ϕ，并计算该截面沿 x 方向弯曲的初始曲率 ϕ_x 和沿 y 方向弯曲的初始曲率 ϕ_y：

$$\phi_x=\phi\cos\theta_1 \tag{4-41}$$

$$\phi_y=\phi\sin\theta_1 \tag{4-42}$$

（4）给定截面平均应变 ε_0，计算截面上各单元形心处的应变 ε_i：

$$\varepsilon_i = \varepsilon_0 + \phi_x x_i + \phi_y y_i \tag{4-43}$$

（5）由混凝土和钢材各单元形心处的应变通过材料的应力-应变关系曲线计算混凝土单元应力 σ_{ci} 和钢材单元应力 σ_{si}，进而按照加载路径Ⅰ的方法计算截面上内轴力 N_{in} 和两个方向的内弯矩 M_{inx}、M_{iny}。

（6）判断平衡条件 $T_x = |M_{inx}/(N_{in}e_x)-1| \leqslant \delta$ 和 $T_y = |M_{iny}/(N_{in}e_y)-1| \leqslant \delta$（其中 δ 是足够小的容许误差，为正值）是否同时满足，如果满足，则输出相应的 M_{inx}、M_{iny}、ϕ_x、ϕ_y，并计算弯矩的矢量和 M_{in}，输出 M_{in}-ϕ 曲线；如果不满足，则有以下两种情况：①如果 T_x 和 T_y 同时大于或同时小于 δ，则调整截面平均应变 ε_0，返回步骤（4）；②如果 $T_x > \delta$ 且 $T_y < \delta$，则 M_{inx} 偏大，M_{iny} 偏小，这时需要调整构件纵轴变形角度 θ_1，使纵轴变形方向偏向 y 轴，返回步骤（3）；如果 $T_x < \delta$ 且 $T_y > \delta$，则 M_{inx} 偏小，M_{iny} 偏大，这时需要调整构件纵轴变形角度 θ_1，使纵轴变形方向偏向 x 轴，返回步骤（3）。

（7）给定截面曲率 ϕ 的一个增量 $\Delta\phi$，即令 $\phi = \phi + \Delta\phi$，判断曲率 ϕ 是否达到预期施加的最终曲率值，如果达到则停止计算；如果未达到，则重复进行步骤（3）～（6），从而得到截面弯矩 M_{in}-曲率 ϕ 全过程曲线。

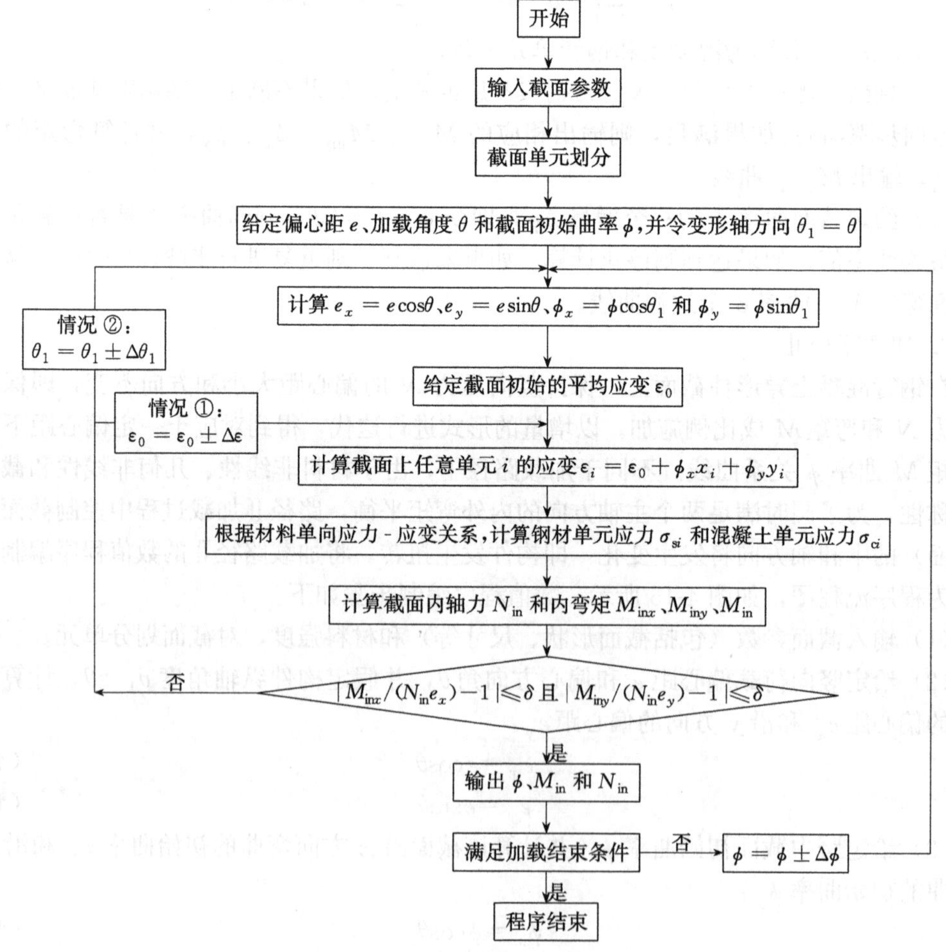

图 4-15　截面加载路径Ⅱ程序流程图

4.3.3.2　构件偏压性能纤维模型法原理

对于 T 形钢管混凝土偏压构件，其空间加载示意图如图 4-16 所示。构件长度为 L，两端铰接，假设构件侧向变形为正弦半波，跨中挠度用 U_m 表示。对于双向偏心受压构件，竖向荷载偏心距为 e，在 xy 平面的作用点与原点的连线，与 x 轴正向成 θ 角。由于破坏截面为跨中截面，因此对跨中截面进行研究。

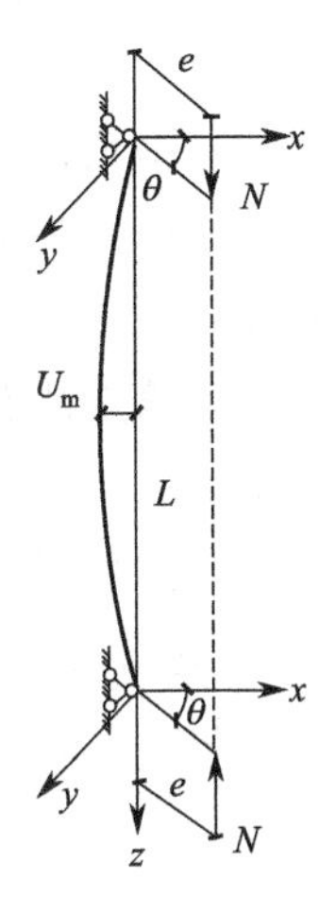

图 4-16　偏压构件加载示意图

下面分别通过加载路径Ⅰ和加载路径Ⅱ对钢管混凝土异形柱构件进行偏压性能数值分析。

1. 加载路径Ⅰ

在钢管混凝土异形柱上先施加轴心压力 N，保持轴力 N 大小和方向不变的情况下，对跨中截面施加弯矩 M，具体为施加截面曲率 ϕ，以增量的形式进行迭代，得到对应于一定轴力条件下的跨中截面弯矩 M-曲率 ϕ 关系曲线。

将数值程序编制步骤归纳为程序流程图，如图 4-17 所示。数值程序的编制步骤如下。

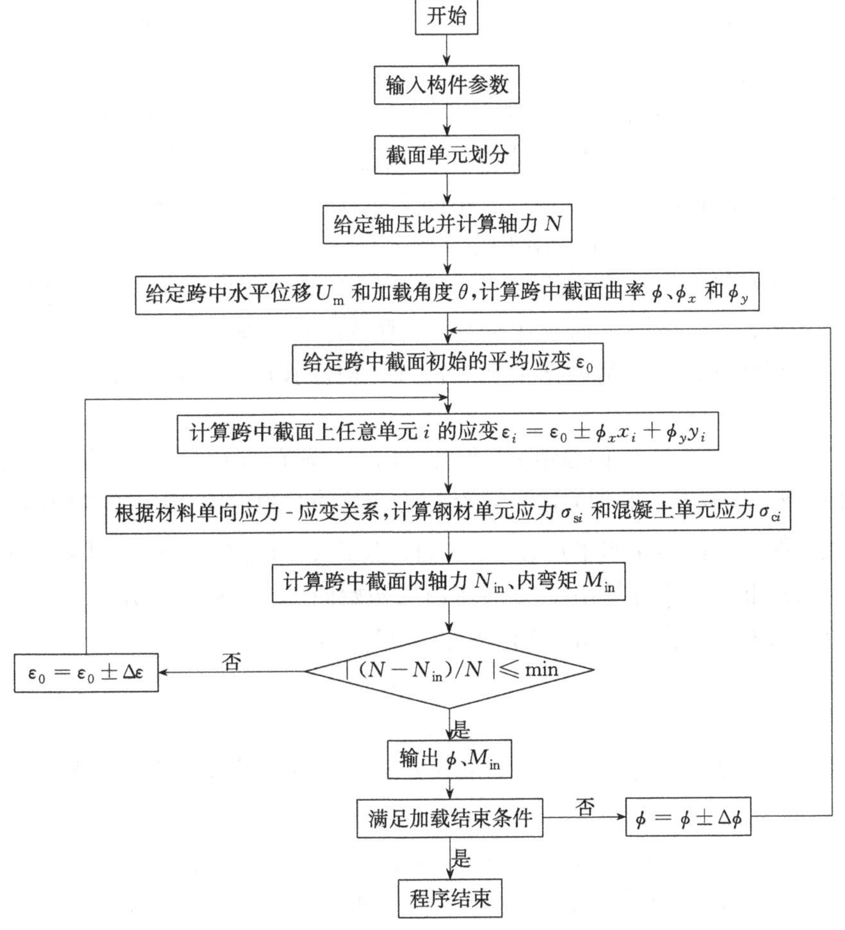

图 4-17　构件加载路径Ⅰ程序流程图

(1) 输入构件参数（包括截面形状和尺寸、构件长度、材料强度等），对截面划分单元。

(2) 给定轴压比 n_0，计算实际施加的轴力 N。

(3) 给定跨中截面水平位移 U_m，通过公式 $\phi=U_m(\pi/L)^2$ 计算初始曲率 ϕ，然后按截面加载方式Ⅰ的方法计算沿 x 方向弯曲的初始曲率 ϕ_x 和沿 y 方向弯曲的初始曲率 ϕ_y。

(4) 给定截面平均应变 ε_0，按截面加载方式Ⅰ的方法计算截面上各单元形心处的应变 ε_i。

(5) 由混凝土和钢材材料的应力-应变关系曲线计算混凝土单元应力 σ_{ci} 和钢材单元应力 σ_{si}，进而按照截面加载方式Ⅰ的方法计算截面上的内轴力 N_{in} 和两个方向的内弯矩 M_{inx}、M_{iny}，并计算内弯矩的矢量和 M_{in}：

$$M_{in}=\sqrt{M_{inx}^2+M_{iny}^2} \tag{4-44}$$

(6) 判断平衡条件 $|(N-N_{in})/N|\leqslant\delta$ 是否满足，如果不满足，则调整截面平均应变 ε_0，返回步骤 (4)；如果满足，则输出相应的 ϕ、M_{in}。

(7) 给定跨中截面水平位移 U_m 的一个增量 ΔU_m，即令 $U_m=U_m+\Delta U_m$，判断 U_m 是否达到预期最终跨中截面水平位移值，如果达到则停止计算，如果未达到，则重复进行步骤 (3)～(6)，从而得到构件跨中截面弯矩 M_{in}-曲率 ϕ 全过程曲线。

2. 加载路径Ⅱ

在钢管混凝土异形柱构件上，保持竖向压力 N 的偏心距大小和方向不变，即保持竖向压力 N 和弯矩 M 成比例施加，以增量的形式进行迭代，得到对应于一定偏心距条件下的竖向压力 N-跨中挠度 U_m 关系曲线。不同于加载路径Ⅰ，由于材料非线性、几何非线性和截面的非对称性，为了同时满足两个主轴方向的内外弯矩平衡，路径Ⅱ加载过程中破坏控制截面的中和轴方向将发生变化，即构件发生扭转。将加载路径Ⅱ的数值程序编制步骤归纳为程序流程图，如图 4-18 所示。数值程序的编制步骤如下。

(1) 输入构件参数（包括截面形状和尺寸、构件长度、材料强度等），对截面划分单元。

(2) 给定竖向荷载 N 的偏心距 e 和偏心方向与 x 轴的夹角 θ，假定构件纵轴变形角度 $\theta_1=\theta$，并按截面加载方式Ⅱ的方法计算沿 x 方向的偏心距 e_x 和沿 y 方向的偏心距 e_y。

(3) 给定跨中截面初始水平位移 U_m，通过公式 $\phi=U_m(\pi/L)^2$ 计算初始曲率 ϕ，按照截面加载方式Ⅱ的方法计算沿 x 方向弯曲的初始曲率 ϕ_x 和沿 y 方向弯曲的初始曲率 ϕ_y，并按下式计算 U_m 在 x 轴和 y 轴上的投影 U_{mx} 和 U_{my}：

$$U_{mx}=U_m\cos\theta_1 \tag{4-45}$$

$$U_{my}=U_m\sin\theta_1 \tag{4-46}$$

(4) 给定截面平均应变 ε_0，按截面加载方式Ⅱ的方法计算截面上各单元形心处的应变 ε_i。

(5) 由混凝土和钢材材料的应力-应变关系曲线计算混凝土单元应力 σ_{ci} 和钢材单元应力 σ_{si}，进而按照截面加载方式Ⅱ的方法计算截面上的内轴力 N_{in} 和两个方向的内弯矩 M_{inx}、M_{iny}。

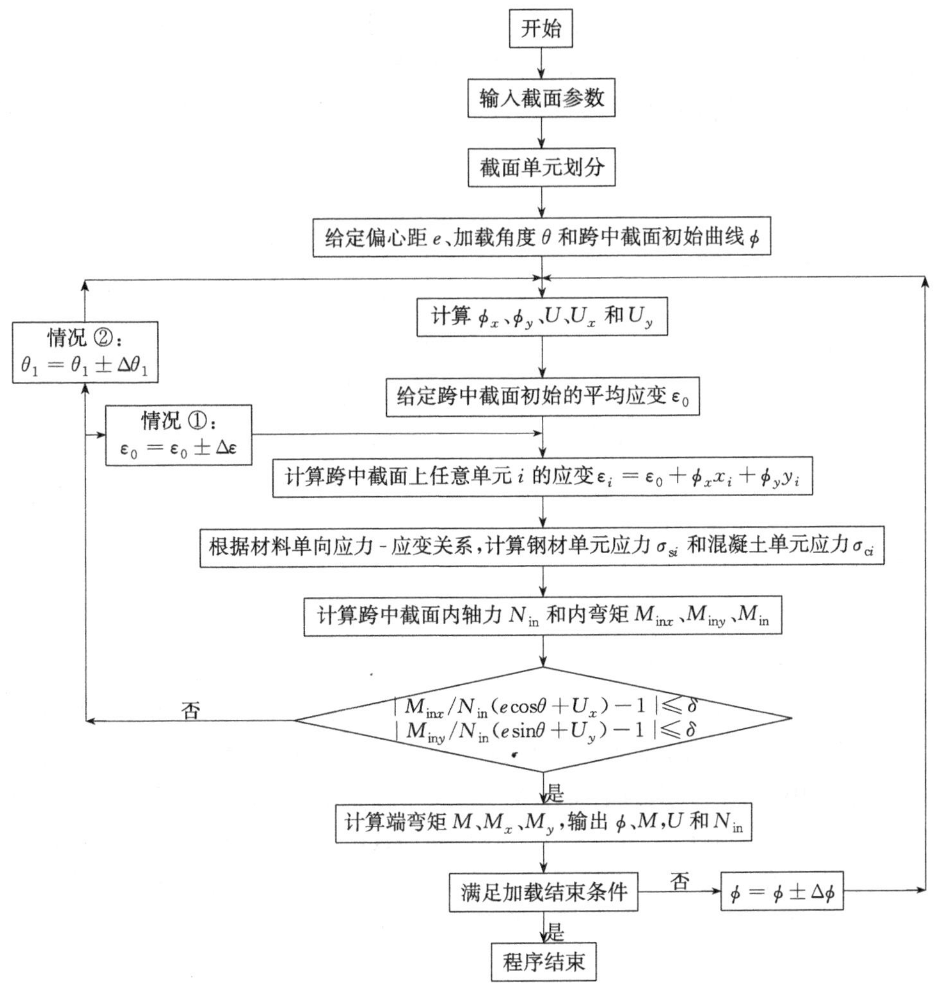

图 4-18　构件加载路径Ⅱ程序流程图

(6) 判断 $T_x=|M_{\text{inx}}/(N_{\text{in}}(e_x+U_{\text{mx}}))-1|\leqslant\delta$ 和 $T_y=|M_{\text{iny}}/(N_{\text{in}}(e_y+U_{\text{my}}))-1|\leqslant\delta$ 是否同时满足，如果满足，则输出相应的 M_{inx}、M_{iny}、ϕ_x、ϕ_y，并计算弯矩的矢量和 M_{in}，输出 $M_{\text{in}}-\phi$ 曲线和 $N_{\text{in}}-U_{\text{m}}$ 曲线；如果不满足，则有以下两种情况：①如果 T_x 和 T_y 同时大于或同时小于 δ，则调整截面平均应变 ε_0，返回步骤（4）；②如果 $T_x>\delta$ 且 $T_y<\delta$，则 M_{inx} 偏大，M_{iny} 偏小，这时需要调整构件纵轴变形角度 θ_1，使纵轴变形方向偏向 y 轴，返回步骤（3）；如果 $T_x<\delta$ 且 $T_y>\delta$，则 M_{inx} 偏小，M_{iny} 偏大，这时需要调整构件纵轴变形角度 θ_1，使纵轴变形方向偏向 x 轴，返回步骤（3）。

(7) 给定跨中截面水平位移 U_{m} 的一个增量 ΔU_{m}，即令 $U_{\text{m}}=U_{\text{m}}+\Delta U_{\text{m}}$，判断 U_{m} 是否达到预期最终跨中截面水平位移值，如果达到则停止计算，如果未达到，则重复进行步骤（3）～（6），从而得到构件竖向力 N_{in}-跨中水平位移 U_{m} 全过程曲线。

4.3.4　纤维模型法数值程序计算结果

4.3.4.1　纤维模型法程序计算结果与试验结果的对比

应用纤维模型法数值分析程序对本章的钢筋加劲 T 形钢管混凝土柱（TE5、TE6）

偏心受压加载全过程进行模拟，图 4-19 为数值程序计算的竖向荷载 N-跨中水平位移 U_m 曲线和试验结果的对比。可以看出，曲线上升段刚度、峰值承载力、延性等方面均吻合较好，该纤维模型法数值程序能够较好地预测钢筋加劲钢管混凝土异形柱的偏压性能。

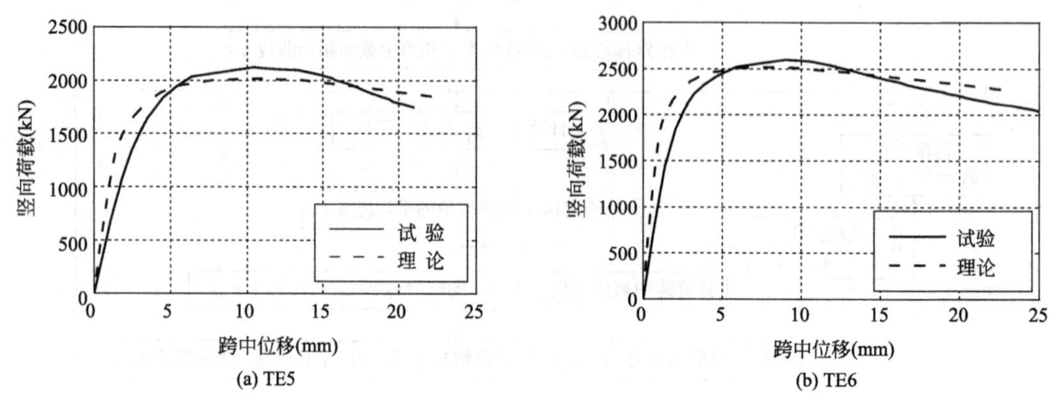

图 4-19 试验曲线和理论曲线对比

4.3.4.2 两个加载路径的相互验证

应用两个加载路径分别计算钢管混凝土异形柱截面偏压下的竖向力 N-弯矩 M 相关曲线，如图 4-20 所示，其中钢管混凝土异形柱截面与本章试验试件截面相同。考虑了两个加载方向下的对比情况，分别为正向加载（翼缘柱肢受拉、腹板柱肢受压）和 45°角加载（与截面 x 轴正向所夹角度）。可以看出，在正向加载情况下，路径Ⅰ和路径Ⅱ的 N-M 相关曲线较为接近；在 45°角加载情况下，由于采用路径Ⅱ时构件要发生扭转，路径Ⅱ的 N-M 相关曲线被包围在路径Ⅰ曲线内部，路径Ⅱ的承载力相对路径Ⅰ较低，但在偏心距较大时两者比较接近。

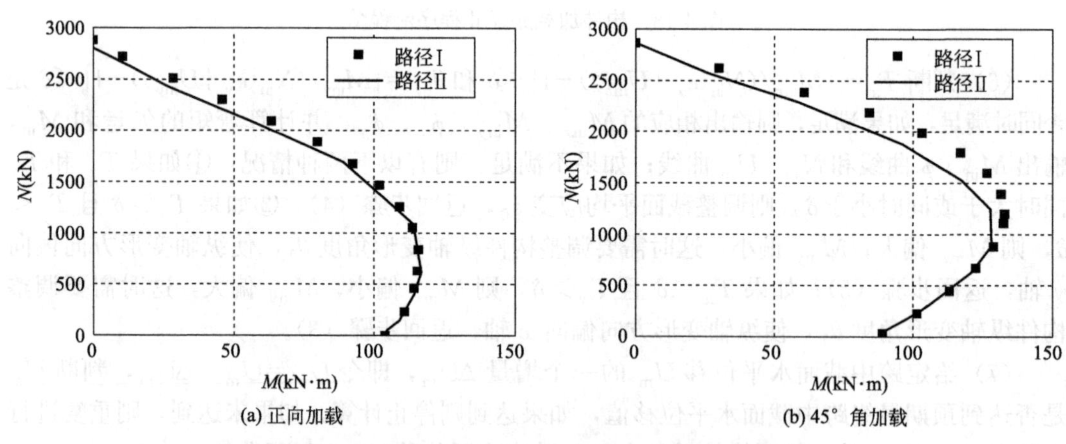

图 4-20 两种加载路径情况下截面 N-M 承载力相关曲线

应用两种加载路径方式分别计算钢管混凝土柱构件偏压的竖向力 N-弯矩 M 相关曲线，如图 4-21 所示，其中构件截面、长度与试验试件相同。考虑了正向加载情况下两个构件长细比（20 和 100）的对比情况。可以看出，当长细比为 20 时，路径Ⅰ和路径Ⅱ的

N-M 相关曲线基本重合；当长细比为 100 时，加载路径Ⅱ计算的构件由于扭转其承载力比路径Ⅰ略高。此外，长细比较小构件的承载力相关曲线有明显的拐点，而长细比较大的构件没有明显的拐点，几乎为一条直线。这是因为长细比较小构件偏压加载时二阶效应影响较小，小轴压比情况下构件截面以弯曲破坏为主，轴压比较大时构件截面以受压区混凝土压溃破坏为主。N-M 相关曲线的拐点表示两种破坏模式的界限，这个临界点使得混凝土受压区压溃和受拉区开裂均被延缓，混凝土材料能够充分发挥作用，因此受弯承载力较高。

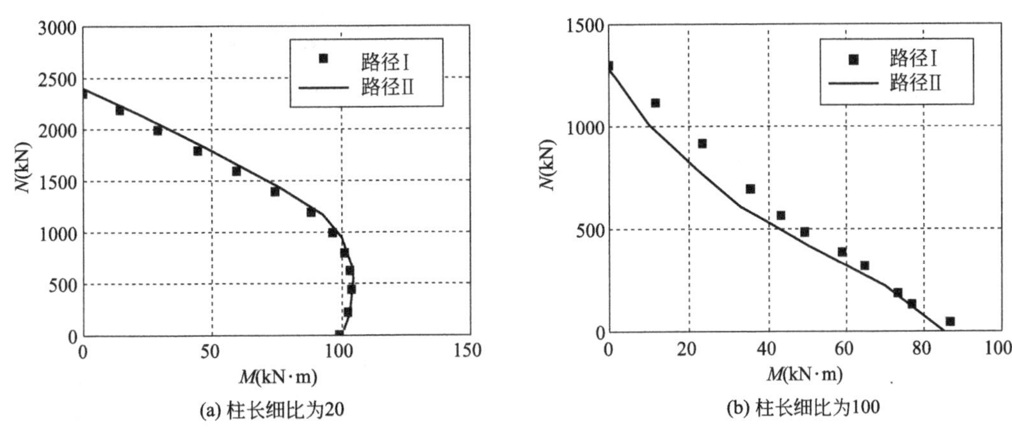

图 4-21　两种加载路径正向情况下构件 N-M 承载力相关曲线

对于长细比较大的钢管混凝土异形柱，偏压加载时二阶效应影响较大，构件在任何轴压比下均表现为跨中截面弯曲破坏为主，即截面受拉区混凝土开裂后退出工作，承载力主要由钢管提供。

当混凝土在构件中所占比重较大（混凝土材料强度较高或钢管壁厚较小），混凝土性能所占比重较大，钢材性能比重较小，此时 N-M 承载力相关曲线的拐点趋于明显；当混凝土在构件中所占比重较小（混凝土材料强度较低或钢管壁厚较大），混凝土性能所占比重较小，钢材性能比重较大，此时 N-M 承载力相关曲线的拐点趋于不明显。

4.4　钢管混凝土异形柱偏压性能数值分析（有限单元法）

4.4.1　钢管混凝土异形柱偏压性能试验参数

基于文献［57］［61］中钢管混凝土异形柱偏压性能试验（图 4-22 和表 4-3），应用有限元软件 ABAQUS 进行单向和双向偏压性能分析。文献［57］和文献［61］分别采用对拉钢筋和约束拉杆来加劲异形钢管。将有限元计算结果与试验结果进行比较以验证有限元模型的合理性。在此基础上，分析截面加劲措施、含钢率、材料强度、柱肢宽厚比、偏心距和加载角度等参数对钢管混凝土异形柱偏压性能的影响。最后根据试验结果和参数分析结果提出钢管混凝土异形柱单向偏压承载力设计公式和双向偏压承载力设计公式。

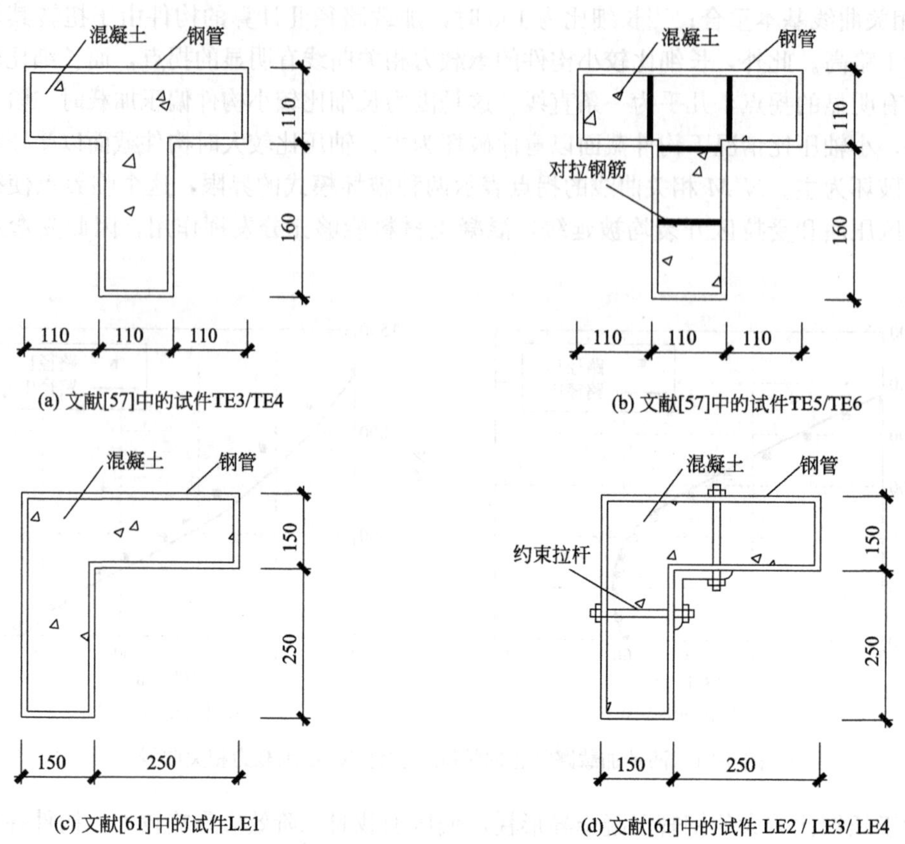

(a) 文献[57]中的试件TE3/TE4
(b) 文献[57]中的试件TE5/TE6
(c) 文献[61]中的试件LE1
(d) 文献[61]中的试件 LE2 / LE3/ LE4

图 4-22　钢管混凝土异形柱截面（单位：mm）

钢管混凝土异形柱偏压试件参数表　　表 4-3

试件编号	混凝土强度 f_{ck}(MPa)	钢管强度 f_y(MPa)	钢管厚度 t (mm)	对拉钢筋/约束拉杆强度 f_s(MPa)	对拉钢筋/约束拉杆直径 d (mm)	对拉钢筋/约束拉杆间距 $a_s \times b_s$(mm×mm)	偏心距 e(mm)	试件长度 L(mm)
TE3	37.5	315	3.49	—	—	—	25	1500
TE4	37.5	315	3.49	—	—	—	50	1500
TE5	37.5	315	3.49	304	8.0	100×100	50	1500
TE6	37.5	315	3.49	304	8.0	100×100	25	1500
LE1	48.8	465	6.0	—	—	—	48	720
LE2	48.8	465	6.0	355	14.0	200×150	48	720
LE3	48.8	465	6.0	355	14.0	200×150	68	720
LE4	48.8	465	6.0	355	14.0	200×150	96	720

注：a_s 为对拉钢筋或约束拉杆水平间距；b_s 为对拉钢筋或约束拉杆竖向间距。

4.4.2 有限元建模方法

4.4.2.1　钢材和混凝土应力-应变关系曲线

钢材和混凝土的单轴应力-应变关系曲线参考本书 2.4.1 节的相关内容。

4.4.2.2　单元类型和网格划分

钢管单元采用四节点线性减缩积分壳单元（S4R），对拉钢筋或约束拉杆采用三维两节点线性桁架单元（T3D2），核心混凝土采用八节点线性减缩积分实体单元（C3D8R）。对不同网格尺寸的有限元模型进行对比，发现矩形网格大小取 25～30mm 时计算精度和计算效率均比较合理。钢管和混凝土采用相同的网格划分（如图 4-23 所示）。

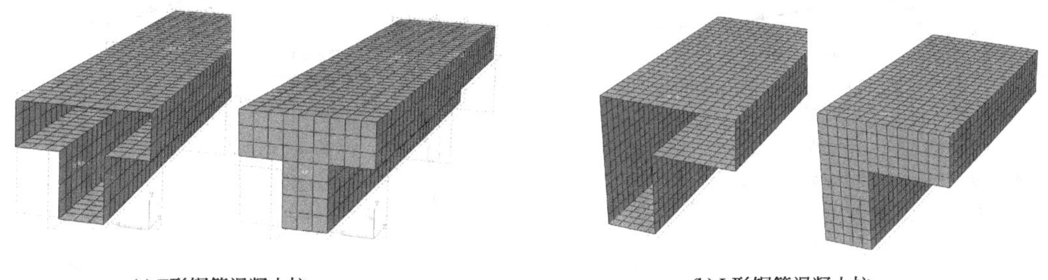

(a) T形钢管混凝土柱　　(b) L形钢管混凝土柱

图 4-23　有限元模型网格划分

4.4.2.3　有限元模型各部分相互作用、边界条件和加载方式

钢管和混凝土沿接触面法向采用硬接触（hard contact）属性，钢管与混凝土可以分离但不相互穿透。接触面切向采用库仑摩擦（coulomb friction）属性，并考虑小滑移，摩擦系数参考已有研究成果取为 0.25[143-144]。对拉钢筋和约束拉杆嵌入（embed）混凝土中，且与柱钢管融合（merge）在一起。钢管与混凝土在柱上下端采用刚体约束（rigid body constraint）模拟柱端的盖板，使二者共同受力。边界条件和偏心荷载均施加在柱端刚体约束参考点上，柱两端边界条件为铰接，与试验边界条件一致；刚体约束参考点距截面形心的距离即为荷载偏心距 e。

4.4.3　有限元模型验证

图 4-24 为应用有限元模型（FEM）计算的竖向荷载 N-跨中水平位移 u_m 曲线与试验结果的对比。从图中可以看出，有限元模型计算的刚度和承载力与试验结果基本吻合良好，同时有限元模拟的破坏模式与试验破坏模式也基本吻合（如图 4-25 所示）。本章建立的有限元模型总体上能够较好地预测试验结果，验证了模型的合理性。

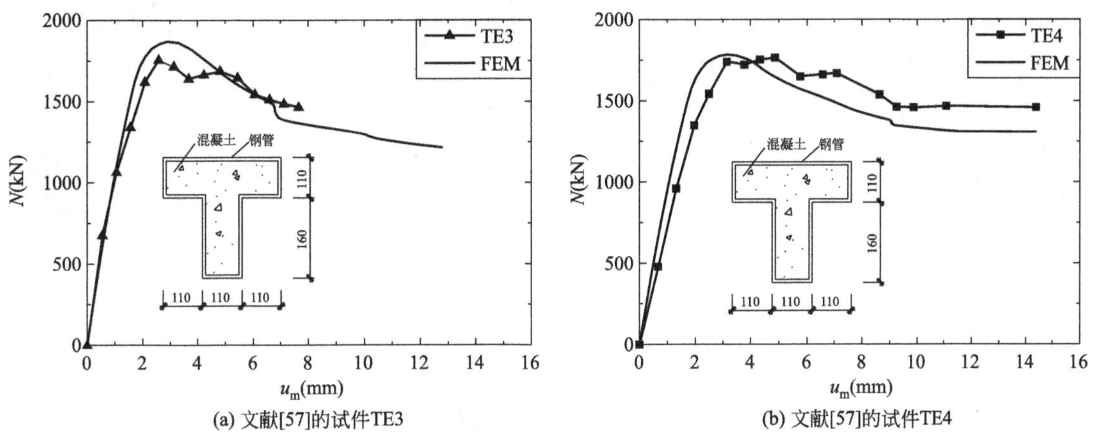

(a) 文献[57]的试件TE3　　(b) 文献[57]的试件TE4

图 4-24　竖向荷载 N-跨中水平位移 u_m 曲线对比

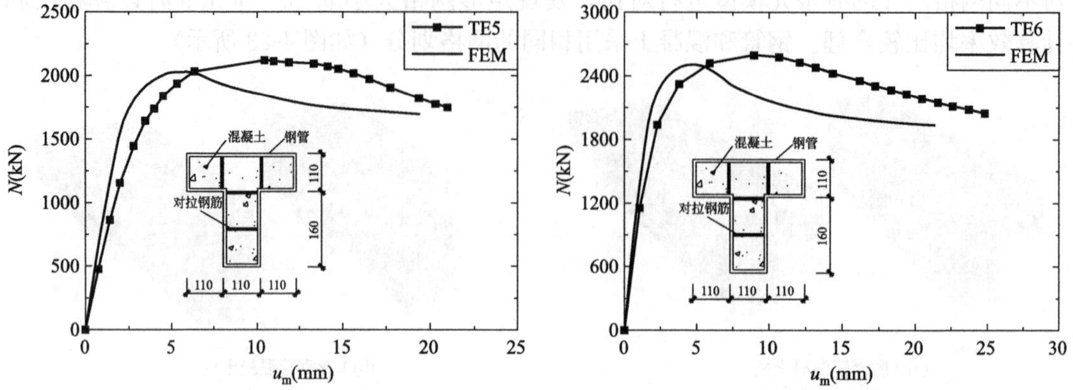

(c) 文献[57]的试件TE5

(d) 文献[57]的试件TE6

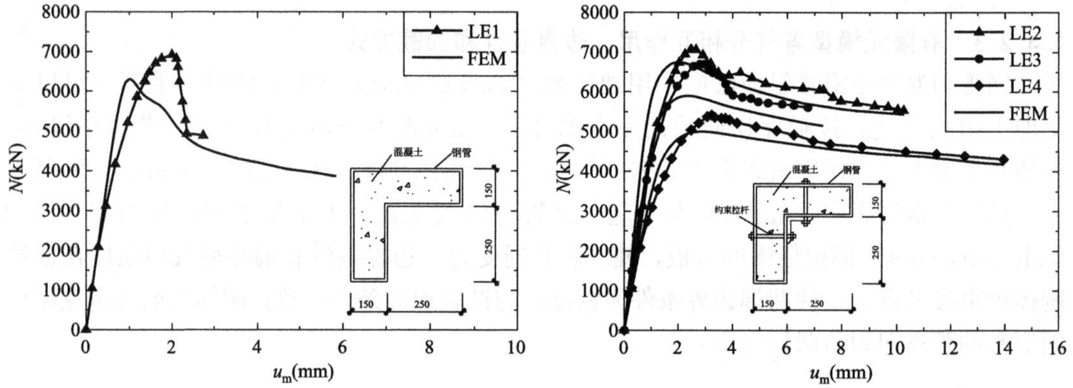

(e) 文献[61]的试件LE1

(f) 文献[61]的试件LE2/LE3/LE4

图 4-24　竖向荷载 N-跨中水平位移 u_m 曲线对比（续）

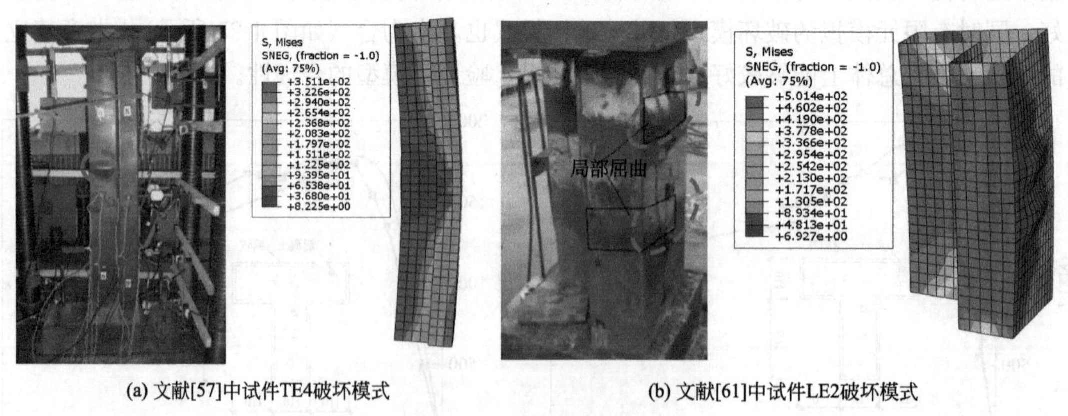

(a) 文献[57]中试件TE4破坏模式　　(b) 文献[61]中试件LE2破坏模式

图 4-25　破坏模式对比

4.4.4　钢管混凝土异形柱单向偏压性能数值分析

图 4-26 为钢管混凝土异形柱偏压示意图。对于等肢（$B=H$）T 形截面（图 4-26

(a))，由于对称关系，只需研究加载角度 θ 为 $-90°\sim90°$ 的情况。对于单向压弯情况，当加载角度 θ 为 0°时，截面中和轴平行于腹板柱肢，记为 PXFB；当加载角度 θ 为 90°时，截面中和轴平行于翼缘柱肢，且翼缘柱肢受拉，记为 YYSL；当加载角度 θ 为 $-90°$ 时，截面中和轴平行于翼缘柱肢，且翼缘柱肢受压，记为 YYSY。对于等肢（$B=H$）L 形截面（图 4-26(b)），由于对称关系，只需研究加载角度 θ 为 $-90°\sim90°$ 的情况。对于单向压弯情况，当加载角度 θ 为 $-45°$ 时，翼缘柱肢受压，记为 YYSY；当加载角度 θ 为 45°时，翼缘受拉，记为 YYSL。

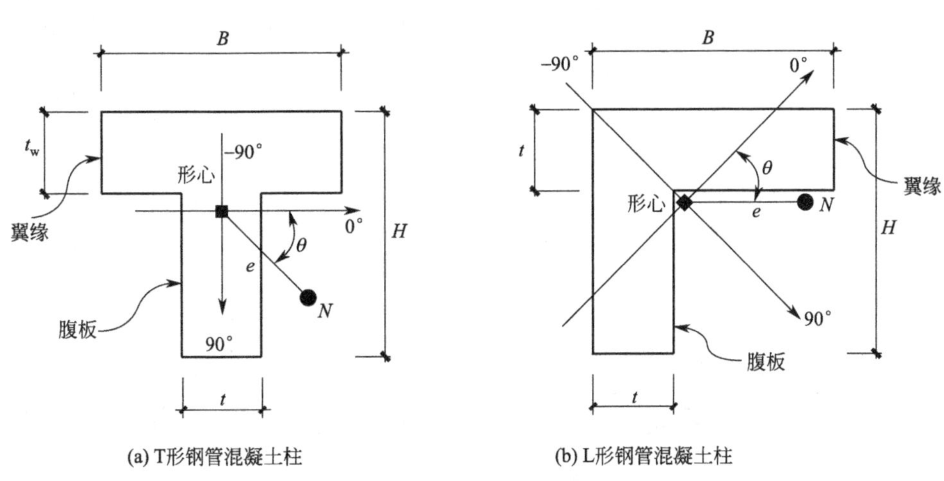

图 4-26　钢管混凝土异形柱偏压示意图

4.4.4.1　钢管混凝土异形柱截面单向偏压 *N-M* 相关曲线

图 4-27 为 T 形和 L 形钢管混凝土柱单向偏压 *N-M* 相关曲线，可看出截面尺寸、含钢率、混凝土强度等级、钢材强度等级和加载角度对 *N-M* 承载力相关曲线均有一定程度的影响，且 *N-M* 承载力相关曲线在拐点附近具有一定的对称性。

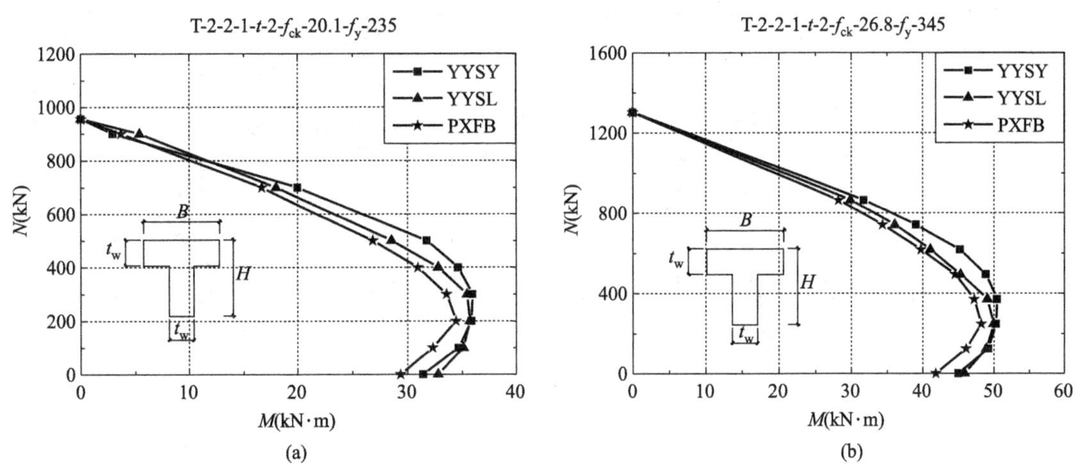

图 4-27　钢管混凝土异形柱 *N-M* 承载力相关曲线

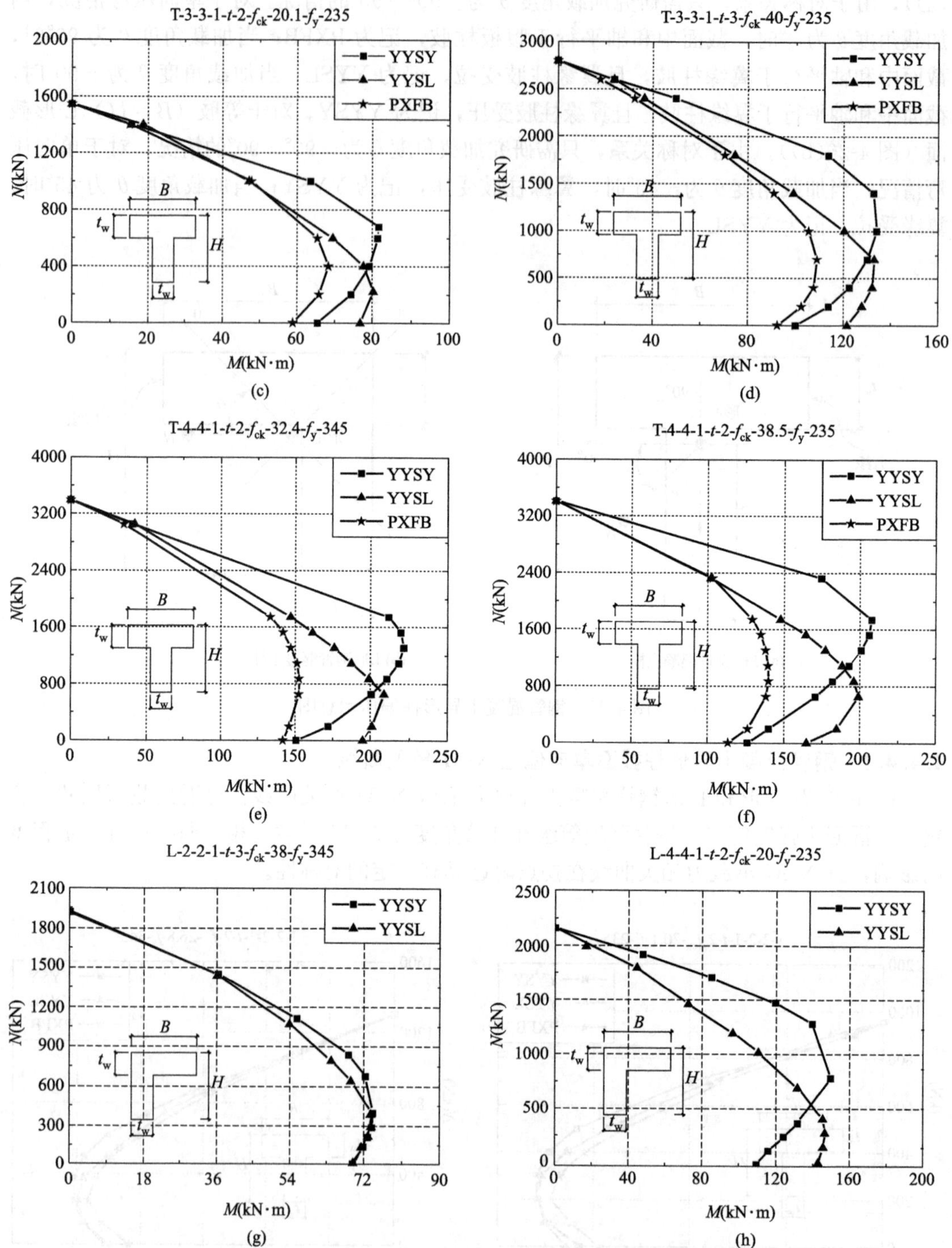

图 4-27　钢管混凝土异形柱 N-M 承载力相关曲线（续）

注：图中算例命名规则以“T-2-2-1-t-2-f_{ck}-20.1-f_y-235”为例，“T”表示 T 形截面；“2-2-1”表示 B=200mm，H=200mm，t_w=100mm；“t-2”表示钢管厚度为 2mm；“f_{ck}-20.1”表示混凝土抗压强度为 20.1MPa；“f_y-235”表示钢管屈服强度为 235MPa。

通过对柱钢管加劲措施、含钢率、材料强度、柱肢宽厚比（B/t_w）和偏心距 e 等参数的影响分析（共 384 个有限元模型），发现钢管混凝土异形柱截面单向压弯 N-M 承载力相关曲线可简化为三段，如图 4-28(a) 中虚线所示。简化曲线中 A 点为考虑了约束效应的截面轴压承载力 N_u；D 点为截面纯弯承载力 M_u；C 点为曲线上受弯承载力最大时对应的特征点（M_c，N_c）；B 点为与 D 点相对于 C 点对称的特征点（M_b，N_b），取 $M_b=M_u$，$N_b=2N_c$。图 4-28(b)、(c) 分别以 T 形和 L 形钢管混凝土柱翼缘柱肢受压为

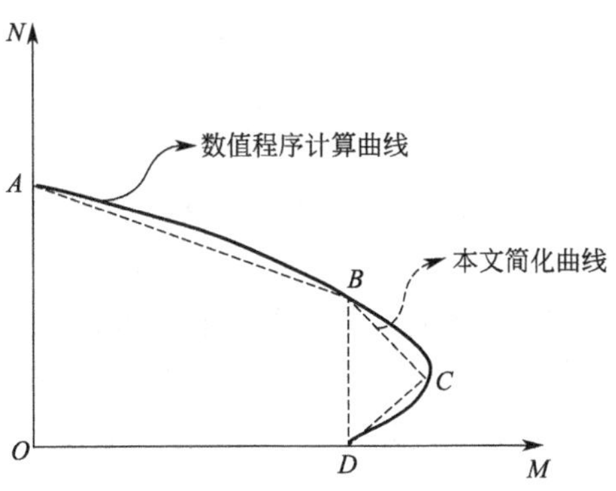

(a) 典型钢管混凝土异形柱截面N-M相关曲线

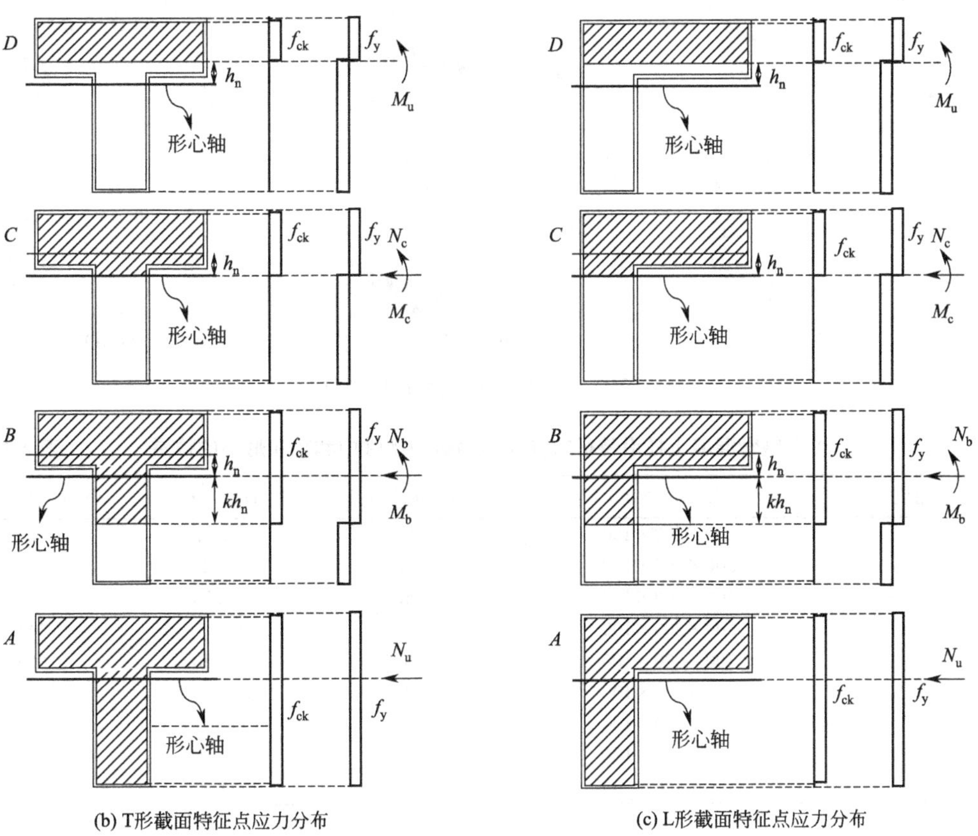

(b) T形截面特征点应力分布　　(c) L形截面特征点应力分布

图 4-28　钢管混凝土异形柱 N-M 承载力简化曲线及特征点截面应力分布（翼缘受压）

例，说明 N-M 承载力相关曲线特征点 A、B、C、D 对应的截面应力分布情况。曲线简化表达式如式(4-47) 所示，其中，关于钢管混凝土异形柱单向压弯 N-M 承载力相关曲线中 A、D 点坐标值的计算方法已经分别在本书第 2 章轴压部分和第 3 章弯曲部分介绍过，因此关键在于提出拐点 C 的计算方法。

$$\begin{aligned}
&AB\text{ 段 }(N \geqslant N_b): && \frac{N-N_b}{N_u-N_b}+\frac{M}{M_b}=1 \\
&BC\text{ 段 }(N_c \leqslant N < N_b): && \frac{N-N_b}{N_c-N_b}+\frac{M-M_c}{M_b-M_c}=1 \qquad (4\text{-}47) \\
&CD\text{ 段 }(N < N_c): && \frac{N}{N_c}+\frac{M-M_c}{M_u-M_c}=1
\end{aligned}$$

4.4.4.2 钢管混凝土异形柱截面 N-M 相关曲线拐点 C 简化计算方法

图 4-29 为 T 形钢管混凝土柱在特征方向（−90°、0°、90°）压弯时对应 N-M 承载力曲线拐点 C 的截面应力分布情况，统计塑性中和轴在截面的位置，见表 4-4。发现中和轴位置与截面形心位置相差基本在 5%以内，因此在计算 N-M 曲线拐点 C 对应的 N_c 和 M_c 时，可近似认为中和轴在截面形心 h_0 处。这一假定对于 L 形钢管混凝土柱同样适用。

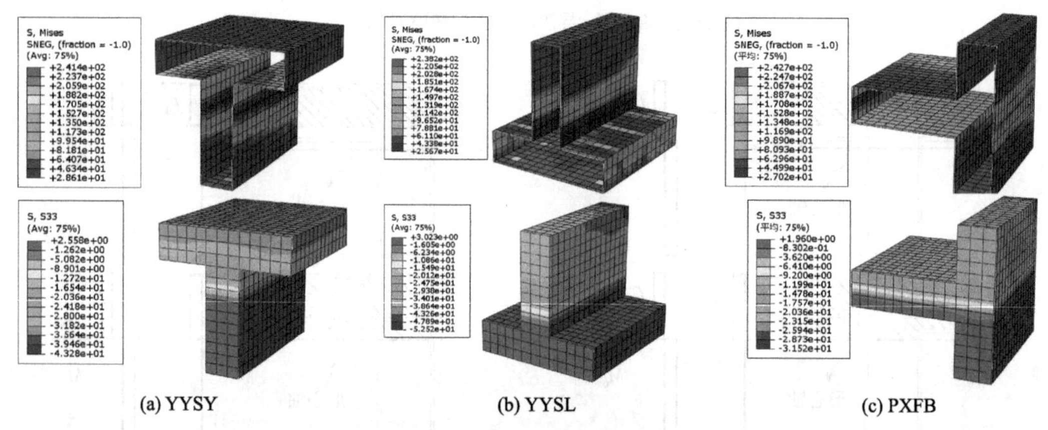

图 4-29 曲线拐点 C 的截面应力分布

T 形钢管混凝土柱沿特征方向偏压时截面塑性中和轴和形心的位置 表 4-4

加载角度 θ	$B \times H \times t_w$(mm×mm×mm)	形心 h_0(mm)	中和轴 h (mm)	abs$(h-h_0)/h$
−90°（YYSY）	200×200×100	83.3	88.12	0.055
	300×300×100	110.0	114.28	0.038
	400×400×100	135.7	140.50	0.034
0°（PXFB）	200×200×100	100.0	95.75	0.044
	300×300×100	150.0	146.20	0.026
	400×400×100	200.0	197.85	0.011
90°（YYSL）	200×200×100	116.7	112.5	0.037
	300×300×100	190.0	185.7	0.023
	400×400×100	264.3	261.4	0.011

从 T 形钢管混凝土柱 N-M 相关曲线拐点 C 的截面应力分布图可以看出，当截面中和轴平行于翼缘柱肢时（图 4-30(a)、(b)），翼缘与腹板柱肢交界处钢板和混凝土因离中和

轴很近而应力较小。为方便计算曲线拐点 C 的 N_c 和 M_c，将截面进行简化，并简化截面应力分布。对于翼缘柱肢受压（YYSY，图 4-30(a)），T 形钢管简化成工字形钢，截面受压和受拉区均曲服，受压区混凝土应力取 $1.1f_{ck}$，以考虑被忽略混凝土部分的抗弯贡献。对于翼缘柱肢受拉（YYSL，图 4-30(b)），T 形钢管也简化成工字形钢，截面受压和受拉区均曲服，受压区混凝土应力取 f_{ck}。对于中和轴平行于腹板柱肢（PXFB，图 4-30(c)），根据有限元计算的截面应力分布，腹板柱肢受压侧钢板应力取 $0.7f_y$，其余钢板取 f_y；翼缘柱肢和腹板柱肢的受压区混凝土应力分别取 $0.8f_{ck}$ 和 $0.5f_{ck}$。

根据以上三种特征方向偏压时截面的应力分布简化形式，可计算 N-M 曲线拐点 C 对应的承载力 N_c 和 M_c。

①对于加载角度为 $-90°$（YYSY）时，根据图 4-30(a) 应力分布简化形式可得 N_c 和 M_c 的计算式如下：

$$\begin{cases}N_c=Eh+F\\M_c=Dh^2+Ph+G\end{cases}\tag{4-48}$$

式中：$D=2tf_y$

$E=4tf_y$

$F=(B-t_w-2H)tf_y+(B-2t)(t_w-2t)\times1.1f_{ck}$

$G=tH^2f_y+t_wtHf_y-0.55(B-2t)(t_w-2t)t_wf_{ck}$

$P=(B-t_w-2H)tf_y+(B-2t)(t_w-2t)f_{ck}$

②对于加载角度为 $90°$（YYSL）时，根据图 4-30(b) 应力分布简化形式可得 N_c 和 M_c 的计算式如下：

$$\begin{cases}N_c=Eh+F\\M_c=Dh^2+Ph+G\end{cases}\tag{4-49}$$

式中：$D=2tf_y+0.5(t_w-2t)f_{ck}$

$E=4tf_y+(t_w-2t)f_{ck}$

$F=(t_w-B-2H)tf_y-t(t_w-2t)f_{ck}$

$G=Btf_y(H-0.5t)+H^2tf_y-0.5t_wt^2f_y+0.5(t_w-2t)t^2f_{ck}$

$P=(t_w-B-2H)tf_y-t(t_w-2t)f_{ck}$

③对于加载角度为 $0°$（PXFB）时，根据图 4-30(c) 应力分布简化形式可得 N_c 和 M_c 的计算式如下：

$$\begin{cases}N_c=Eb+F\\M_c=Db^2+Pb+G\end{cases}\tag{4-50}$$

式中：$D=2tf_y+0.25(H-2t)f_{ck}$

$E=4tf_y+0.5(H-2t)f_{ck}$

$F=0.5(B-t_w)(t_w-2t)f_{ck}+0.25(H-2t)(t_w-B-2t)f_{ck}-2Btf_y-0.3tf_y(H-t_w)$

$G=B^2tf_y+(H-2t)(t_w-t)tf_y-0.1(B-t_w)^2(t_w-2t)f_{ck}+\frac{1}{16}(H-2t)(B-t_w+2t)^2f_{ck}+(H-t_w)tf_y(0.15B+0.85t_w-0.85t)$

$P=0.5(B-t_w)(t_w-2t)f_{ck}-2Btf_y-0.25(H-2t)(B-t_w+2t)f_{ck}-0.3(H-t_w)tf_y$

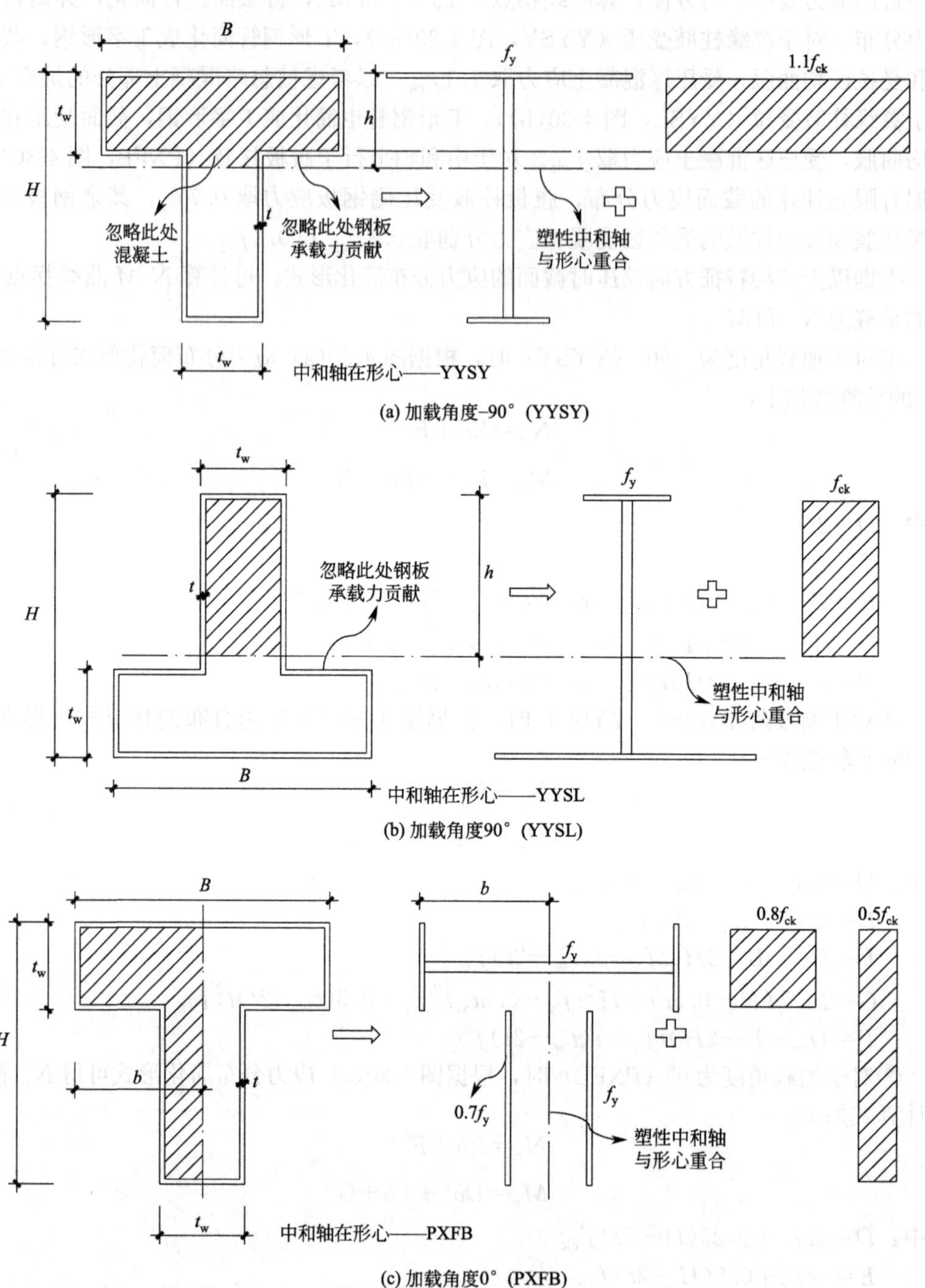

图 4-30　T 形钢管混凝土柱截面 N-M 曲线拐点 C 应力分布简化模型

4.4.4.3　T 形钢管混凝土柱截面 N-M 承载力相关曲线拐点 C 计算对比

表 4-5、表 4-6、表 4-7 为 T 形钢管混凝土柱 N-M 相关曲线拐点 C 的有限元计算结果与本文简化公式计算值的对比，其中 N_c(FE)、M_c(FE) 为 384 个有限元模型计算值，N_{c1}、M_{c1} 为本文简化公式计算值。对于加载角度－90°（YYSY），N_{c1}/N_c(FE)、$M_{c1}/$

M_c(FE) 的均值分别为 1.01 和 0.89，均方差分别为 0.105 和 0.071；对于加载角度 90°（YYSL），N_{c1}/N_c(FE)、M_{c1}/M_c(FE) 的均值分别为 0.91 和 0.87，均方差分别为 0.171 和 0.056；对于加载角度 0°（PXFB），N_{c1}/N_c(FE)、M_{c1}/M_c(FE) 的均值分别为 0.90 和 0.87，均方差分别为 0.092 和 0.056。综上可知，本文提出的简化计算方法总体上能够较准确地预测钢管混凝土异形柱 N-M 承载力相关曲线拐点 C 的承载力，且简化计算方法偏于安全。

曲线拐点 C 承载力对比-YYSY **表 4-5**

T形截面 ($B\times H\times t_w$) (mm×mm×mm)	t (mm)	f_y (MPa)	f_{ck} (MPa)	N_c(FE) (kN)	M_c(FE) (kN·m)	N_{c1} (kN)	M_{c1} (kN·m)	N_{c1}/N_c (FE)	M_{c1}/M_c (FE)
200×200×100	2.0	235	20.1	300.0	35.8	272.0	32.9	0.91	0.92
200×200×100	4.0	235	38.5	557.2	71.4	500.5	62.5	0.90	0.88
200×200×100	2.0	345	26.8	370.7	50.4	364.8	46.9	0.98	0.93
200×200×100	2.0	345	38.5	476.2	56.5	514.0	53.0	1.08	0.94
200×200×100	4.0	345	38.5	438.1	91.9	515.1	83.1	1.18	0.90
300×300×100	2.0	235	20.1	680.0	81.4	647.1	76.5	0.95	0.94
300×300×100	3.0	345	38.5	1110.3	163.5	1211.8	156.3	1.09	0.96
300×300×100	2.0	345	32.4	1000.0	120.1	1040.4	116.7	1.04	0.97
300×300×100	4.0	345	32.4	1110.3	188.4	1012.6	178.0	0.91	0.94
300×300×100	3.0	235	40.0	1000.0	134.2	1244.2	126.1	1.24	0.94
300×300×100	4.0	345	38.5	1110.3	198.8	1192.9	186.2	1.07	0.94
400×400×100	2.0	235	20.1	800.0	149.2	860.7	118.8	1.08	0.80
400×400×100	2.0	235	32.4	1525.9	188.3	1375.0	143.5	0.90	0.76
400×400×100	2.0	235	38.5	1743.9	207.8	1630.1	155.7	0.93	0.75
400×400×100	2.0	345	32.4	1307.9	221.3	1384.5	180.2	1.06	0.81
400×400×100	4.0	345	32.4	1525.9	340.5	1344.5	286.6	0.88	0.84
均值								1.01	0.89
均方差								0.105	0.071

曲线拐点 C 承载力对比-YYSL **表 4-6**

T形截面 ($B\times H\times t_w$) (mm×mm×mm)	t (mm)	f_y (MPa)	f_{ck} (MPa)	N_c(FE) (kN)	M_c(FE) (kN·m)	N_{c1} (kN)	M_{c1} (kN·m)	N_{c1}/N_c (FE)	M_{c1}/M_c (FE)
200×200×100	2.0	235	20.1	200.0	35.7	211.3	33.5	1.06	0.94
200×200×100	4.0	235	38.5	371.4	71.0	376.7	63.5	1.01	0.89
200×200×100	2.0	345	26.8	350.0	49.9	279.6	47.8	0.80	0.96
200×200×100	2.0	345	38.5	450.0	56.0	411.6	54.2	0.91	0.97
200×200×100	4.0	345	38.5	438.1	90.6	362.0	84.0	0.83	0.93
300×300×100	2.0	235	20.1	220.0	80.2	198.9	66.8	0.90	0.83
300×300×100	3.0	345	38.5	475.8	158.8	364.7	139.2	0.77	0.88
300×300×100	2.0	345	32.4	300.0	117.2	323.3	101.0	1.08	0.86
300×300×100	4.0	345	32.4	210.0	185.9	277.5	164.8	1.32	0.89
300×300×100	3.0	235	40.0	500.0	133.1	393.7	108.4	0.79	0.81
300×300×100	4.0	345	38.5	475.8	193.4	340.1	170.6	0.71	0.88
400×400×100	2.0	235	20.1	300.0	144.9	283.5	118.2	0.95	0.82
400×400×100	2.0	235	32.4	653.9	181.2	469.3	142.6	0.72	0.79
400×400×100	2.0	235	38.5	654.0	199.1	561.5	154.7	0.86	0.78
400×400×100	2.0	345	32.4	653.9	208.7	459.9	179.3	0.70	0.86
400×400×100	4.0	345	32.4	350.0	328.2	406.4	288.0	1.16	0.88
均值								0.91	0.87
均方差								0.171	0.056

曲线拐点 *C* 承载力对比-PXFB　　表 4-7

T形截面 ($B\times H\times t_w$) (mm×mm×mm)	t (mm)	f_y (MPa)	f_{ck} (MPa)	N_c(FE) (kN)	M_c(FE) (kN·m)	N_{cl} (kN)	M_{cl} (kN·m)	N_{cl}/N_c (FE)	M_{cl}/M_c (FE)
200×200×100	2.0	235	20.1	200.0	34.4	191.0	27.9	0.96	0.81
200×200×100	4.0	235	38.5	371.4	68.8	347.1	53.3	0.93	0.77
200×200×100	2.0	345	26.8	300.0	48.2	254.7	39.7	0.85	0.82
200×200×100	2.0	345	38.5	476.1	53.4	365.9	45.2	0.77	0.85
200×200×100	4.0	345	38.5	438.1	88.9	347.1	70.2	0.79	0.79
300×300×100	2.0	235	20.1	400.0	68.3	335.8	57.5	0.84	0.84
300×300×100	3.0	345	38.5	634.4	133.8	627.9	118.5	0.99	0.89
300×300×100	2.0	345	32.4	600.0	95.9	541.2	87.6	0.90	0.91
300×300×100	4.0	345	32.4	500.0	162.0	515.7	135.6	1.03	0.84
300×300×100	3.0	235	40.0	700.0	108.8	652.4	95.9	0.93	0.88
300×300×100	4.0	345	38.5	634.4	168.0	612.8	142.1	0.97	0.85
400×400×100	2.0	235	20.1	600.0	108.1	480.5	96.6	0.80	0.89
400×400×100	2.0	235	32.4	871.9	130.1	774.5	121.5	0.89	0.93
400×400×100	2.0	235	38.5	1089.9	139.3	920.3	133.9	0.84	0.96
400×400×100	2.0	345	32.4	871.9	152.4	774.5	147.6	0.89	0.97
400×400×100	4.0	345	32.4	653.9	252.0	739.2	224.9	1.13	0.89
均值								0.90	0.87
均方差								0.092	0.056

4.4.5 钢管混凝土异形柱双向偏压性能数值分析

根据钢管混凝土异形柱偏压示意图（图 4-26），对于等肢（$B=H$）的 T、L 形钢管混凝土柱截面双向偏压，由于截面对称关系，研究加载角度范围－90°～90°即可。图 4-31 为 T 形钢管混凝土柱双向偏压下的 N-M_x-M_y 承载力相关曲面。将 N-M_x-M_y 相关曲面沿垂直于 N 轴的剖切面剖切，得到不同轴压比 n 对应的 M_x-M_y 承载力相关曲线。本节主要研究柱肢宽厚比 B/t_w、轴压比 n、截面加劲形式、含钢率 α、钢材屈服强度 f_y 和混凝土抗压强度 f_{ck} 对 M_x-M_y 相关曲线的影响规律。

4.4.5.1 T 形钢管混凝土柱截面 M_x-M_y 相关曲线

为了方便 T 形钢管混凝土柱双向偏压下的承载力验算，本书作者和课题组成员在进行 936 个有限元算例分析的基础上，采用公式(4-51) 对 T 形钢管混凝土柱截面（等肢）双向偏压 M_x-M_y 相关曲线进行拟合。其中 M_x、M_y 为截面绕 x 轴和 y 轴的弯矩；M_{0x}、M_{0y} 为一定轴压比下绕 x 轴和 y 轴的受弯承载力，根据本章 4.4.4 节单向偏压承载力计算方法确定；系数 α_1 和 α_2 根据柱肢宽厚比 B/t_w 和轴压比 n 由表 4-8 确定，其间按线性插值。

$$\left(\frac{M_x}{M_{0x}}\right)^{\alpha_1}+\left(\frac{M_y}{M_{0y}}\right)^{\alpha_2}\leqslant 1 \tag{4-51}$$

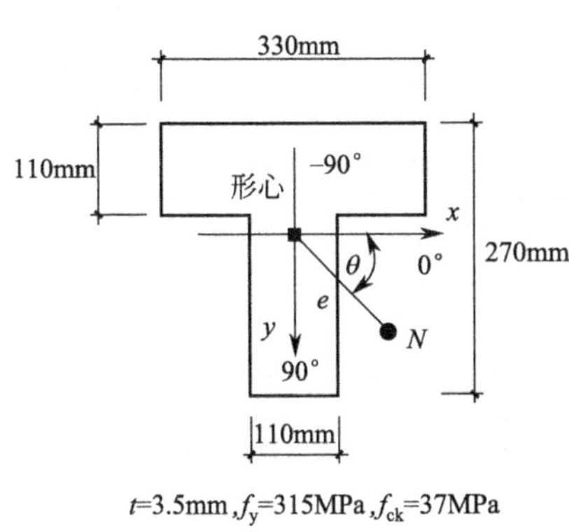

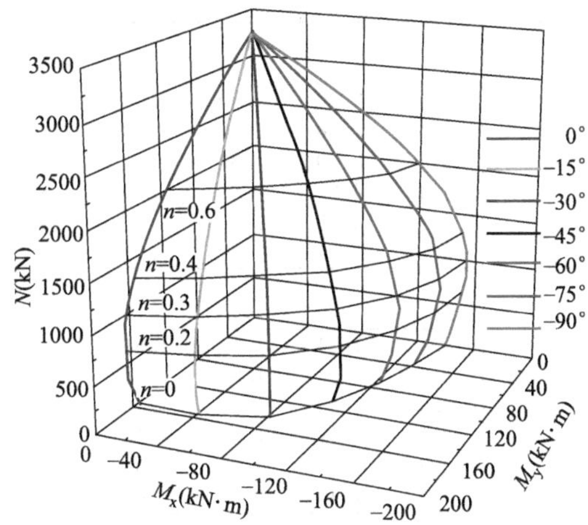

(a) 加载角度范围为0°～-90°

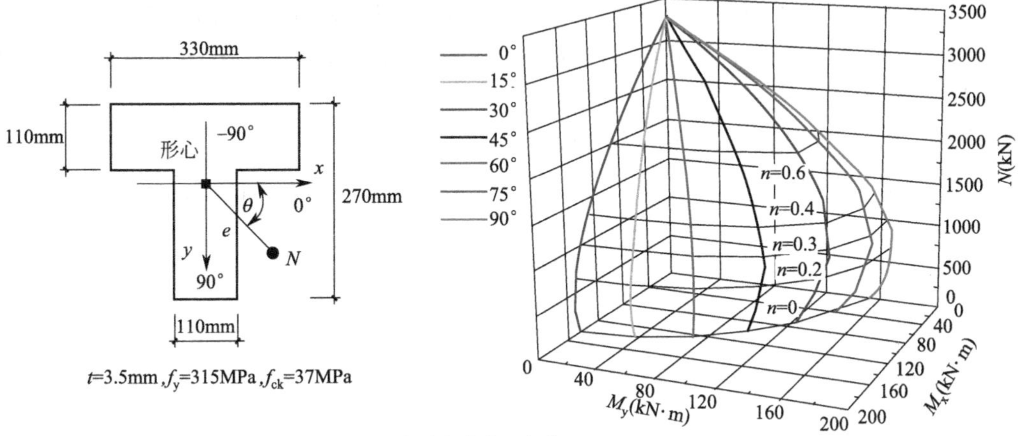

(b) 加载角度范围为0°～90°

图 4-31　T 形钢管混凝土柱 N-M_x-M_y 承载力相关曲面

T 形钢管混凝土柱截面双向偏压承载力系数 α_1 和 α_2　　　　表 4-8

	n	0		0.1		0.2		0.3		0.4	
	B/t_w	α_1	α_2	α_1	α_2	α_1	α_2	α_1	α_2	α_1	α_2
加载角度 0°～90°	1.5	1.50	2.00	1.60	2.00	1.70	2.00	1.80	2.00	2.00	2.00
	2.0	1.40	2.00	1.72	2.00	2.00	2.00	2.40	2.00	3.40	2.00
	2.5	1.30	2.00	1.50	2.00	2.10	2.00	2.80	2.00	4.00	2.00
	3.0	1.30	1.80	1.60	2.00	2.60	2.00	4.00	2.00	6.20	2.00
	3.5	1.30	1.60	1.66	1.70	2.00	2.00	3.40	2.00	5.40	2.00
	4.0	1.30	2.00	1.80	2.00	1.80	2.00	3.20	2.00	4.80	2.00
	n	0.5		0.6		0.7		0.8		0.9	
	B/t_w	α_1	α_2	α_1	α_2	α_1	α_2	α_1	α_2	α_1	α_2
	1.5	2.40	2.00	2.40	2.00	2.40	2.00	2.40	2.00	2.40	2.00
	2.0	4.60	2.00	5.60	2.00	6.80	2.00	7.60	2.00	8.80	2.00
	2.5	7.20	2.00	9.80	2.00	11.00	2.00	11.40	2.00	12.00	2.00
	3.0	11.00	2.00	14.00	2.00	15.20	2.00	15.20	2.00	15.20	2.00
	3.5	11.00	2.00	14.00	2.00	15.20	2.00	15.20	2.00	15.20	2.00
	4.0	11.00	2.00	14.00	2.00	15.20	2.00	15.20	2.00	15.20	2.00

续表

	n	0		0.1		0.2		0.3		0.4	
	B/t_w	α_1	α_2	α_1	α_2	α_1	α_2	α_1	α_2	α_1	α_2
加载角度 −90°～0°	1.5	2.20	1.80	2.00	1.80	1.80	1.80	1.64	1.80	1.64	1.80
	2.0	2.88	1.80	2.50	1.80	2.00	1.80	1.70	1.80	1.50	1.80
	2.5	3.10	1.80	2.80	1.80	2.20	1.80	1.68	1.80	1.50	1.80
	3.0	4.20	1.80	3.40	1.80	2.30	1.80	1.64	1.80	1.48	1.80
	3.5	5.20	1.80	4.60	1.80	3.00	1.80	2.00	1.80	1.50	1.80
	4.0	6.80	1.80	6.00	1.80	4.20	1.80	3.00	1.80	1.92	1.80
	n	0.5		0.6		0.7		0.8		0.9	
	B/t_w	α_1	α_2	α_1	α_2	α_1	α_2	α_1	α_2	α_1	α_2
	1.5	1.64	1.80	1.64	1.80	1.52	1.80	1.36	1.80	1.26	1.80
	2.0	1.26	1.80	1.12	1.80	1.00	1.80	1.00	1.80	0.80	1.80
	2.5	1.20	1.80	1.00	1.80	0.80	1.80	0.80	1.80	0.80	1.80
	3.0	1.12	1.80	0.90	1.80	0.80	1.80	0.80	1.80	0.80	1.80
	3.5	1.12	1.80	0.90	1.80	0.80	1.80	0.70	1.80	0.68	1.80
	4.0	1.40	1.80	0.90	1.80	0.80	1.80	0.60	1.80	0.60	1.80

图 4-32 为公式(4-51) 计算的 T 形钢管混凝土柱截面 M_x-M_y 承载力相关曲线与有限元计算结果的对比，考虑了柱肢宽厚比 B/t_w 和轴压比 n 的影响。可以看出两者吻合良好，总体上公式(4-51) 偏于保守，公式(4-51) 和表 4-8 的承载力系数可用于 T 形钢管混凝土柱截面双向偏压承载力验算。同时，柱肢宽厚比 B/t_w 和轴压比 n 对 M_x-M_y 相关曲线形状影响较为显著。对于低轴压比情况（$n \leqslant 0.3$），随着 B/t_w 从 4 减小到 1.5，M_x-M_y 相关曲

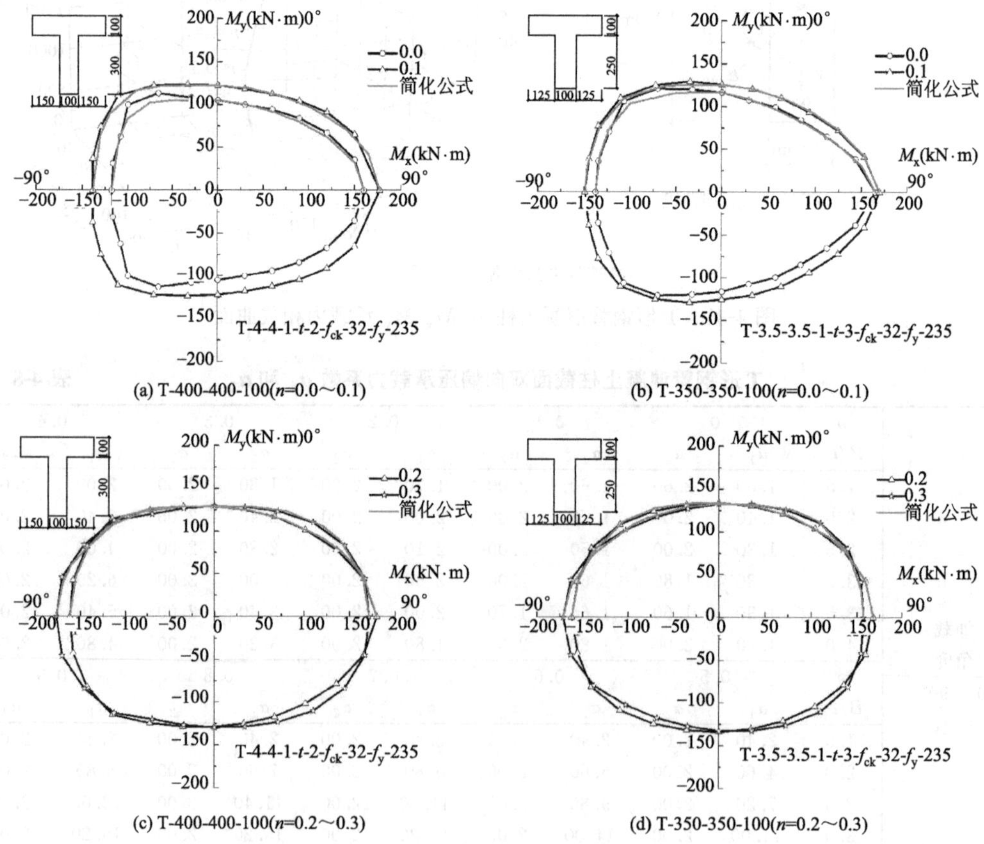

图 4-32　T 形钢管混凝土柱截面 M_x-M_y 相关曲线公式(4-51) 和有限元计算结果对比

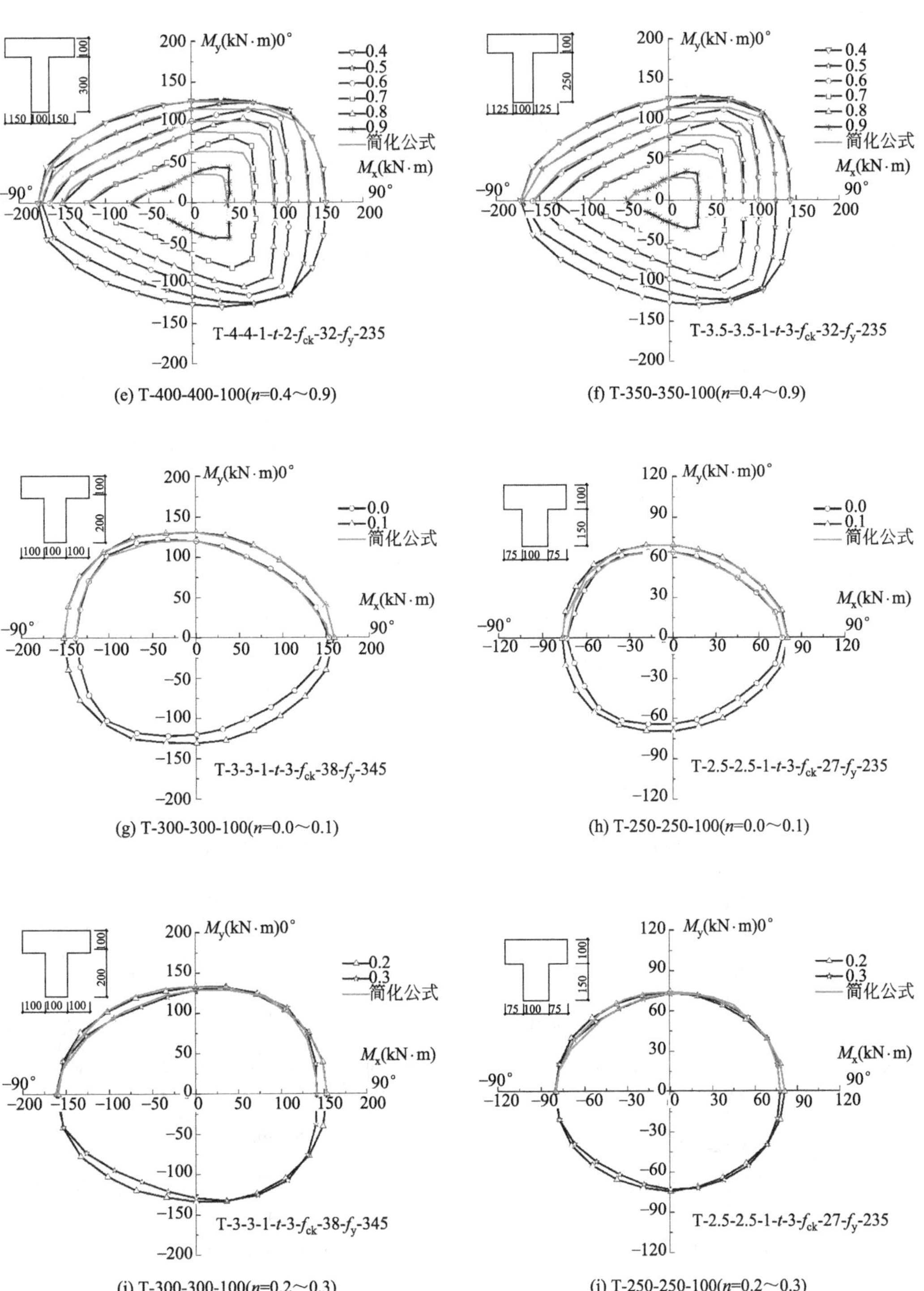

图 4-32　T 形钢管混凝土柱截面 M_x-M_y 相关曲线公式(4-51) 和有限元计算结果对比（续）

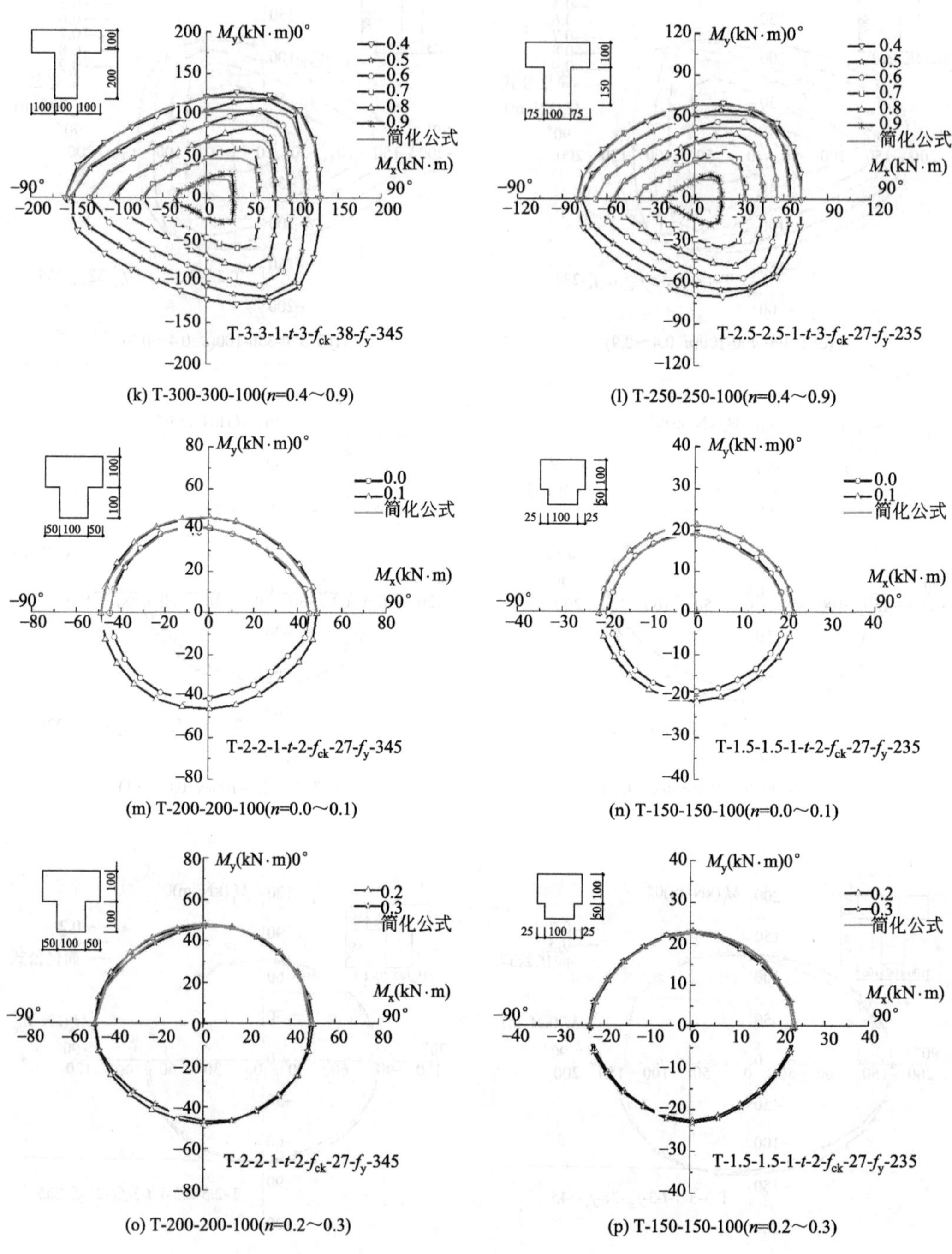

图 4-32　T 形钢管混凝土柱截面 M_x-M_y 相关曲线公式(4-51) 和有限元计算结果对比（续）

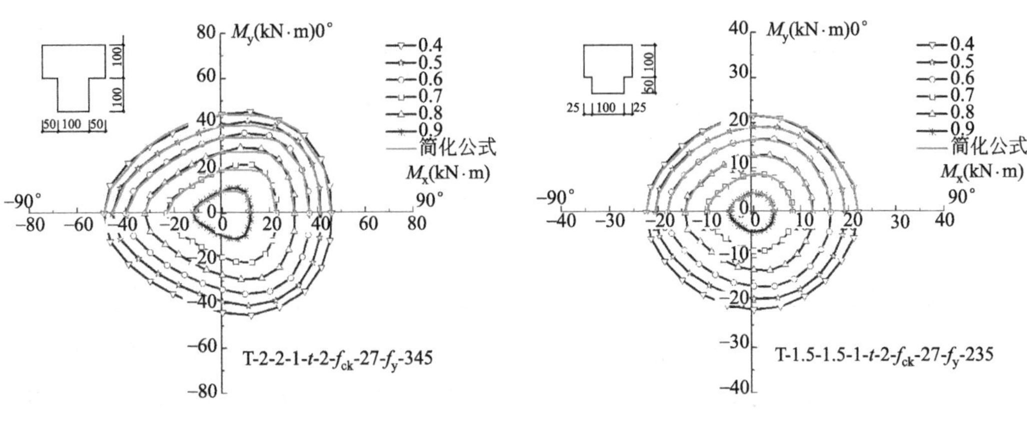

(q) T-200-200-100(n=0.4～0.9)　(r) T-150-150-100(n=0.4～0.9)

图 4-32　T 形钢管混凝土柱截面 M_x-M_y 相关曲线公式(4-51) 和有限元计算结果对比（续）

线形状由椭圆形逐渐变为圆形；对于高轴压比情况（n 在 0.4～0.9 之间），随着轴压比 n 逐渐增大，M_x-M_y 相关曲线形状由椭圆形逐渐变为三角形。

4.4.5.2　L 形钢管混凝土柱截面 M_x-M_y 相关曲线

为了方便 L 形钢管混凝土柱双向偏压下的承载力验算，本书作者和课题组成员在进行 936 个有限元算例分析的基础上，仍然采用公式(4-51) 对 L 形钢管混凝土柱截面（等肢）双向偏压 M_x-M_y 相关曲线进行拟合。系数 α_1、α_2 根据柱肢宽厚比 B/t_w 和轴压比 n 由表 4-9 确定，其间按线性插值。

L 形钢管混凝土柱截面双向压弯承载力系数 α_1 和 α_2　　**表 4-9**

	n	0		0.1		0.2		0.3		0.4	
	B/t_w	α_1	α_2	α_1	α_2	α_1	α_2	α_1	α_2	α_1	α_2
加载角度 0°～90°	1.5	2.60	1.80	2.40	1.80	2.38	1.80	2.30	1.80	2.00	1.80
	2.0	2.60	1.80	2.20	1.80	2.00	1.80	1.72	1.80	1.60	1.80
	2.5	2.40	1.80	2.20	1.80	1.80	1.80	1.50	1.80	1.20	1.80
	3.0	2.10	1.80	1.86	1.80	1.80	1.80	1.50	1.80	1.00	1.80
	3.5	2.10	1.80	2.00	1.80	1.40	1.80	1.10	1.80	0.90	1.80
	4.0	1.90	1.80	1.70	1.80	1.20	1.80	1.00	1.80	1.00	1.60
	n	0.5		0.6		0.7		0.8		0.9	
	B/t_w	α_1	α_2	α_1	α_2	α_1	α_2	α_1	α_2	α_1	α_2
	1.5	1.80	1.80	1.70	1.80	1.70	1.80	1.70	1.80	1.70	1.80
	2.0	1.40	1.80	1.30	1.80	1.30	1.80	1.30	1.80	1.30	1.80
	2.5	1.10	1.80	1.00	1.80	1.00	1.80	1.00	1.80	1.00	1.50
	3.0	1.00	1.60	1.00	1.60	1.00	1.50	1.00	1.40	1.00	1.30
	3.5	1.00	1.60	1.00	1.40	1.00	1.40	1.00	1.40	1.00	1.30
	4.0	1.00	1.30	1.00	1.30	1.00	1.40	1.00	1.40	1.00	1.20
加载角度 0°～−90°	n	0		0.1		0.2		0.3		0.4	
	B/t_w	α_1	α_2	α_1	α_2	α_1	α_2	α_1	α_2	α_1	α_2
	1.5	2.40	2.00	2.44	2.00	2.48	2.00	2.50	2.00	2.70	2.00
	2.0	1.90	2.00	2.00	2.00	2.20	2.00	2.50	2.00	3.20	2.00
	2.5	1.60	2.00	1.80	2.00	2.00	2.00	2.40	2.00	3.80	2.00
	3.0	1.10	2.00	1.40	2.00	2.00	2.00	3.00	2.00	4.00	2.00
	3.5	1.10	2.00	1.40	2.00	1.60	2.00	2.40	2.00	3.80	2.00
	4.0	1.10	2.00	1.30	2.00	1.60	2.00	2.60	2.00	3.80	2.00

续表

	n	0.5		0.6		0.7		0.8		0.9	
	B/t_w	α_1	α_2	α_1	α_2	α_1	α_2	α_1	α_2	α_1	α_2
加载角度 0°～−90°	1.5	2.80	2.00	2.90	2.00	3.00	2.00	3.20	2.00	3.30	2.00
	2.0	4.00	2.00	4.20	2.00	4.00	2.00	2.60	2.00	2.50	2.00
	2.5	4.00	2.00	5.40	2.00	4.20	2.00	3.40	2.00	2.60	2.00
	3.0	5.40	2.00	8.80	2.00	9.80	2.00	6.80	2.00	6.00	2.00
	3.5	4.90	2.00	7.80	2.00	9.60	2.00	5.80	2.00	4.80	2.00
	4.0	5.60	2.00	8.80	2.00	9.80	2.00	6.80	2.00	3.80	2.00

图 4-33 为公式(4-51) 计算的 L 形钢管混凝土柱截面 M_x-M_y 承载力相关曲线与有限元计算结果的对比，考虑了柱肢宽厚比 B/t_w 和轴压比 n 的影响。可以看出两者吻合良好，总体上公式(4-51) 偏于保守，公式(4-51) 和表 4-9 的承载力系数可用于 L 形钢管混凝土柱截面双向压弯承载力验算。同时，柱肢宽厚比 B/t_w 和轴压比 n 对 M_x-M_y 相关曲线形状影响较为显著。随着柱肢宽厚比 B/t_w 从 4 减小到 1.5，M_x-M_y 曲线形状由椭圆形逐渐变为圆形；随着轴压比 n 的增加，M_x-M_y 相关曲线形状由椭圆形逐渐变为三角形。

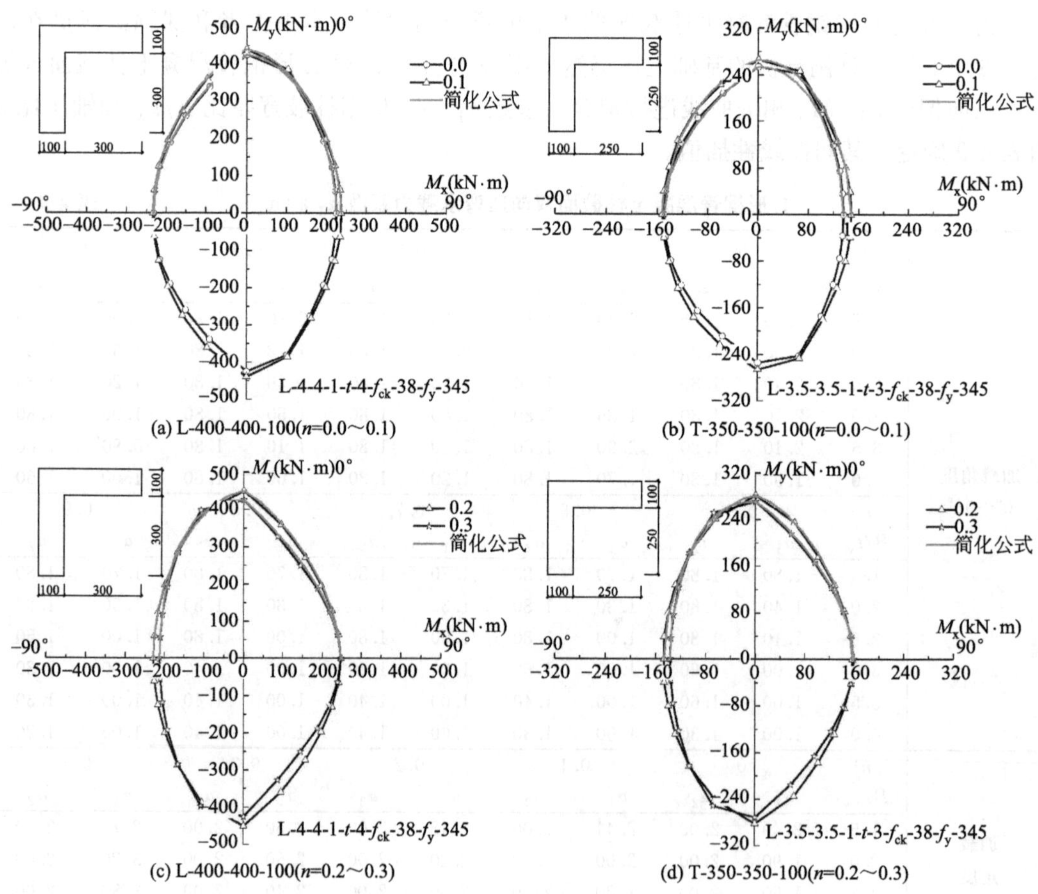

图 4-33　L 形钢管混凝土柱截面 M_x-M_y 相关曲线公式(4-51) 和有限元计算结果对比

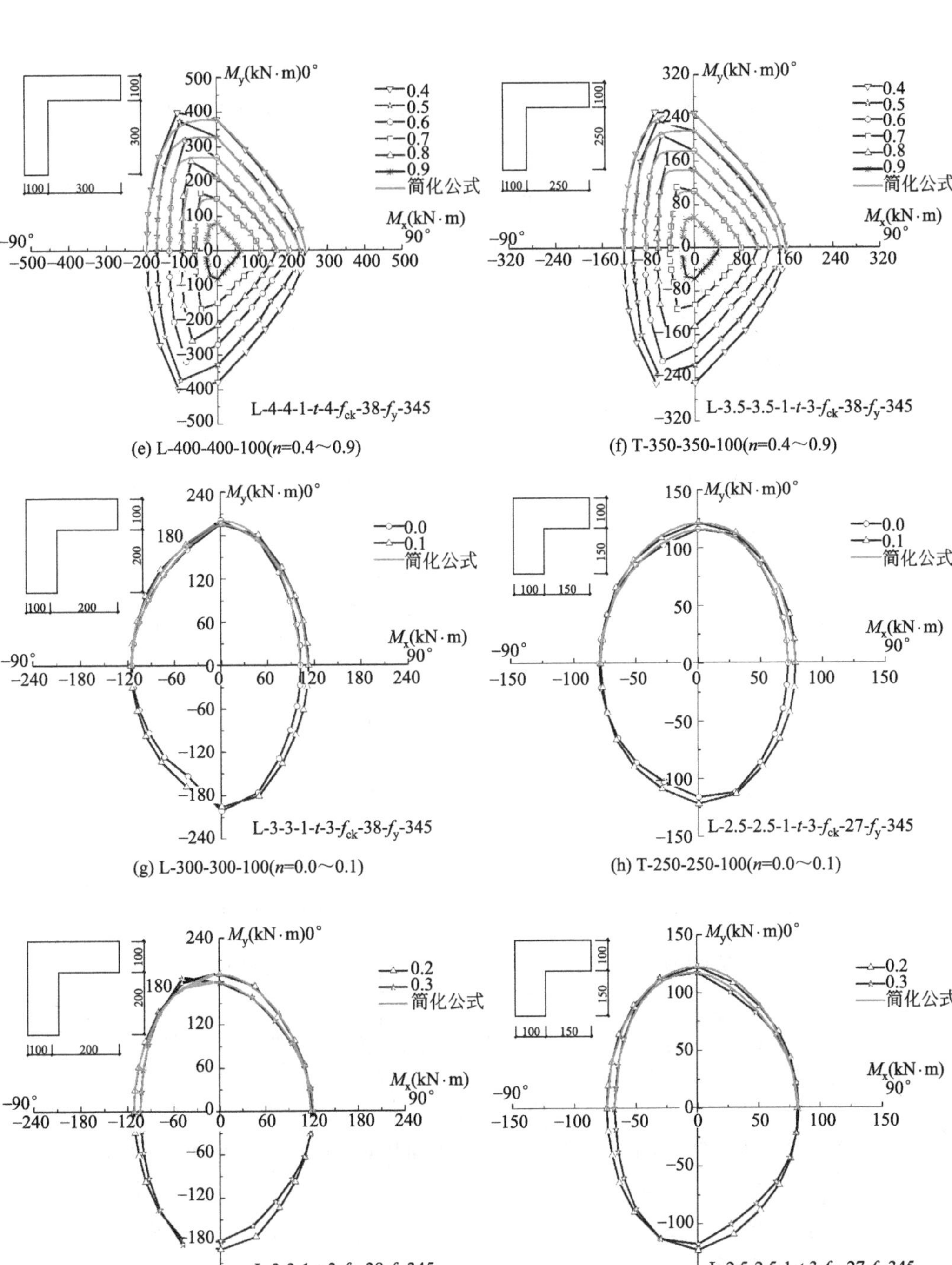

(e) L-400-400-100(n=0.4～0.9)

(f) T-350-350-100(n=0.4～0.9)

(g) L-300-300-100(n=0.0～0.1)

(h) T-250-250-100(n=0.0～0.1)

(i) L-300-300-100(n=0.2～0.3)

(j) T-250-250-100(n=0.2～0.3)

图 4-33　L 形钢管混凝土柱截面 M_x-M_y 相关曲线公式(4-51）和有限元计算结果对比（续）

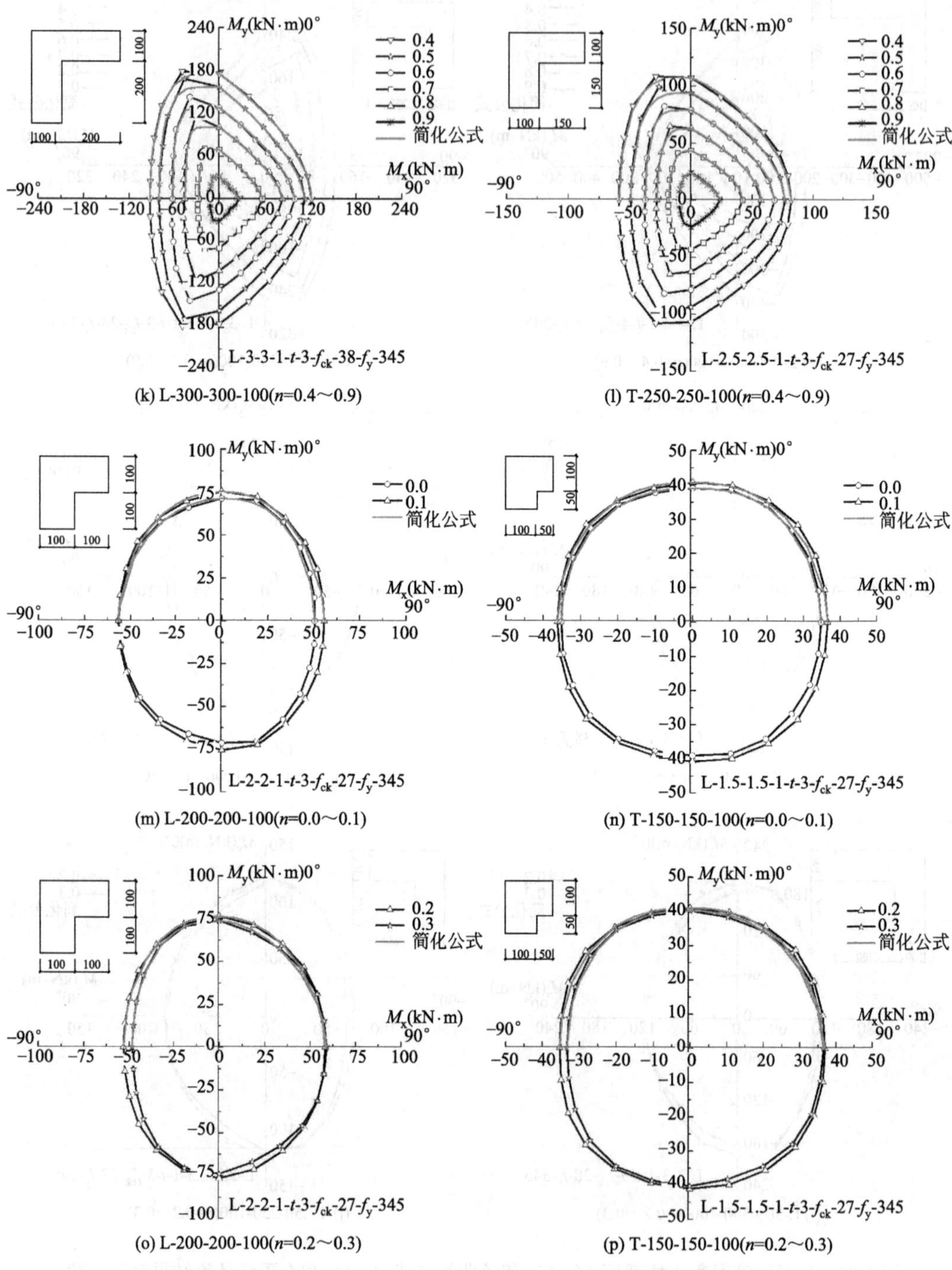

(k) L-300-300-100(n=0.4～0.9)

(l) T-250-250-100(n=0.4～0.9)

(m) L-200-200-100(n=0.0～0.1)

(n) T-150-150-100(n=0.0～0.1)

(o) L-200-200-100(n=0.2～0.3)

(p) T-150-150-100(n=0.2～0.3)

图 4-33　L 形钢管混凝土柱截面 M_x-M_y 相关曲线公式(4-51) 和有限元计算结果对比（续）

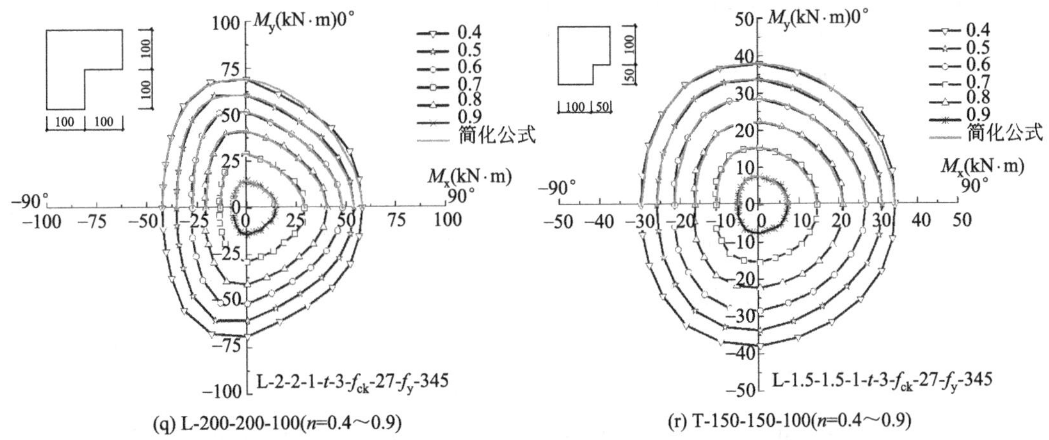

(q) L-200-200-100(n=0.4～0.9)　　(r) T-150-150-100(n=0.4～0.9)

图 4-33　L 形钢管混凝土柱截面 M_x-M_y 相关曲线公式(4-51) 和有限元计算结果对比（续）

4.5 钢管混凝土异形柱偏心受压二阶效应影响分析

结构中的二阶效应是指作用在结构或构件上的荷载在变形过程中引起的附加作用效应，可分为两类[151]：第一类是竖向荷载在有侧移结构中引起的 P-Δ 效应（图 4-34(a)）；第二类是无侧移构件的轴力在挠曲变形构件中引起的 P-δ 效应（图 4-34(b)）。对于一般建筑结构，以上两种二阶效应同时存在，其中 P-Δ 效应可通过一般结构计算软件进行分析[151]。因此，本节主要讨论无侧移钢管混凝土异形柱的 P-δ 效应。

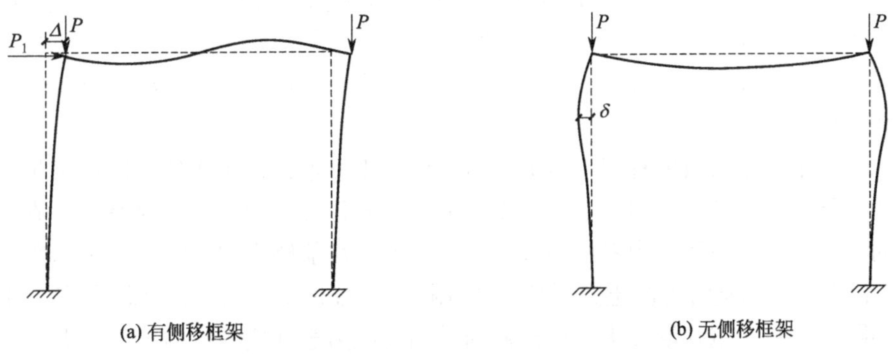

(a) 有侧移框架　　(b) 无侧移框架

图 4-34　有侧移框架结构和无侧移框架结构的二阶效应

目前，国内外很多结构设计规范（如 GB 50010[142]，ACI 318[152]，Eurocode 2[153] 等）均通过放大控制截面弯矩的方法来考虑构件的 P-δ 效应。本文通过偏心距增大系数 η_θ 放大控制截面弯矩，以考虑钢管混凝土异形柱的 P-δ 效应，具体计算过程见式(4-52)。偏心距增大系数 η_θ 采用《混凝土柱异形柱结构技术规程》JGJ 149—2017 [1]的计算公式（式(4-53)）。

$$\begin{cases} N \leqslant N_u \\ \eta_\theta M \leqslant M_u \end{cases} \tag{4-52}$$

式中：N、N_u——截面轴力、截面轴压承载力；

M、M_u——截面弯矩、截面受弯承载力；

η_θ——偏心距增大系数，按式(4-57) 计算。

$$\begin{cases} \eta_\theta=1+\dfrac{1}{e_i/r_\theta}(l_0/r_\theta)^2C \\ C=\dfrac{1}{6000}[0.232+0.604(e_i/r_\theta)-0.106(e_i/r_\theta)^2] \\ r_\theta=\sqrt{(I_\theta/A)} \end{cases} \tag{4-53}$$

式中：e_i——初始偏心距，$e_i=e_0+e_a$，$e_0=\dfrac{\sqrt{M_x^2+M_y^2}}{N}$；

e_a——附加偏心距，$e_a=\max(20\text{mm}, 0.15r_{min})$，$r_{min}$ 为截面最小回转半径；

l_0——柱的计算长度，根据《钢管混凝土结构技术规范》GB 50936—2014[96] 确定；

I_θ——绕与偏压方向垂直的形心轴 x_θ-x_θ 的惯性矩；

r_θ——绕与偏压方向垂直的形心轴 x_θ-x_θ 的回转半径；

A——柱的全截面面积。

根据文献［1］可知，当 $l_0/r_\theta\leqslant17.5$ 时，构件控制截面中由 P-δ 效应引起的附加弯矩统计平均值不会超过截面一阶弯矩的 4.2%，此时偏心距增大系数 η_θ 可取 1.0。

4.6 小结

(1) 对于T形钢管混凝土偏心受压柱，对拉钢筋加劲肋能够有效限制焊点处钢板和阴角处的平面外位移，延缓了T形钢管的局部屈曲，提高了对混凝土的约束效应，相对于钢筋混凝土和非加劲钢管混凝土对比试件在承载力和延性方面均有显著提高和改善，试件的破坏程度较轻。

(2) 在纤维模型法数值程序中考虑了钢管混凝土异形柱偏压构件中钢管屈曲承载力的计算方法；提出了两种加载路径下加劲钢管混凝土异形柱截面和构件的偏压数值程序是合理可靠的，其中加载路径Ⅱ中考虑构件扭转效应的方法能够合理反映构件实际变形情况。

(3) 根据建立的钢管混凝土异形柱有限元模型，分析了含钢率、材料强度、柱肢宽厚比和偏心距等参数对钢管混凝土异形柱截面单向偏压力学性能的影响规律，提出了钢管混凝土异形柱截面 N-M 相关曲线简化计算公式，该简化计算方法得到的结果与有限元计算结果吻合良好，并总体上偏于安全。

(4) 应用有限元方法进行钢管混凝土异形柱截面双向偏压承载力分析，重点研究了含钢率、钢材强度等级、混凝土强度等级、截面加劲形式、柱肢宽厚比和轴压比对 M_x-M_y 相关曲线的影响规律，并基于参数分析结果提出了钢管混凝土异形柱截面双向偏压承载力验算公式。

(5) 提出了钢管混凝土异形柱构件偏压承载力计算方法。通过偏心距增大系数 η_θ 放大控制截面弯矩以考虑钢管混凝土异形柱的 P-δ 效应，将构件承载力设计等效为控制截面承载力设计。

第5章 钢管混凝土异形柱压-弯滞回性能研究

5.1 引言

在钢管混凝土异形柱轴压性能、纯弯性能、偏压性能研究的基础上，本章对压-弯滞回性能进行研究。首先进行了钢管混凝土异形柱压-弯滞回加载拟静力试验，分析钢管混凝土异形柱的破坏模式，评价其承载力、延性、耗能等力学性能。应用改进的纤维模型法对其进行数值分析，计算钢管混凝土异形柱水平荷载-位移滞回曲线，并进行相关参数影响规律分析，最后提出恢复力模型。

5.2 钢管混凝土异形柱压-弯滞回性能试验研究

5.2.1 试验设计

设计并进行了钢管混凝土异形柱压-弯滞回性能试验，试件缩尺比为1∶2。试件截面形式及尺寸见图5-1，试件详细参数见表5-1。试件共计2批11个，包括1个T形钢筋混凝土柱对比试件（TC1）、1个普通T形钢管混凝土柱试件（TC2）、2个锯齿形钢筋加劲T形钢管混凝土柱试件（TC3/TC4）、2个对拉钢筋加劲T形钢管混凝土柱试件（TC5/TC6）、2个对拉钢筋T形钢管约束混凝土柱试件（TC7/TC8，其中TC8仅在两端300mm范围设置加厚钢管）、2个普通L形钢管混凝土柱试件（LC1/LC2）和1个对拉钢筋加劲L形钢管混凝土柱试件（LC3）。试验考虑了截面形状、钢板宽厚比、加劲形式、轴压比、钢管受力模式等因素的影响。考虑到试验加载装置条件，T形柱试件高度取为1200mm，L形柱试件高度取为1100mm。T形柱试件试验轴压比取为0.2和0.4，L形柱试件试验轴压比取为0.6。除了表5-1中的试件参数，钢筋混凝土试件中纵筋屈服强度为353MPa，纵筋直径为12mm；箍筋屈服强度为373MPa，箍筋直径为6.5mm；箍筋间距为200mm，在柱端300mm范围内加密为100mm。

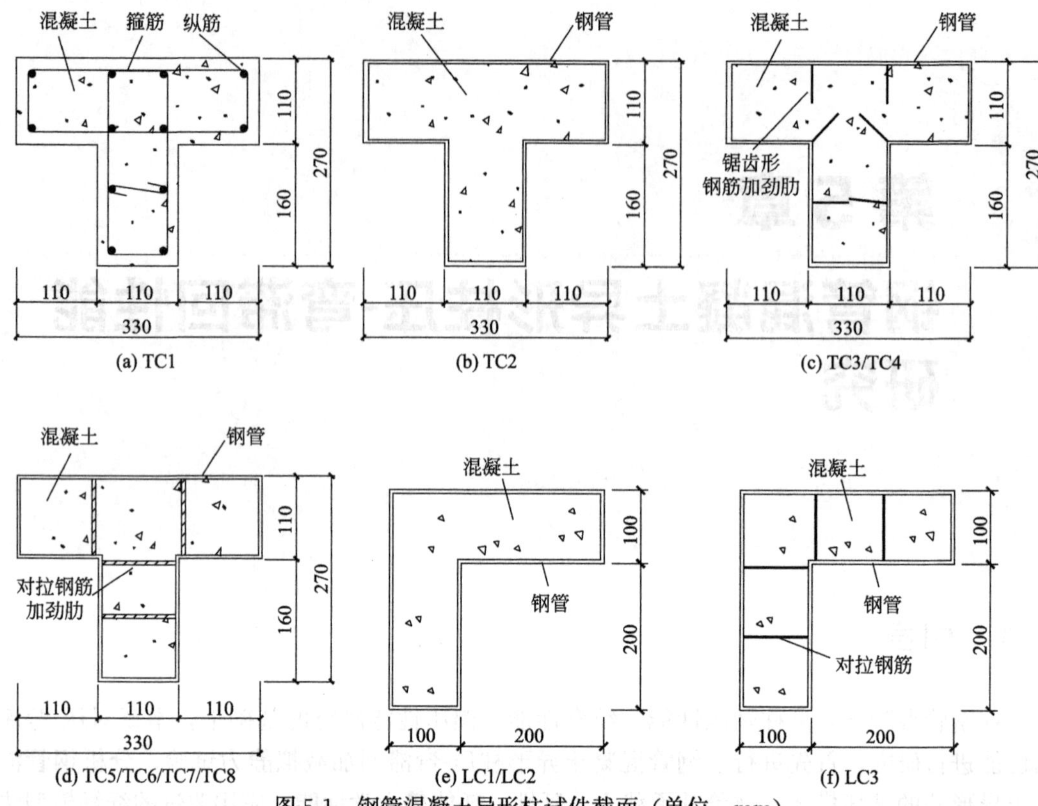

图 5-1　钢管混凝土异形柱试件截面（单位：mm）

试件参数　　　　**表 5-1**

试件	混凝土抗压强度 f_{ck}(MPa)	钢板屈服强度 f_y(MPa)	钢板厚度 t_y(mm)	钢筋加劲肋屈服强度 f_s(MPa)	钢筋加劲肋直径 d_s(mm)	轴压比 n
TC1	23.2	—	—	—	—	0.4
TC2	23.2	315	3.5	—	—	0.4
TC3	23.2	301	1.9	304	8.0	0.4
TC4	23.2	315	3.5	304	8.0	0.4
TC5	23.2	315	3.5	304	8.0	0.4
TC6	23.2	315	3.5	304	8.0	0.2
TC7	23.2	301	1.9	304	8.0	0.4
TC8	23.2	315	3.5	304	8.0	0.4
LC1	36.9	306	2.0	495	7.0	0.6
LC2	36.9	306	2.0	495	7.0	0.6

5.2.2　试验加载方案

试验在哈尔滨工业大学和重庆大学土木工程实验室进行，采用仿日本建研式加载装置（图 5-2），柱试件下部边界条件为固接，上部只允许发生竖向和水平线位移。试验时先用液压千斤顶分级施加竖向荷载，竖向荷载施加到预定的轴压力后保持不变，再由伺服作动器施加水平低周往复荷载。水平荷载的施加采用荷载-位移双控制的方法：试件屈服之前采用水平荷载作为加载控制条件，对应于每个荷载步循环一次；屈服后采用水平位移作为控制条件，对应于每个荷载步循环两次。试件屈服以荷载-位移曲线刚度降低和应变片测量结果为判断依据。试验中水平荷载通过与伺服作动器连接的力传感器采集，柱顶相对于柱底的水平位移通过沿柱身水平布置的位移传感器（LVDT）采集，得到的水平荷载-位移曲线通过电脑实时监控。当施加的水平荷载下降到峰值荷载的 85％时，定义为试件发生破坏，停止加载。

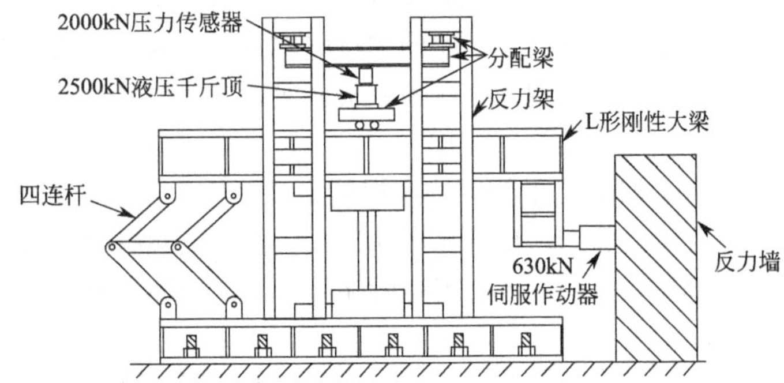

图 5-2　加载方案

5.3　钢管混凝土异形柱压-弯滞回试验现象

试件均在两端出现塑性铰破坏，这与框架柱的弯曲破坏部位一致。

对于 T 形钢筋混凝土柱，混凝土剥落现象较为严重，纵筋裸露并出现局部屈曲，构件出现轻微的阴角裂缝和斜裂缝（图 5-3(a)）。

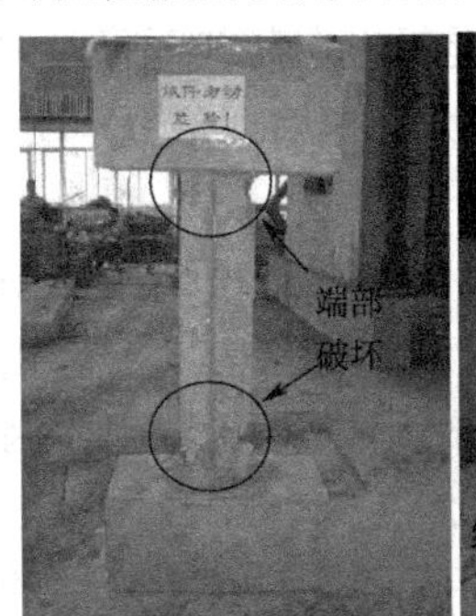

(a) T形钢筋混凝土柱TC1

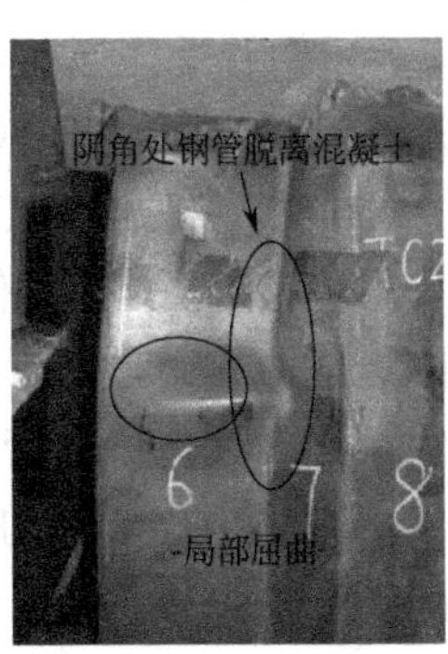

(b) T形钢管混凝土柱TC2

(c) 对拉钢筋加劲T形钢管混凝土柱TC5

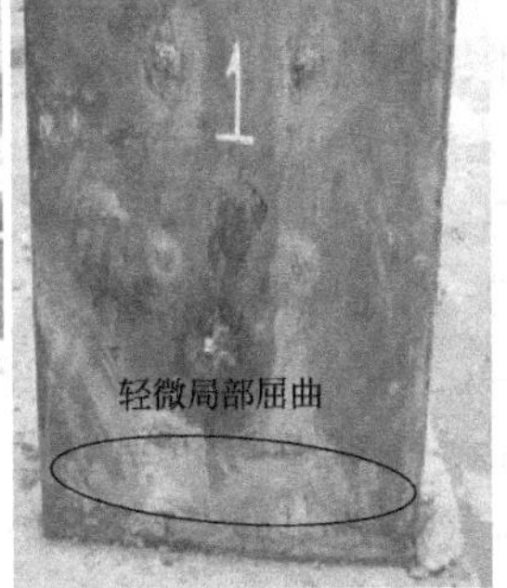

(d) 加劲T形钢管约束混凝土柱TC7

图 5-3　试验破坏模式

对于非加劲T形钢管混凝土柱，端部破坏部位的阴角处混凝土和钢管严重脱开，钢管破坏程度较严重（图5-3(b)），钢管和混凝土处于各自单独工作状态。但与钢筋混凝土柱中混凝土严重剥落相比，由于有钢管包裹，柱子内部混凝土整体破坏程度较轻。

对于加劲T形钢管混凝土柱，端部钢管屈曲程度得到明显改善，破坏程度明显好于非加劲试件。钢筋加劲肋的焊点能够有效限制钢管的出平面位移，构件阴角处未出现钢管和混凝土的脱开现象，各面钢板屈曲程度也得到了延缓，部分钢板甚至在试验结束时也没有发生屈曲（图5-3(c)）。

对于加劲T形钢管约束混凝土柱，钢管均在柱头处断开，不直接承担竖向荷载。试验过程中钢管未出现明显屈曲现象。但在试验后期，由于柱子的压缩变形，使得钢管底部与端部短梁接触，才出现钢管端部的轻微局部屈曲现象（图5-3(d)）。

5.4 试件荷载-位移滞回曲线分析

试验中测得试件水平荷载-位移滞回曲线，如图5-4所示，试件力学性能参数见表5-2。

（1）试件TC1和TC2

对比钢筋混凝土试件TC1、钢管混凝土试件TC2的滞回曲线（图5-4(a)、(b)）和力学性能指标（表5-2），TC2的初始刚度和屈服荷载较高，正负向峰值承载力和峰值位移平均值相对于TC1分别提高了98%和57%。但TC2的延性低于TC1，这是由于达到峰值荷载后钢管受压屈曲，对核心混凝土的约束作用减弱，加剧了混凝土在荷载下降段的受压破坏。TC2相对于TC1的耗能性能更好，滞回环包围的面积更大，捏缩现象也不明显。

（2）试件TC2、TC4和TC5

对比钢管混凝土试件TC2、锯齿形钢筋加劲钢管混凝土试件TC4、对拉钢筋加劲钢管混凝土试件TC5的滞回曲线（图5-4(b)、(d)、(e)）和力学性能指标（表5-2），由于弹性阶段混凝土和钢管处于各自独立工作状态，钢筋加劲肋的作用未得到体现，因此TC2、TC4和TC5的初始刚度基本一致。TC4的峰值荷载比TC2仅高10.3%，TC5的峰值荷载与TC2接近，因此钢筋加劲肋对于试件峰值荷载影响不明显，但对于延性的提高幅度较大。TC4和TC5的正负向延性系数平均值相对于TC2分别提高了27.6%和31.0%，这是因为达到峰值荷载后，混凝土受压后体积膨胀较为明显，钢管被动挤压使得钢筋加劲肋受力，有效限制钢板中部和阴角处位移，延缓钢管屈曲，增强对混凝土的约束效应。试件TC4、TC5相对于TC2滞回环包围的面积更大，耗能性能更好。

（3）试件TC5和TC6

对比试件TC5、TC6的滞回曲线（图5-4（e）、（f））和力学性能指标（表5-2），较大轴压比试件TC5（n=0.4）和较小轴压比试件TC6（n=0.2）的初始刚度相同。虽然较大的轴压比使得TC5受压区钢管较早屈曲，同时混凝土也较早进入弹塑性阶段，但TC5相对TC6的峰值荷载提高了14.1%，滞回环包围的面积更大，耗能性能更好，捏缩现象也不明显。这是因为高轴压比延缓了截面受拉区混凝土开裂，使得混凝土在受压区起主要作用。但TC5的延性系数比TC6降低了13.6%，这是因为较高的轴压比在加载后期加剧了截面受压区混凝土的破坏，使得整个试件的承载力下降更快。

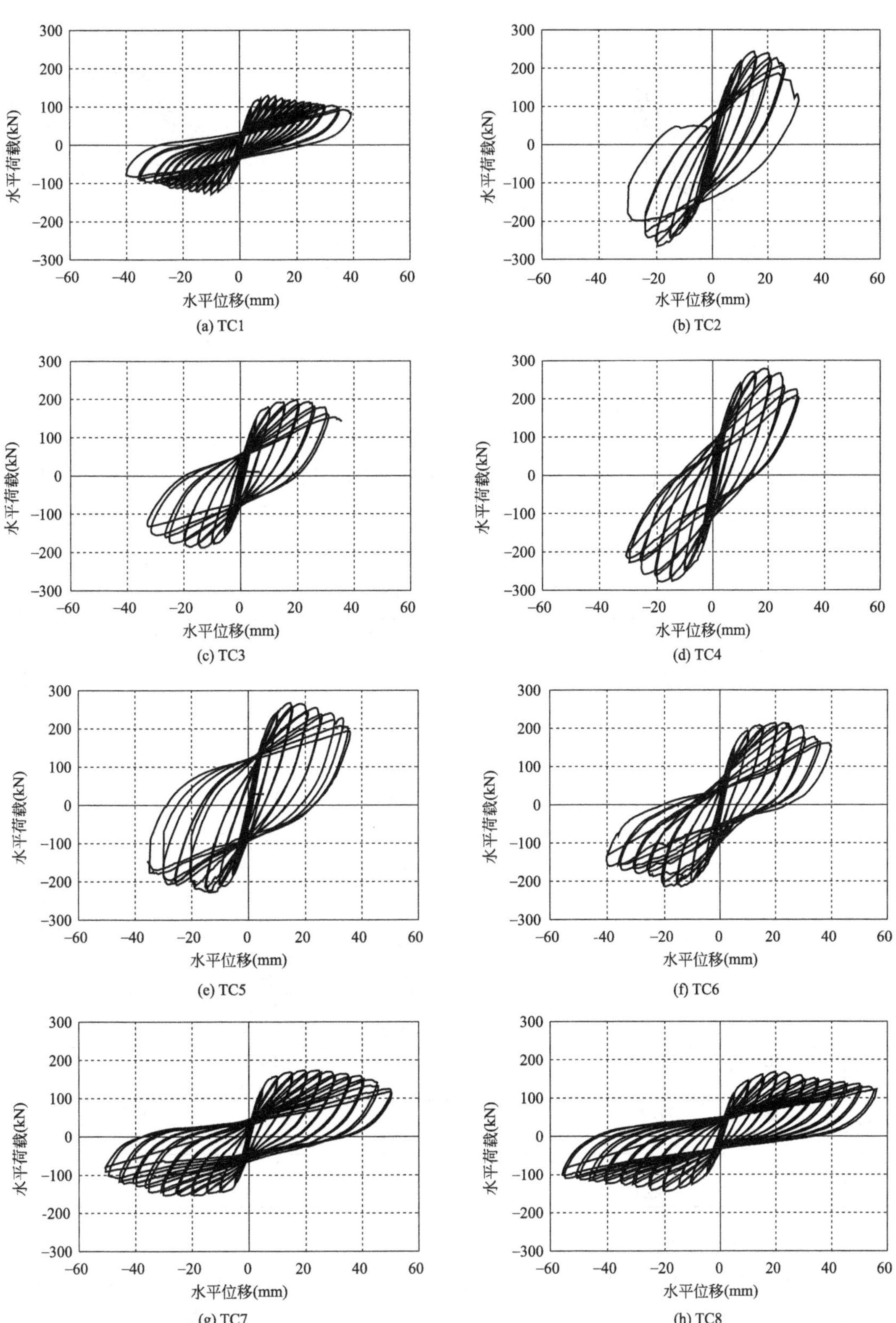

图 5-4　试验水平荷载-位移滞回曲线

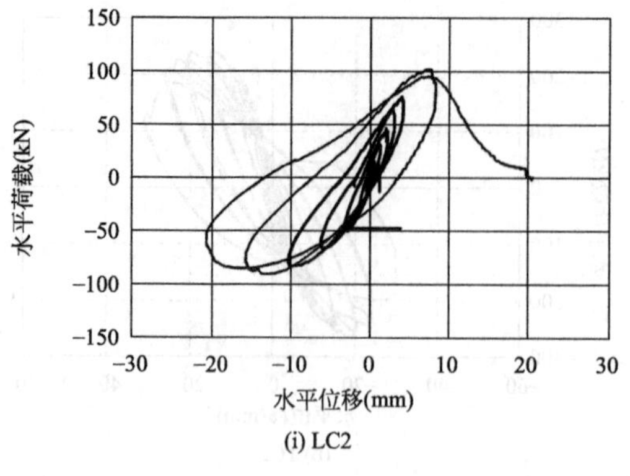

(i) LC2

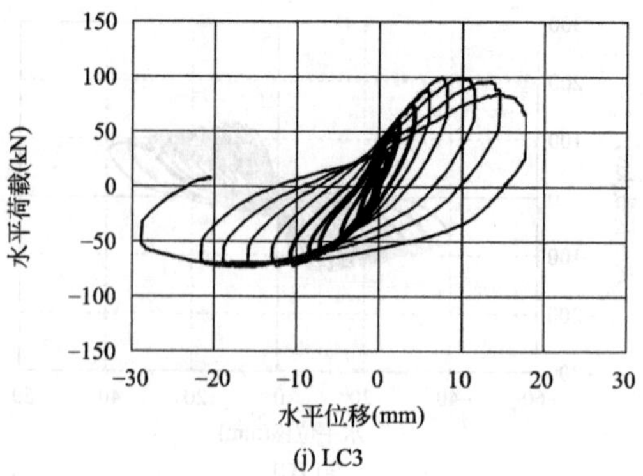

(j) LC3

图 5-4　试验水平荷载-位移滞回曲线（续）

（4）试件 TC1、TC7 和 TC8

对比钢筋混凝土试件 TC1 和加劲钢管约束混凝土试件 TC7、TC8 的滞回曲线（图 5-4(a)、(g)、(h)）及力学性能指标（表 5-2），三个试件的弹性刚度几乎无差别。进入弹塑性阶段后，钢管在加劲肋的作用下，对混凝土产生了约束效应，因此 TC7 和 TC8 的正负向峰值荷载平均值比 TC1 分别提高了 30.1％和 20.8％，延性系数分别提高了 36.4％和 19.1％。

试件力学性能指标　　**表 5-2**

试件	加载方向	屈服荷载 P_y(kN)	屈服位移 Δ_y(mm)	峰值荷载 P_p(kN)	峰值位移 Δ_p(mm)	极限位移 Δ_u(mm)	μ
TC1	正	103.5	5.2	122.4	12.7	26.4	5.1
	负	−98.3	−4.6	−116.4	−10.3	−26.9	5.9
TC2	正	180.3	7.9	227.3	15.7	26.3	3.3
	负	−195.6	−9.5	−246.6	−20.4	−24.2	2.5
TC3	正	153.4	6.8	183.9	15.4	30.8	4.5
	负	−141.4	−5.0	−172.5	−15.1	−28.9	5.8
TC4	正	207.0	8.6	259.6	15.7	27.3	3.1
	负	−199.1	−6.0	−263.3	−15.5	−25.8	4.3
TC5	正	205.8	8.1	251.5	15.7	33.7	4.1
	负	−177.9	−5.8	−212.2	−15.3	−20.6	3.5
TC6	正	155.5	6.4	201.1	20.7	30.5	4.7
	负	−155.7	−6.2	−205.3	−20.6	−25.7	4.1
TC7	正	131.1	5.6	164.4	25.1	45.1	8.0
	负	−123.7	−5.4	−147.4	−25.9	−37.6	7.0
TC8	正	121.4	7.3	154.6	20.7	45.5	6.2
	负	−99.5	−6.1	−133.8	−21.1	−41.7	6.9
LC2	正	77.3	3.9	107	7.5	9.5	2.4
	负	−67.7	−5.6	−98	−13.4	−20.2	3.6
LC3	正	89.2	5.6	105	10.2	16.7	3.0
	负	−65.6	−7.0	−83	−17.3	−28.3	4.0

（5）试件 LC2 和 LC3

对比非加劲 L 形钢管混凝土试件 LC2 和加劲 L 形钢管混凝土试件 LC3，两者峰值荷载接近，但 LC3 的延性系数比 LC2 提高了 16.7％，说明对拉钢筋加劲肋在试验后期有效约束钢管，进而延缓了混凝土的破坏。

5.5 钢管混凝土异形柱压-弯滞回性能数值分析

5.5.1 数值分析程序原理

5.5.1.1 改进的纤维模型法

纤维模型法是一种简化的有限元数值方法，具有结构模型规模小、计算速度快等优势。材料本构关系可以采用单轴应力-应变关系曲线，只需要对破坏截面进行分析，免去沿构件长度的计算工作量，同时截面单元划分、程序收敛准则等均可在数值程序中自行编写。但同时需要对模型采用一些基本假定，其中对于柱子变形曲线通常假定为正弦半波。

虽然试验结果显示试件的荷载-位移滞回曲线正负向近似对称，这是由加载装置模拟的柱两端固接边界条件决定的。从 T 形柱和 L 形柱截面受弯特性来说，材料进入非线性后，截面中和轴偏向翼缘或腹板后的承载力、延性等力学性能是不相同的。这从王丹、吕西林[79] 的相关试验中可以得到验证，该试验将钢管混凝土异形柱两端铰接，在柱子中部施加水平往复荷载，得到正负向不对称的滞回曲线。因此对于 T 形和 L 形等不对称截面的柱子，反弯点在滞回加载过程中将沿柱长方向上下移动。

因此假定柱反弯点在柱中间、同时用正弦半波来近似柱子变形的传统纤维模型法不能用来进行截面不对称柱的滞回加载数值分析。在本章数值分析程序中，将柱沿高度划分为若干单元（图 5-5），计算各单元的变形，再组合而成整体柱构件的变形，以替代正弦半波变形假设。分别求得各单元的截面刚度矩阵，转化为单元刚度矩阵，进而再组装成整体刚度矩阵，在柱顶施加外荷载或位移，采用弧长法求解结构位移和内力[154]。

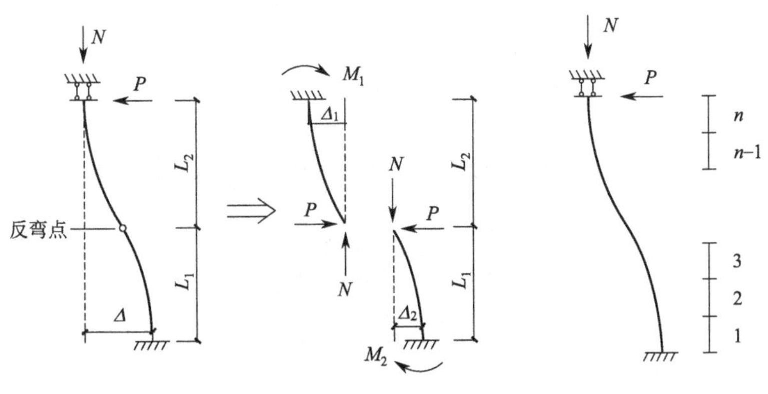

(a) 异形柱压-弯-剪构件受力模型　　(b) T形柱长度方向单元划分

图 5-5　改进的纤维模型法

钢管混凝土异形柱数值程序采用平截面假定，可近似认为混凝土和钢管之间没有相对滑移，粘结性能良好，因此可采用组合式模型，在单元分析时分别求得混凝土和钢管对单元刚度矩阵的贡献，再将其叠加得到整个截面的单元刚度矩阵。构件截面单元划分与第 4 章的单元划分一致。将柱沿高度划分为若干单元，研究各单元的变形情况，以替代正弦半波曲线假设。下面以加劲 T 形钢管混凝土柱为例，介绍压-弯滞回加载数值程序原理，流程图如图 5-6 所示。

5.5.1.2 材料强度和应力-应变关系曲线

混凝土和钢材（钢管和钢筋）采用与 4.3.2 节中构件偏压数值程序中相同的单轴应力-应变关系曲线和材料加卸载规则。约束混凝土抗压强度 f_{cc} 和考虑局部屈曲的钢管强度 f'_{cr} 也按照 4.3.2 节的方法进行计算。

5.5.1.3 截面刚度矩阵

截面刚度矩阵是截面变形和截面内力的关系矩阵，它是以截面作为分析的对象，反映截面承受外部位移和荷载的能力。对于本文的柱单元，截面变形包括轴向应变 ε_0 和截面曲率 φ；截面内力包括轴力 N 和截面弯矩 M。截面变形矢量 $\{\boldsymbol{d}\}^{s}$ 和截面内力矢量 $\{\boldsymbol{F}\}^{s}$ 分别为：

$$\{\boldsymbol{d}\}^{s}=\begin{Bmatrix}\varphi\\ \varepsilon_0\end{Bmatrix} \tag{5-1}$$

$$\{\boldsymbol{F}\}^{s}=\begin{Bmatrix}M\\ N\end{Bmatrix} \tag{5-2}$$

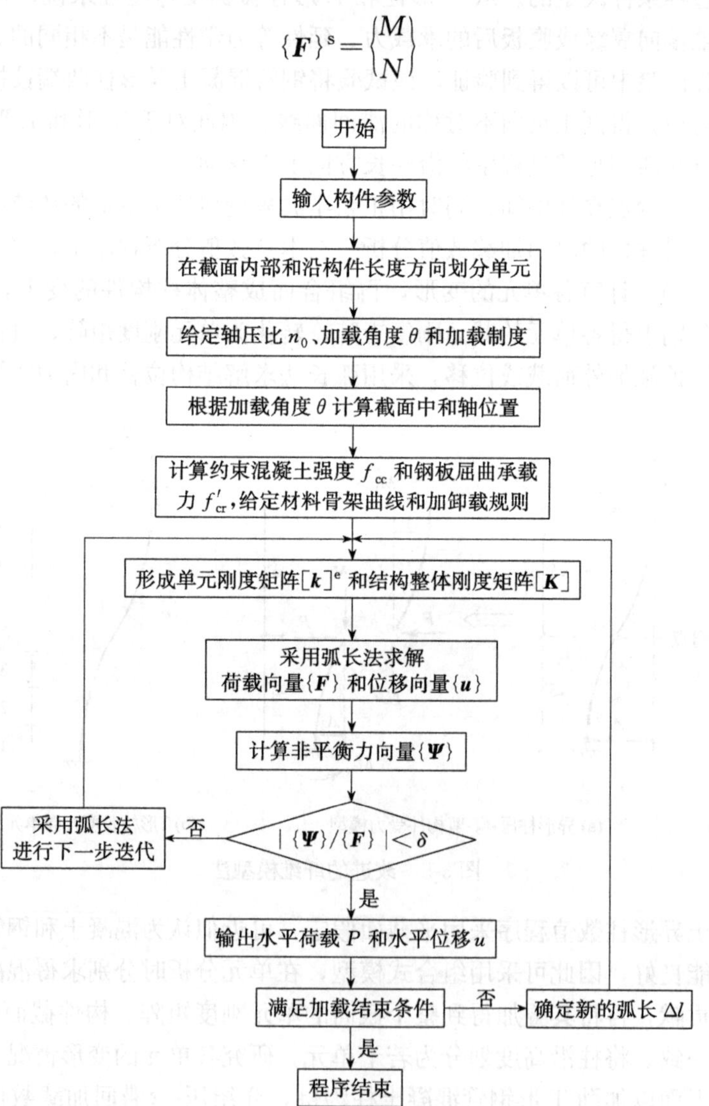

图 5-6 压-弯滞回加载数值程序流程图

它们与截面刚度矩阵 $[\boldsymbol{k}]^{\mathrm{s}}$ 的关系用平衡方程组表示为：

$$\{\boldsymbol{F}\}^{\mathrm{s}}=[\boldsymbol{k}]^{\mathrm{s}}\{\boldsymbol{d}\}^{\mathrm{s}} \tag{5-3}$$

在结构弹塑性分析中，随着加载的进行，混凝土和钢材单元的截面变形逐渐增大，截面上的部分单元先后进入材料弹塑性阶段，此时截面逐渐变软，截面刚度逐渐退化。为了反映弹塑性分析中截面刚度矩阵的变化，分析中采用增量形式表示与变形相关的变截面刚度特性。增量形式的平衡方程组为：

$$\{\boldsymbol{\Delta F}\}_n^{\mathrm{s}}=\begin{Bmatrix}\Delta M\\ \Delta N\end{Bmatrix}_{\mathrm{n}}=[\boldsymbol{k}]_n^{\mathrm{s}}\{\boldsymbol{\Delta d}\}^{\mathrm{s}}=\begin{bmatrix}k_{\mathrm{zz}}(\varepsilon_{0,n},\varphi_n) & k_{\mathrm{z}}(\varepsilon_{0,n},\varphi_n)\\ k_{\mathrm{z}}(\varepsilon_{0,n},\varphi_n) & k_{\mathrm{A}}(\varepsilon_{0,n},\varphi_n)\end{bmatrix}_n\begin{Bmatrix}\Delta\varphi\\ \Delta\varepsilon_0\end{Bmatrix}_n \tag{5-4}$$

式中：$[\boldsymbol{k}]_n^{\mathrm{s}}$——截面切线刚度矩阵，上标 s 表示截面，下标 n 表示第 n 荷载步的平衡方程。

截面切线刚度矩阵中的各元素分别为：

$$k_{\mathrm{A}}(\varepsilon_{0,n},\varphi_n)=\sum_{i=1}^{n_{\mathrm{c}}}E_{\mathrm{c},i}(\varepsilon_{0,n},\varphi_n)A_{\mathrm{c}i}+\sum_{l=1}^{n_{\mathrm{s}}}E_{\mathrm{s},l}(\varepsilon_{0,n},\varphi_n)A_{\mathrm{s}l} \tag{5-5}$$

$$k_{\mathrm{z}}(\varepsilon_{0,n},\varphi_n)=\sum_{i=1}^{n_{\mathrm{c}}}E_{\mathrm{c},i}(\varepsilon_{0,n},\varphi_n)A_{\mathrm{c}i}z_i+\sum_{l=1}^{n_{\mathrm{s}}}E_{\mathrm{s},l}(\varepsilon_{0,n},\varphi_n)A_{\mathrm{s}l}z_l \tag{5-6}$$

$$k_{\mathrm{zz}}(\varepsilon_{0,n},\varphi_n)=\sum_{i=1}^{n_{\mathrm{c}}}E_{\mathrm{c},i}(\varepsilon_{0,n},\varphi_n)A_{\mathrm{c}i}z_i^2+\sum_{l=1}^{n_{\mathrm{s}}}E_{\mathrm{s},l}(\varepsilon_{0,n},\varphi_n)A_{\mathrm{s}l}z_l^2 \tag{5-7}$$

式中：z_i，z_l——第 i 个混凝土单元和第 l 个钢材单元到截面中和轴的距离（mm）；

$E_{\mathrm{c},i}(\varepsilon_{0,n},\varphi_n)$，$E_{\mathrm{s},l}(\varepsilon_{0,n},\varphi_n)$——分别为混凝土和钢材的切线模量，都是随着截面平均应变 ε_0 和曲率 φ 的变化而变化的量，在材料单轴应力-应变关系曲线上对应于上一荷载步结束时的数值。截面刚度矩阵在迭代求解过程中需要不断进行修正，以反映材料弹塑性性能的演变。

5.5.1.4　构件的单元刚度矩阵

根据单元刚度矩阵的类型，有限单元分为基于刚度的单元和基于柔度的单元，前者采用位移形函数将构件的位移与截面的变形联系起来，形成构件的单元刚度矩阵，后者是将位移形函数和力形函数结合起来形成单元的柔度矩阵和刚度矩阵，本文采用基于刚度的单元。

对于拉压杆单元，杆端力和杆端位移见图 5-7，杆端力包括杆两端的轴向荷载（S_{i1} 和 S_{j1}），杆端位移包括杆两端的轴向位移（u_{i1} 和 u_{j1}）。对于弯曲杆单元，杆端力和杆端位移见图 5-8，杆端力包括杆两端的横向荷载（S_{i2} 和 S_{j2}）和弯矩（S_{i3} 和 S_{j3}），杆端位移包括杆两端的横向位移（u_{i2} 和 u_{j2}）和转角（u_{i3} 和 u_{j3}）。

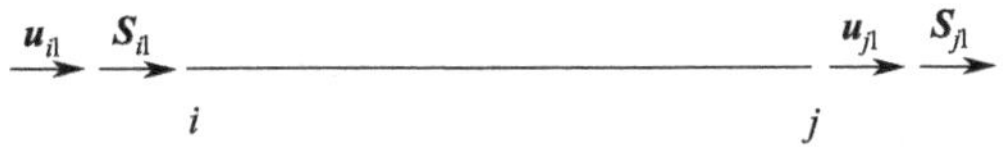

图 5-7　拉压杆单元的杆端力和杆端位移

Euler-Bernoulli 梁柱单元中位移场$\{\boldsymbol{u}(\boldsymbol{x})\}$和节点位移 $\{\delta\}^{\mathrm{e}}$ 之间的关系为：

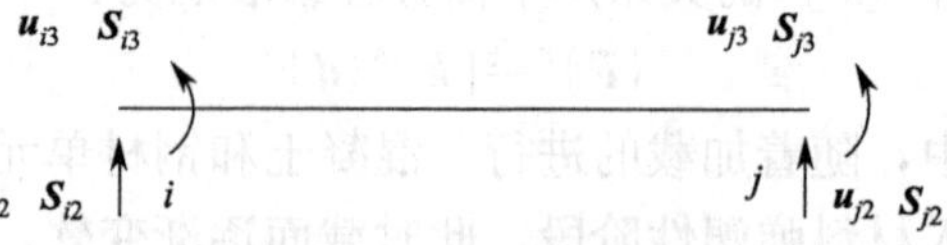

图 5-8　弯曲杆单元的杆端力和杆端位移

$$\{\boldsymbol{u}(\boldsymbol{x})\}=[\boldsymbol{N}_{\mathbf{d}}(\boldsymbol{x})]^{\mathrm{e}}\{\boldsymbol{\delta}\}^{\mathrm{e}} \tag{5-8}$$

式中：$[\boldsymbol{N}_{\mathbf{d}}(\boldsymbol{x})]^{\mathrm{e}}$——单元位移形函数矩阵。对于轴向位移，本文采用拉格朗日线性插值；对于横向位移，采用三次艾米特多项式差值。

对于有些非线性分析问题，当构件进入强非线性阶段，可能需要进一步细分单元或采用更高阶的插值函数来确定位移形函数$[\boldsymbol{N}_{\mathbf{d}}(\boldsymbol{x})]^{\mathrm{e}}$，使之满足精度要求。对$\{\boldsymbol{u}(\boldsymbol{x})\}$进行求导，可以得到任意截面的变形$\{\boldsymbol{d}(\boldsymbol{x})\}^{\mathrm{s}}$，此时截面变形$\{\boldsymbol{d}(\boldsymbol{x})\}^{\mathrm{s}}$和单元节点位移$\{\delta\}^{\mathrm{e}}$的几何关系为：

$$\{\boldsymbol{d}(\boldsymbol{x})\}^{\mathrm{s}}=[\boldsymbol{B}(\boldsymbol{x})]\{\boldsymbol{\delta}\}^{\mathrm{e}} \tag{5-9}$$

式中：$[\boldsymbol{B}(\boldsymbol{x})]$——单元的应变矩阵，可以由单元位移形函数矩阵$[\boldsymbol{N}_{\mathbf{d}}(\boldsymbol{x})]^{\mathrm{e}}$求导得到。

截面变形增量$\{\boldsymbol{\Delta d}(\boldsymbol{x})\}^{\mathrm{s}}$和截面力增量$\{\boldsymbol{\Delta F}(\boldsymbol{x})\}^{\mathrm{s}}$之间的关系可以用截面的切线刚度矩阵表示：

$$\{\boldsymbol{\Delta F}(\boldsymbol{x})\}^{\mathrm{s}}=[\boldsymbol{k}(\boldsymbol{x})]^{\mathrm{s}}\{\boldsymbol{\Delta d}(\boldsymbol{x})\}^{\mathrm{s}} \tag{5-10}$$

材料的本构关系采用单轴的应力-应变关系表示：

$$\sigma_{\mathrm{c}}=E_{\mathrm{c}}(\varepsilon_{0,n},\varphi_n)\varepsilon_{\mathrm{c}} \tag{5-11}$$

$$\sigma_{\mathrm{s}}=E_{\mathrm{s}}(\varepsilon_{0,n},\varphi_n)\varepsilon_{\mathrm{s}} \tag{5-12}$$

由$\{\boldsymbol{u}(\boldsymbol{x})\}$和$\{\boldsymbol{d}(\boldsymbol{x})\}^{\mathrm{s}}$的公式，结合一维的材料本构关系，应用虚位移原理可以推导出单元杆端力增量$\{\boldsymbol{\Delta F}\}^{\mathrm{e}}$和单元杆端位移增量$\{\boldsymbol{\Delta\delta}\}^{\mathrm{e}}$之间的关系，即

$$\{\boldsymbol{\Delta F}\}^{\mathrm{e}}=[\boldsymbol{k}]^{\mathrm{e}}\{\boldsymbol{\Delta\delta}\}^{\mathrm{e}} \tag{5-13}$$

式中：$[\boldsymbol{k}]^{\mathrm{e}}$——单元切线刚度矩阵，采用高斯积分，由单元中各个高斯积分点处截面切线刚度矩阵$[\boldsymbol{k}(\boldsymbol{x})]^{\mathrm{s}}$沿杆长$L$方向积分得到，即

$$[\boldsymbol{k}]^{\mathrm{e}}=\int_L[\boldsymbol{B}(\boldsymbol{x})]^{\mathrm{T}}[\boldsymbol{k}(\boldsymbol{x})]^{\mathrm{s}}[\boldsymbol{B}(\boldsymbol{x})]\mathrm{d}x \tag{5-14}$$

由以上推导过程可以看出，位移形函数$[\boldsymbol{N}_{\mathbf{d}}(\boldsymbol{x})]^{\mathrm{e}}$决定了应变矩阵$[\boldsymbol{B}(\boldsymbol{x})]$，应变矩阵$[\boldsymbol{B}(\boldsymbol{x})]$和截面切线刚度矩阵$[\boldsymbol{k}(\boldsymbol{x})]^{\mathrm{s}}$又决定了单元切线刚度矩阵$[\boldsymbol{k}]^{\mathrm{e}}$。

由以上的推导可得拉压杆和弯曲杆单元的单元刚度矩阵，即

拉压杆：

$$\boldsymbol{k}_{\mathrm{e}}=\frac{\sum E(\varepsilon_{0,n},\varphi_n)A}{l}\begin{bmatrix}1 & -1\\ -1 & 1\end{bmatrix} \tag{5-15}$$

弯曲杆：

$$\boldsymbol{k}_{\mathrm{e}}=\frac{\sum E(\varepsilon_{0,n},\varphi_n)I}{l^3}\begin{bmatrix}12 & 6l & -12 & 6l\\ 6l & 4l^2 & -6l & 2l^2\\ -12 & -6l & 12 & -6l\\ 6l & 2l^2 & -6l & 4l^2\end{bmatrix} \tag{5-16}$$

式中：l——单元长度；

I——截面惯性矩。

对于本文的 Euler-Bernoulli 梁柱单元，先承担轴向荷载，再承担横向荷载，所以需要将拉压杆和弯曲杆的单元刚度矩阵合并成压弯杆的单元刚度矩阵，同时将拉压杆和弯曲杆的杆端力和杆端位移进行合并，进而得到压弯杆杆端力$\{P_1,P_2,P_3,P_4,P_5,P_6\}^{\mathrm{T}}$和杆端位移$\{\delta_1,\delta_2,\delta_3,\delta_4,\delta_5,\delta_6\}^{\mathrm{T}}$关系平衡方程：

$$\begin{Bmatrix}P_1\\P_2\\P_3\\P_4\\P_5\\P_6\end{Bmatrix}=\begin{bmatrix}\frac{\sum E(\varepsilon_{0,n},\varphi_n)A}{l} & 0 & 0 & -\frac{\sum E(\varepsilon_{0,n},\varphi_n)A}{l} & 0 & 0\\ 0 & \frac{12\sum E(\varepsilon_{0,n},\varphi_n)I}{l^3} & \frac{6\sum E(\varepsilon_{0,n},\varphi_n)I}{l^2} & 0 & -\frac{12\sum E(\varepsilon_{0,n},\varphi_n)I}{l^3} & \frac{6\sum E(\varepsilon_{0,n},\varphi_n)I}{l^2}\\ 0 & \frac{6\sum E(\varepsilon_{0,n},\varphi_n)I}{l^2} & \frac{4\sum E(\varepsilon_{0,n},\varphi_n)I}{l} & 0 & -\frac{6\sum E(\varepsilon_{0,n},\varphi_n)I}{l^2} & \frac{2\sum E(\varepsilon_{0,n},\varphi_n)I}{l}\\ -\frac{\sum E(\varepsilon_{0,n},\varphi_n)A}{l} & 0 & 0 & \frac{\sum E(\varepsilon_{0,n},\varphi_n)A}{l} & 0 & 0\\ 0 & -\frac{12\sum E(\varepsilon_{0,n},\varphi_n)I}{l^3} & -\frac{6\sum E(\varepsilon_{0,n},\varphi_n)I}{l^2} & 0 & \frac{12\sum E(\varepsilon_{0,n},\varphi_n)I}{l^3} & -\frac{6\sum E(\varepsilon_{0,n},\varphi_n)I}{l^2}\\ 0 & \frac{6\sum E(\varepsilon_{0,n},\varphi_n)I}{l^2} & \frac{2\sum E(\varepsilon_{0,n},\varphi_n)I}{l} & 0 & -\frac{6\sum E(\varepsilon_{0,n},\varphi_n)I}{l^2} & \frac{4\sum E(\varepsilon_{0,n},\varphi_n)I}{l}\end{bmatrix}\begin{Bmatrix}\delta_1\\\delta_2\\\delta_3\\\delta_4\\\delta_5\\\delta_6\end{Bmatrix} \tag{5-17}$$

5.5.1.5　考虑负刚度的计算方法

对于钢管混凝土异形柱，混凝土材料达到受压或受拉强度之后出现软化阶段，钢板出现屈曲后其承载力也会降低。当整个结构构件的承载力接近或达到峰值承载力后，构件将进入负刚度区域，此时刚度矩阵将会出现奇异，应用传统的增量法和迭代法时，计算很难收敛。因此在负刚度情况下的有限元收敛方法值得探讨。

弧长法[155-161] 在求解过程中同时控制位移增量和荷载增量水平，属于双重目标控制方法。其最早由 Riks 和 Wempner 提出，后来经过很多学者的改进，形成了弧长法（或称球面弧长法）的基本控制方程（或称约束方程）：

$$\{\boldsymbol{\Delta\delta}\}^{\mathrm{T}}\{\boldsymbol{\Delta\delta}\}+\Delta\lambda^2\varphi^2\{\boldsymbol{P}\}^{\mathrm{T}}\{\boldsymbol{P}\}=\Delta l^2 \tag{5-18}$$

式中：$\{\boldsymbol{P}\}$ ——参考荷载(N)；

$\{\boldsymbol{\Delta\delta}\}$ ——位移增量(mm)；

Δl——弧长（mm)；

$\Delta\lambda$——每一增量步的荷载因子；

φ——荷载比例系数，用于控制弧长法中荷载因子增量所占比重，其初始值适当选取，在分析中可以让程序根据结构刚度的变化来自动调整数值的大小。

弧长法及切线刚度迭代求解过程见图 5-9，非线性静力平衡的迭代求解公式见式(5-19)。式中，$\{\boldsymbol{F}(\boldsymbol{\delta}_i^j)\}$为结构恢复力，其包括 n 个未知数，加上荷载增量因子 $\Delta\lambda$，在弧长法中一共要求解 $n+1$ 个未知数，这就需要在方程组中增加弧长法基本控制方程，由 $n+1$ 个方程组成方程组进行求解。

$$[\boldsymbol{K}(\boldsymbol{\delta}_i^j)]\{\boldsymbol{\delta\delta}_{i+1}^j\}=\lambda_{i+1}^j\{\boldsymbol{P}\}-\{\boldsymbol{F}(\boldsymbol{\delta}_i^j)\} \tag{5-19}$$

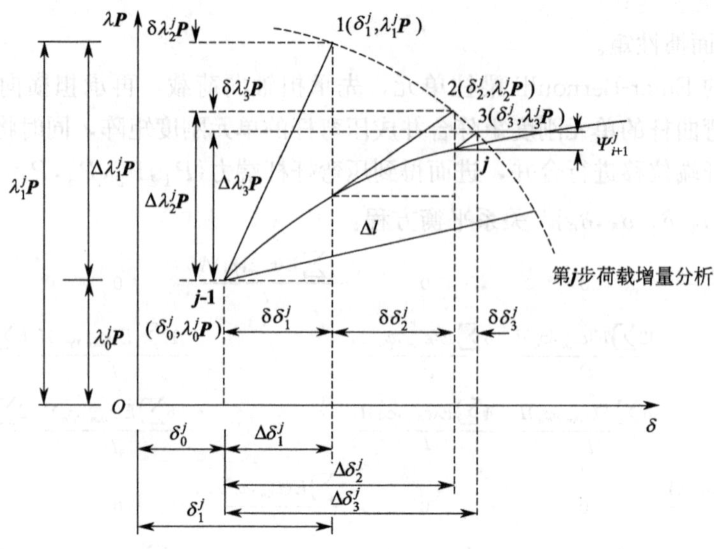

图 5-9 弧长法及切线刚度迭代求解过程

相关研究表明荷载比例系数 φ 对于最终分析结果的影响有限，尤其在结构材料进入较高程度的非线性时，这种影响更小，可以忽略不计。因此可以将荷载比例系数这一项略去，这时的弧长法称为柱面弧长法。在柱面弧长法中，由于要求解一元二次方程，得到两个根，需要通过分析矢量夹角来选择符合条件的一个根，因此给计算带来一定的麻烦，计算工作量较大。有人提出一种简化控制方程，用垂直于迭代向量的平面代替圆弧，把弧长不变的条件改为向量 $\boldsymbol{r}_i^j$ 与向量 $\boldsymbol{\Delta u}_{i+1}^j$ 式中保持正交，见图 5-10，其控制方程为：

$$\boldsymbol{r}_i^j \cdot \boldsymbol{\Delta u}_{i+1}^j = 0 \tag{5-20}$$

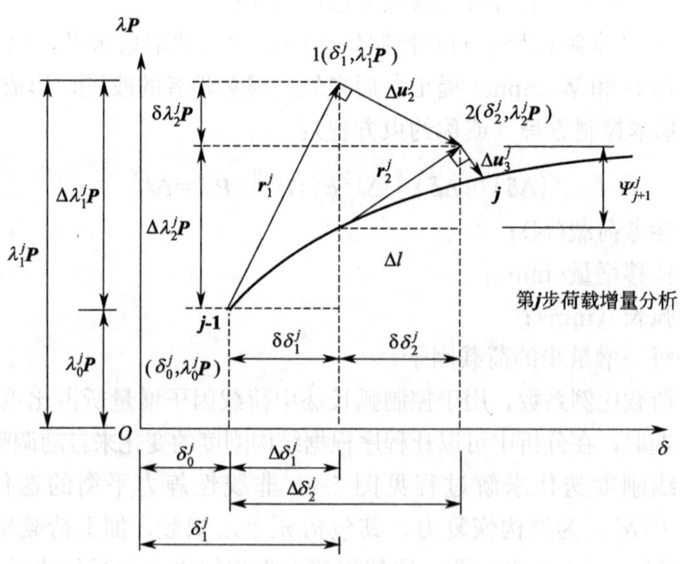

图 5-10 简化弧长法及切线刚度迭代求解过程

写成矩阵形式为：

$$\{\boldsymbol{\Delta\delta}_i^j\}^{\mathrm{T}} \cdot \{\boldsymbol{\delta\delta}_{i+1}^j\} + \delta\lambda_{i+1}^j \cdot \Delta\lambda_i^j \cdot \{\boldsymbol{P}\}^{\mathrm{T}}\{\boldsymbol{P}\} = 0 \tag{5-21}$$

下面介绍简化弧长法的求解过程，首先需要由最普遍的弧长法进行推导。在第 j 荷载增量步的第 i 次迭代分析中，结构的位移增量$\{\boldsymbol{\delta\delta}_{i+1}^j\}$可以由下式计算：

$$\begin{aligned}\{\boldsymbol{\delta\delta}_{i+1}^j\} &= [\boldsymbol{K}(\boldsymbol{\delta}_i^j)]^{-1}(\lambda_{i+1}^j\{\boldsymbol{P}\} - \{\boldsymbol{F}(\boldsymbol{\delta}_i^j)\}) \\ &= [\boldsymbol{K}(\boldsymbol{\delta}_i^j)]^{-1}(\lambda_i^j\{\boldsymbol{P}\} + \delta\lambda_{i+1}^j\{\boldsymbol{P}\} - \{\boldsymbol{F}(\boldsymbol{\delta}_i^j)\}) \\ &= -[\boldsymbol{K}(\boldsymbol{\delta}_i^j)]^{-1}(\{\boldsymbol{\Psi}(\boldsymbol{\delta}_i^j)\} - \delta\lambda_{i+1}^j\{\boldsymbol{P}\}) \\ &= -[\boldsymbol{K}(\boldsymbol{\delta}_i^j)]^{-1}\{\boldsymbol{\Psi}(\boldsymbol{\delta}_i^j)\} + \delta\lambda_{i+1}^j[\boldsymbol{K}(\boldsymbol{\delta}_i^j)]^{-1}\{\boldsymbol{P}\}\end{aligned} \tag{5-22}$$

由于刚度矩阵不对称，以及带宽被改变，直接联立求解以上两式组成的方程组的 $n+1$ 个变量相当困难，可以将$\{\boldsymbol{\delta\delta}_{i+1}^j\}$分解为两部分，即

$$\{\boldsymbol{\delta\delta}_{i+1}^j\} = \{\boldsymbol{\delta\delta}^{\mathrm{g}}\}_{i+1}^j + \delta\lambda_{i+1}^j\{\boldsymbol{\delta\delta}^{\mathrm{p}}\}_{i+1}^j \tag{5-23}$$

式中：

$$\{\boldsymbol{\delta\delta}^{\mathrm{g}}\}_{i+1}^j = -[\boldsymbol{K}(\boldsymbol{\delta}_i^j)]^{-1}\{\boldsymbol{\Psi}(\boldsymbol{\delta}_i^j)\} \tag{5-24}$$

$$\{\boldsymbol{\delta\delta}^{\mathrm{p}}\}_{i+1}^j = [\boldsymbol{K}(\boldsymbol{\delta}_i^j)]^{-1}\{\boldsymbol{P}\} \tag{5-25}$$

$\{\boldsymbol{\delta\delta}_{i+1}^j\}$中的第一项$\{\boldsymbol{\delta\delta}^{\mathrm{g}}\}_{i+1}^j$采用荷载控制的标准切线刚度迭代求解；$\{\boldsymbol{\delta\delta}_{i+1}^j\}$中的第二项$\{\boldsymbol{\delta\delta}^{\mathrm{p}}\}_{i+1}^j$为参考荷载$\{\boldsymbol{P}\}$下按当前刚度矩阵$[\boldsymbol{K}(\boldsymbol{\delta}_i^j)]$计算的位移增量。

到目前为止，荷载增量因子 $\delta\lambda_{i+1}^j$ 仍然没有确定下来，接下来应用弧长法基本控制方程求解。将$\{\boldsymbol{\delta\delta}_{i+1}^j\}$代入控制方程，解出 $\boldsymbol{\delta}\lambda_{i+1}^j$，用下列式子表示：

$$\boldsymbol{\delta}\lambda_{i+1}^j = \frac{\{\boldsymbol{\Delta\delta}_i^j\}^{\mathrm{T}} \cdot \{\boldsymbol{\delta\delta}^{\mathrm{g}}\}_{i+1}^j}{\{\boldsymbol{\Delta\delta}_i^j\}^{\mathrm{T}} \cdot \{\boldsymbol{\delta\delta}^{\mathrm{p}}\}_{i+1}^j + \Delta\lambda_i^j \cdot \{\boldsymbol{P}\}^{\mathrm{T}}\{\boldsymbol{P}\}} \tag{5-26}$$

然后代入式(5-23) 中求得$\{\boldsymbol{\delta\delta}_{i+1}^j\}$，即得到本次迭代步的位移增量。

弧长法中荷载增量因子 $\Delta\lambda_1^j$ 的大小和弧长 Δl 的大小决定了当前荷载增量步分析中的迭代速度、迭代次数和收敛结果。因此应当根据不同情况选取合适的荷载增量因子 $\Delta\lambda_1^j$ 和弧长 Δl。

荷载增量因子 $\Delta\lambda_1^j$ 的确定可以采用向前欧拉切线预测因子方法：

$$\begin{aligned}\{\boldsymbol{\Delta\delta}_1^j\} &= [\boldsymbol{K}_0^j]^{-1} \cdot \Delta\lambda_1^j \cdot \{\boldsymbol{P}\} \\ &= \Delta\lambda_1^j \cdot [\boldsymbol{K}_0^j]^{-1} \cdot \{\boldsymbol{P}\} \\ &= \Delta\lambda_1^j \cdot \{\boldsymbol{\delta\delta}_0^{\mathrm{p}}\}^j\end{aligned} \tag{5-27}$$

式中：$[\boldsymbol{K}_0^j]$——增量步起始点切线刚度矩阵。将上式代入弧长法控制方程可得：

$$\begin{aligned}\Delta\lambda_1^j &= \pm\frac{\Delta l}{\sqrt{(\{\boldsymbol{\delta\delta}_0^{\mathrm{p}}\}^j)^{\mathrm{T}} \cdot \{\boldsymbol{\delta\delta}_0^{\mathrm{p}}\}^j}} \\ &= \mathrm{sgn}(\det[\boldsymbol{K}_0^j])\frac{\Delta l}{\sqrt{(\{\boldsymbol{\delta\delta}_0^{\mathrm{p}}\}^j)^{\mathrm{T}} \cdot \{\boldsymbol{\delta\delta}_0^{\mathrm{p}}\}^j}}\end{aligned} \tag{5-28}$$

式中：$\det[\boldsymbol{K}_0^j]$——起始点的切线刚度矩阵$[\boldsymbol{K}_0^j]$的行列式；

sgn——数学中的符号函数，取+1 或−1，在这里应用的目的是为了反映随着结构切线刚度矩阵正定特性的改变，其荷载增量的增减也发生着变化。

当结构刚度正定时，结构处于正向加载阶段，荷载增量因子 $\Delta\lambda_1^j$ 为正值；当结构由正定转为非正定时，结构处于卸载状态，荷载增量因子 $\Delta\lambda_1^j$ 为负值。结构刚度矩阵的正定判别可通过对刚度矩阵 $[\boldsymbol{K}_0^j]$ 进行三角分解（即 LDL^T 分解）来解决。

弧长 Δl 的确定与荷载增量预测因子 $\Delta\lambda_1^j$ 的确定是分不开的。弧长 Δl 的选择对迭代过程影响很大。在结构分析中，弧长通常随结构受力性能的变化而变化，当结构非线性程度较高时，可适当减小增量弧长，以保证收敛性；当结构非线性程度较低时，可适当增大增量弧长，以加快求解过程。这些可以通过程序来自动实现，具体过程可以用下式来实现：

$$\Delta l^j = \Delta l^{j-1}\left(\frac{n_0}{n^{j-1}}\right)^{1/2} \tag{5-29}$$

式中：j——增量步；

n_0——期望迭代次数，一般可取 3～5。

5.5.2 数值程序计算结果与试验结果的对比

对试验试件（TC3、TC4、TC5、TC6）应用改进的纤维模型法程序进行数值分析，得到水平荷载-位移滞回曲线，并与各试件的试验曲线进行对比。通过对比可发现，数值方法计算的水平荷载-位移滞回曲线与试验曲线吻合良好（图 5-11），误差在允许的范围之内。因此对于加劲钢管混凝土异形柱构件，该数值程序能够进行较为准确的性能分析。

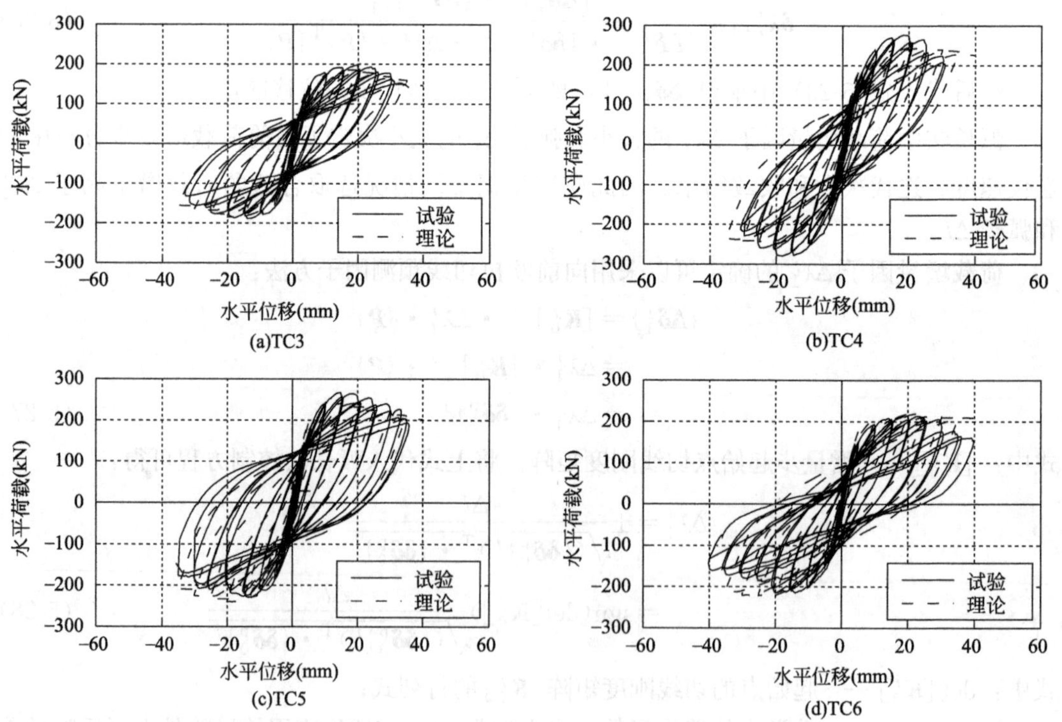

图 5-11 数值方法计算的水平荷载-位移滞回曲线与试验结果的对比

对于框架结构中的钢管混凝土异形柱构件来说，水平荷载-位移曲线相对于水平位移轴是对称的。而对于构件端部截面，截面的不对称使得正负向加载的承载力不相等，因此其截面弯矩-曲率曲线是不对称的，如图 5-12 所示。水平轴正向加载对应于截面翼缘柱肢受压腹板柱肢受拉，水平轴负向加载则相反。图中柱顶滞回曲线相对于水平位移轴对称后，即与柱底滞回曲线近似重合，说明两个截面的受力情况（拉压区）正好相反。

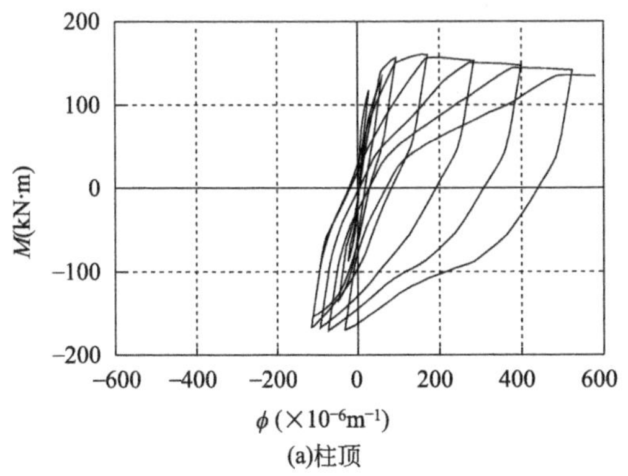

(a)柱顶

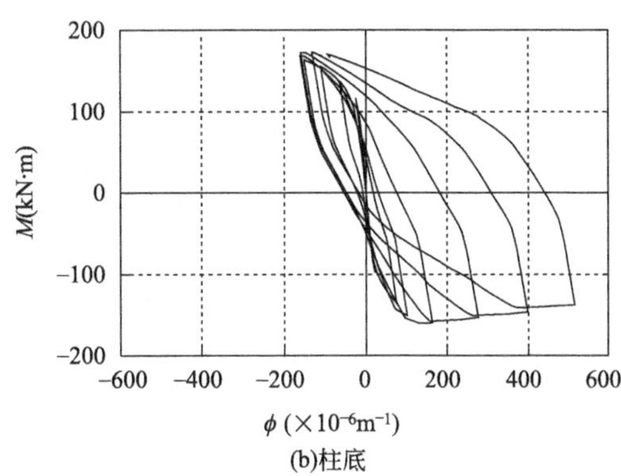

(b)柱底

图 5-12　柱端截面弯矩 M-曲率 ϕ 滞回曲线

图 5-13 为钢管混凝土异形柱抗弯刚度和曲率沿柱长的分布图。图中 O 点为荷载-位移骨架曲线上的原点；A 点为屈服点；B 点为进入弹塑阶段后的某一点；C 点为荷载峰值点。加载前期（O 点和 A 点），抗弯刚度在柱全长范围内略有降低，曲率沿柱长呈直线分布；进入弹塑性段后（B 点和 C 点），构件抗弯刚度进一步降低，且柱端附近单元刚度降低更为明显，单元曲率明显增大，曲率沿柱长分布形状由直线变为曲线。

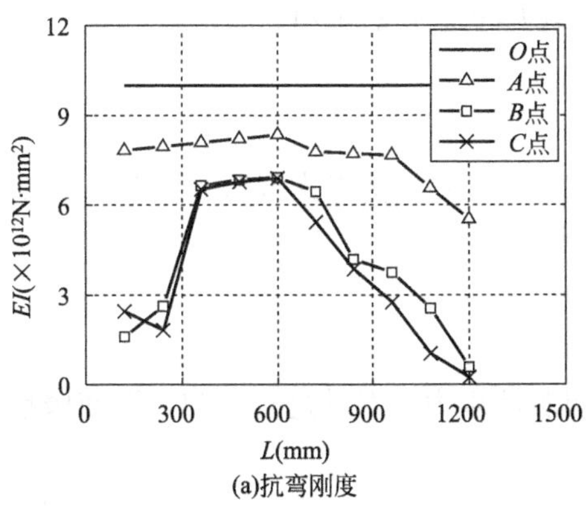

(a)抗弯刚度

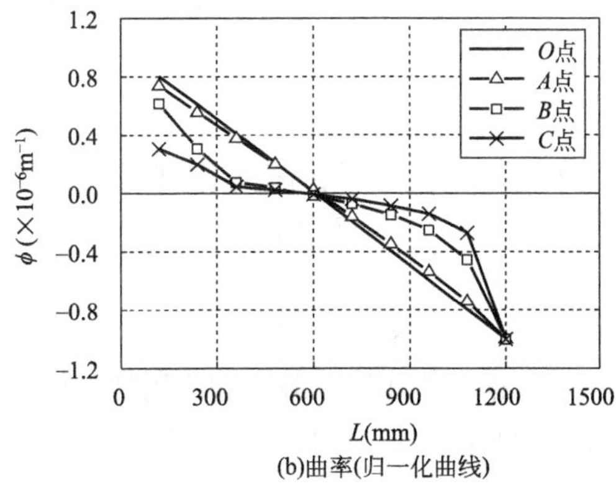

(b)曲率(归一化曲线)

图 5-13　抗弯刚度和曲率沿柱长的分布图

5.6　恢复力模型

采用恢复力模型计算荷载-位移滞回曲线，是一种比纤维模型法数值程序更为快捷的计算方法。本文在文献［162］的基础上建立适用于加劲钢管混凝土异形柱构件的恢复力模型，并用试验结果进行验证。图 5-14 为加劲钢管混凝土异形柱构件水平荷载-位移滞回曲线的恢复力模型，模型包括骨架曲线和加卸载曲线。

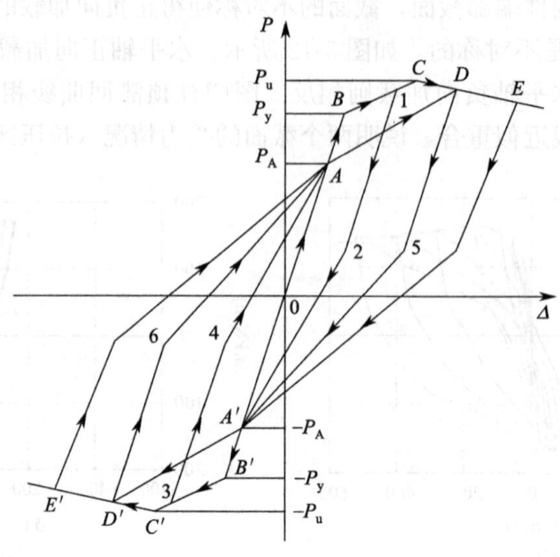

图 5-14　恢复力模型

5.6.1 骨架曲线

恢复力模型的骨架曲线采用三线型模型，分为弹性段、弹塑性段和下降段。确定三线型模型的主要参数有五个：弹性段刚度 K_e、屈服承载力 P_y、峰值承载力 P_u、峰值位移 Δ_u 和下降段刚度 K_d，下面分别进行介绍。

（1）弹性段刚度 K_e

弹性段刚度 K_e 采用顶部作用水平位移的两端固接杆的形常数求得：

$$K_e=\frac{12(EI)_e}{L^3} \tag{5-30}$$

式中：$(EI)_e$——截面抗弯刚度，$(EI)_e=E_sI_s+0.6E_cI_c$，0.6 为考虑混凝土开裂的影响系数；

L——构件长度。

（2）屈服承载力 P_y

根据试验屈服承载力和应用纤维模型法计算的屈服承载力，对其进行回归，取屈服承载力为峰值承载力的 70%，即

$$P_y=0.7P_u \tag{5-31}$$

得到屈服承载力后，即可计算其对应的屈服位移 $\Delta_y=P_y/K_e$。

（3）峰值承载力 P_u

根据两端固接杆的外力平衡条件，有 $P_u=(M_{up}+M_{un})/L$，其中 M_{up} 为正弯矩作用下（腹板柱肢受压、翼缘柱肢受拉）截面的峰值受弯承载力，M_{un} 为负弯矩作用下（腹板柱肢受拉、翼缘柱肢受压）截面的峰值受弯承载力，L 为柱长。通过与试验曲线的对比回归，考虑轴压比 n_0 对峰值承载力的影响，对上式进行修正即得

$$P_u=(0.1\ln n_0+1)(M_{up}+M_{un})/L \tag{5-32}$$

对于峰值受弯承载力 M_{up} 和 M_{un}，根据平截面假定和截面平衡条件计算。《混凝土结

构设计规范》GB 50010—2002 和美国混凝土规范 ACI 318R-02 分别规定混凝土的边缘纤维极限压应变为 0.0033 和 0.003，可得到对应的混凝土截面受弯承载力。对于钢管混凝土构件，由于混凝土受到钢管的有效约束，混凝土的峰值压应变和极限压应变有所增大，峰值压应变大于素混凝土的极限压应变 0.003。本文在计算峰值受弯承载力时采用 ACI 的计算方法，假定混凝土截面的压区边缘纤维应变为约束混凝土峰值应变 ε_{co} 的 1.5 倍。

（4）峰值位移 Δ_u

对试验和数值计算的结果进行回归，峰值位移 Δ_u 可近似取构件屈服位移 Δ_y 的 3 倍。

（5）下降段刚度 K_d

轴压比 n_0 和钢管混凝土的套箍系数 ξ 均对骨架曲线下降段产生影响，为了反映骨架曲线上承载力在峰值点后下降的特点，通过对试验结果的回归，给出下降段刚度 K_d 的表达式：

$$K_d=4.7\times10^{-3}e^{3.2n_0}(\xi-2.5)K_e \tag{5-33}$$

5.6.2 加卸载规则

（1）弹性阶段

恢复力未超过正向或负向屈服承载力 P_y 时，按线弹性阶段规则进行加卸载。

（2）弹塑性阶段

当恢复力超过正向或负向的屈服承载力 P_y，且未达到正负向的峰值承载力 P_u 时，即在弹塑性阶段进行卸载时，卸载段轨迹为从 1 点到 2 点，卸载刚度 K_{un} 为：

$$K_{un}=\left(\frac{\Delta_{un}}{\Delta_y}\right)^{-0.5}K_e \tag{5-34}$$

式中：Δ_{un}——卸载点的位移，随 Δ_{un} 的增大，卸载刚度 K_{un} 逐渐减小。

卸载段终点 2 对应的承载力值 P_2 为：

$$P_2=0.1P_{un} \tag{5-35}$$

式中：P_{un}——卸载初始点 1 对应的承载力值。

当承载力降低到点 2 后，模型将进入软化段，软化段终点为负向弹性阶段上的点 A'，对应的承载力值 P_A 为：

$$P_A=-(0.57n_0+0.38)P_y \tag{5-36}$$

从 A' 点开始，模型沿骨架曲线进行卸载，负向的弹塑性阶段卸载与正向相同。

（3）骨架曲线下降段阶段的卸载规则

与弹塑性阶段卸载规则一样，卸载刚度 K_{un}、卸载段终点 2 对应的承载力值 P_2、软化段终点 A' 对应的承载力值 P_A 均采用弹塑性阶段卸载的相关公式计算。卸载到 A' 点后，卸载曲线出现两种可能性，若此前恢复力已经到达过负向峰值点，则恢复力直接从 A' 指向此前达到的卸载最远点 D'，然后沿负向下降段移动；若此前恢复力未曾达到负向峰值点，则从 A' 点沿骨架曲线进行卸载。

负向的弹塑性阶段卸载规则与正向相同。

5.6.3 恢复力模型曲线与试验曲线的对比

图 5-15 为应用恢复力模型计算的水平荷载-位移滞回曲线与试验结果的对比，可以看

出，两者在初始刚度、承载力、延性和耗能等方面吻合良好，恢复力模型可以用来预测并分析构件的力学性能。

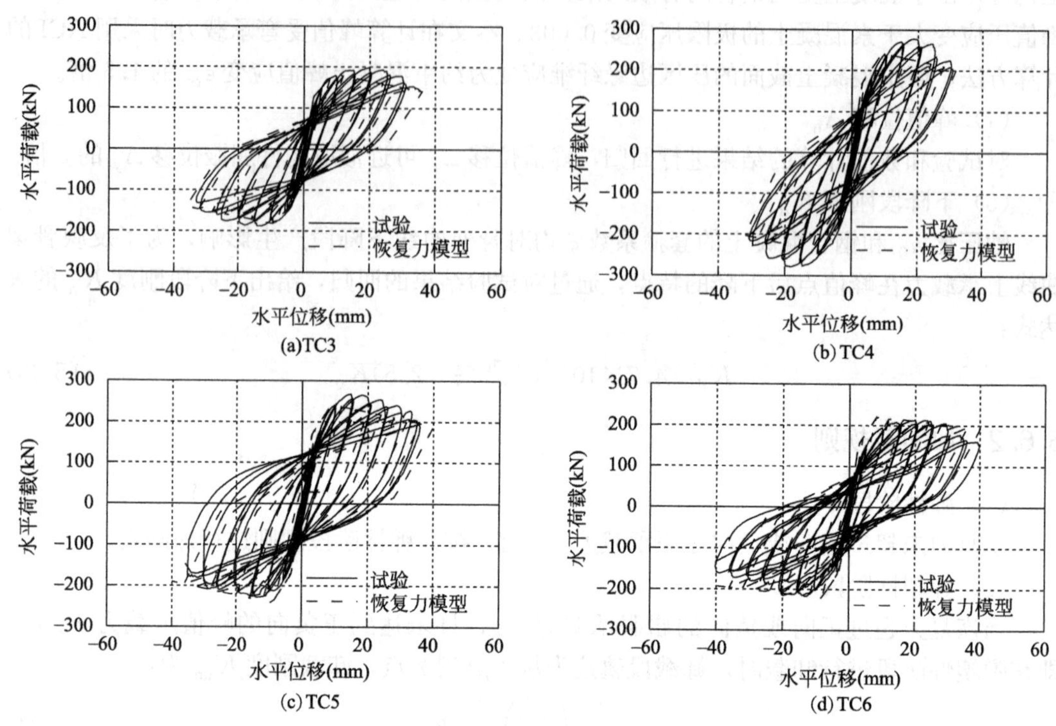

图 5-15 恢复力模型计算的荷载-位移滞回曲线和试验结果的对比

5.7 小结

（1）加劲钢管混凝土异形柱在压-弯滞回加载下为端部压弯破坏模式。加载到临近峰值承载力柱端部钢管出现局部屈曲，内部混凝土局部压溃。对拉钢筋加劲肋能有效延缓钢管的局部屈曲和阴角处的变形，使异形钢管在构件破坏时仍保持良好的整体性。加劲钢管混凝土异形柱的滞回曲线比较饱满，略有捏缩现象；同时承载力和延性相对于钢筋混凝土异形柱和未加劲钢管混凝土异形柱有明显的提高。

（2）建立了钢管混凝土异形柱的改进纤维模型法程序，将柱沿高度划分单元，计算各整体柱构件的变形，以替代正弦半波变形假设。采用弧长法求解结构位移和内力。采用纤维模型法计算的荷载-位移滞回曲线与试验结果在刚度、承载力、延性和耗能方面有良好的吻合程度。

（3）建立了加劲钢管混凝土异形柱构件的恢复力模型，模型包括了骨架曲线和加卸载曲线。应用恢复力模型计算的水平荷载-位移滞回曲线与试验结果在刚度、承载力、延性和耗能等方面吻合良好，恢复力模型可以用来预测并分析构件的滞回性能。

第6章 钢管混凝土异形柱剪切性能研究

6.1 引言

本章基于现有钢管混凝土异形柱剪切试验，应用 ABAQUS 软件建立剪切有限元模型，分析截面形状、剪跨比 λ、轴压比 n 和材料强度等参数对受剪承载力的影响。从应力和应变角度分析构件的受剪力学机理，解释宏观承载力、延性等指标与微观应力之间的联系。最后提出钢管混凝土异形柱受剪承载力力学模型和设计方法。

6.2 钢管混凝土异形柱相关剪切试验

本章基于文献［77］中的钢管混凝土异形柱剪切试验，应用通用有限元软件 ABAQUS 分析截面形状（T 形和 L 形）、剪跨比 λ（0.1～2.0）、轴压比 n（0.0～0.6）和材料强度等参数对受剪承载力的影响。文献［77］中试件截面尺寸和本章有限元补充模型的截面尺寸如图 6-1 所示，试件参数和本章有限元补充模型参数见表 6-1。基于试验结果建立合理可靠的有限元模型，并在此基础上，进行广泛的参数分析（如表 6-1 所示，共 130 个有限元模型），根据试验结果和参数分析结果提出钢管混凝土异形柱受剪承载力计算方法。

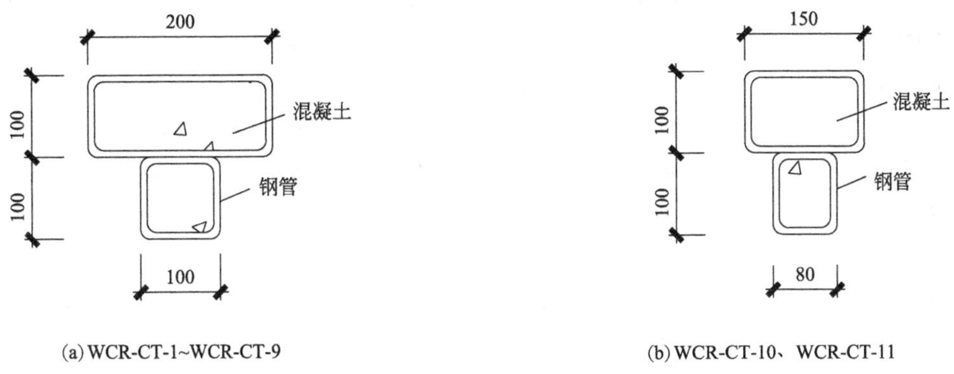

图 6-1 钢管混凝土异形柱截面（单位：mm）

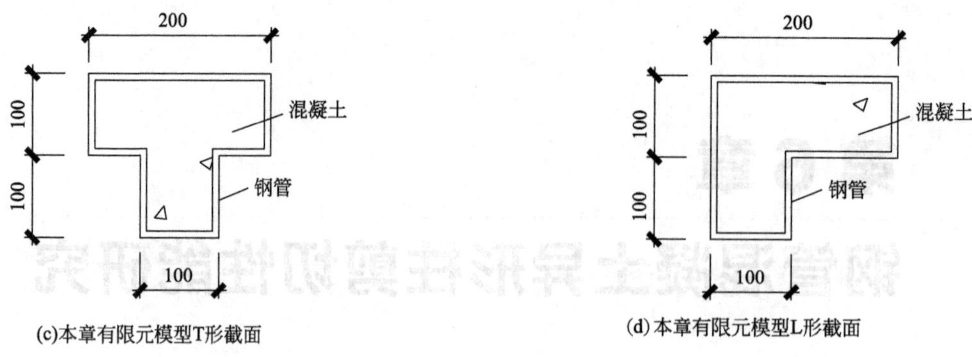

(c)本章有限元模型T形截面　　(d)本章有限元模型L形截面

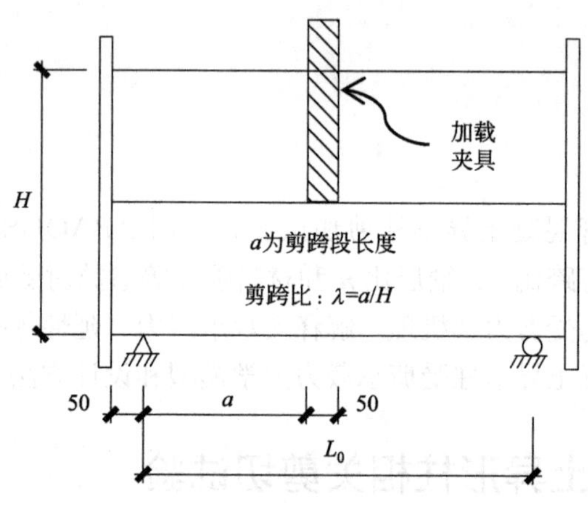

(e)文献[77]中试件长度

图 6-1　钢管混凝土异形柱截面（单位：mm）（续）

钢管混凝土异形柱剪切性能试件参数和有限元模型参数　　表 6-1

试件编号	截面尺寸图示	混凝土强度 f_{cu}(MPa)	钢管强度 f_y(MPa)	钢管厚度 t (mm)	剪跨比 λ	轴压比 n	试件跨度 L_0(mm)
WCR-CT-1	图 6-1(a)	49.9	310	3.0	0.5	0.2	250
WCR-CT-2		49.9	298	4.0	0.5	0.2	250
WCR-CT-3		49.9	303	5.0	0.5	0.2	250
WCR-CT-4		49.9	298	4.0	0.5	0.0	250
WCR-CT-5		49.9	298	4.0	0.5	0.4	250
WCR-CT-6		49.9	298	4.0	0.25	0.2	150
WCR-CT-7		49.9	298	4.0	0.75	0.4	350
WCR-CT-8		49.9	298	4.0	1.25	0.0	550
WCR-CT-9		49.9	298	4.0	0.25	0.0	150
WCR-CT-10	图 6-1(b)	49.9	298	4.0	0.2	0.2	130
WCR-CT-11		49.9	298	4.0	0.2	0.4	130

续表

试件编号	截面尺寸图示	混凝土强度 f_{cu}(MPa)	钢管强度 f_y(MPa)	钢管厚度 t (mm)	剪跨比 λ	轴压比 n	试件跨度 L_0(mm)
本章有限元模型	图 6-1(c)	49.9	298	3.0	0.1	0.0~0.6	90
		49.9	298	3.0	0.3	0.0~0.6	170
		49.9	298	3.0	0.5	0.0~0.6	250
		49.9	298	3.0	0.7	0.0~0.6	330
		49.9	298	3.0	0.9	0.0~0.6	410
		49.9	298	3.0	1.1	0.0~0.6	490
		49.9	298	3.0	1.3	0.0~0.6	570
		49.9	298	3.0	1.5	0.0~0.6	650
		49.9	298	3.0	1.8	0.0~0.6	770
		49.9	298	3.0	2.0	0.0~0.6	850
	图 6-1(d)	49.9	298	3.0	0.1	0.0~0.6	170
		49.9	298	3.0	0.3	0.0~0.6	170
		49.9	298	3.0	0.5	0.0~0.6	250
		49.9	298	3.0	0.7	0.0~0.6	330
		49.9	298	3.0	0.9	0.0~0.6	410
		49.9	298	3.0	1.1	0.0~0.6	490
		49.9	298	3.0	1.3	0.0~0.6	570

注：试件 WCR-CT-1~WCR-CT-11 来源于文献［77］；轴压比 $n=N/(A_s f_y+A_c f_{ck})$。

6.3 有限元分析

应用通用有限元软件 ABAQUS 建立钢管混凝土异形柱剪切性能有限元模型，进一步从应力和应变角度分析构件的受剪力学机理，解释宏观承载力、延性等指标与微观应力之间的联系。

6.3.1 材料本构关系

钢材本构关系参考本书 2.4.1 节的相关内容；混凝土本构关系采用塑性损伤模型，塑性参数取值参考本书 2.4.1 节。混凝土单轴受压和受拉应力-应变关系根据《混凝土结构设计规范》GB 50010—2010[142] 附录 C 确定。钢材和混凝土的材性数据根据文献［77］确定。

6.3.2 单元类型和网格划分

钢管和端板均采用 4 节点四边形减缩积分壳单元（S4R）；混凝土和加载夹具均采用 8 节点六面体减缩积分单元（C3D8R）。对不同尺寸的网格模型进行对比，当矩形网格大小取 25~30mm 时，计算精度和计算效率均比较合理。钢管和混凝土的网格划分一致（图 6-2）。

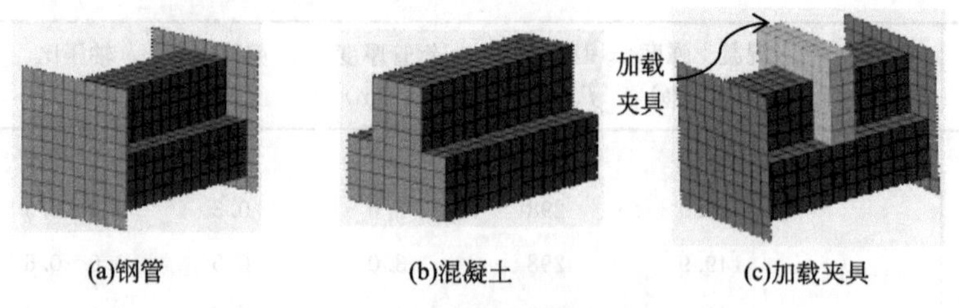

图 6-2 有限元模型网格划分

6.3.3 钢管与混凝土的相互作用、边界条件和加载方式

钢管和混凝土沿接触面法向为硬接触，切向为库仑摩擦及小滑移，摩擦系数取为 0.25。柱端板和钢管融合（merge）成整体，柱端板和参考点 RP 耦合（coupling）。加载夹具与钢管绑定（tie）在一起，加载夹具和参考点 RP 耦合。边界条件为一端固定铰支，一端滑动铰支。采用位移控制方式加载（如图 6-3 所示）。

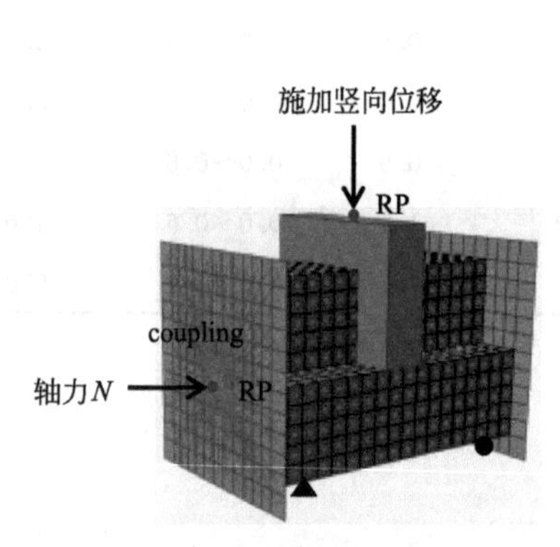

图 6-3 有限元模型边界条件及加载方式

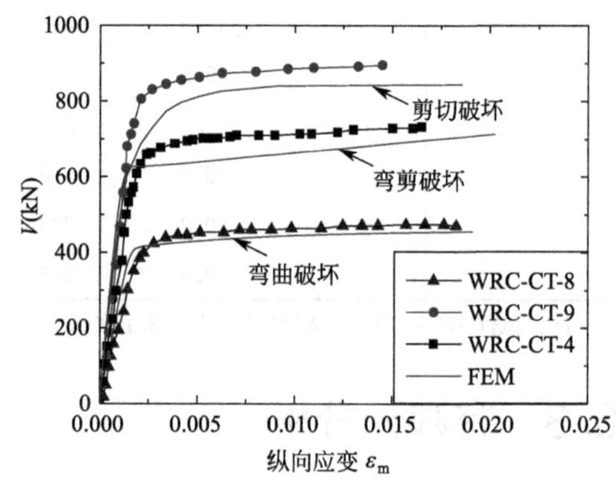

图 6-4 钢管混凝土异形柱剪力-纵向应变曲线对比（文献［77］中试件 WCR-CT-4/8/9）

6.3.4 有限元模型验证

图 6-4 为有限元模型（FEM）计算的剪力-纵向应变曲线与试验结果对比，图 6-5 为破坏模式对比。可以看出，有限元计算的抗剪刚度、受剪承载力及剪切变形能力与试验结果基本一致，且破坏模式也吻合较好，从而验证了有限元模型的合理性。

6.3.5 参数分析

图 6-6 为 T 形钢管混凝土柱有限元模型计算的跨中荷载 P-位移 u_m 曲线，图 6-7 为剪力随剪跨比和轴压比的变化曲线。从图 6-6 可以看出，剪跨比 λ 从 0.1 增加到 0.5 时，跨中荷载显著降低；剪跨比 λ 从 0.5 增加到 0.9 时，跨中荷载降低幅度变缓；剪跨比 λ 从 1.1 增加到 2.0 时，跨中荷载 P-位移 u_m 曲线下降段趋于平缓，表明试件的延性增强，这是由于试件在此剪跨比范围内为弯曲破坏[42]。从图 6-7 可看出，当剪跨比 λ 在 0.7 以内

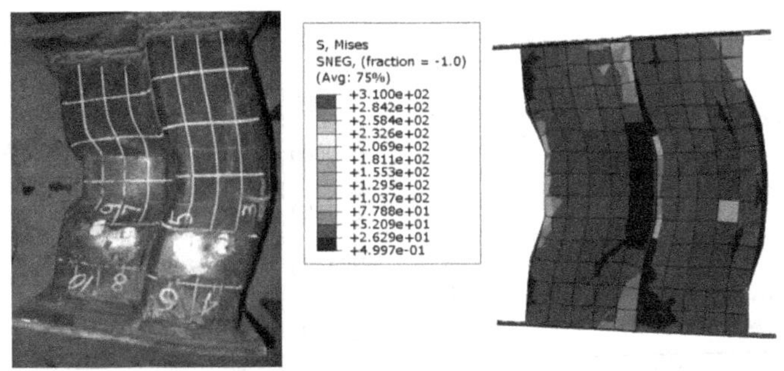

图 6-5　剪切破坏模式对比（文献［77］中试件 WCR-CT-9）

时，受剪承载力随柱轴压比的增加而增加；当剪跨比 $\lambda>0.7$，受剪承载力随柱轴压比的增加而先增加后降低。

图 6-8 为有限元计算的钢管混凝土异形柱在不同剪跨比下的破坏模式。当剪跨比 $\lambda\leqslant 0.5$ 时，构件主要表现为剪切破坏；当 $0.5<\lambda\leqslant 0.9$ 时，构件主要表现为弯剪破坏；当 $\lambda>0.9$ 时，构件主要表现为弯曲破坏。

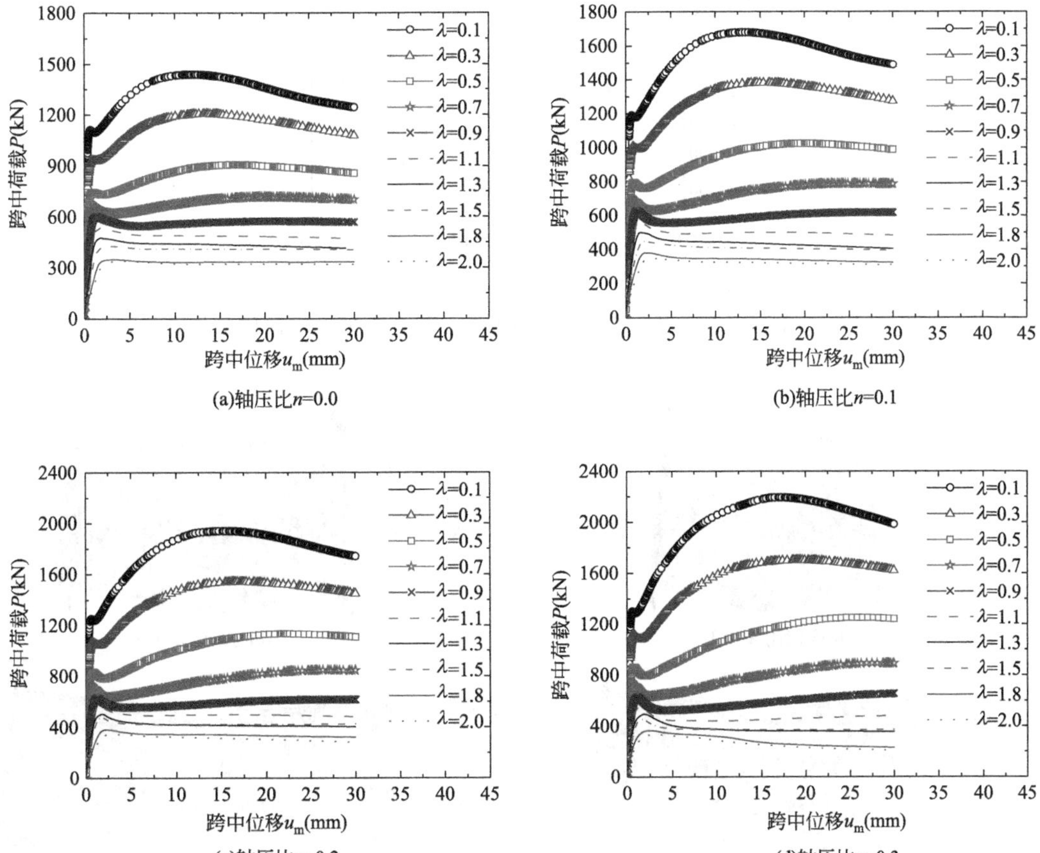

(a)轴压比n=0.0

(b)轴压比n=0.1

(c)轴压比n=0.2

(d)轴压比n=0.3

图 6-6　T 形钢管混凝土柱跨中荷载 P-位移 u_m 曲线

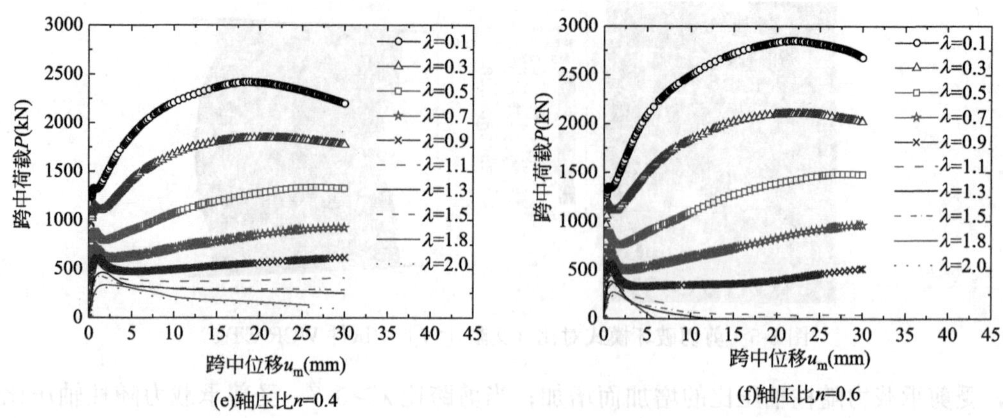

(e)轴压比n=0.4　　(f)轴压比n=0.6

图 6-6　T形钢管混凝土柱跨中荷载 P-位移 u_m 曲线（续）

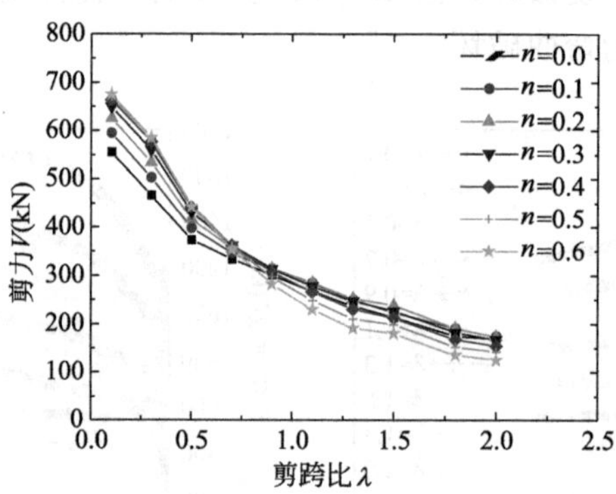

图 6-7　T形钢管混凝土柱在不同轴压比 n 下的剪力 V -剪跨比 λ 曲线

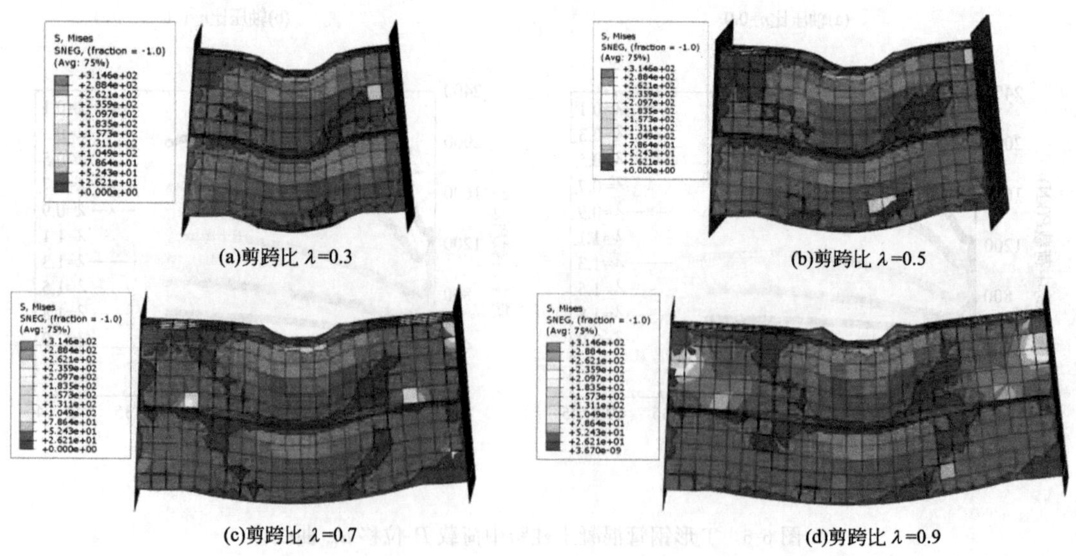

(a)剪跨比 λ=0.3　　(b)剪跨比 λ=0.5

(c)剪跨比 λ=0.7　　(d)剪跨比 λ=0.9

图 6-8　钢管混凝土异形柱在不同剪跨比下的破坏模式

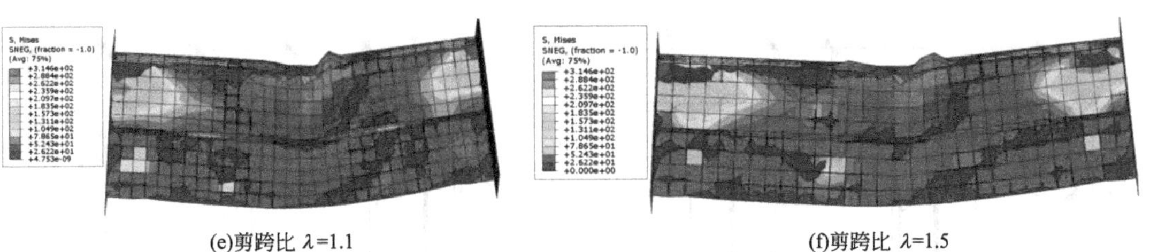

(e)剪跨比 $\lambda=1.1$　　(f)剪跨比 $\lambda=1.5$

图 6-8　钢管混凝土异形柱在不同剪跨比下的破坏模式（续）

6.4　受剪承载力计算方法

6.4.1　受剪承载力力学模型

由文献［76］可知，钢管的约束作用使得核心混凝土的裂缝宽度得到限制，骨料咬合得到增强，强度和变形能力得到改善；核心混凝土对钢管的支承作用使钢管避免过早局部屈曲；同时轴力的存在有利于短柱抗剪。受剪承载力 V_u 由以下几部分组成[76]：钢管的受剪承载力 V_s、未开裂混凝土的受剪承载力 V_{c1}、裂缝处混凝土骨料咬合作用产生的受剪承载力 V_v 的竖向分量 V_{c2}、轴压力 N 作用下受剪承载力的增加部分 V_n。V_u 的计算见式(6-1)，其中 $V_c=V_{c1}+V_{c2}$。

$$V_u=V_s+V_c+V_n \tag{6-1}$$

基于有限元计算结果，对于钢管部分，与剪力方向平行的钢板平均剪应力 $\tau=0.576f_y$，与剪力方向垂直的钢板平均剪应力 $\tau=0.085f_y$(图 6-9(a))；对于混凝土部分，与剪力方向平行的矩形区域混凝土发挥主要抗剪作用（图 6-9(b))。因此，钢管混凝土异形柱的抗剪作用主要由与剪力方向平行的腹板柱肢提供。为便于计算，忽略与剪力方向正交的翼缘柱肢作用，将钢管混凝土异形柱的受剪承载力计算简化为与剪力方向平行的腹板柱肢受剪承载力计算，计算简图进一步简化为工字钢和矩形混凝土的抗剪模型(图 6-10)。

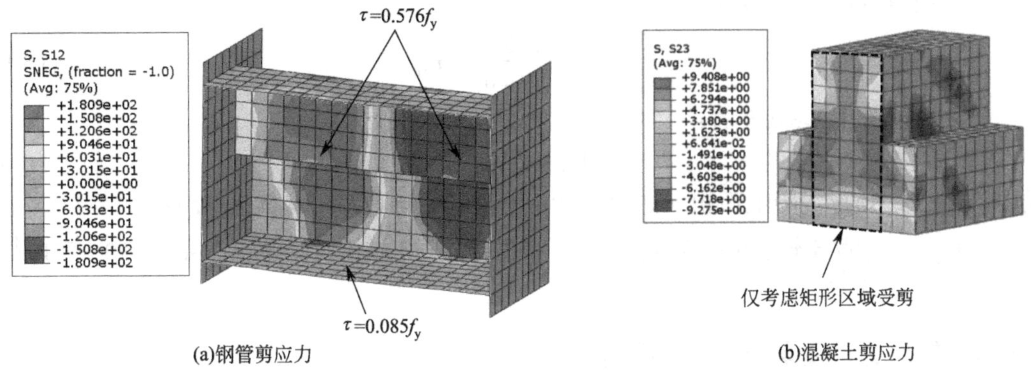

(a)钢管剪应力　　(b)混凝土剪应力

图 6-9　钢管混凝土异形柱剪应力分布

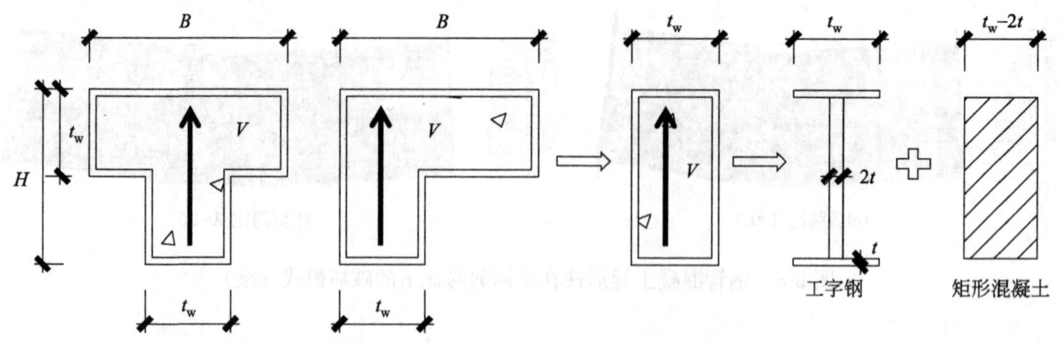

图 6-10　钢管混凝土异形柱抗剪简化模型

6.4.2　钢管受剪承载力

（1）当剪跨比 $\lambda=0$ 时，钢管处于纯剪状态，钢管的受剪承载力 V_s 可按式(6-2）计算，其中 A_s 为工字钢面积（即矩形钢管面积），f_y 为钢材屈服强度。

$$V_s=0.6A_sf_y \tag{6-2}$$

（2）当剪跨比 $\lambda\geqslant0.5$ 时，钢管主要发生受弯破坏[76]，按工字钢弹性破坏推导出 V_s，见式(6-3)，其中 $\alpha=t_w/H$。

$$V_s=\frac{1+3\alpha}{6(1+\alpha)\lambda}A_sf_y \tag{6-3}$$

（3）当剪跨比 $0<\lambda<0.5$ 时，钢管为弯剪破坏，V_s 按式(6-2）和式(6-3）线性插值，V_s 的计算见式(6-4)。

$$V_s=\left[0.6-1.2\lambda+\frac{2(1+3\alpha)\lambda}{3(1+\alpha)}\right]A_sf_y \tag{6-4}$$

6.4.3　混凝土受剪承载力

对于混凝土受剪承载力已有大量研究成果，本文主要参考文献［163］确定混凝土受剪承载力 V_c。

（1）当剪跨比 $\lambda<0.5$ 时：

$$V_c=\frac{1.6}{\lambda+0.3}A_cf_{tk} \tag{6-5}$$

（2）当剪跨比 $\lambda\geqslant0.5$ 时：

$$V_c=2A_cf_{tk} \tag{6-6}$$

式中：A_c——矩形混凝土面积（如图 6-10 所示），$A_c=(H-2t)(t_w-2t)$；

f_{tk}——混凝土轴心抗拉强度标准值，根据《混凝土结构设计规范》GB 50010—2010[142] 确定。

6.4.4　轴压力对受剪承载力的影响

文献［163］试验研究表明，其他条件相同的情况下，有轴压力试件的受剪承载力比无轴压力试件要大，增加值即为轴压力对受剪承载力的贡献 V_n，而 V_n 主要取决于试件的轴压比和剪跨比。有限元计算发现，当剪跨比 $\lambda \leqslant 0.7$ 时，轴力的拱作用效应明显。根据桁架-拱模型理论[163]（如图 6-11 所示），其竖向分力为拱作用的受剪贡献 V_n：

$$V_n = \alpha N \tan\theta = \alpha N \frac{H}{a} = \frac{\alpha}{\lambda} N = \beta N \tag{6-7}$$

式中：α——拱作用的轴压力影响系数；

β——系数，$\beta = \alpha / \lambda$。

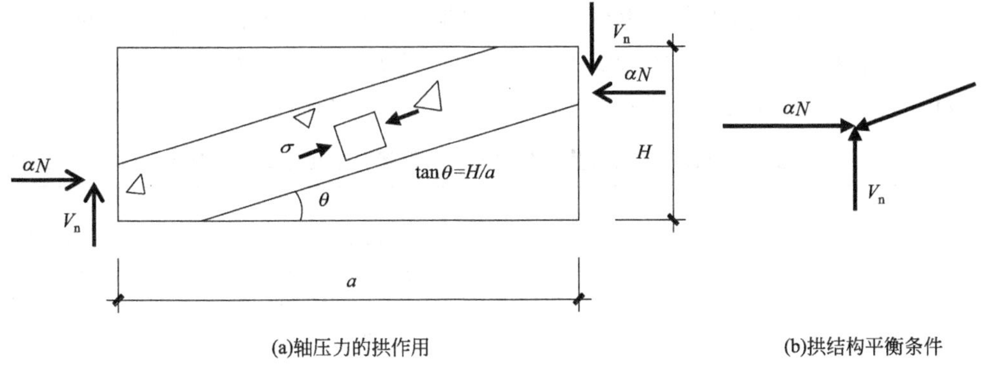

图 6-11　拱模型简图

表 6-2 为有限元计算的各剪跨比下系数 β 的平均值。β 值与剪跨比 λ 的关系如图 6-12 所示，可以看出，当剪跨比 λ 大于 0.6 时，β 值趋于稳定。为简化计算，当剪跨比 $\lambda \geqslant 0.6$ 时，认为轴压力 N 对受剪承载力的贡献 V_n 为定值。综上，轴力 N 对钢管混凝土异形柱受剪承载力的贡献 V_n 可按式(6-8) 计算。

系数 β 取值　　**表 6-2**

λ	0.1	0.3	0.5	0.7	0.9	1.1	1.3
β(T 形)	0.46	0.40	0.26	0.13	0.12	0.11	0.09
β(L 形)	0.40	0.21	0.12	0.11	0.09	0.08	0.07

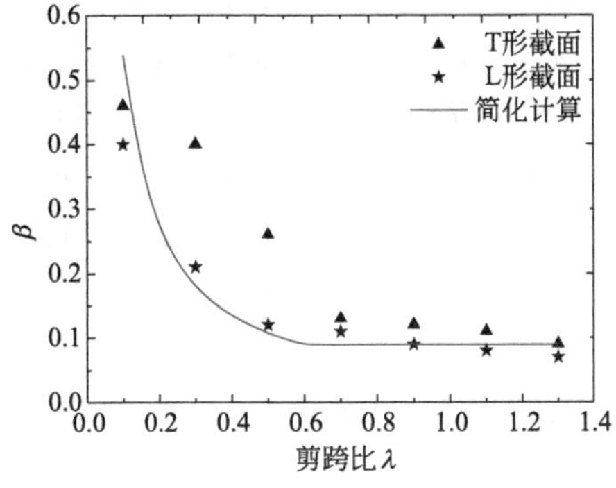

图 6-12　系数 β 与剪跨比 λ 的关系

$$\begin{cases} V_n=0.054\dfrac{N}{\lambda}, \lambda<0.6 \\ V_n=0.09N, \lambda\geqslant 0.6 \end{cases} \tag{6-8}$$

其中，当轴压比 $n>0.3$ 时，取轴压力 $N=0.3(A_s f_y+A_c f_{ck})$来计算。

6.5 受剪承载力计算结果对比

将简化设计公式计算的受剪承载力 V_u 与试验和有限元计算结果 V_e 进行对比，见表6-3。从对比结果可得出，V_u/V_e 的均值为 0.889，均方差为 0.162。总体上，简化设计公式计算值与试验值和有限元计算值吻合较好，且有一定安全储备。

简化设计公式计算的受剪承载力与试验值和有限元计算值的对比　　表 6-3

数据来源	试件编号	B (mm)	H (mm)	t_w (mm)	t (mm)	f_y (MPa)	f_{tk} (MPa)	λ	N (kN)	V_e (kN)	V_u (kN)	V_u/V_e
文献[77]	WCR-CT-1	200	200	100	3	310	2.6	0.5	356	635	432	0.68
	WCR-CT-2	200	200	100	4	298	2.6	0.5	391	730	515	0.71
	WCR-CT-3	200	200	100	5	303	2.6	0.5	434	832	618	0.74
	WCR-CT-4	200	200	100	4	298	2.6	0.5	0	721	480	0.67
	WCR-CT-5	200	200	100	4	298	2.6	0.5	781	768	550	0.72
	WCR-CT-6	200	200	100	4	298	2.6	0.25	391	1025	608	0.59
	WCR-CT-7	200	200	100	4	298	2.6	0.75	781	675	421	0.62
	WCR-CT-8	200	200	100	4	298	2.6	1.25	0	450	248	0.55
	WCR-CT-9	200	200	100	4	298	2.6	0.25	0	825	538	0.65
	WCR-CT-10	150	200	90	4	298	2.6	0.2	320	768	592	0.77
	WCR-CT-11	150	200	90	4	298	2.6	0.2	640	880	664	0.75
本文有限元计算	—	200	200	100	3	310	2.6	0.1	0	555	516	0.93
		200	200	100	3	310	2.6	0.3	0	466	442	0.95
		200	200	100	3	310	2.6	0.5	0	373	400	1.07
		200	200	100	3	310	2.6	0.7	0	333	313	0.94
		200	200	100	3	310	2.6	0.9	0	301	265	0.88
		200	200	100	3	310	2.6	1.1	0	268	234	0.87
		200	200	100	3	310	2.6	0.1	163	595	589	0.99
		200	200	100	3	310	2.6	0.3	163	503	466	0.93
		200	200	100	3	310	2.6	0.5	163	398	415	1.04
		200	200	100	3	310	2.6	0.7	163	346	328	0.95
		200	200	100	3	310	2.6	0.9	163	314	280	0.89
		200	200	100	3	310	2.6	1.1	163	284	249	0.88
		200	200	100	3	310	2.6	0.3	326	466	491	1.05
		200	200	100	3	310	2.6	0.5	326	373	429	1.15

续表

数据来源	试件编号	B (mm)	H (mm)	t_w (mm)	t (mm)	f_y (MPa)	f_{tk} (MPa)	λ	N (kN)	V_e (kN)	V_u (kN)	V_u/V_e
本文有限元计算	—	200	200	100	3	310	2.6	0.7	326	333	343	1.03
		200	200	100	3	310	2.6	0.9	326	301	294	0.98
		200	200	100	3	310	2.6	1.1	326	268	264	0.98
		200	200	100	3	310	2.6	1.3	326	237	242	1.02
		200	200	100	3	310	2.6	0.3	488	503	515	1.02
		200	200	100	3	310	2.6	0.5	488	398	444	1.12
		200	200	100	3	310	2.6	0.7	488	346	357	1.03
		200	200	100	3	310	2.6	0.9	488	314	309	0.98
		200	200	100	3	310	2.6	1.1	488	284	278	0.98
		200	200	100	3	310	2.6	1.3	488	250	257	1.03
均值												0.889
均方差												0.162

6.6　小结

（1）基于钢管混凝土异形柱剪切试验，建立了有限元模型，模拟的应力分布、破坏模式、剪切刚度、受剪承载力、剪切变形能力与试验有良好的一致性。参数分析结果显示，当$\lambda \leqslant 0.5$时，构件主要表现为剪切破坏；当$0.5<\lambda \leqslant 0.9$时，构件主要表现为弯剪破坏；当$\lambda>0.9$时，构件主要表现为弯曲破坏。

（2）在参数分析的基础上，从应力和应变角度分析构件的受剪力学机理，解释了宏观承载力、延性等指标与微观应力之间的联系。提出了钢管混凝土异形柱受剪承载力力学模型，该模型考虑了钢管的受剪承载力、未开裂混凝土的受剪承载力、裂缝处混凝土骨料咬合作用产生的受剪承载力、轴压力作用下受剪承载力的增加部分。力学模型计算的受剪承载力与试验值、有限元计算值吻合良好，且有一定安全储备。

第7章 钢管混凝土异形柱框架节点抗震性能研究

7.1 引言

为研究钢管混凝土异形柱框架节点的抗震性能，开展钢管混凝土异形柱-H型钢梁框架节点和钢管混凝土异形柱-U形钢混凝土组合梁框架节点的拟静力试验，节点构造采用U形板、竖向肋板等形式。基于试验现象对节点试件的破坏模式进行总结，分析评价节点试件的刚度、承载力、延性、耗能等力学指标。建立节点有限元模型，在参数分析基础上提出节点刚度和承载力力学模型，对力学模型进行简化，提出节点刚度和承载力计算方法，并提出设计建议。

7.2 试验设计

7.2.1 试件基本参数

7.2.1.1 十字形钢管混凝土柱-H型钢梁框架中节点试件参数

框架结构在水平地震作用下的变形如图7-1（a）所示，为研究梁柱节点的抗震性能，选取与节点域相邻的梁、柱反弯点之间的组合体作为研究对象（图7-1（b）、（c））。图中，N 表示柱轴压力，P 表示由地震作用产生的水平荷载，H 为相邻上、下层柱反弯点间的高度差，L 为相邻梁反弯点间的水平距离。

中节点试件包括三个"强节点"试件与六个"弱节点"试件，其中"强节点"试件的设计基于实际工程设计要求，使其满足梁端塑性铰破坏模式；"弱节点"试件是指削弱节点核心区钢管厚度或加厚钢梁翼缘与腹板以实现节点核心区剪切破坏模式。中节点试件的主要参数详见表7-1。梁柱节点连接形式包括竖向肋板和外环板两种形式。节点试件采用1∶2缩尺比参照实际结构尺寸设计，柱高为1650mm，考虑柱顶、柱底机械铰尺寸，上、下铰心间距离为2150mm。梁端二力杆铰心至柱钢管表面距离为1200mm，详见图7-2。节点试件柱钢管加劲形式包括多腔式和对拉钢筋式(图7-3)。多腔式钢管混凝土异形柱的柱肢采用矩形钢管，并在阴角处焊接成型；对拉钢筋式钢管混凝土异形柱是将钢板弯折并

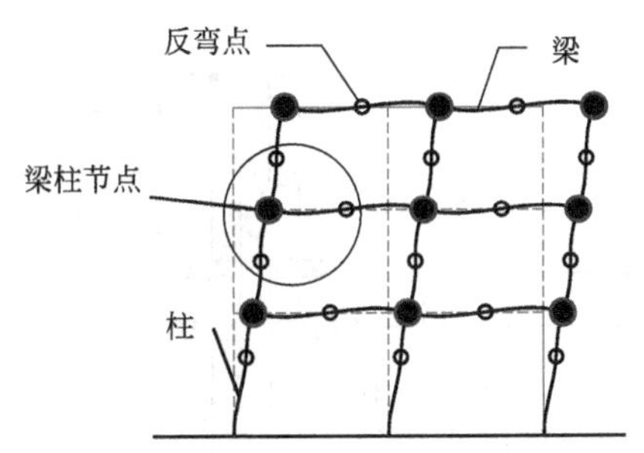

(a)水平地震作用下结构受力简图

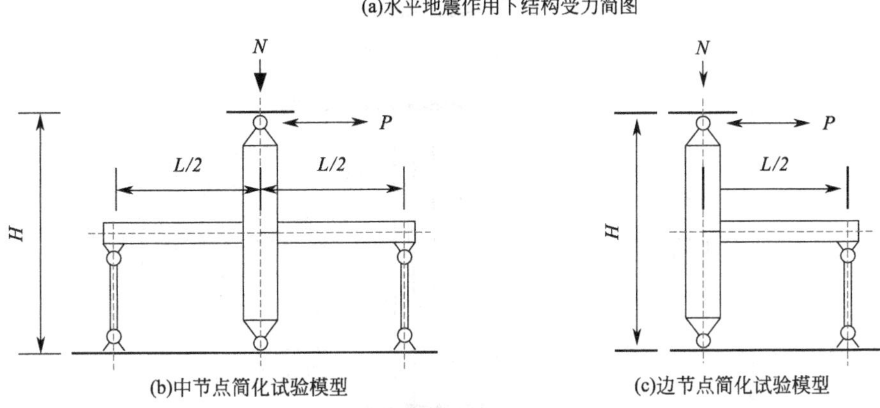

(b)中节点简化试验模型

(c)边节点简化试验模型

图 7-1 节点试验模型选取示意图

焊接成异形钢管，在钢管上钻孔，焊接对拉钢筋而成型。

柱钢管厚度取 4mm，对应柱钢板宽厚比为 25；柱截面含钢率为 14%（多腔式）与 10%（对拉钢筋式）。为增强钢与混凝土的组合作用，提高钢管约束效果，在柱截面阴角位置及长边中部设置柱内加劲肋；多腔式采用与柱钢管同厚度的钢板作为加劲肋，对拉钢筋式采用沿柱高方向间距 100mm 直径 8mm 的对拉钢筋。

中节点试件列表 **表 7-1**

编号	构件名称	柱形式	节点连接形式	轴压比	节点种类
1	I-C-V-C-0.3-1	多腔式	竖向肋板	0.3	弱节点
2	I-C-V-C-0.3-2	多腔式	竖向肋板	0.3	弱节点
3	I-C-V-C-0.6	多腔式	竖向肋板	0.6	弱节点
4	I-C-V-C-0.6-C	多腔式	竖向肋板	0.6	弱节点
5	I-C-V-B-0.6	多腔式	竖向肋板	0.6	强节点
6	I-B-V-C-0.6	对拉钢筋式	竖向肋板	0.6	弱节点
7	I-B-V-B-0.6	对拉钢筋式	竖向肋板	0.6	强节点
8	I-C-S-C-0.6	多腔式	外环板	0.6	弱节点
9	I-C-S-B-0.6	多腔式	外环板	0.6	强节点

注：1. I-C-V-C-0.3-1 与 I-C-V-C-0.3-2 为同参数试件，末尾标注为编号，以便区分；
2. I-C-V-C-0.6-C 为混凝土强度等级 C45 的试件，其余试件均为 C25。

中节点试件命名规则如下：首个标注 I 表示框架中节点；第二个标注 C 表示柱加劲形

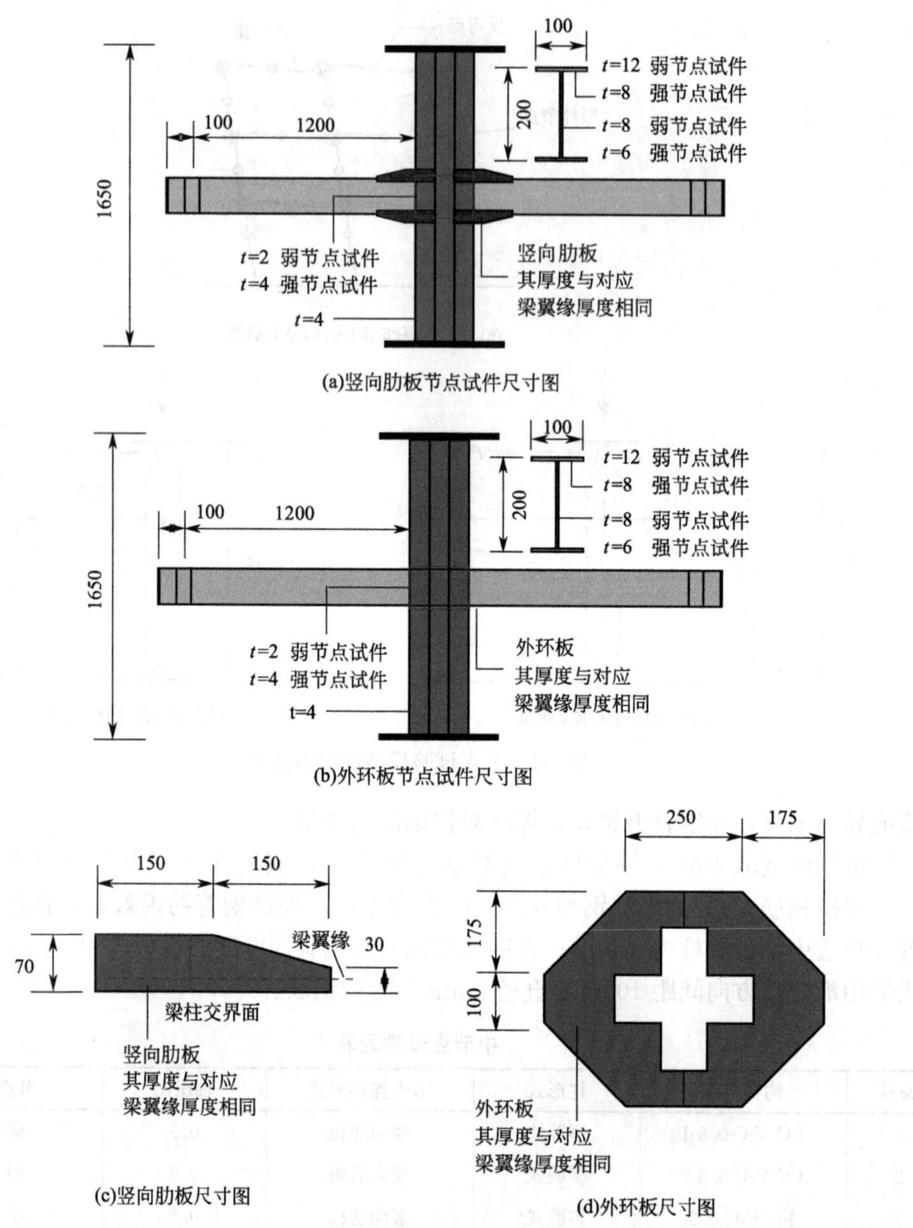

图 7-2 中节点试件尺寸图（单位：mm）

式为多腔式，B 表示对拉钢筋式；第三个标注 V 表示节点连接件为竖向肋板，S 表示外环板；第四个标注 C 表示“弱节点”试件，B 表示“强节点”试件；第五个标注表示轴压比；第六个标注的 1、2 为同参数试件的区分标号，C 指柱内混凝土强度等级为 C45。

竖向肋板与柱钢管处于同一平面内，在建筑室内不外露，与钢管混凝土异形柱匹配良好。竖向肋板高度取为 70mm，超过钢梁翼缘宽度的 2/3。对于多腔式柱，内置隔板除可作为内加劲肋外，还可传递竖向肋板节点的拉力，故多腔式柱节点设置非贯穿竖向肋板。而对拉钢筋式柱节点采用贯穿式竖向肋板，且加密设置了节点域对拉钢筋，以增强节点域的受剪承载力，具体情况如图 7-4 所示。

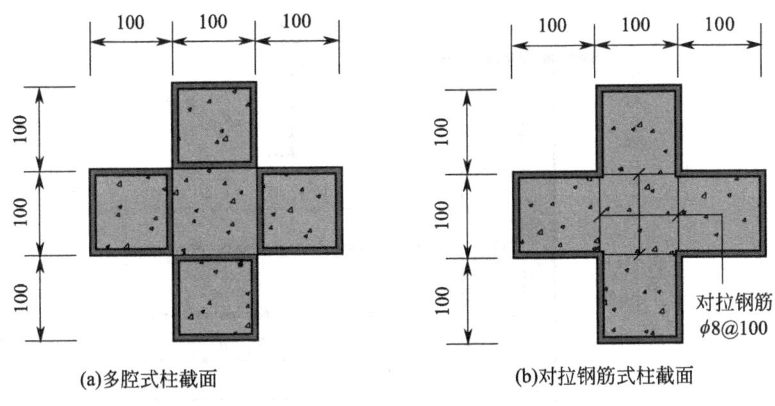

(a)多腔式柱截面　　(b)对拉钢筋式柱截面

图 7-3　中节点试件柱截面（单位：mm）

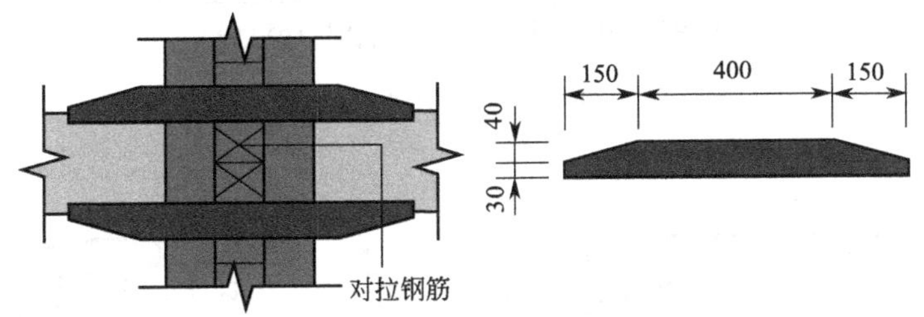

图 7-4　贯穿式竖向肋板节点试件节点域对拉钢筋加密图（单位：mm）

7.2.1.2　T 形钢管混凝土柱-H 型钢梁框架边节点试件参数

T 形钢管混凝土柱-H 型钢梁框架边节点（以下简称 H 型钢梁边节点）试件的主要参数详见表 7-2。梁柱节点连接形式包括 U 形板（也称为内外环板，分为大尺寸和小尺寸）和竖向肋板（分为贯穿式和非贯穿式）。边节点试件同样采用 1∶2 缩尺比设计，试件尺寸与中节点试件保持一致（图 7-5、图 7-6）。试件柱钢管加劲形式包括多腔式和对拉钢筋式（图 7-7）。

H 型钢梁边节点试件列表　　**表 7-2**

编号	构件名称	柱加劲形式	节点连接形式	柱轴压比 n
1	E-C-UL-0.3	多腔式	大尺寸 U 形板	0.3
2	E-C-UL-0.6-1	多腔式	大尺寸 U 形板	0.6
3	E-C-UL-0.6-2	多腔式	大尺寸 U 形板	0.6
4	E-C-US-0.3	多腔式	小尺寸 U 形板	0.3
5	E-C-US-0.6	多腔式	小尺寸 U 形板	0.6
6	E-C-VN-0.3	多腔式	非贯穿式竖向肋板	0.3
7	E-C-VN-0.6	多腔式	非贯穿式竖向肋板	0.6
8	E-B-VT-0.3	对拉钢筋式	贯穿式竖向肋板	0.3
9	E-B-VT-0.6	对拉钢筋式	贯穿式竖向肋板	0.6
10	E-B-VN-0.6	对拉钢筋式	非贯穿式竖向肋板	0.6

H 型钢梁边节点试件命名规则如下：首个标注 E 表示框架边节点；第二个标注 C 表示柱加劲形式为多腔式，B 表示对拉钢筋式；第三个标注 UL 表示节点连接件为大尺寸 U 形板，US 表示小尺寸 U 形板，VN 表示非贯通式竖向肋板，VT 表示贯通式竖向肋板；

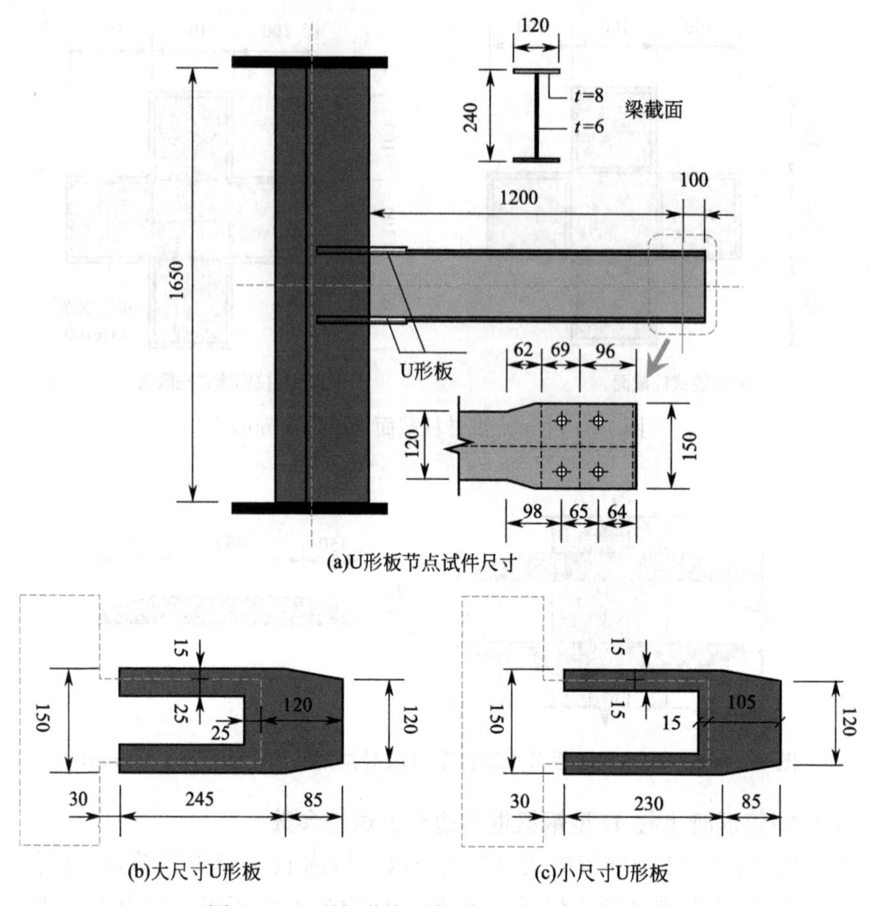

(a)U形板节点试件尺寸

(b)大尺寸U形板

(c)小尺寸U形板

图 7-5　U 形板节点试件尺寸图（单位：mm）

第四个标注表示轴压比；第五个标注的 1、2 为同参数试件的区分标号。

柱钢管厚度取 3mm，对应柱钢管宽厚比 40；柱截面含钢率为 8%（多腔式）与 6%（对拉钢筋式）。在柱截面阴角位置及长边中部设置柱内加劲肋；多腔式采用与柱钢管同厚度的钢板作为加劲肋，对拉钢筋式采用沿柱高方向间距 120mm 直径 7mm 的对拉钢筋。

与竖向肋板相比，U 形板对楼板的施工影响小，但下翼缘 U 形板外露，室内美观性稍差。为尽可能减小其对室内空间的影响，U 形板在柱钢管外的宽度取为 15mm。另一方面，为保证柱内混凝土浇筑质量，U 形板在柱钢管内的宽度取为 25mm（UL 系列）与 15mm（US 系列），对应混凝土贯通面积占比为 46%（UL 系列）与 66%（US 系列）。U 形板尺寸参考安徽省地方标准《钢管混凝土结构技术规程》DB34/T 1262—2010 设计，其中 UL 系列试件满足该规程设计要求，而 US 系列试件略低于该规程设计要求，以研究节点连接件承载力。

7.2.1.3　T 形钢管混凝土柱-U 形钢混凝土组合梁框架边节点试件参数

T 形钢管混凝土柱-U 形钢混凝土组合梁框架边节点（以下简称 U 形梁边节点）同样采用 1∶2 缩尺比设计，试件包括钢筋混凝土楼板，试件尺寸见图 7-8（a）。柱钢管加劲形式为多腔式，梁柱节点连接采用竖向肋板（图 7-8(b)）。柱钢管厚度取 3mm，对应柱钢管短边宽厚比为 33，长边宽厚比为 67；柱截面含钢率为 9%。边节点试件梁采用新型 U 形

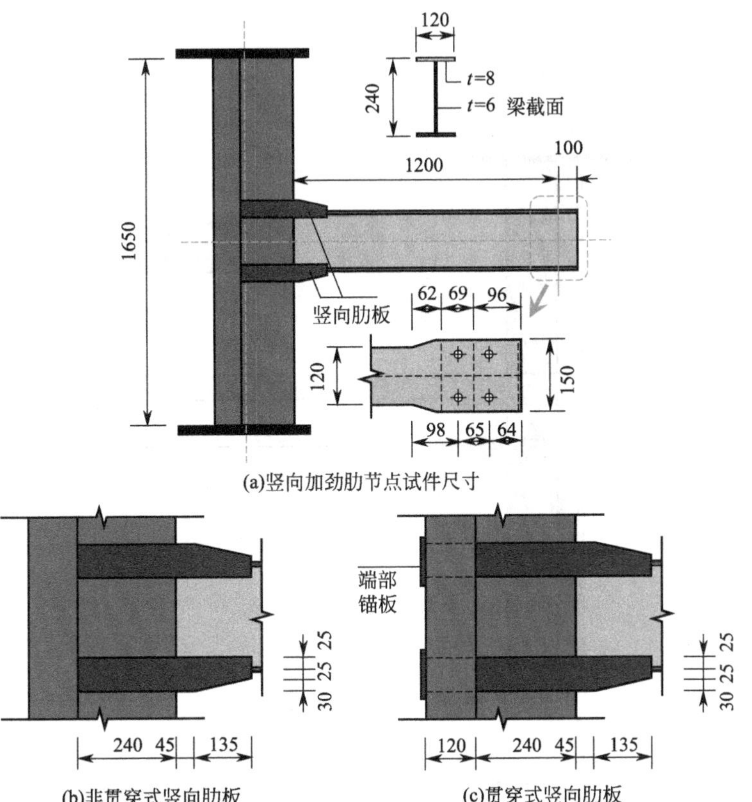

(a)竖向加劲肋节点试件尺寸

(b)非贯穿式竖向肋板　　(c)贯穿式竖向肋板

图 7-6　竖向肋板节点尺寸详图（单位：mm）

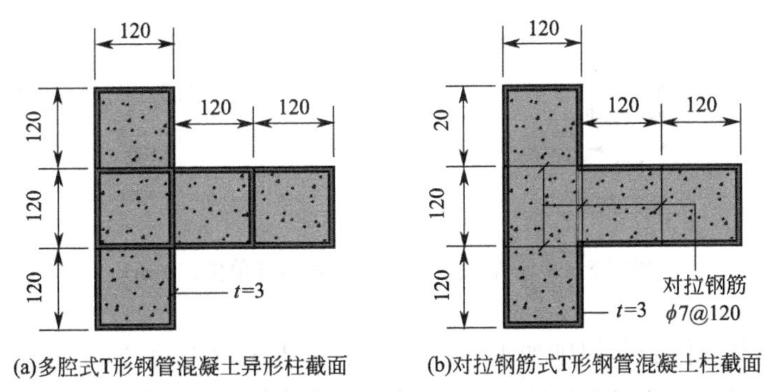

(a)多腔式T形钢管混凝土异形柱截面　　(b)对拉钢筋式T形钢管混凝土柱截面

图 7-7　边节点试件柱截面（单位：mm）

钢混凝土组合梁[164]（图 7-8(c)），U 形梁边节点试件的主要参数详见表 7-3。

U 形梁边节点试件列表　　**表 7-3**

编号	构件名称	肋板高度 h_v(mm)	肋板连接长度 l_1(mm)	肋板厚度 t_v(mm)	柱轴压比 n
1	E-C-U-VN-S	80	200	6	0.3
2	E-C-U-VN-1	80	150	6	0.3
3	E-C-U-VN-2	60	200	6	0.3
4	E-C-U-VN-3	80	200	4	0.3

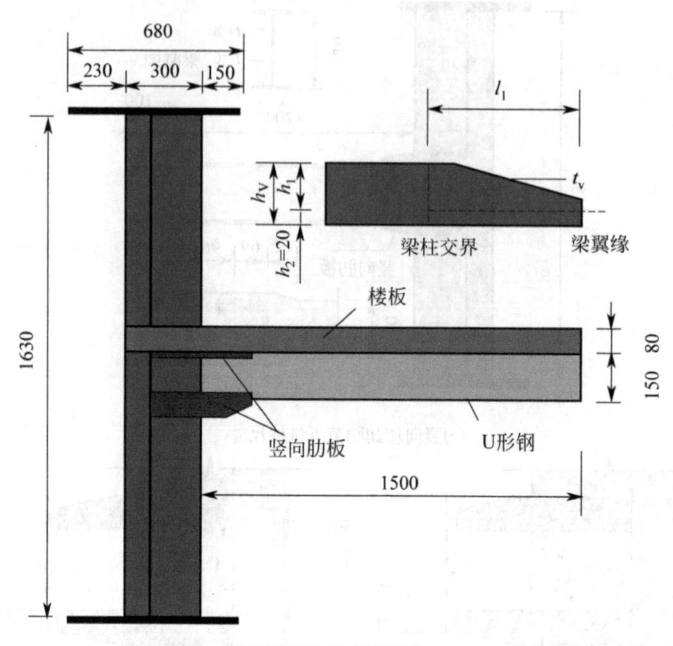

(a)U形梁边节点试件尺寸

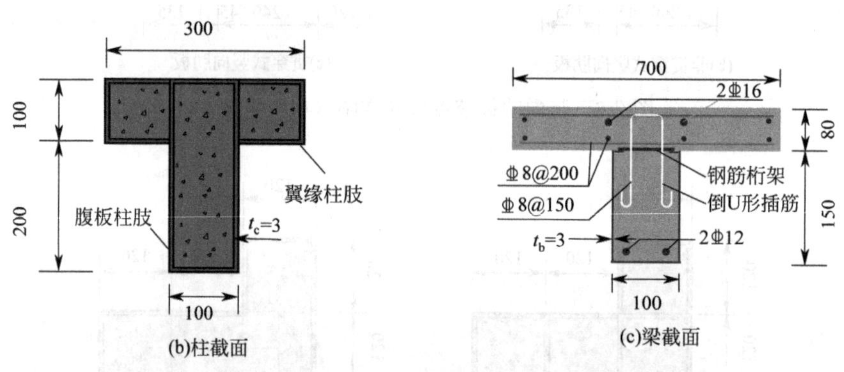

图 7-8　U 形梁边节点试件尺寸图（单位：mm）

U 形梁边节点试件命名规则如下：首个标注 E 表示框架边节点；第二个标注 C 表示柱加劲形式为多腔式；第三个标注 U 表示梁为 U 形钢混凝土组合梁；第四个标注 VN 表示非贯通式竖向肋板；第五个标注区分不同肋板尺寸。

7.2.2　材料性能

7.2.2.1　钢材材性

节点试件中的钢管、钢板、钢筋拉伸试件均根据《钢及钢产品　力学性能试验取样位置及试样制备》GB/T 2975—1998[165] 中的规定进行采样，并按照《金属材料　室温拉伸试验方法》GB/T 228—2002[166] 中的规定测量材料屈服强度（f_y）、抗拉强度（f_u）及弹性模量（E_s）等参数，节点试件的钢材材性详见表 7-4 至表 7-6。

中节点钢材材性表　　表 7-4

部件	厚度(或直径)(mm)	屈服强度(MPa)	抗拉强度(MPa)	弹性模量(MPa)
钢梁翼缘(弱节点)	11.43	255	411	184292
钢梁翼缘(强节点)	7.63	260	428	194804
钢梁腹板(弱节点)	与钢梁翼缘(强节点)相同			
钢梁腹板(强节点)	5.74	444	510	205100
柱钢管(强节点)	3.69	303	453	184855
柱钢管(弱节点)	1.97	381	441	188133
钢筋	8.04	444	623	206758
外环板(弱节点) 竖向肋板(弱节点)	与钢梁翼缘(弱节点)相同			
外环板(强节点) 竖向肋板(强节点)	与钢梁翼缘(强节点)相同			

H 型钢梁边节点钢材材性表　　表 7-5

部件	厚度(或直径)(mm)	屈服强度 f_y(MPa)	抗拉强度 f_u(MPa)	弹性模量 E_s(MPa)
钢梁翼缘	7.75	381	493	209758
钢梁腹板	5.77	402	532	199324
柱钢管	3.07	462	535	223981
U 形板	11.66	329	488	203605
竖向肋板	9.81	375	507	202960
钢筋	7.05	542	582	214130

U 形梁边节点钢材材性表　　表 7-6

部件	厚度(或直径)(mm)	屈服强度 f_y(MPa)	抗拉强度 f_u(MPa)	弹性模量 E_s(MPa)
板筋、桁架筋	8	461	632	202999
底筋	12	403	539	188630
负筋	16	433	641	185929
负筋	20	441	637	197304
柱钢管	2.96	421	566	213573
U 形钢梁	3.68	373	518	173701
竖向肋板	5.66	423	593	197895

7.2.2.2　混凝土材性

中节点试验标准试件采用 C25 等级细石商品混凝土，同时考虑混凝土强度等级的影响，增加了 C45 等级混凝土；H 型钢梁边节点试验标准试件采用 C25 等级细石商品混凝土；U 形梁边节点试件采用 C30 等级细石商品混凝土。节点试件浇筑混凝土时同批浇筑标准尺寸立方体试样（150mm×150mm×150mm），并采用与试件相同的养护方式进行养护，根据《普通混凝土力学性能试验方法标准》GB/T 50081—2002[167] 测量并计算混凝土轴心抗压强度（f_{ck}）为 22.1MPa（中节点 C25 等级）、29.3 MPa（中节点 C45 等级）、32.1MPa（H 型钢梁边节点 C25 等级）、25.8MPa（U 形梁边节点 C30 等级），对应的弹性模量（E_c）分别为 30755MPa、33560MPa、29041MPa 和 32269MPa。

7.2.3 试验加载方案

7.2.3.1 加载装置

H 型钢梁节点试验采用柱顶水平低周往复加载方式，试件加载装置与边界条件见图 7-9（a）。竖向加载系统包括反力架、千斤顶、力传感器；水平加载系统包括拉压千斤顶、反力墙、L 形刚性大梁、四连杆机构。节点试件的梁端和柱端均通过机械铰实现铰接边界条件，柱底机械铰采用垫梁固定于地面，柱顶机械铰与 L 形大梁连接，梁端机械铰通过二力刚性杆与地面连接。

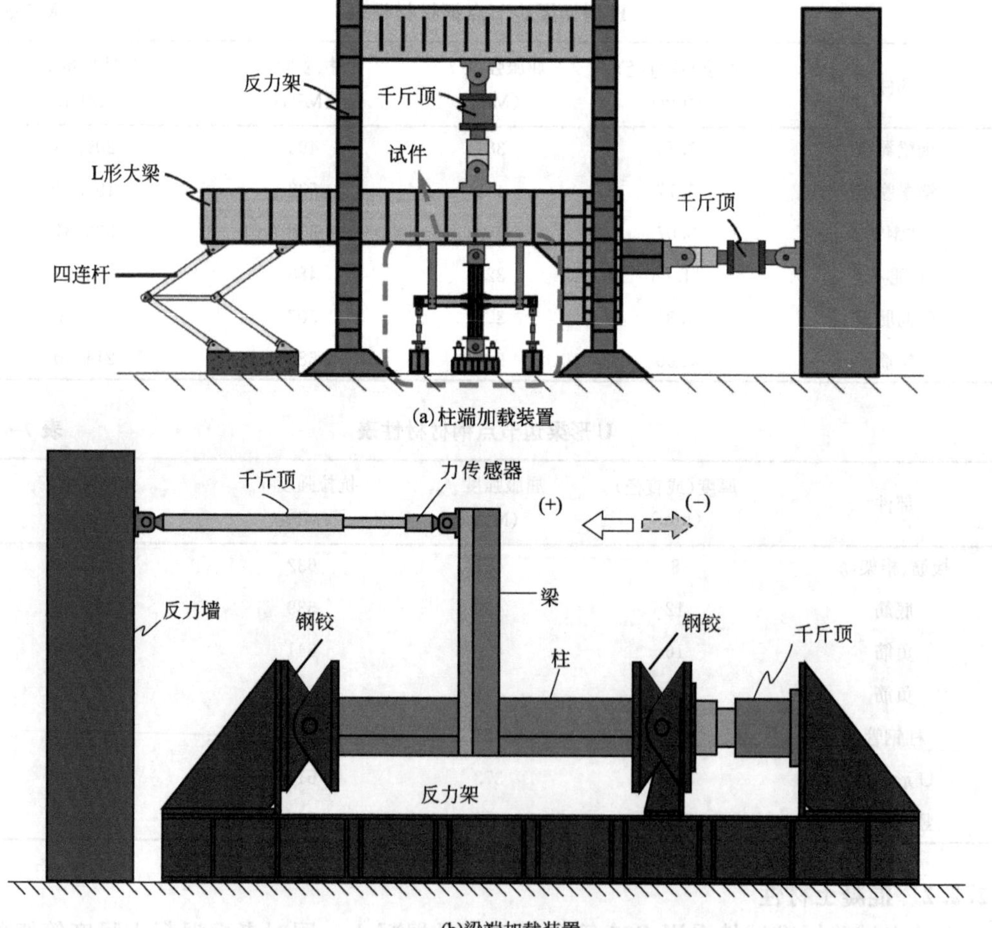

图 7-9 加载装置示意图

U 形梁节点试验采用梁端水平低周往复加载方式，试件加载装置与边界条件见图 7-9 (b)。试验时将柱水平放置，梁垂直放置，柱两端反弯点处与钢铰相连。装置右端设置 2000kN 的油压千斤顶，柱右端与千斤顶之间设一压力传感器，通过钢铰支座将柱端竖向支撑、压力传感器和柱端连接在一起。在梁外端连接一水平布置的 500kN 油压千斤顶。试验时先对柱施加恒定轴压力 N_0，然后在梁端通过水平拉压千斤顶施加低周往复水平荷载。

7.2.3.2　加载制度

节点试件的柱轴压荷载分为 5 级施加，每级加载后持荷 5min，持荷期间观察应变片数据以判断轴压应力是否均匀；若出现偏心情况，则卸载并进行对中调整。完成柱轴力加载后持荷 5min，待柱轴压变形稳定后再连接梁端的二力杆。水平方向荷载采用荷载-位移双控加载，以面向反力墙方向为正向。试验前根据有限元模型预测试件屈服荷载 F_y，达到屈服荷载前采用荷载控制加载，每级往复加载一次；达到屈服荷载后采用位移控制加载，每级往复加载两次，直至试件破坏（图 7-10）。试件破坏的标准如下：(1) 试件水平承载力下降至其峰值承载力的 85%以下；(2) 板件或焊缝出现严重破坏。

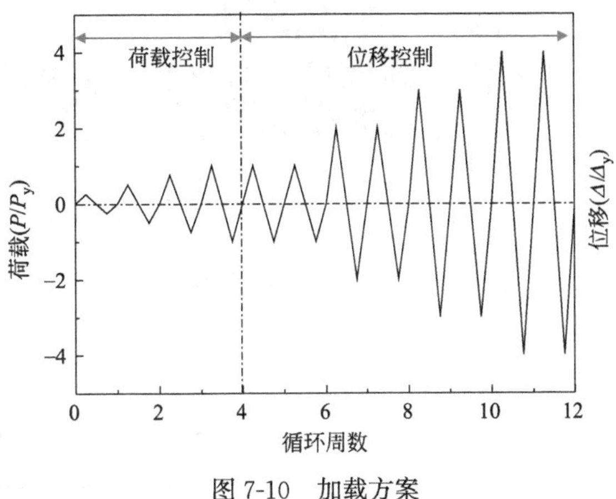

图 7-10　加载方案

7.2.4　测量方案

节点试件的柱轴压荷载与水平往复荷载由与千斤顶连接的力传感器测量，H 型钢梁节点中梁端剪力由设置于二力杆上的力传感器测量。位移和转角测量方案如图 7-11 所示，柱顶和柱底铰心的水平位移，以及梁加载端的水平位移由 LVDT 位移计测量；在与节点域相连的梁端和柱端布置倾角仪，以得到梁端相对于柱端的转角，同时在梁、柱塑性铰区外侧布置倾角仪，以得到塑性铰区域的转角；节点域的剪切变形采用交叉布置的百分表进

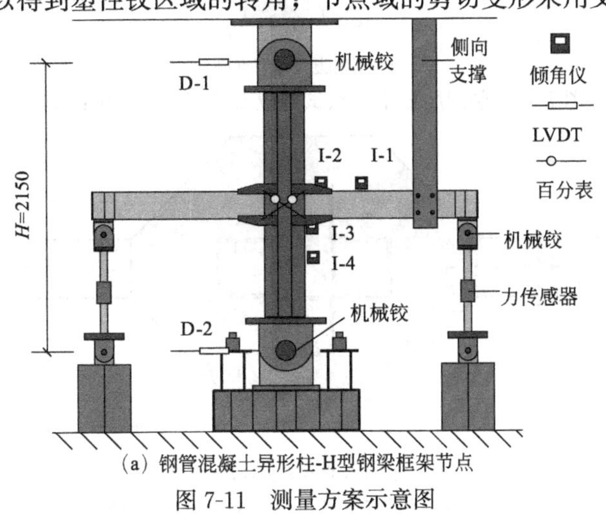

(a) 钢管混凝土异形柱-H型钢梁框架节点

图 7-11　测量方案示意图

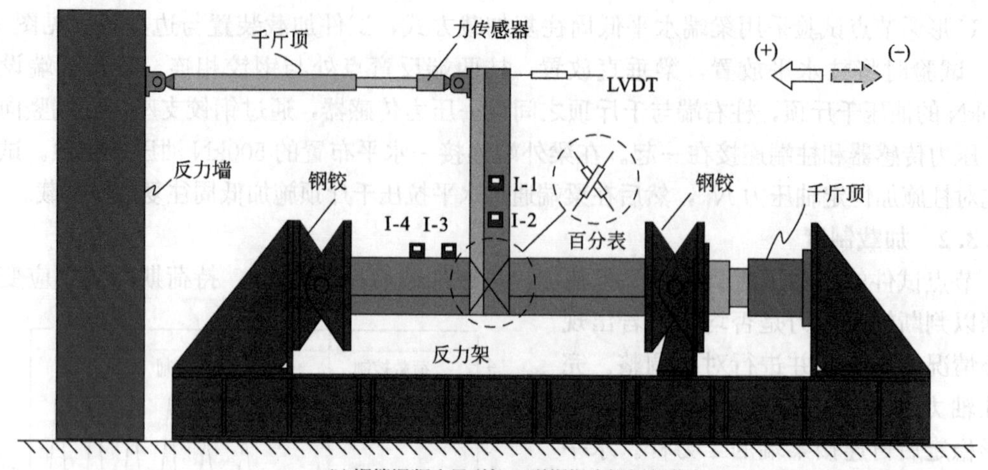

(b) 钢管混凝土异形柱-U形钢组合梁框架节点

图 7-11 测量方案示意图（续）

行测量。梁翼缘、腹板、连接件及节点域的应变采用单向应变片和三向应变花进行测量（图 7-12 至图 7-16）。

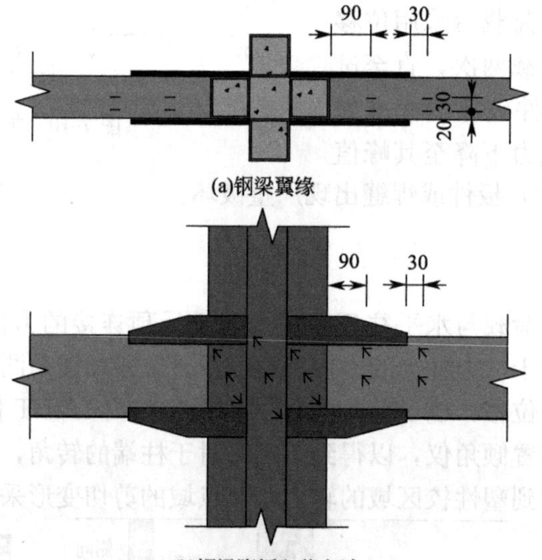

(a)钢梁翼缘

(b)钢梁腹板和节点域

图 7-12 竖向肋板中节点试件应变片布置（单位：mm）

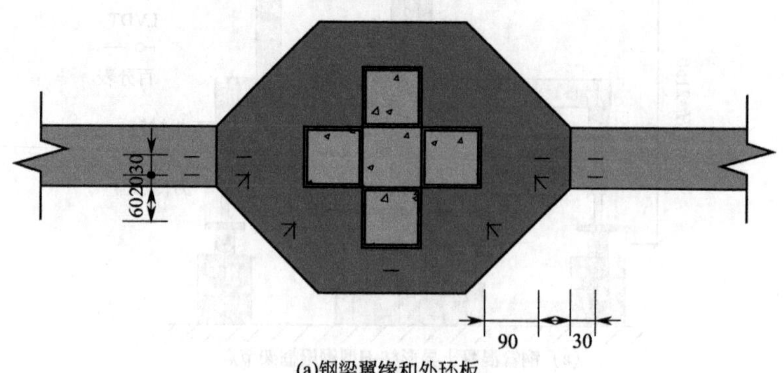

(a)钢梁翼缘和外环板

图 7-13 外环板中节点试件应变片布置（单位：mm）

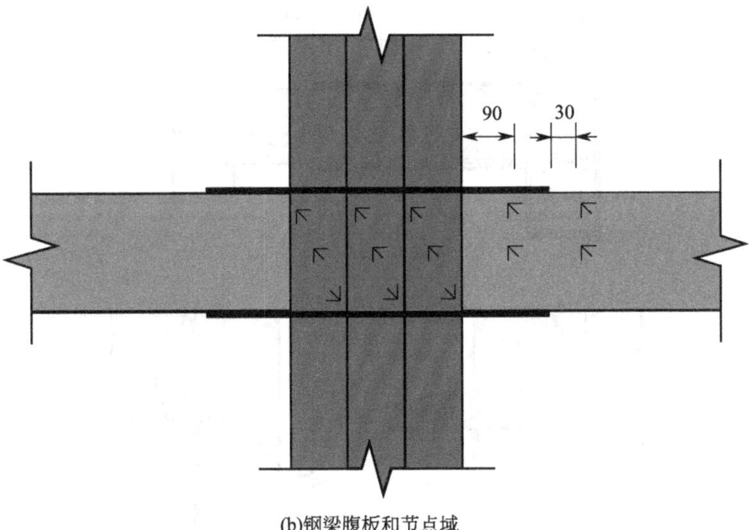

(b)钢梁腹板和节点域

图 7-13　外环板中节点试件应变片布置（单位：mm）（续）

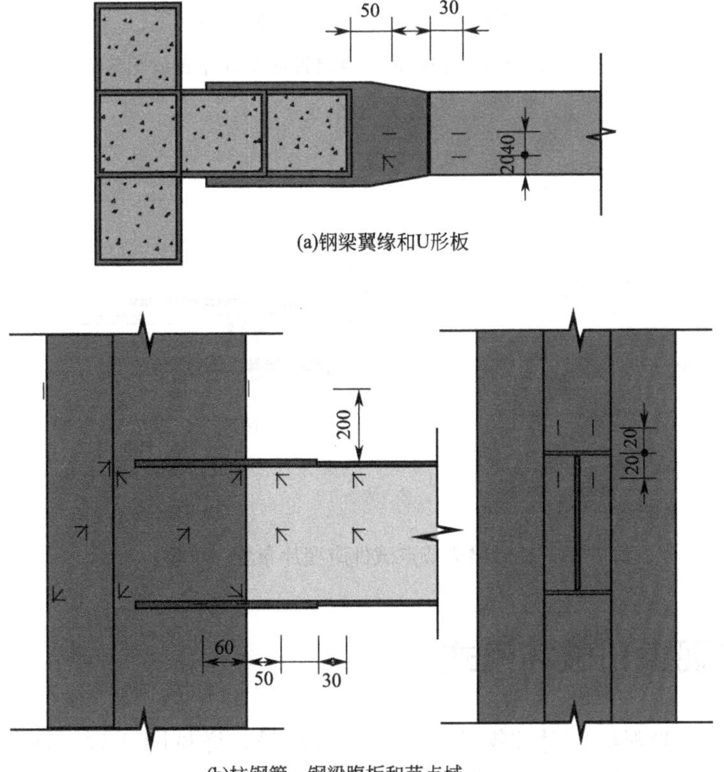

(a)钢梁翼缘和U形板

(b)柱钢管、钢梁腹板和节点域

图 7-14　H 型钢梁 U 形板边节点试件应变片布置（单位：mm）

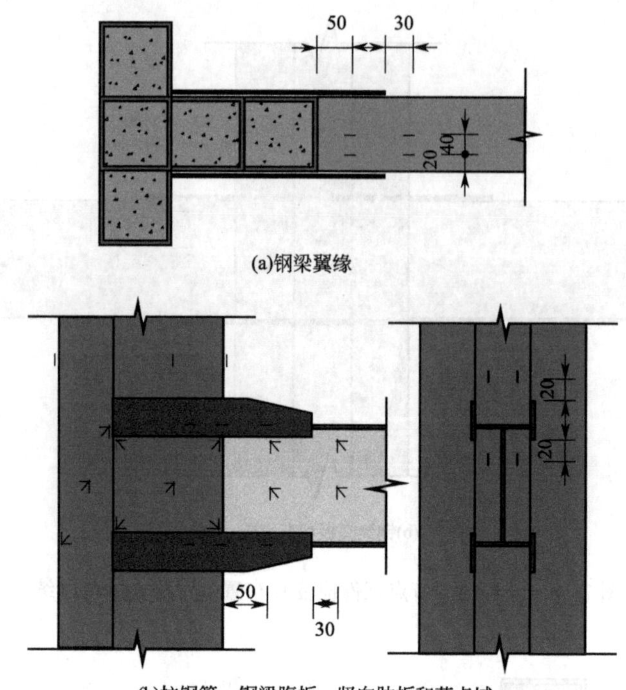

图 7-15　H 型钢梁竖向肋板边节点试件应变片布置（单位：mm）

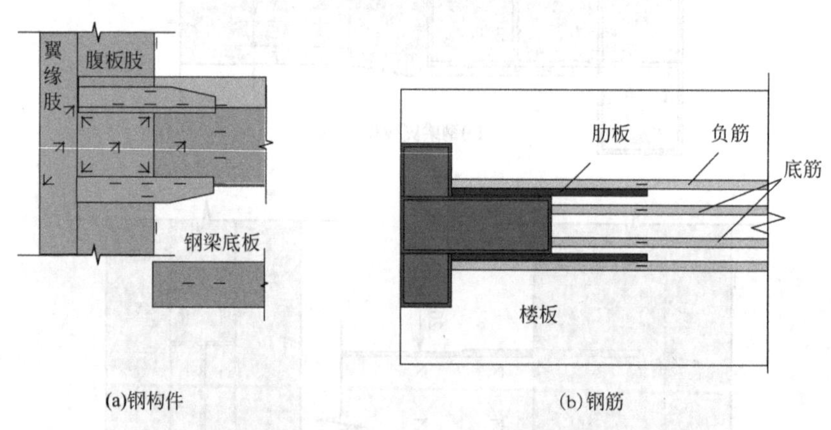

图 7-16　U 形梁边节点试件应变片布置（单位：mm）

7.3　试验现象和破坏模式

为方便描述试验现象，对柱钢管各表面进行编号，详见图 7-17。现象描述中未特别指明的荷载或位移均指柱顶水平荷载或位移。

7.3.1　十字形钢管混凝土柱-H 型钢梁框架中节点试验现象

（1）多腔式柱-竖向肋板节点 I-C-V-C-0.6（弱节点）

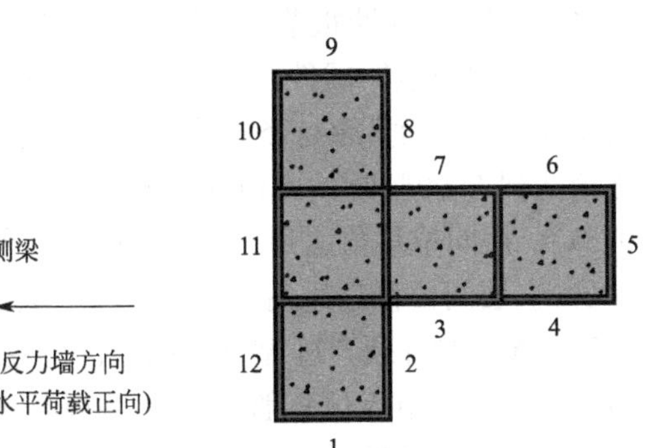

(a)十字形钢管混凝土柱截面　　(b)T形钢管混凝土柱截面

图 7-17　节点试件钢管各表面编号

柱顶水平荷载达到 30kN 时，节点域钢管达到屈服，加载方式转为位移控制。当层间位移角达到−3.20%时，11 号面节点域钢管出现竖向裂缝（图 7-18(a)）。加载至层间位移角 3.90%时，5、6 及 9 号面出现鼓屈，敲击无空鼓。加载至层间位移角−5.23%时，7 号面节点域钢管严重变形，钢管局部出现撕裂现象（图 7-18(b)）。试验结束后切除节点域钢管，观察到 5 号面混凝土呈“X”形剪切破坏，7 号面节点域大部分混凝土已压碎（图 7-18(c)）。节点试件柱端和梁端的荷载-层间位移角曲线如图 7-18(d)、(e)所示。

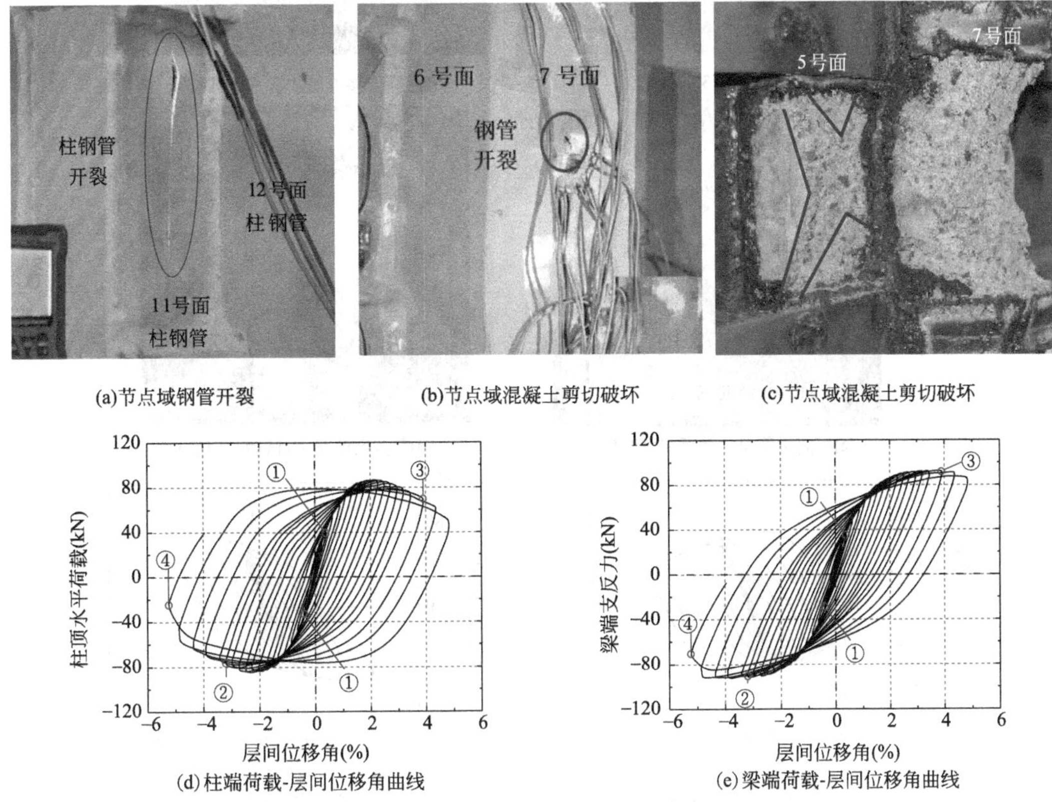

图 7-18　中节点试件 I-C-V-C-0.6 的破坏现象和荷载-层间位移角曲线

（2）多腔式柱-竖向肋板节点 I-C-V-B-0.6（强节点）

此试件为“强节点”试件，节点区钢管未削弱，梁翼缘与腹板也未加厚。当柱顶水平荷载达到 40kN 时，梁翼缘与竖向肋板交界处达到屈服，加载方式转为位移控制加载。当层间位移角达到 3.00％时，两侧梁的受压翼缘与加劲肋交界处均出现轻微的受压屈曲（图 7-19(a)）。层间位移角达到－3.78％时，左侧梁上翼缘与加劲肋交界处边部翼缘开裂（图 7-19(b)）。层间位移角达到－4.27％时，翼缘开裂加剧，裂缝向中轴线延伸（图 7-19(c)），由于翼缘一侧开裂，H 型钢梁向平面外偏转，破坏现象较明显，试验停止。

试验结束后切除节点区钢管，节点区混凝土完好，无损伤与裂缝（图 7-19(d)）。综合考虑以上现象，该试件破坏模式可判定为梁端塑性铰破坏。节点试件柱端和梁端的荷载-层间位移角曲线如图 7-19(e)、(f)所示。

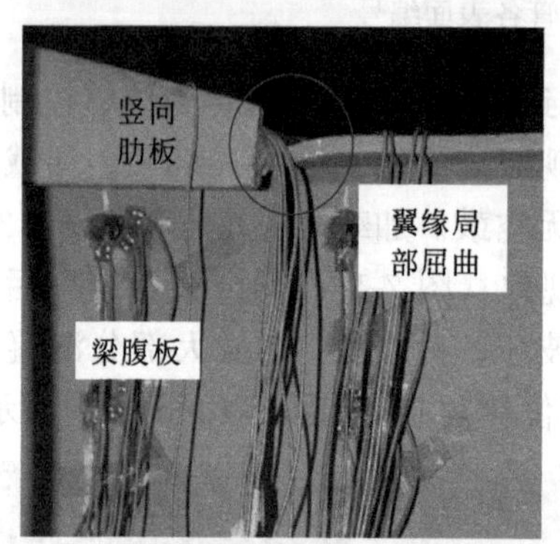

(a)层间位移角加载至3.00%时

(b)层间位移角加载至−3.78%时

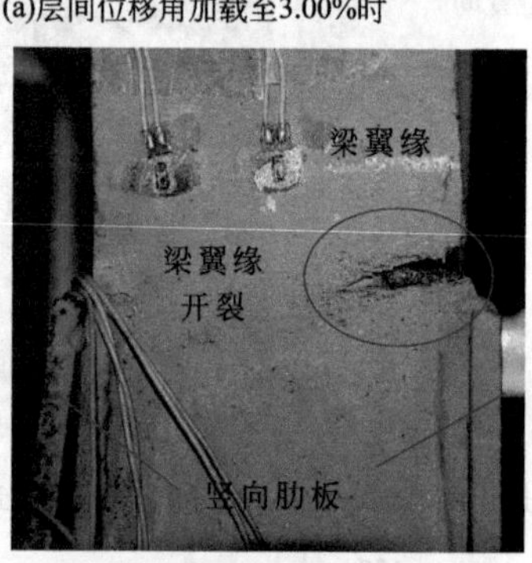

(c)层间位移角加载至−4.27%时

(d)节点区混凝土(试验结束后)

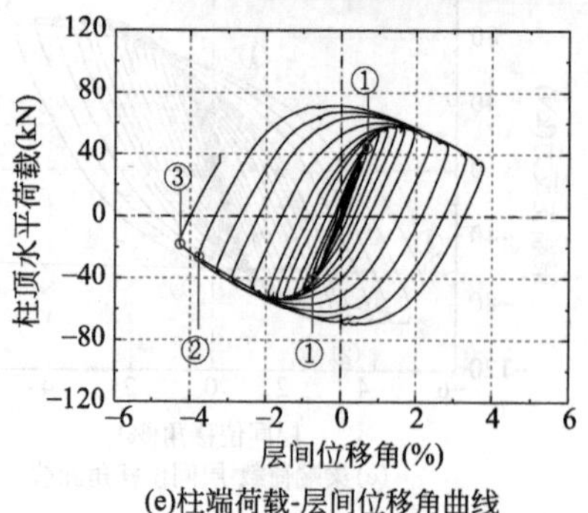

(e)柱端荷载-层间位移角曲线

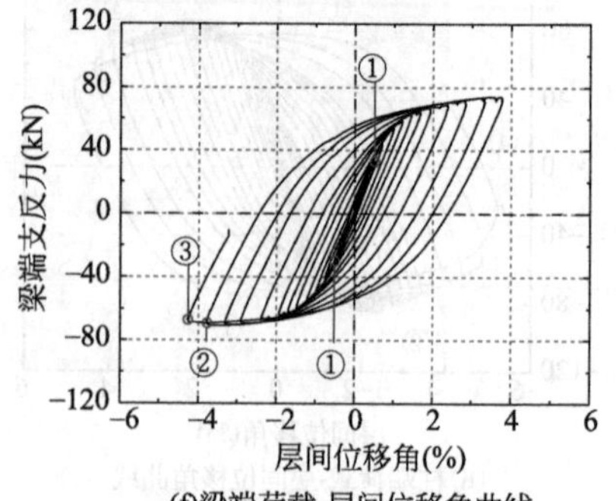

(f)梁端荷载-层间位移角曲线

①翼缘与竖向加劲肋交界处屈服；②梁上翼缘与加劲肋交界处边部翼缘开裂；③翼缘开裂加剧，裂缝向中轴线延伸

图 7-19　中节点试件 I-C-V-B-0.6 的破坏现象和荷载-层间位移角曲线

（3）对拉钢筋式柱-竖向肋板节点 I-B-V-B-0.6

柱顶水平荷载达到 30kN 时，梁与竖向肋板交界位置的翼缘达到屈服，加载方式转为位移控制。当层间位移角达到 3.05%时，左侧梁与竖向肋板交界处上翼缘受压轻微屈曲（图 7-20(a)）。当加载至层间位移角 4.44%时，右侧梁与竖向肋板交界处上翼缘开裂（图 7-20(b)）。试验结束后切除节点域钢管，节点域混凝土无破坏现象（图 7-20(c)），节点试件破坏模式可判定为梁端塑性铰破坏。节点试件柱端和梁端的荷载-层间位移角曲线如图 7-20(d)、(e)所示。

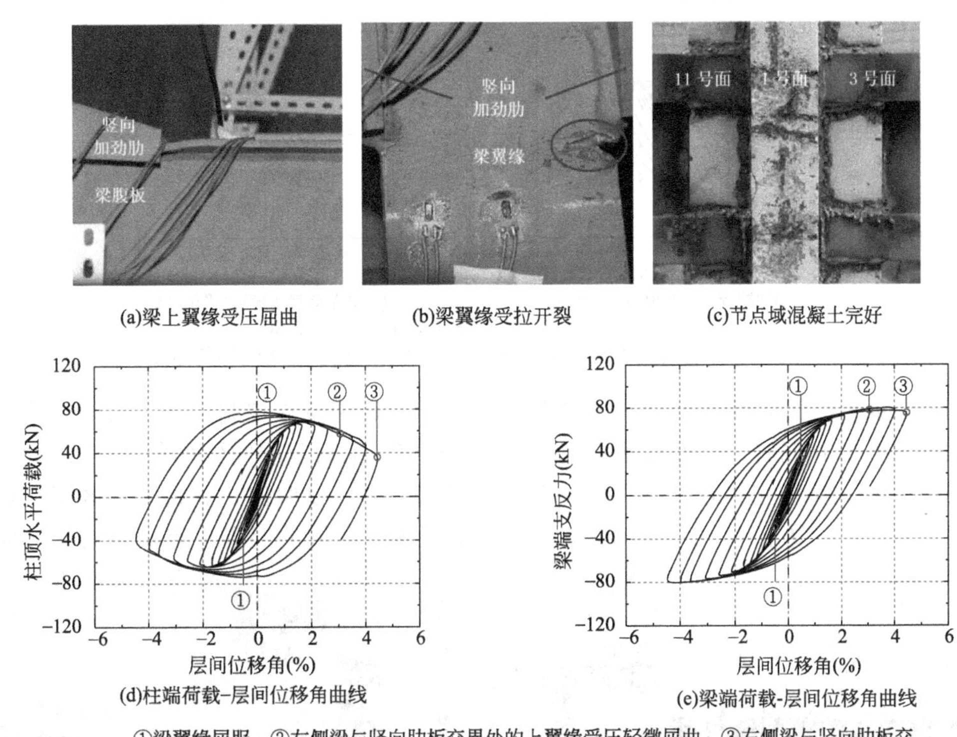

图 7-20　中节点试件 I-B-V-B-0.6 的破坏现象和荷载-层间位移角曲线

（4）多腔式柱-外环板节点 I-C-S-B-0.6

当柱顶水平荷载加载至 30kN 时，梁与外环板交界处翼缘达到屈服，转为位移控制加载。当层间位移角加载至－1.94%和 1.97%时，节点试件柱端荷载达到峰值并开始下降。当层间位移角达到－3.42%时，左侧梁上翼缘与环板对接焊缝开裂（图 7-21(a)），柱顶位移明显增大，试验停止。试验结束后切除节点域钢管，可见节点域混凝土基本无破坏（图 7-21(b)）。节点试件破坏模式可判定为梁端塑性铰破坏，但梁端对接焊缝破坏说明翼缘与环板交界处应光滑过渡，以减轻应力集中。节点试件柱端和梁端的荷载-层间位移角曲线如图 7-21(c)、(d)所示。

7.3.2　T 形钢管混凝土柱-H 型钢梁框架边节点试验现象

（1）多腔式柱-大尺寸 U 形板节点 E-C-UL-0.6-2

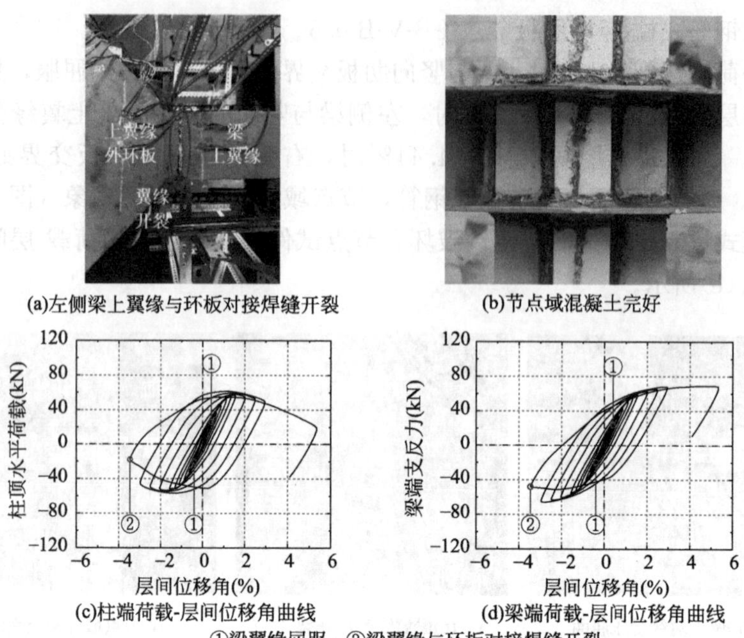

(a)左侧梁上翼缘与环板对接焊缝开裂

(b)节点域混凝土完好

(c)柱端荷载-层间位移角曲线

(d)梁端荷载-层间位移角曲线

①梁翼缘屈服；②梁翼缘与环板对接焊缝开裂

图 7-21 中节点试件 I-C-S-B-0.6 的破坏现象和荷载-层间位移角曲线

当柱端水平荷载达到±25kN 时梁翼缘达到屈服，转为位移控制加载。层间位移角达到 0.90%和−1.14%时，试件柱端水平荷载达到峰值。加载至层间位移角为−2.53%时，上翼缘 U 形板在梁柱交界处出现颈缩现象（图 7-22(a)），试验停止。将节点区钢管切除后观察，节点区混凝土完好（图 7-22(b)），U 形板附近区域的混凝土有轻微局压破坏现

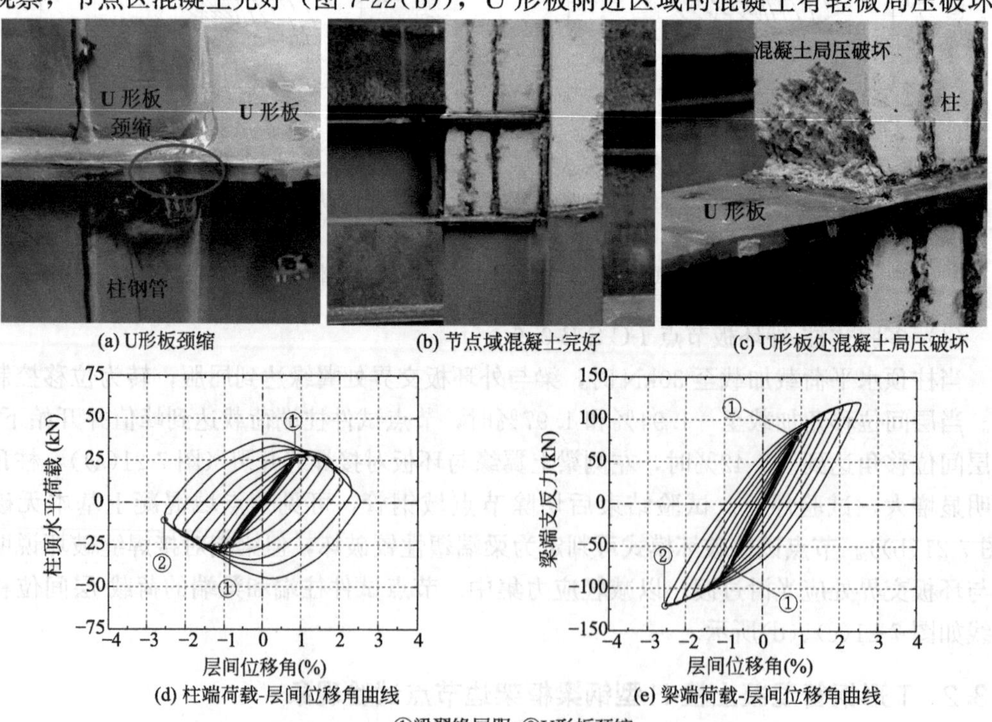

(a) U形板颈缩

(b) 节点域混凝土完好

(c) U形板处混凝土局压破坏

(d) 柱端荷载-层间位移角曲线

(e) 梁端荷载-层间位移角曲线

①梁翼缘屈服；②U形板颈缩

图 7-22 H 型钢梁边节点试件 E-C-UL-0.6-2 的破坏现象和荷载-层间位移角曲线

象（图 7-22(c)）。节点试件柱端和梁端的荷载-层间位移角曲线如图 7-22(d)、(e)所示。

(2) 多腔式柱-小尺寸 U 形板节点 E-C-US-0.6

当试件柱端水平荷载加载至±25kN 时梁翼缘达到屈服，加载方式转为位移控制。层间位移角达到 0.88%时，试件柱端水平正向荷载达到峰值，层间位移角达到−1.20%时，负向荷载达到峰值。层间位移角达到−2.27%时，梁上翼缘 U 形板在梁柱交界处出现颈缩现象（图 7-23(a)），并随着位移增大，颈缩处 U 形板开裂，裂缝向柱身逐渐发展，到达柱身后转为沿焊缝发展（图 7-23(b)）。试验结束后切除节点域钢管，观察到混凝土基本无破坏，只在 U 形板附近的混凝土有局压裂缝（图 7-23(c)）。节点试件柱端和梁端的荷载-层间位移角曲线如图 7-23(d)、(e)所示。

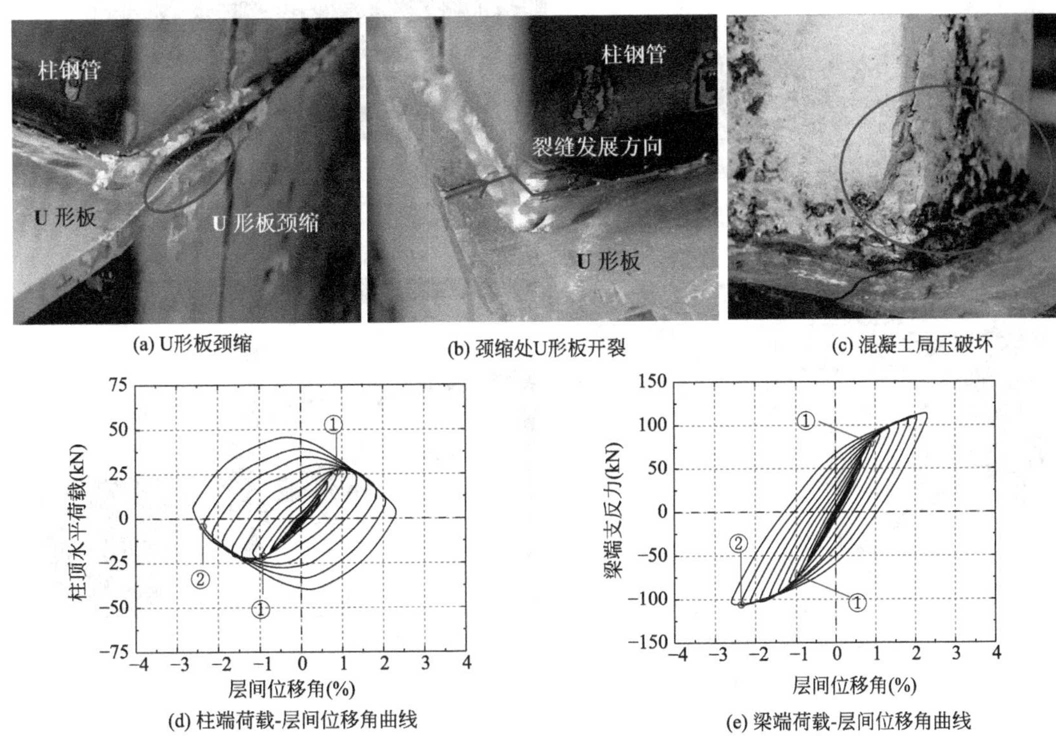

图 7-23　H 型钢梁边节点试件 E-C-US-0.6 的破坏现象和荷载-层间位移角曲线

7.3.3　T 形钢管混凝土柱-U 形钢混凝土组合梁框架边节点试验现象

(1) 钢管混凝土异形柱-U 形钢组合梁节点标准试件 E-C-U-VN-S

当梁端水平荷载为−20kN 时，楼板顶出现多条均匀分布的平行横向裂缝，间距为 160mm 左右，并延伸至板侧或板底，此时截面中和轴位于梁腹板内。当荷载为 30kN 时，楼板顶面裂缝闭合，底面出现裂缝，此时中和轴位于楼板内。当荷载为−40kN 时，位移达到−11mm，楼板顶面裂缝加宽，楼板和柱钢管之间出现轻微的缝隙，此时楼板负弯矩钢筋达到屈服，试件达到屈服点，对应的位移定为屈服位移 Δ_y，此后改为位移控制加载。当位移达到−2.5Δ_y 时，U 形钢底板受压鼓曲。当位移达到 3Δ_y 时，与竖向肋板交界处的 U 形钢底板两侧出现轻微开裂。当位移达到−3Δ_y 时，U 形钢底板鼓曲严重并延伸至腹板（图 7-24(a)）。当位移第二次达到 $3\Delta_y$ 时，U 形钢底板两侧裂缝贯通至底板中心（图 7-24(b)），且楼板混凝土压溃严重（图 7-24(c)）。当位移达到 $3.5\Delta_y$ 时，U 形钢底板拉断，楼板混凝土板压碎剥落，试件破坏。

试验结束后切割节点核心区钢管和 U 形钢，由图 7-24（d）可见节点核心区混凝土完好，梁端混凝土压溃。综合以上试验现象，标准试件 E-C-U-VN-S 的破坏模式为典型的梁端塑性铰破坏。节点试件梁端的荷载-位移曲线如图 7-24（e）所示。

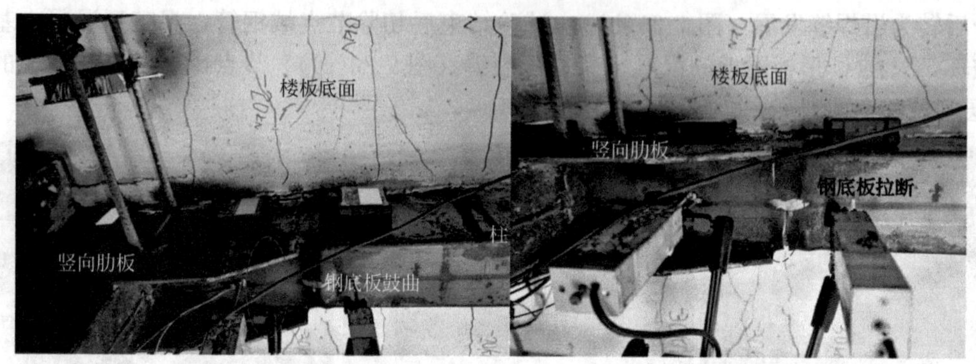

(a) U形钢底板鼓曲　　(b) U形钢底板拉断

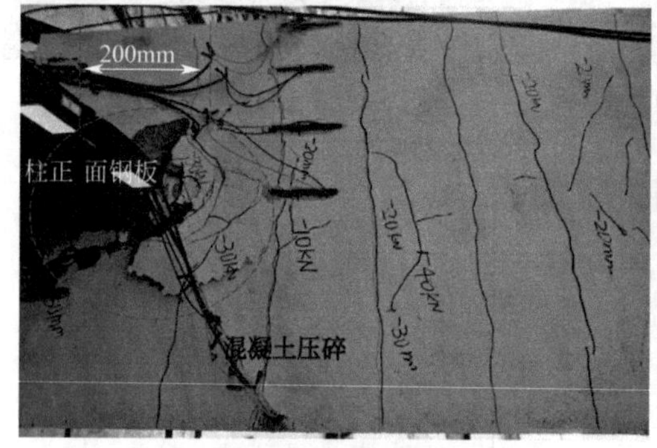

(c) 板顶面混凝土开裂和压溃

(d) 梁端混凝土压溃(试验结束后)

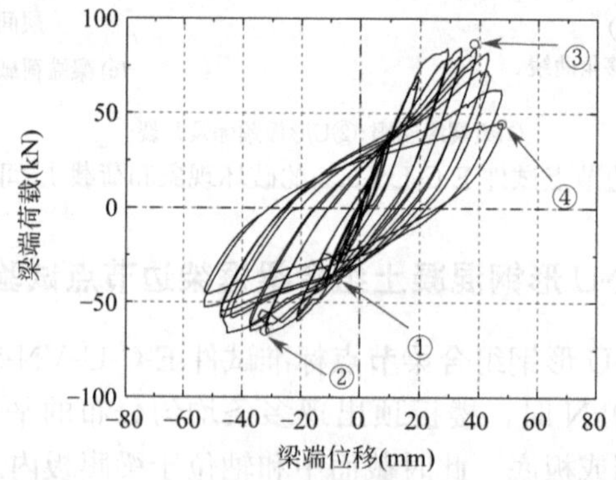

(e) 梁端荷载-位移滞回曲线

①负筋屈服;②钢底板鼓曲;③钢底板开裂;④钢底板拉断,楼板混凝土压溃

图 7-24　钢管混凝土异形柱-U 形钢组合梁节点试件 E-C-U-VN-S 的破坏现象和荷载-位移曲线

（2）钢管混凝土异形柱-U 形钢组合梁节点试件 E-C-U-VN-1

当梁端水平荷载为－20kN 时，楼板顶面出现三条均匀分布的平行横向裂缝，间距为

170mm 左右，并延伸至板侧板底，此时截面中和轴位于腹板内。当荷载为 30kN 时，楼板顶面裂缝闭合，楼板底面出现两条裂缝并与原负向加载时的裂缝汇合，此时截面中和轴位于楼板内。当荷载为−40kN 时，楼板内负弯矩钢筋屈服，楼板和柱钢管壁之间出现轻微的缝隙，此后改为位移控制加载。当位移达到 Δ_y 时，U 形钢底板开始屈服。当位移达到 $-2\Delta_y$ 时，U 形钢底板受压轻微鼓曲。当位移达到 $-2.5\Delta_y$ 时，楼板与柱壁开始脱开，钢底板鼓曲严重并延伸至腹板（图 7-25(a)）。当位移达到 $3.5\Delta_y$ 时，与竖向肋板交界处的 U 形钢底板两侧开裂，板顶混凝土压溃。当位移达到 $4\Delta_y$ 时，钢底板拉断（图 7-25(b)），混凝土板压碎剥落

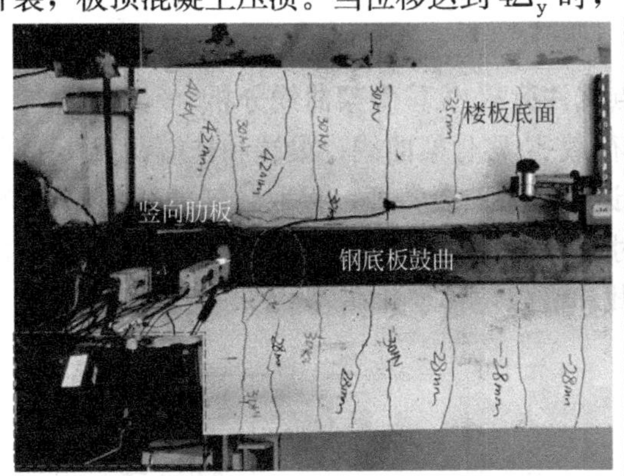

(a) U形钢底板鼓曲

(b) U形钢底板拉断

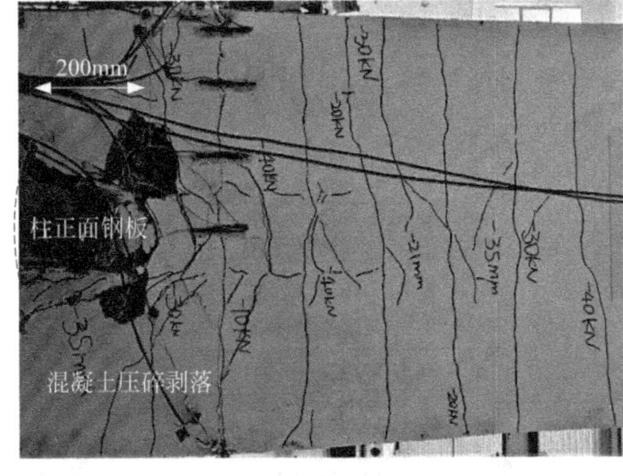

(c) 板顶面混凝土开裂和压溃

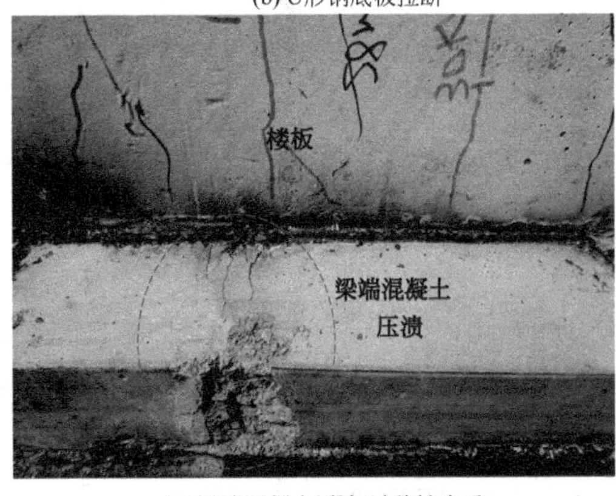

(d) 梁端混凝土压溃(试验结束后)

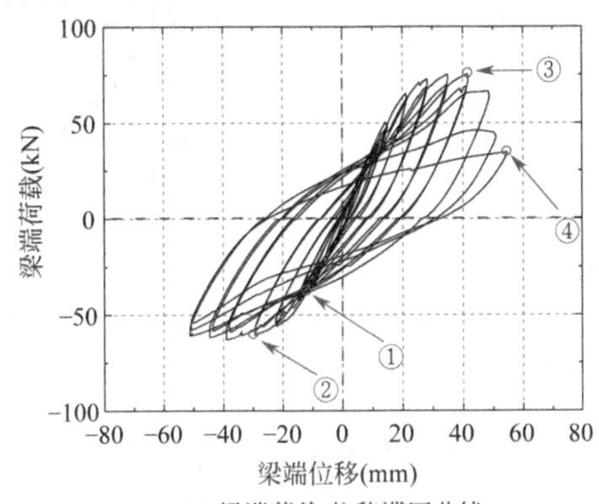

(e) 梁端荷载-位移滞回曲线

①负筋屈服；②钢底板鼓曲；③钢底板开裂；④钢底板拉断，楼板混凝土压溃

图 7-25　钢管混凝土异形柱-U 形钢组合梁节点试件 E-C-U-VN-1 的破坏现象和荷载-位移曲线

(图 7-25(c))，试件破坏。梁端荷载-位移滞回曲线如图 7-25（e）所示。

试验结束后切割节点区柱钢管和 U 形钢，由图 7-25（d）可见节点核心区混凝土完好，梁端混凝土压碎。综合以上试验现象，试件 JD-B1 的破坏模式为典型的梁端塑性铰破坏。

7.4 荷载-位移滞回曲线分析

7.4.1 荷载-位移骨架曲线分析

7.4.1.1 钢管混凝土异形柱-H 型钢梁中节点试件荷载-位移骨架曲线分析

由中节点试件荷载-位移滞回曲线可得到荷载-位移骨架曲线，梁端和柱端荷载-层间位移角骨架曲线如图 7-26 所示。为量化各节点试件骨架曲线特征，提取骨架曲线的屈服点、峰值点和极限点，列于表 7-7 与表 7-8 中。对于部分未达到极限状态时试验结束的试件，以试验结束时对应的荷载和位移代替极限荷载和极限位移，并在表中以“*”标注。

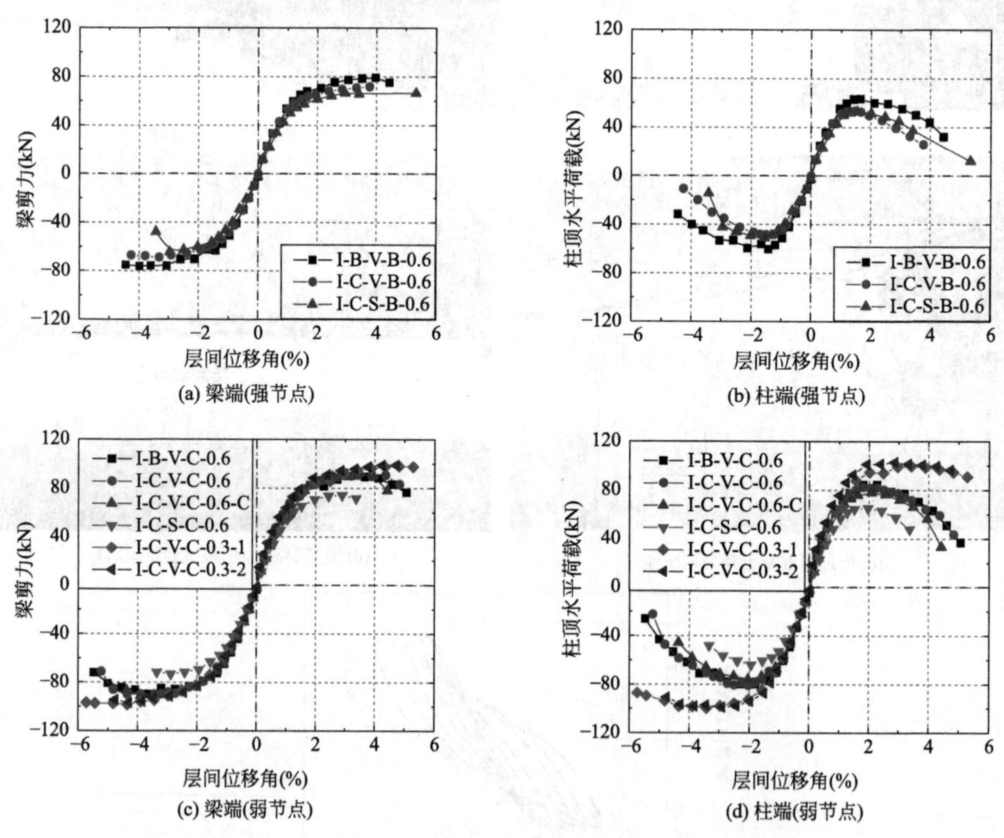

图 7-26　中节点试件梁端和柱端荷载-层间位移角骨架曲线

骨架曲线的屈服点 A（Δ_y，P_y）、峰值点 B（Δ_p，P_p）和极限点 C（Δ_u，P_u）按图 7-27 所示方法来确定。采用《建筑抗震试验规程》JGJ/T 101—2015[168] 中的几何作图法计算骨架曲线的屈服点；极限点取柱端荷载下降到 $0.85P_p$ 的对应点。

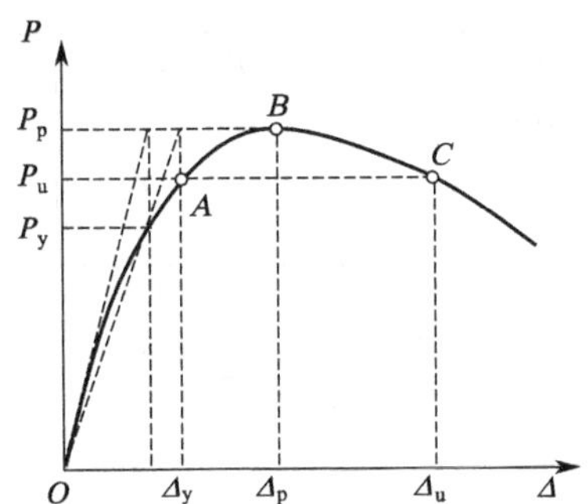

图 7-27　荷载-位移骨架曲线特征点的确定

中节点试件柱端荷载-层间位移角曲线的特征点和延性系数　　**表 7-7**

试件编号	荷载方向	柱端曲线屈服点		柱端曲线峰值点		柱端曲线极限点		延性系数 $\mu=\gamma_u/\gamma_y$
		P_y (kN)	γ_y (%)	P_p (kN)	γ_p (%)	P_u (kN)	γ_u (%)	
I-C-V-C-0.3-1	正	88.3	1.58	99.9	3.42	**91.0** *	**5.28** *	**3.34** *
	负	−83.2	−1.53	−99.6	−3.43	**−87.1** *	**−5.73** *	**3.75** *
I-C-V-C-0.3-2	正	78.8	1.06	103.0	2.86	**96.6** *	**4.72** *	**4.45** *
	负	−86.6	−1.50	−98.9	−2.91	**−90.5** *	**−4.77** *	**3.18** *
I-C-V-C-0.6	正	64.9	0.89	82.5	1.80	70.1	3.53	3.97
	负	−67.4	−1.13	−80.9	−2.04	−68.8	−3.54	3.13
I-C-V-C-0.6-C	正	69.6	1.19	78.2	2.09	66.5	3.49	2.93
	负	−64.5	−1.08	−75.7	−2.05	−64.3	−3.52	3.26
I-C-V-B-0.6	正	46.9	0.84	53.4	1.45	45.4	2.41	2.87
	负	−42.9	−0.89	−48.4	−1.50	−41.1	−2.48	2.79
I-B-V-C-0.6	正	72.7	1.11	84.6	1.80	71.9	3.57	3.22
	负	−66.6	−1.02	−79.7	−1.80	−67.7	−3.81	3.74
I-B-V-B-0.6	正	56.8	1.03	63.5	1.65	54.0	3.16	3.07
	负	−53.4	−1.05	−60.4	−1.43	−51.3	−3.19	3.04
I-C-S-C-0.6	正	59.1	1.14	65.3	1.97	55.5	3.00	2.63
	负	−52.5	−1.01	−63.9	−1.94	−54.3	−2.99	2.96
I-C-S-B-0.6	正	46.6	0.97	53.0	1.55	45.1	2.94	3.03
	负	−43.2	−1.04	−51.1	−1.56	−43.4	−2.80	2.69

中节点试件梁端荷载-层间位移角曲线的特征点和延性系数　　**表 7-8**

试件编号	荷载方向	梁端曲线屈服点		梁端曲线峰值点		梁端曲线极限点		延性系数 $\mu=\gamma_u/\gamma_y$
		P_y (kN)	γ_y (%)	P_p (kN)	γ_p (%)	P_u (kN)	γ_u (%)	
I-C-V-C-0.3-1	正	91.2	1.84	98.2	4.82	**97.6** *	**5.28** *	**2.87** *
	负	−91.0	−1.64	−103.5	−3.42	**−96.7** *	**−5.28** *	**3.22** *
I-C-V-C-0.3-2	正	75.1	1.30	**99.0** *	**4.72** *	—	—	—
	负	−80.4	−1.82	−96.9	−4.31	**−94.6** *	**−4.77** *	**2.62** *

续表

试件编号	荷载方向	梁端曲线屈服点		梁端曲线峰值点		梁端曲线极限点		延性系数 $\mu=\gamma_u/\gamma_y$
		P_y (kN)	γ_y (%)	P_p (kN)	γ_p (%)	P_u (kN)	γ_u (%)	
I-C-V-C-0.6	正	69.8	1.18	90.8	3.43	**83.2 ***	**4.83 ***	**4.09 ***
	负	−71.6	−1.47	−90.0	−4.36	−76.5	−5.08	3.46
I-C-V-C-0.6-C	正	78.6	1.65	92.7	3.49	78.8	4.39	2.66
	负	−73.6	−1.48	−91.5	−3.44	**−86.8 ***	**−4.37 ***	**2.95 ***
I-C-V-B-0.6	正	58.5	1.25	**71.8 ***	**3.77 ***	—	—	—
	负	−56.1	−1.36	−68.9	−3.32	**−66.9 ***	**−4.27 ***	**3.14 ***
I-B-V-C-0.6	正	74.7	1.42	90.2	3.20	76.7	5.05	3.56
	负	−74.6	−1.13	−82.5	−2.73	−70.1	−3.77	3.34
I-B-V-B-0.6	正	64.6	1.41	79.2	3.98	**75.3 ***	**4.44 ***	**3.15 ***
	负	−63.0	−1.43	−76.2	−3.99	**−75.1 ***	**−4.45 ***	**3.11 ***
I-C-S-C-0.6	正	65.6	1.46	74.3	2.90	**71.5 ***	**3.36 ***	**2.30 ***
	负	−59.6	−1.37	−73.2	−2.87	**−71.4 ***	**−3.34 ***	**2.44 ***
I-C-S-B-0.6	正	55.3	1.37	**66.6 ***	**5.33 ***	—	—	—
	负	−53.6	−1.41	−64.4	−2.95	−54.8	−3.22	2.28

结合图 7-26、表 7-7 和表 7-8，可得以下结论：

（1）强节点系列试件中，由于均为梁端塑性铰破坏，各试件的梁端荷载-位移骨架曲线基本重合。可见虽然外环板试件在试验后期发生了一定程度的焊缝破坏，但 H 型钢梁的截面抗弯能力在前期得到了充分发挥。相对于多腔式柱节点试件，对拉钢筋式柱-竖向肋板节点试件的柱截面含钢率较低，相同轴压比下二阶效应产生的附加弯矩较小，因此对拉钢筋式柱-竖向肋板节点试件 I-B-V-B-0.6 骨架曲线的柱端承载力高于其他两个强节点试件（正向平均提高 19.4%，负向平均提高 21.4%）。

（2）弱节点系列试件中，除试件 I-C-S-C-0.6 由于焊缝破坏导致承载力偏低外，其余试件弹性刚度和承载力相近，柱轴压比为 0.3 的两个节点试件明显具有更好的柱端承载力和延性。试件 I-C-V-C-0.6-C 虽采用了 C45 混凝土，但柱轴压荷载也随之增大，因而柱端水平承载力并无明显增大。

（3）强节点和弱节点试件的柱端和梁端骨架曲线延性系数大部分接近 3.0 及以上，整体具有良好的变形能力。同时强节点试件柱端骨架曲线极限点对应的层间位移角为 2.41%～3.19%，参考《建筑抗震设计规范》GB 50011—2010[169] 中 1/50 的弹塑性层间位移角限值，说明本试验的强节点试件在罕遇地震下具有良好的变形能力。

7.4.1.2 钢管混凝土异形柱-H 型钢梁边节点试件荷载-位移骨架曲线分析

由边节点试件荷载-位移滞回曲线可得到荷载-位移骨架曲线，柱端和梁端荷载-层间位移角骨架曲线分别如图 7-28 和图 7-29 所示。骨架曲线的屈服点、峰值点、极限点以及延性系数列于表 7-9 中。对于未达到极限状态时试验结束的试件，以试验结束时对应的柱端荷载和位移代替极限荷载和极限位移，并在表中以“ * ”标注。由于边节点试件梁端荷载-层间位移角骨架曲线基本无下降段，因此仅提取其屈服点和峰值点，也未计算梁端曲线的延性系数。

H 型钢梁边节点试件柱端和梁端荷载-层间位移角曲线的特征点和延性系数　　表 7-9

试件编号	荷载方向	柱端曲线						梁端曲线			
		屈服点		峰值点	极限点		延性系数	屈服点		峰值点	
		P_y (kN)	γ_y (%)	P_p (kN)	P_u (kN)	γ_u (%)	$\mu=\gamma_u/\gamma_y$	V_y (kN)	γ_y (%)	V_p (kN)	γ_p (%)
E-C-UL-0.3	正	43.0	1.00	46.8	**42.7＊**	**2.27＊**	**2.27＊**	107.5	1.56	118.8	2.27
	负	−40.0	−1.04	−45.6	−43.3	−2.13	2.05	−92.3	−1.42	−112	−2.37
E-C-UL-0.6-1	正	27.4	0.88	28.9	24.6	1.70	1.93	104	1.41	118.2	2.24
	负	−24.9	−0.77	−27.9	−23.7	−1.66	2.16	−101.6	−1.46	−118.3	−2.56
E-C-UL-0.6-2	正	24.3	0.84	25.7	21.8	1.66	1.98	105.7	1.56	120	2.54
	负	−27.6	−1.06	−28.1	−23.9	−1.60	1.51	−104.8	−1.68	−118.8	−2.53
E-C-US-0.3	正	43.1	1.27	45.2	38.4	2.35	1.85	103.5	1.50	110.0	2.51
	负	−37.6	−0.99	−41.3	−35.1	−2.43	2.45	−89.7	−1.39	−104.4	−2.35
E-C-US-0.6	正	23.3	0.78	25.5	21.7	1.72	2.21	93.6	1.38	114.8	2.31
	负	−19.1	−0.80	−21.2	−18.0	−1.67	2.09	−90.8	−1.44	−105.7	−2.36
E-C-VN-0.3	正	52.5	1.18	57.0	48.5	2.78	2.36	123.4	1.57	140.5	2.91
	负	−52.1	−1.25	−56.3	**−48.0＊**	**−2.93＊**	**2.34＊**	−117.5	−1.64	−133.0	−2.70
E-C-VN-0.6	正	31.5	1.08	32.8	27.9	1.67	1.55	120.7	1.82	129.2	2.47
	负	−29.0	−1.09	−30.1	−25.6	−1.72	1.58	−112.2	−1.72	−126.3	−2.50
E-B-VT-0.3	正	55.6	1.37	58.4	**53.7＊**	**2.61＊**	**1.91＊**	128.7	1.83	140.6	2.61
	负	−54.2	−1.27	−58.3	**−52.6＊**	**−2.64＊**	**2.08＊**	−118.2	−1.66	−130.3	−2.64
E-B-VT-0.6	正	39.6	0.96	40.5	34.4	1.84	1.92	120.2	1.57	135.8	2.58
	负	−34.4	−0.81	−38.2	−32.5	−2.01	2.48	−107.8	−1.38	−131.4	−3.10
E-B-VN-0.6	正	39.7	1.07	41.2	35.0	1.82	1.70	119.6	1.59	134.6	2.43
	负	−33.7	−0.89	−36.0	−30.6	−1.89	2.12	−108.7	−1.55	−123.1	−2.45

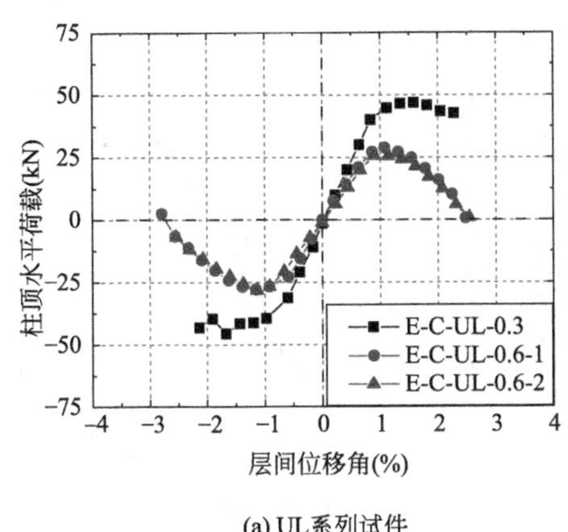

(a) UL系列试件

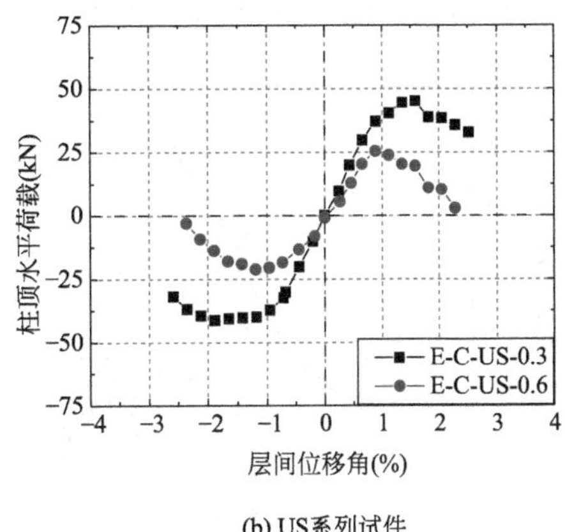

(b) US系列试件

图 7-28　钢管混凝土异形柱-H 型钢梁边节点试件柱端荷载-层间位移角骨架曲线

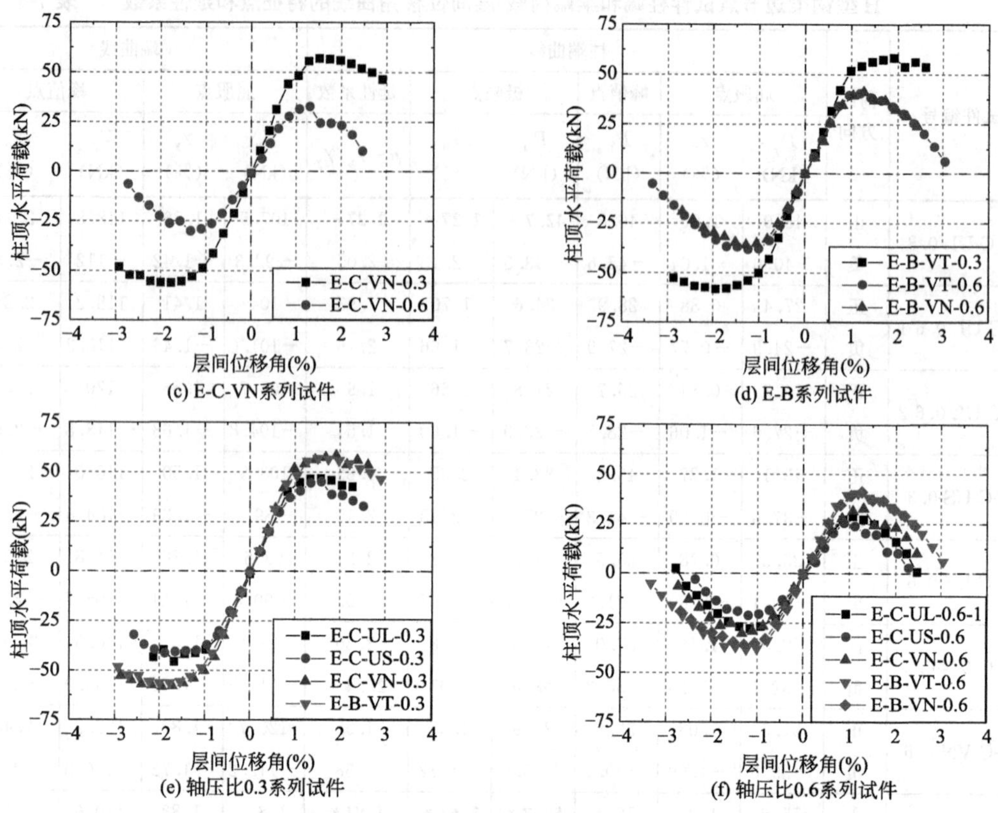

图 7-28 钢管混凝土异形柱-H 型钢梁边节点试件柱端荷载-层间位移角骨架曲线（续）

结合图 7-28、图 7-29 和表 7-9，可得以下结论：

（1）U 形板节点试件与竖向肋板节点试件的初始刚度相近；U 形板节点试件进入屈服段后，梁柱交界截面的 U 形板屈服，导致 U 形板节点试件塑性段刚度明显低于竖向肋板节点试件；U 形板节点试件最终破坏模式为节点连接破坏，梁截面抗弯能力未充分发挥，相对于破坏模式为梁端塑性铰破坏的竖向肋板节点试件，UL 系列节点试件承载力平均低 11.17%，US 系列节点试件承载力平均低 17.93%。

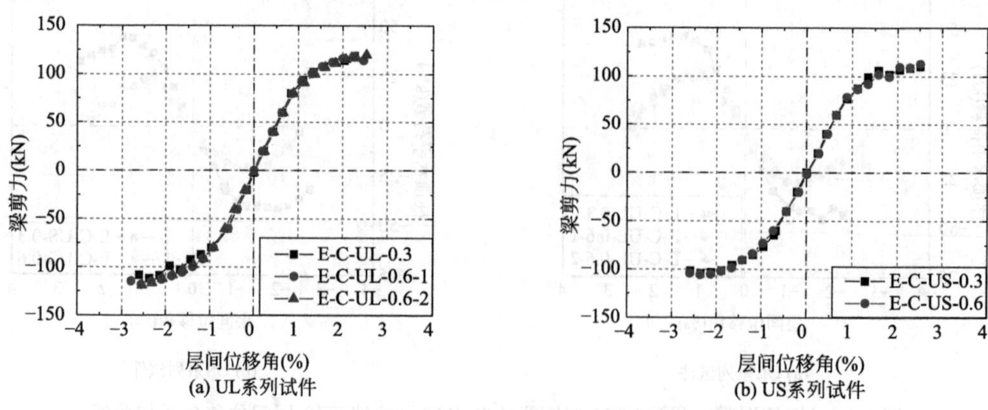

图 7-29 钢管混凝土异形柱-H 型钢梁边节点试件梁端荷载-层间位移角骨架曲线

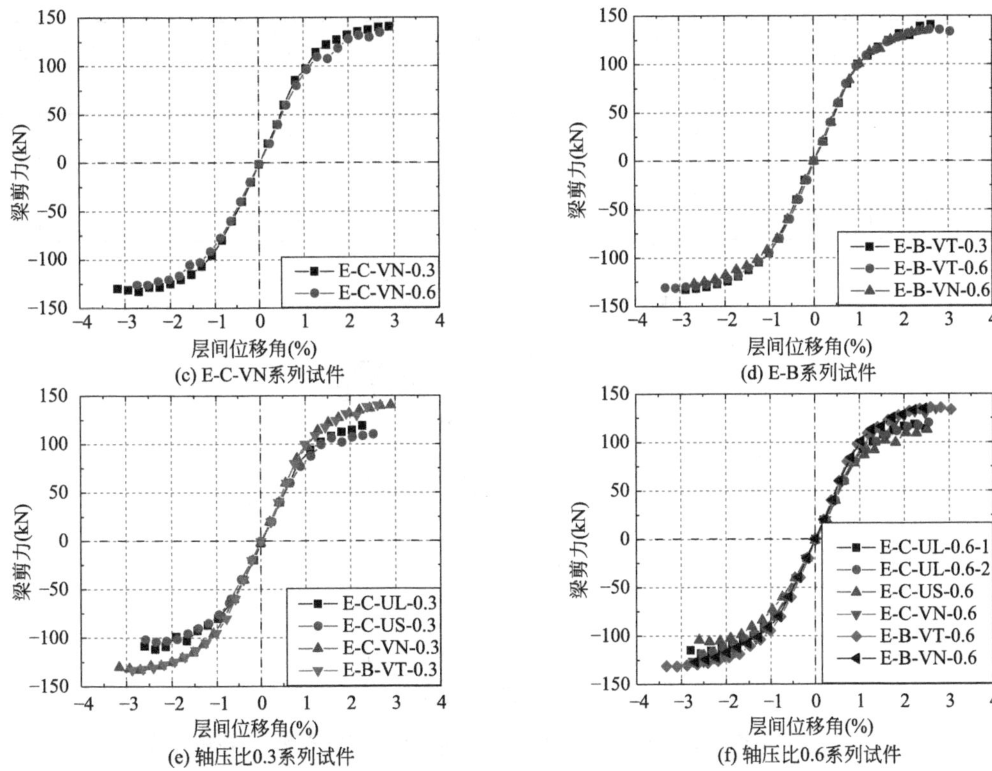

(c) E-C-VN系列试件

(d) E-B系列试件

(e) 轴压比0.3系列试件

(f) 轴压比0.6系列试件

图 7-29　钢管混凝土异形柱-H 型钢梁边节点试件梁端荷载-层间位移角骨架曲线（续）

（2）柱端水平荷载受轴压力二阶效应的影响，节点连接形式相同的试件在不同轴压比情况下的曲线差别明显。

（3）竖向肋板节点试件极限层间位移角为 1.67%～2.93%，平均值为 2.21%，参考我国《建筑抗震设计规范》GB 50011—2010[169] 中 1/50 的弹塑性层间位移角限值，说明本试验的竖向肋板节点试件在罕遇地震下具有良好的变形能力。U 形板节点试件的极限层间位移角平均值为 1.92%，变形能力略低于竖向肋板节点试件。

（4）U 形板节点试件中，U 形板在柱钢管外的宽度仅为梁宽的 1/8，导致 U 形板在梁柱交接处因截面宽度突变而受拉开裂，可通过加宽或加厚 U 形板来改进。

7.4.1.3　钢管混凝土异形柱-U 形钢组合梁边节点试件荷载-位移骨架曲线分析

由 U 形钢组合梁边节点试件荷载-位移滞回曲线可得到荷载-位移骨架曲线，如图 7-30 所示。骨架曲线的屈服点、峰值点、极限点以及延性系数列于表 7-10 中。

钢管混凝土异形柱-U 形钢组合梁边节点试件梁端荷载-位移曲线的特征点和延性系数　表 7-10

试件编号	荷载方向	屈服点		峰值点		极限点		延性系数
		P_y (kN)	Δ_y (mm)	P_p (kN)	Δ_p (mm)	P_u (kN)	Δ_u (mm)	$\mu=\Delta_u/\Delta_y$
E-C-U-VN-S	正	72.22	20.86	84.77	33.73	72.05	44.16	2.11
	负	−49.48	−16.07	−66.40	−31.88	−56.44	−50.46	3.14
E-C-U-VN-1	正	67.97	23.76	75.30	41.64	64.00	48.58	2.04
	负	−56.77	−23.53	−63.05	−38.92	−53.59	−60.89	2.64

续表

试件编号	荷载方向	屈服点		峰值点		极限点		延性系数 $\mu=\Delta_u/\Delta_y$
		P_y (kN)	Δ_y (mm)	P_p (kN)	Δ_p (mm)	P_u (kN)	Δ_u (mm)	
E-C-U-VN-2	正	71.96	25.20	80.92	39.12	68.78	48.74	1.93
	负	−48.53	−19.12	−59.02	−30.40	−50.17	−47.51	2.48
E-C-U-VN-3	正	73.77	28.11	84.82	46.27	72.09	54.34	1.93
	负	−55.64	−21.71	−64.50	−43.64	−54.83	−55.55	2.56

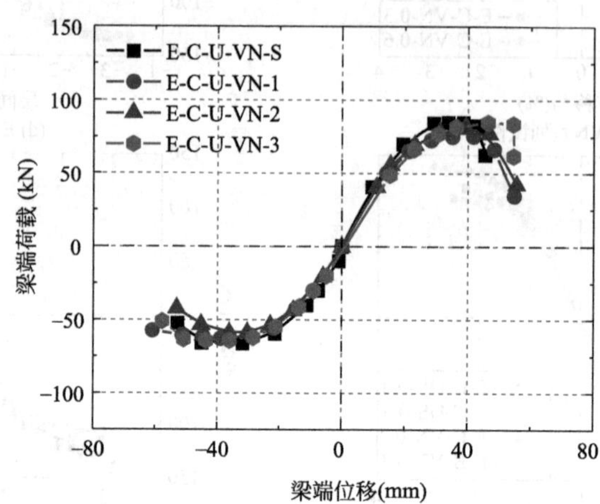

图 7-30　钢管混凝土异形柱-U 形钢组合梁边节点试件梁端荷载-位移角骨架曲线

结合图 7-30 和表 7-10，可得以下结论：

（1）试件荷载-位移曲线出现了明显的非对称性，正向承载力显著高于负向承载力，主要由于 U 形钢混凝土组合梁截面形式及材料分布的非对称性。

（2）试件负向延性系数明显高于正向延性系数，主要由于 U 形钢底板在正向加载时最终被拉断，导致正向承载力在达到峰值后下降速度快，而负向承载力由于负弯矩钢筋的存在下降不明显。

（3）试件梁截面均相同且最终都发生了梁端塑性铰破坏，连接件并未发生破坏，因此荷载位移-曲线差别不大，说明竖向肋板尺寸均能满足“强节点-弱构件”的抗震设计要求。

7.4.2　节点试件梁端承载力与规范设计方法对比分析

本节基于 AISC 360—2010 (LRFD)[148]，BS EN 1993-1-1:2005[170] 及我国《钢结构设计标准》GB 50017—2017[171] 中关于框架结构中 H 型钢梁受弯承载力的规定，计算出 H 型钢梁截面受弯承载力，并反算出对应的梁端剪力；同时基于边缘纤维屈服准则和全截面塑性准则计算对应的梁端剪力。将以上梁端剪力与试验梁端剪力的比值列于表 7-11 中。由于部分节点试件在加载结束时梁端支反力未进入下降段，以试验结束时的荷载作为峰值承载力，其比值以“*”标注。

由于框架结构合理的破坏模式为梁端塑性铰破坏，而弱节点系列试件破坏模式为节点核心区剪切破坏或节点连接件破坏，与梁端塑性铰破坏不符，故仅进行强节点试件承载力的对比。

节点试件特征点梁端承载力、规范计算值、理论计算值的对比　　表 7-11

试件编号	荷载方向	V_y/V_{cy}	V_p/V_{cp}	V_p/V_{AISC}	V_p/V_{BS}	V_p/V_{GB}
I-C-V-B-0.6	正	1.26	**1.35***	**1.50***	**1.35***	**1.47***
	负	1.21	1.30	1.44	1.30	1.41
I-B-V-B-0.6	正	1.39	1.49	1.65	1.49	1.62
	负	1.35	1.43	1.59	1.43	1.56
I-C-S-B-0.6	正	1.19	**1.25***	**1.39***	**1.25***	**1.36***
	负	1.15	1.21	1.36	1.21	1.32
E-C-UL-0.3	正	1.19	**1.15***	**1.28***	**1.15***	**1.25***
	负	−1.02	−1.08	−1.20	−1.08	−1.18
E-C-UL-0.6-1	正	1.15	1.14	1.27	1.14	1.24
	负	−1.12	−1.14	−1.27	−1.14	−1.25
E-C-UL-0.6-2	正	1.17	**1.16***	**1.29***	**1.16***	**1.26***
	负	−1.16	**−1.15***	**−1.28***	**−1.15***	**−1.25***
E-C-US-0.3	正	1.16	1.08	1.20	1.08	1.17
	负	−1.01	−1.02	−1.14	−1.02	−1.11
E-C-US-0.6	正	1.05	**1.13***	**1.25***	**1.13***	**1.23***
	负	−1.02	−1.04	−1.15	−1.04	−1.13
E-C-VN-0.3	正	1.36	**1.36***	**1.51***	**1.36***	**1.48***
	负	−1.30	−1.29	−1.43	−1.29	−1.40
E-C-VN-0.6	正	1.33	**1.25***	**1.39***	**1.25***	**1.36***
	负	−1.24	−1.22	−1.36	−1.22	−1.33
E-B-VT-0.3	正	1.42	**1.36***	**1.51***	**1.36***	**1.48***
	负	−1.31	**−1.26***	**−1.40***	**−1.26***	**−1.37***
E-B-VT-0.6	正	1.33	1.31	1.46	1.31	1.43
	负	−1.19	−1.27	−1.41	−1.27	−1.38
E-B-VN-0.6	正	1.32	**1.30***	**1.45***	**1.30***	**1.42***
	负	−1.20	**−1.19***	**−1.32***	**−1.19***	**−1.30***

表中：V_y——试验梁端屈服剪力；

V_p——试验梁端峰值剪力；

V_{cy}——根据边缘纤维屈服准则计算的梁端剪力；

V_{cp}——根据全截面塑性准则计算的梁端剪力；

V_{AISC}——根据 AISC 360—2010（LRFD）[148] 计算的梁端受剪承载力；

V_{BS}——根据 BS EN 1993-1-1：2005[170] 计算的梁端受剪承载力；

V_{GB}——根据《钢结构设计标准》GB 50017—2017[171] 计算的梁端受剪承载力。

由表 7-11 可见，对于中柱强节点系列试件，梁端承载力为各国规范计算值的 1.21～1.65 倍，可见三种节点形式皆可满足各国规范要求。虽然外环板节点试件 I-C-S-B-0.6 因为焊缝开裂而承载力略低，但其梁端承载力也达到规范设计值的 1.3 倍左右。对于 H 型钢梁边节点试件，虽然部分试件梁端承载力在试验结束时未达峰值，但试验值均高于规范计算值。其中竖向肋板系列试件的梁端承载力为规范计算值的 1.19～1.51 倍；U 形板系列试件为 1.02～1.29 倍，其中小尺寸 U 形板系列试件梁端承载力最低，仅比规范计算值高出 2%～25%。

7.4.3　节点域剪力-剪切变形曲线分析

节点域的剪力-剪切变形曲线能反映节点域的抗剪刚度，也能反映节点试件的破坏特征。同时节点域剪切变形对于框架整体变形也有一定程度的影响。在水平剪力和竖向轴力共同作用下，节点域的受力情况和剪切变形如图 7-31 所示。节点域受到的剪力 V_j 用式(7-1) 计算，节点域的剪切角 θ_j 用式(7-2) 计算。

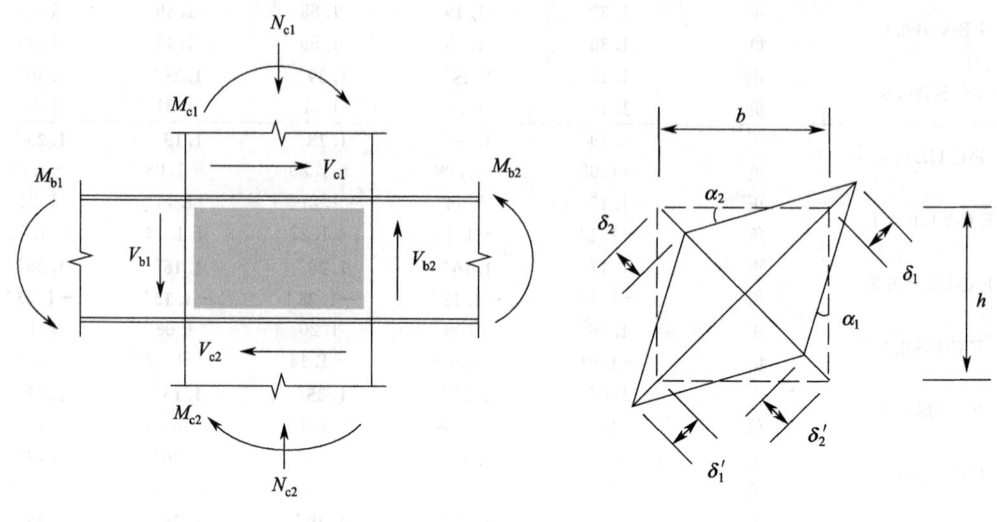

图 7-31　节点域受力及变形情况

$$V_j=\frac{M_{b1}+M_{b2}}{h}-\frac{V_{c1}+V_{c2}}{2}=\frac{(V_{b1}+V_{b2})(L_1/2-b/2)}{h}-\frac{V_{c1}+V_{c2}}{2} \tag{7-1}$$

$$\theta_j=\frac{1}{2}(|\delta_1+\delta_1'|+|\delta_2+\delta_2'|)\frac{\sqrt{b^2+h^2}}{bh} \tag{7-2}$$

式中：V_j——节点域剪力；

M_{b1}——节点域左侧梁端弯矩；

M_{b2}——节点域右侧梁端弯矩；

V_{b1}——左梁剪力；

V_{b2}——右梁剪力；

V_{c1}——上柱剪力；

V_{c2}——下柱剪力；

L_1——节点域左、右梁反弯点的间距；

b——节点域的长度；

h——节点域的高度。对于 U 形板节点试件，h 为梁截面高度减去翼缘厚度；对于竖向肋板节点试件，h 为上、下竖向肋板形心之间距离；

$(\delta_1+\delta_1')$ 和 $(\delta_2+\delta_2')$ ——节点域对角线方向的伸缩量。

基于试验的测量结果，按照上述方法计算得到的试件节点域剪力 V_j-剪切角 θ_j 滞回曲线如图 7-32 所示。

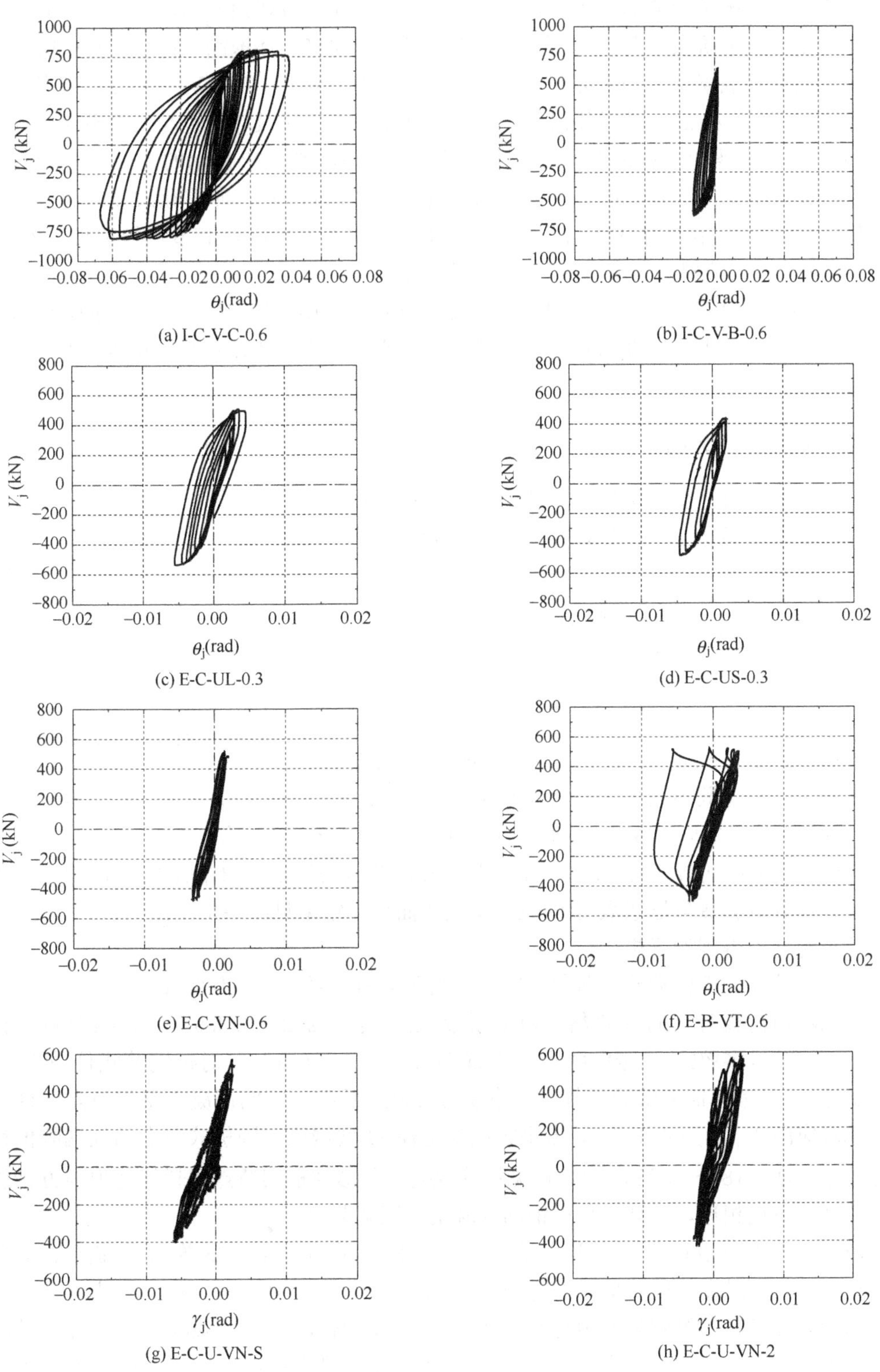

图 7-32　试件节点域剪力 V_j-剪切角 θ_j 滞回曲线

对于中节点试件中的弱节点（I-C-V-C-0.6），节点域剪切角 θ_j 达到了 0.06rad，进入了明显的塑性发展阶段，剪力 V_j-剪切角 θ_j 滞回曲线的滞回环饱满，这与试验中的节点域钢管局部屈曲和混凝土剪切破坏现象对应。对于强节点试件（I-C-V-B-0.6），节点域剪切角 θ_j 仅有不到 0.02rad，滞回环很小，说明节点域并未明显破坏，也与试验现象一致。

对于 H 型钢梁边节点试件，由于均为强节点试件，图 7-32 所示的大尺寸 U 形板节点试件（E-C-UL-0.3）、小尺寸 U 形板节点试件（E-C-US-0.3）、非贯穿式竖向肋板节点试件（E-C-VN-0.6）和贯穿式竖向肋板节点试件（E-B-VT-0.6），其节点域剪切角 θ_j 均不到 0.01rad，与试验现象的节点域基本无破坏一致。

对于 U 形梁边节点试件，试件的剪切变形均在 0.015rad 以内，尚未发生明显的剪切塑性变形，主要是由于试件均发生了梁端塑性铰破坏，节点域并未明显破坏，也与试验现象一致。

7.4.4 耗能性能分析

能量耗散能力是衡量结构抗震性能的一个重要指标，用能量耗散系数 E_d 或等效黏滞阻尼系数 ζ_{eq} 表示，计算方法见图 7-33、式(7-3) 和式(7-4)。

$$E_d=\frac{S_{ABC}+S_{CDA}}{S_{OBE}+S_{ODF}} \tag{7-3}$$

$$\zeta_{ed}=\frac{E_d}{2\pi} \tag{7-4}$$

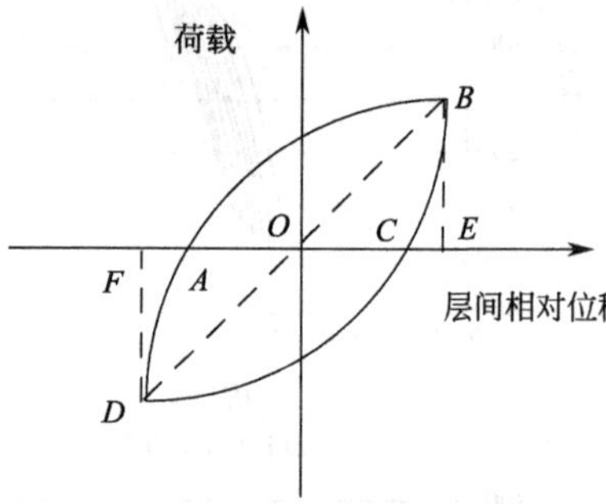

图 7-33 能量耗散计算简图

式(7-3) 中，$S_{ABC}+S_{CDA}$ 是滞回环包围的面积，代表了能量耗散的大小，与承载力等因素有关；$S_{OBE}+S_{ODF}$ 是弹性能。能量耗散系数 E_d 和等效黏滞阻尼系数 ζ_{eq} 是归一化的指标，主要与变形能力有关。

基于钢管混凝土异形柱-H 型钢梁中节点和边节点的柱端和梁端荷载-层间位移角滞回曲线，计算等效黏滞阻尼系数-层间位移角关系曲线，结果见图 7-34～图 7-37。

综合对比后得到如下规律：

(1) 中节点试件柱端峰值荷载对应的等效黏滞阻尼系数 ζ_{eq} 为 0.202～0.245。边节点试件柱端峰值荷载对应的等效黏滞阻尼系数 ζ_{eq} 为：0.202～0.339（U 形板节点试件）、0.150～0.275（多腔式柱-竖向肋板节点试件）、0.147～0.199（对拉钢筋式柱-竖向肋板节点试件）。参考其他类型梁柱节点的等效黏滞阻尼系数，钢筋混凝土梁柱节点的柱端峰值荷载对应的 ζ_{eq} 约为 0.1[172]，方钢管混凝土柱-H 型钢梁内隔板式节点的柱端峰值荷载对应的 ζ_{eq} 为 0.182～0.239[173]，可见钢管混凝土异形柱框架节点的耗能能力与方钢管混凝土柱框架节点相近，远高于普通钢筋混凝土柱框架节点。

(2) 对于中节点试件，强节点系列试件在柱端荷载峰值时的等效黏滞阻尼系数为 0.205～0.245，梁端荷载峰值时的等效黏滞阻尼系数为 0.313～0.348。弱节点系列试件在柱端荷载峰值时的等效黏滞阻尼系数为 0.202～0.241，梁端荷载峰值时的等效黏滞阻尼系数为 0.217～0.299。可见，对于梁端荷载等效黏滞阻尼系数而言，梁端塑性铰破坏模式的试件耗能能力明显好于节点剪切破坏模式的试件；而对于柱端荷载的等效黏滞阻尼系数而言，两种破坏模式试件的耗能能力相近。

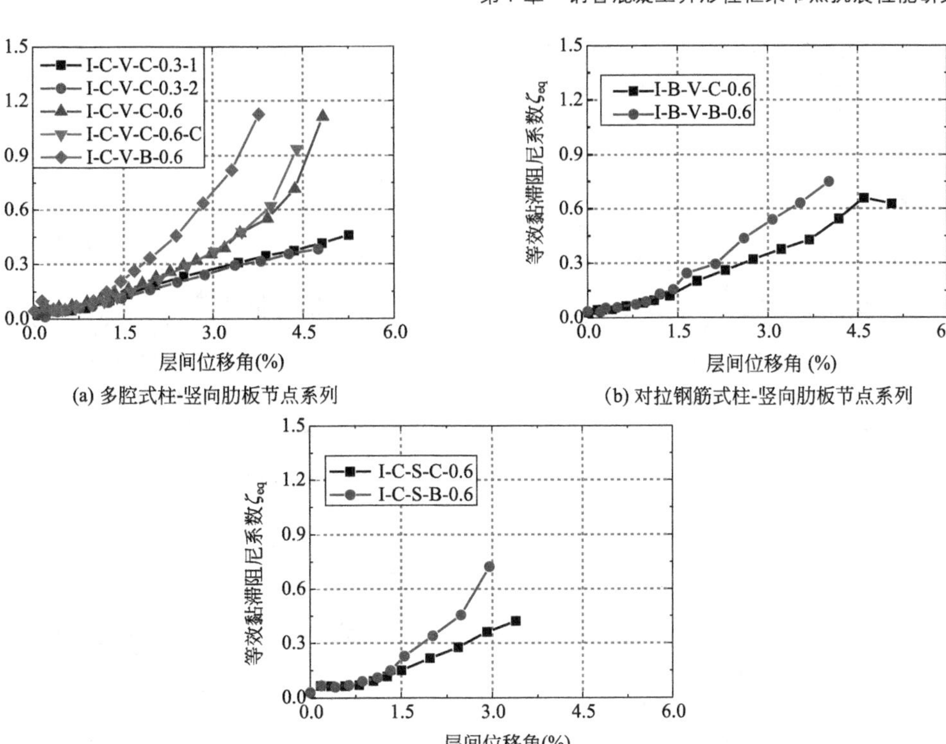

(a) 多腔式柱-竖向肋板节点系列

(b) 对拉钢筋式柱-竖向肋板节点系列

(c) 多腔式柱-外环板节点系列

图 7-34　中节点试件柱端等效黏滞阻尼系数-层间位移角曲线

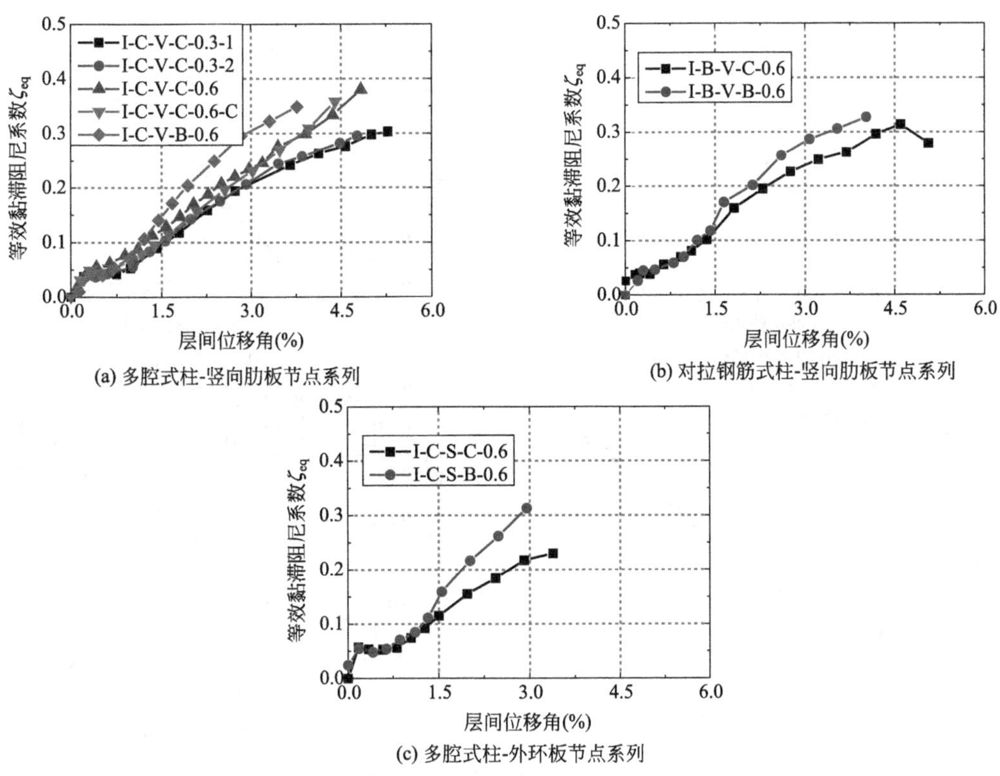

(a) 多腔式柱-竖向肋板节点系列

(b) 对拉钢筋式柱-竖向肋板节点系列

(c) 多腔式柱-外环板节点系列

图 7-35　中节点试件梁端等效黏滞阻尼系数-层间位移角曲线

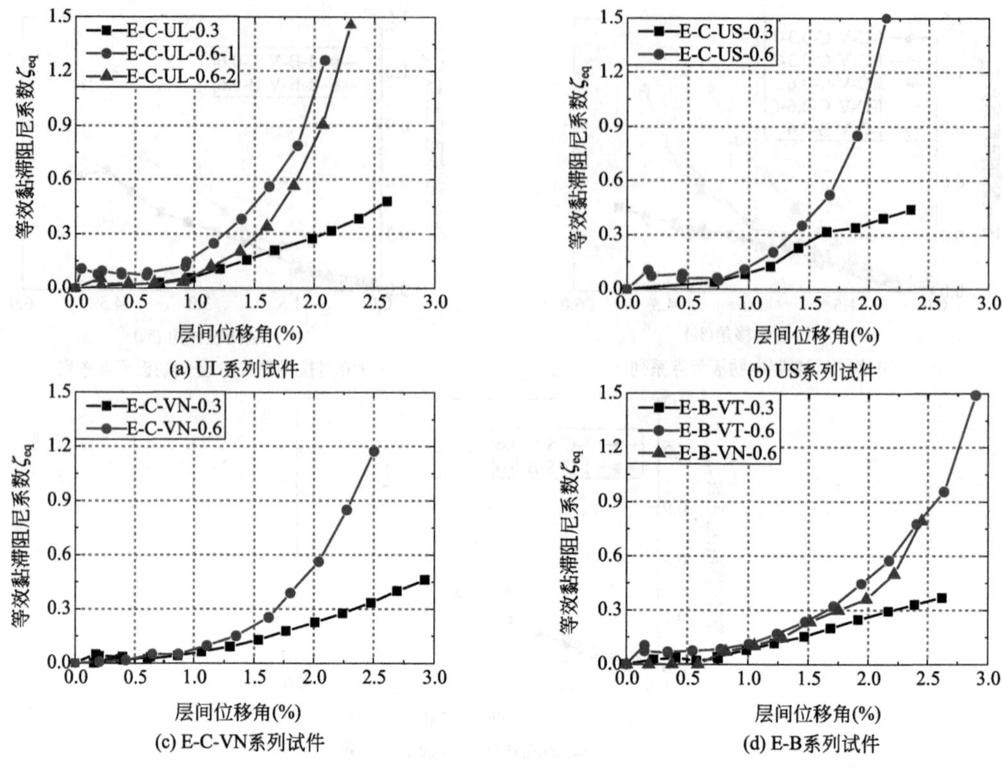

(a) UL系列试件

(b) US系列试件

(c) E-C-VN系列试件

(d) E-B系列试件

图 7-36 边节点试件柱端等效黏滞阻尼系数-层间位移角曲线

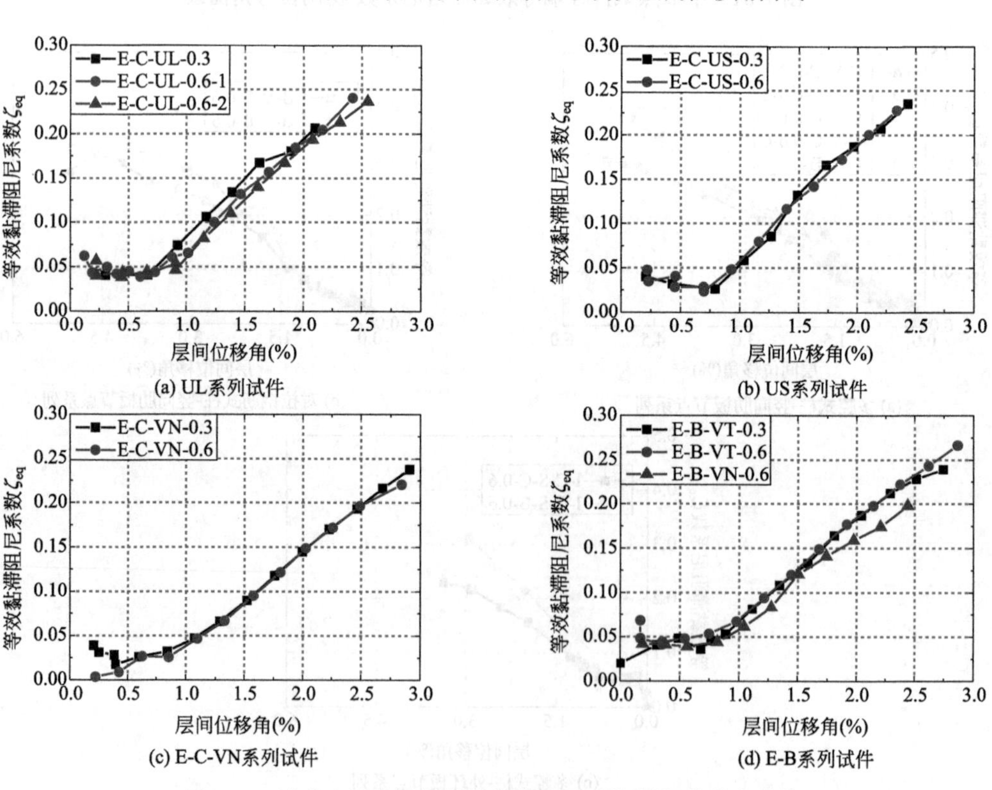

(a) UL系列试件

(b) US系列试件

(c) E-C-VN系列试件

(d) E-B系列试件

图 7-37 边节点试件梁端等效黏滞阻尼系数-层间位移角曲线

（3）对于中节点试件的三种系列节点中，I-C-V 系列试件柱端峰值荷载对应的效黏滞阻尼系数为 0.230（弱节点）与 0.205（强节点）；I-B-V 系列试件为 0.202（弱节点）与 0.245（强节点）；I-C-S 系列为 0.216（弱节点）与 0.229（强节点）。可见，三种节点形式的耗能能力相近，差异并不明显。

（4）在本文研究参数范围内，柱轴压比对试件梁端的等效黏滞阻尼系数 ζ_{eq} 影响较小，而对柱端的等效黏滞阻尼系数 ζ_{eq} 影响明显，高轴压比试件的耗能能力相对更强。

（5）在层间位移角小于 0.8%时节点试件处于弹性阶段，梁端的等效黏滞阻尼系数 ζ_{eq} 缓慢增长；当层间位移角超过 0.8%时梁端翼缘进入塑性，梁端的等效黏滞阻尼系数 ζ_{eq} 增长速度加快。

7.5 刚度及变形分析

7.5.1 节点刚度分析

框架结构梁柱节点可按照刚度分为刚接、铰接和半刚接三种节点。参考欧洲规范 BS EN 1993-1-8:2005[170]（图 7-38），基于 M/M_p-θ_{j1}/θ_{jp} 曲线对节点刚度进行判别，其中 M 为梁端弯矩，M_p 为梁截面达到全截面塑性时的弯矩，θ_{j1} 为梁柱相对转角，$\theta_{jp}=M_pL/(EI_b)$，L 为梁跨度（相邻两柱轴心间距离），I_b 为梁截面惯性矩。图 7-38 中实线为无支撑框架体系刚性节点与半刚性节点分界线，对应初始斜率为 25；虚线为有支撑框架体系刚性节点与半刚性节点的分界线，对应初始斜率为 8；点画线为半刚性节点与铰接节点分界线，对应初始斜率为 0.5。美国 AISC 360—2010[148] 规范中同样根据 M/M_p-θ_{j1}/θ_{jp} 曲线斜率对节点刚度进行判别，斜率大于 20 时认定为刚性节点，小于 2 时为铰接节点，2～20 范围内为半刚性节点。

对于中节点试件，由于其中的弱节点系列试件为节点破坏，所以仅对强节点系列试件进行节点刚度分析，各试件的 M/M_p-θ_{j1}/θ_{jp} 曲线如图 7-39 所示。节点试件 I-C-V-B-0.6、I-B-V-B-0.6、I-C-S-B-0.6 的梁端弯矩 M 达到 $2/3M_p$ 时的 M/M_p-θ_{j1}/θ_{jp} 曲线割线斜率分别为 11.91、11.08、10.44，三类节点均满足有支撑框架体系的刚性节点要求。

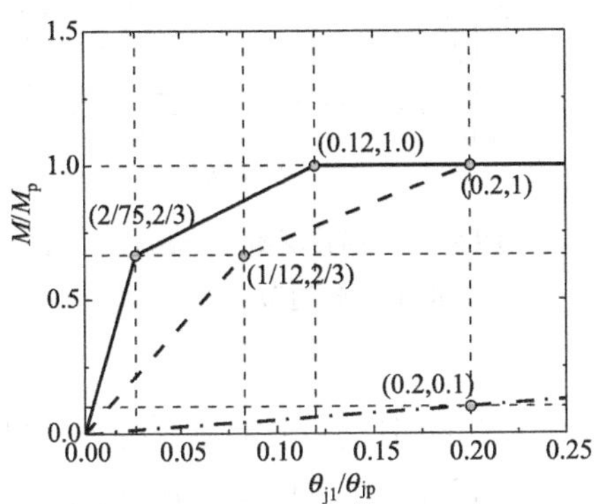

图 7-38　欧洲规范 BS EN 1993-1-8：2005 中的节点刚度分类

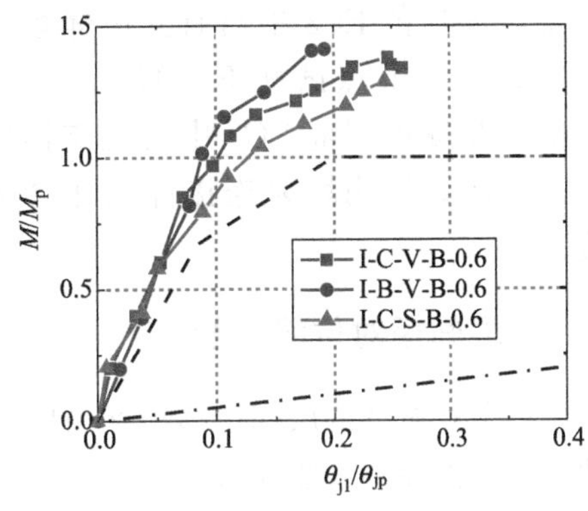

图 7-39　中节点刚度判定

对于边节点试件，由于其中的U形板节点试件发生节点连接破坏，钢管掀起对倾角仪I-2数据造成影响，故无法对U形板节点试件进行节点刚度判定，仅对竖向肋板节点试件的刚度进行判定，见图7-40。节点试件E-C-VN-0.3、E-C-VN-0.6、E-B-VT-0.3、E-B-VT-0.6、E-B-VN-0.6的梁端弯矩M达到$2/3M_p$时的M/M_p-θ_{j1}/θ_{jp}曲线割线斜率分别为10.34、13.83、31.58、23.80、20.98。对比可知，竖向肋板节点试件均满足欧洲规范BS EN 1993-1-8：2005[170]和美国规范AISC360-2010[148]中的有支撑框架体系刚性节点要求。同时，多腔式柱节点由于内加劲钢板将混凝土分隔为若干区域，其节点刚度低于对拉钢筋式柱节点。

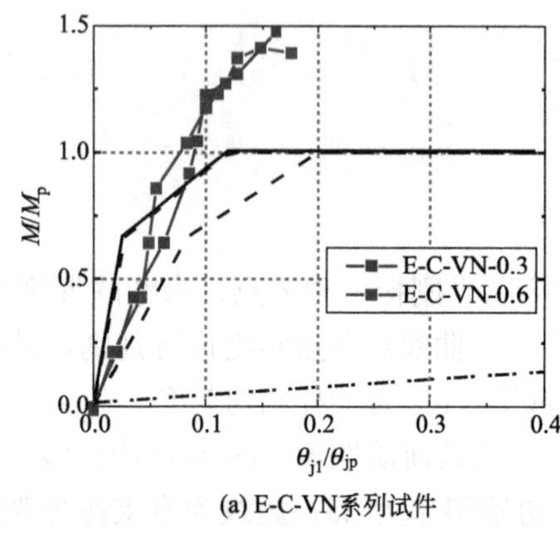

(a) E-C-VN系列试件

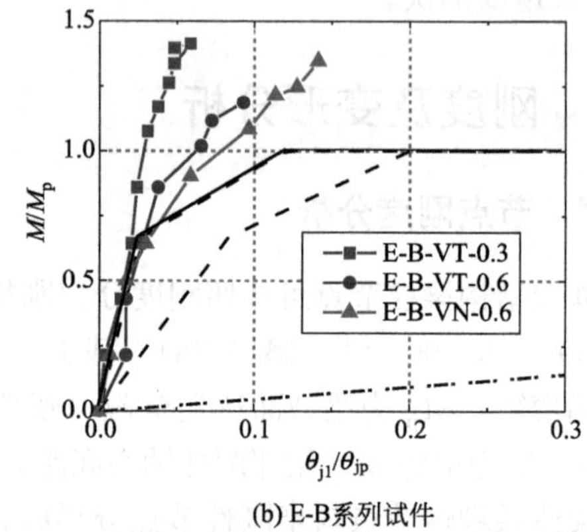

(b) E-B系列试件

图7-40 边节点刚度判定

对于钢管混凝土异形柱-U形钢组合梁边节点试件，各试件的M/M_p-θ_{j1}/θ_{jp}曲线如图7-41所示。节点试件E-C-U-VN-S、E-C-U-VN-1、E-C-U-VN-2、E-C-U-VN-3的梁端弯矩M达到$2/3M_p$时的M/M_p-θ_{j1}/θ_{jp}曲线割线斜率分别为28.68、16.67、20.05、17.67。所有试件均能满足欧洲规范EC3中对有支撑体系的刚性节点要求；标准节点试件E-C-U-VN-S的刚度最大，能满足欧洲规范EC3中对无支撑体系的刚性节点要求，说明增大连接件尺寸会提高节点刚度。

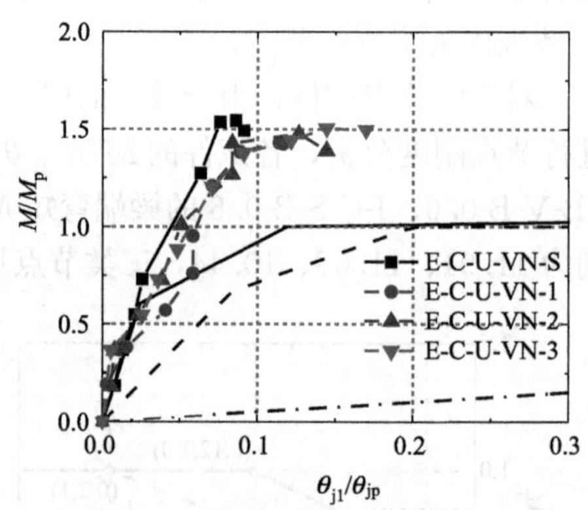

图7-41 钢管混凝土异形柱-U形组合梁边节点刚度判定

7.5.2 层间相对位移分析

梁柱节点试件的层间位移角γ由以下几类变形产生的层间位移角组成[174]：①梁弹性弯曲变形与梁端塑性铰变形产生的层间位移角γ_b（图7-42(a)、(b)）；②柱弹性弯曲变形与柱端塑性铰变形产生的层间位移角γ_c（图7-42（c)、(d)）；③节点域剪切变形产生的层间位移角γ_j（图7-42（e））。各个变形的测量方法或计算方法如下：

（1）梁弹性弯曲变形产生的层间位移角γ_{b1}

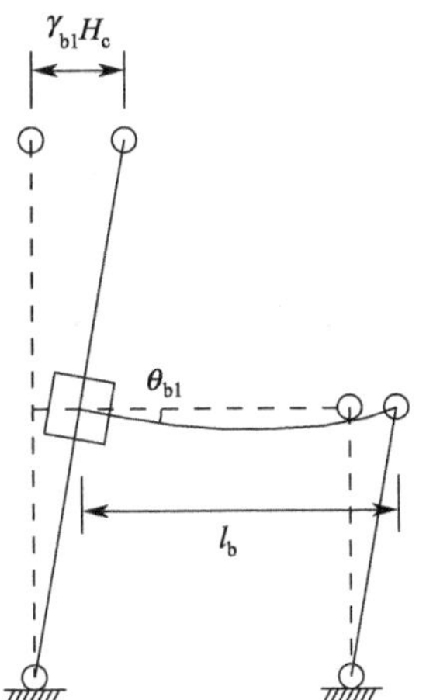

(a) 梁弹性变形产生的层间相对位移

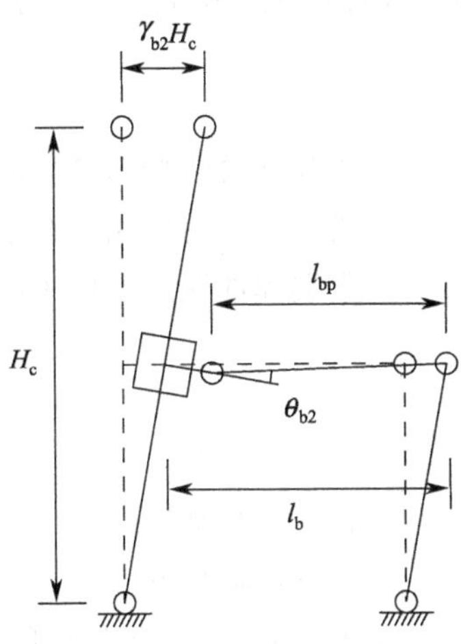

(b) 梁端塑性铰变形产生的层间相对位移

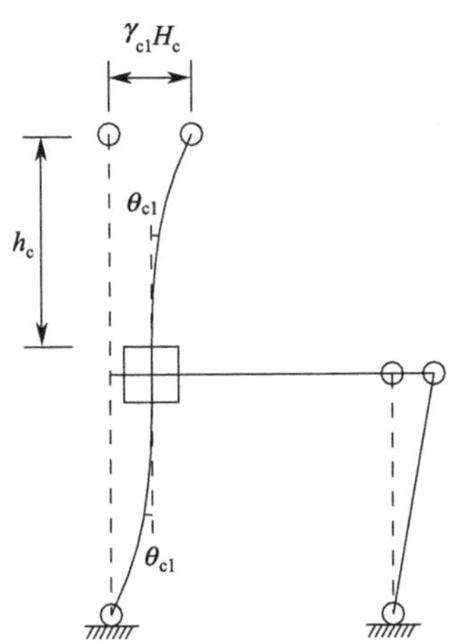

(c) 柱弹性变形产生的层间相对位移

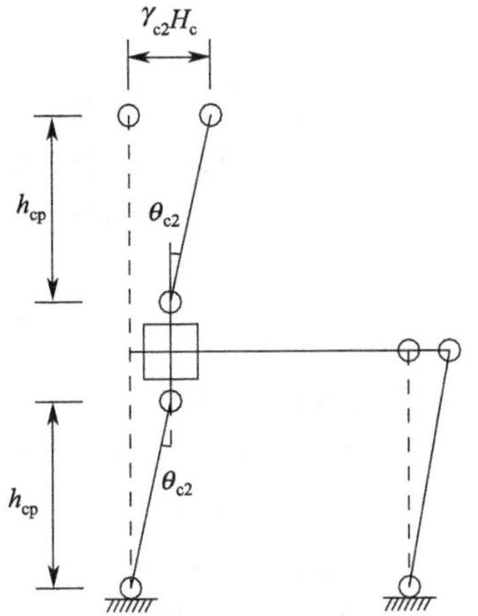

(d) 柱端塑性铰变形产生的层间相对位移

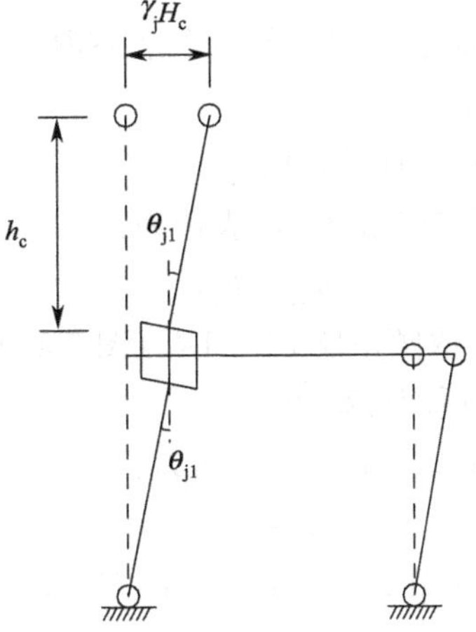

(e) 节点域剪切变形产生的层间相对位移

图 7-42　试件层间相对位移组成

梁弹性变形产生的层间位移角 γ_{b1} 可表达为：

$$\gamma_{b1}=\theta_{b1}=\frac{\Delta_{b1}}{l_b} \tag{7-5}$$

式中：θ_{b1}——梁弹性弯曲变形产生的柱倾角；

l_b——梁端支反力作用点至节点域外边缘距离；

Δ_{b1}——梁端弹性变形，仅考虑弯曲变形，忽略剪切变形，按下式计算：

$$\Delta_{b1}=\frac{V_b l_b^3}{3E_s I_b} \tag{7-6}$$

式中：V_b——梁端支反力；

E_s——钢材弹性模量；

I_b——梁截面惯性矩。

（2）梁端塑性铰变形产生的层间位移角 γ_{b2}

梁端塑性铰变形产生的层间位移角 γ_{b2} 可表达为：

$$\gamma_{b2}=\theta_{b2} \tag{7-7}$$

式中：θ_{b2}——梁端塑性铰区转角，取倾角仪 I-1、I-2（图 7-11）测量值的差值。

（3）柱弹性弯曲变形产生的层间位移角 γ_{c1}

柱弹性弯曲变形产生的层间位移角 γ_{c1} 可表达为：

$$\gamma_{c1}=\frac{2P_c h_c^3}{3(E_s I_s+E_c I_c)H_c} \tag{7-8}$$

式中：P_c——柱端水平荷载；

h_c——柱顶机械铰铰心至节点域上边缘的距离；

H_c——柱顶、底机械铰铰心间距离；

I_s——柱钢管截面惯性矩；

E_c——混凝土弹性模量；

I_c——柱混凝土截面的有效惯性矩。考虑到混凝土的开裂，取为毛截面惯性矩的60%[175]。对于多腔式试件，认为各腔室混凝土能够协同变形，计算方法与对拉钢筋式柱相同。

（4）柱端塑性铰变形产生的层间位移角 γ_{c2}

柱端塑性铰变形产生的层间位移角 γ_{c2} 可表达为：

$$\gamma_{c2}=\theta_{c2} \tag{7-9}$$

式中：θ_{c2}——柱端塑性区转角，取倾角仪 I-3、I-4（图 7-11）测量值的差值。

（5）节点域剪切变形产生的层间位移角 γ_j

节点域剪切变形产生的层间位移角 γ_j 可表达为：

$$\gamma_j=\theta_{j1} \tag{7-10}$$

式中：θ_{j1}——取倾角仪 I-2、I-3（图 7-11）测量值的差值，包括节点域剪切角和连接件拉伸变形产生的转角。

将以上几部分变形产生的层间位移角求和可得到总的层间位移角 γ：

$$\gamma=\gamma_b+\gamma_c+\gamma_j=\gamma_{b1}+\gamma_{b2}+\gamma_{c1}+\gamma_{c2}+\gamma_j \tag{7-11}$$

试验中由测量的柱顶和柱底相对水平位移计算试验层间位移角，记为 γ_e。

中节点和边节点试件的层间位移角分析见图 7-43，柱端承载力峰值时的层间位移角组成见表 7-12。其中对于 U 形板节点试件，由于破坏模式为节点连接件破坏，连接件对柱钢管的拉脱导致柱钢管掀起，倾角仪 I-3 测量数值失准，因此 U 形板节点试件的 γ_{c2}、γ_j 与 γ 均未得到。

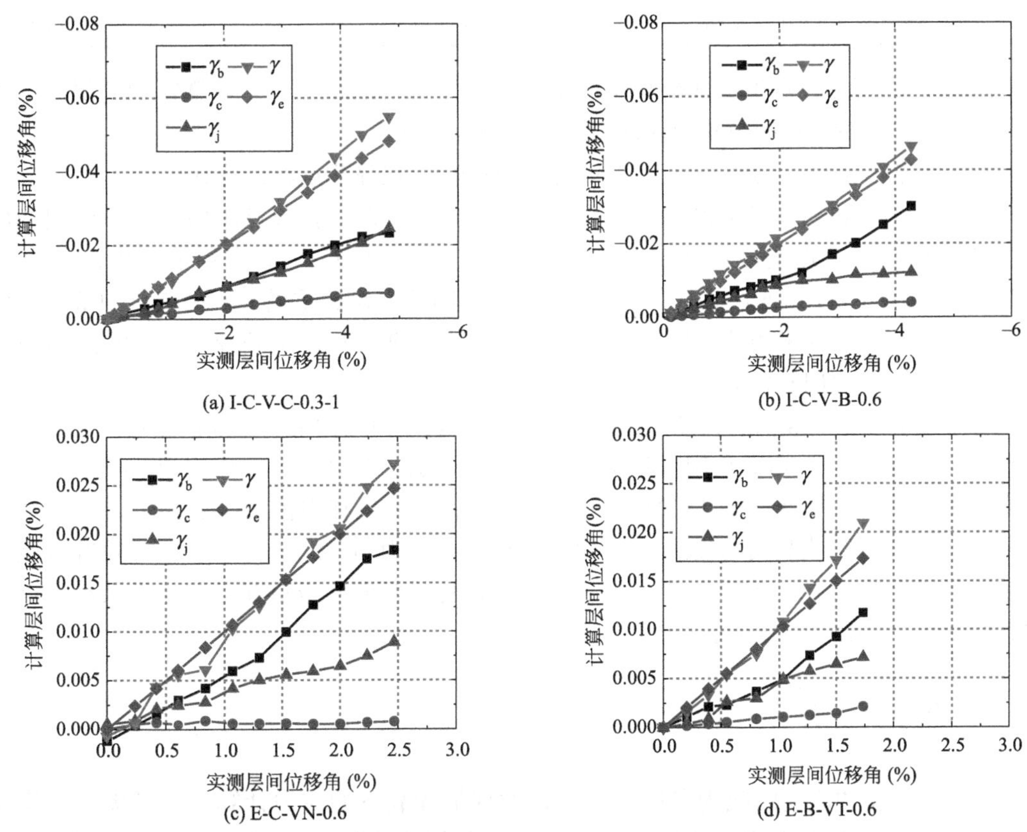

图 7-43　中节点和边节点试件层间相对位移变形分析

中节点和边节点试件柱端承载力峰值时层间位移角组成　　表 7-12

试件编号	梁变形		柱变形		节点域变形	
	层间位移角 γ_b	百分比(%)	层间位移角 γ_c	百分比(%)	层间位移角 γ_j	百分比(%)
I-C-V-C-0.3-1	0.0176	46.33	0.0052	13.76	0.0152	39.91
I-C-V-C-0.3-2	0.0143	47.40	0.0059	19.65	0.0099	32.95
I-C-V-C-0.6	0.0098	46.28	0.0026	12.40	0.0087	41.32
I-C-V-C-0.6-C	0.0091	37.33	0.0004	1.65	0.0148	61.02
I-C-V-B-0.6	0.0081	49.09	0.0021	12.73	0.0063	38.18
I-B-V-C-0.6	0.0070	39.60	0.0019	10.89	0.0087	49.50
I-B-V-B-0.6	0.0101	59.18	0.0010	6.12	0.0059	34.69
I-C-S-C-0.6	0.0051	24.58	0.0049	23.73	0.0106	51.69
I-C-S-B-0.6	0.0066	42.70	0.0007	4.49	0.0082	52.81
E-C-VN-0.3	0.0084	54.6	0.0005	3.4	0.0065	42.1

续表

试件编号	梁变形		柱变形		节点域变形	
	层间位移角 γ_b	百分比(%)	层间位移角 γ_c	百分比(%)	层间位移角 γ_j	百分比(%)
E-C-VN-0.6	0.0073	58.2	0.0002	1.6	0.0051	40.2
E-B-VT-0.3	0.0180	76.9	0.0024	10.5	0.0030	12.7
E-B-VT-0.6	0.0077	59.5	0.0016	12.2	0.0037	28.4
E-B-VN-0.6	0.0073	51.2	0.0012	8.5	0.0058	40.2

由图 7-43 可知，对于本试验节点试件，按式(7-5)至式(7-11)计算得到的层间位移角与试验直接测量的层间位移角在加载全阶段吻合良好。

对于中节点试件，梁的变形引起的层间位移角 γ_b 在强节点整体位移中占 42%～59%（平均为 50%），在弱节点中占 37%～49%（平均为 39.8%）；节点域剪切变形引起的层间位移角 γ_j 在强节点整体位移中占 34%～53%（平均为 41%），在弱节点中占 33%～61%（平均为 46%）。强节点中梁的变形引起的层间位移角比重最大，弱节点中节点域剪切变形引起的层间位移角比重最大。柱的变形引起的层间位移角 γ_c 在整体位移中占 1.6%～24%（平均 11%），占比很小。

对于边节点中的竖向肋板节点试件，由于试件破坏模式为梁端塑性铰破坏，梁的变形引起的层间位移角 γ_b 占总层间位移角的比重为 51.2%～76.9%，平均值为 60.1%，所占比重最大；节点域剪切变形引起的层间位移角 γ_j 在整体位移中占 12.7%～42.1%，平均值为 33%。非贯穿式竖向肋板节点试件的 γ_j 所占比重为 40.2%～42.1%，而贯穿式竖向肋板节点试件的 γ_j 所占比重为 12.7%～28.4%，可见竖向肋板贯穿可以显著减小节点域的剪切变形，延缓节点域的破坏。

7.6 应力分析

由于本试验的应变曲线为滞回曲线，在循环加卸载下的应力计算，应考虑包辛格效应。参考文献［176］和文献［177］对于低周往复加载下钢材应力的分析方法，采用应力强度 k_0 作为材料屈服判别标准，取为 $0.85f_y$，故以下对应力数据的分析中均以 k_0 作为屈服判别标准。

7.6.1 钢管混凝土异形柱-H 型钢梁框架中节点试件应力分析

7.6.1.1 钢梁翼缘和腹板应力分析

（1）弱节点系列试件

弱节点系列试件的梁翼缘及腹板应力发展情况见图 7-44（a）、(b)。所有节点试件梁翼缘 A-A 截面均达到屈服；除 I-C-V-C-0.6-C 试件外，其余试件梁翼缘 B-B 截面也达到了屈服。竖向肋板节点试件梁翼缘 A-A 截面应力水平明显高于 B-B 截面应力水平，说明当荷载传递到 B-B 截面时，梁翼缘大部分荷载已由竖向肋板承担。外环板节点试件梁翼缘 A-A 截面与 B-B 截面应力水平相差不大，可见梁翼缘应力在 B-B 截面时还未充分传递给外环板连接件。

钢梁腹板中间高度处 Mises 应力发展情况见图 7-44（c），可见各试件 A-A 截面与 B-B

截面的腹板 Mises 应力水平相差不大。各试件腹板达到屈服所对应的层间位移角约为 2.0%，而梁翼缘 A-A 截面达到屈服对应的层间位移角约为 0.8%，可见翼缘早于腹板达到屈服。

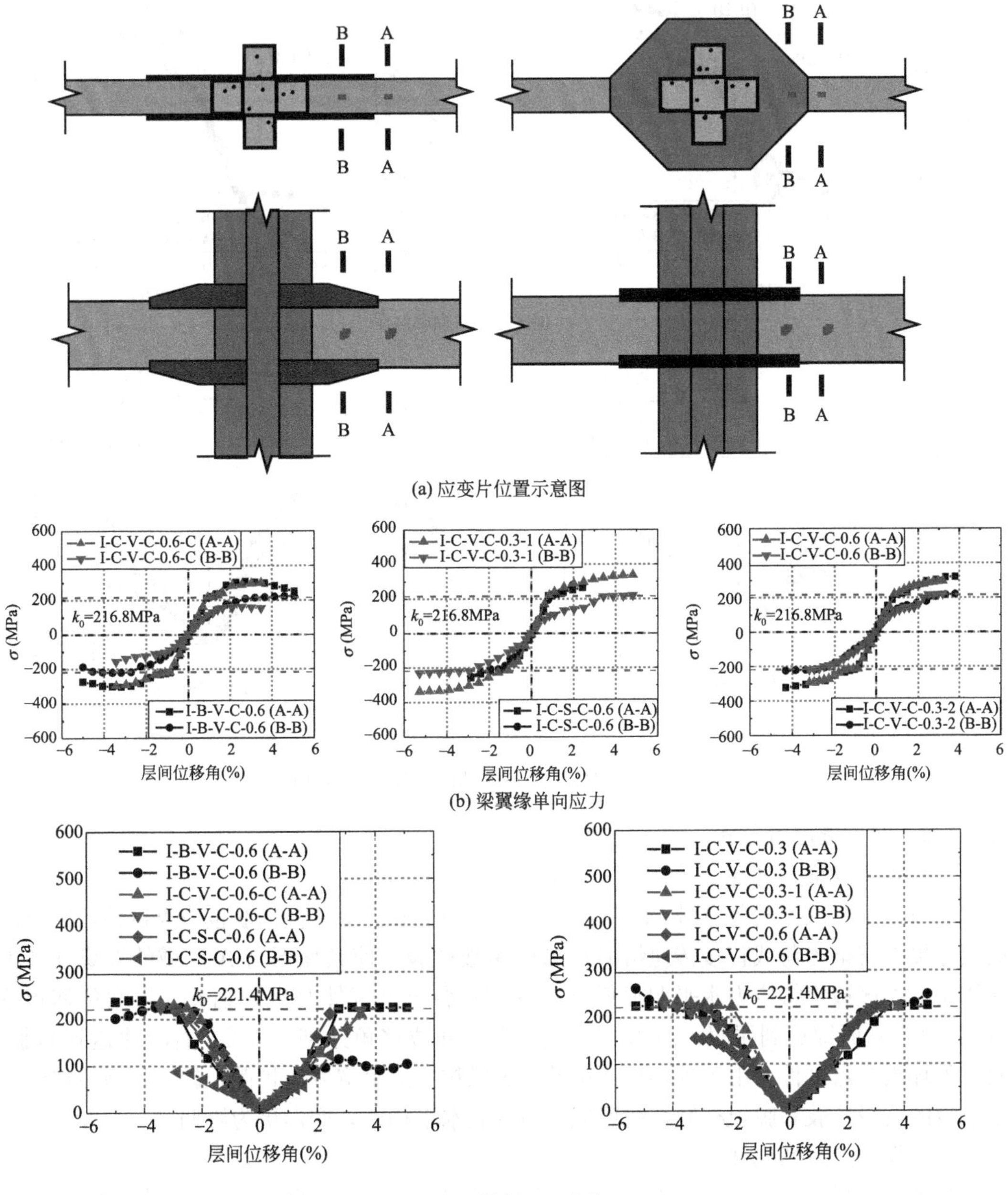

图 7-44　中节点中的弱节点系列试件梁翼缘及腹板应力发展

(2) 强节点系列试件

强节点系列试件梁翼缘及腹板应力发展情况见图 7-45。各试件梁翼缘应力在层间位移角约为 0.8%时，A-A 截面达到屈服，而 B-B 截面应力明显低于 A-A 截面。由于强节点试件腹板钢材强度偏高，故梁腹板 Mises 应力在试验结束时基本均未达到屈服，A-A 截面与 B-B 截面 Mises 应力水平相近。

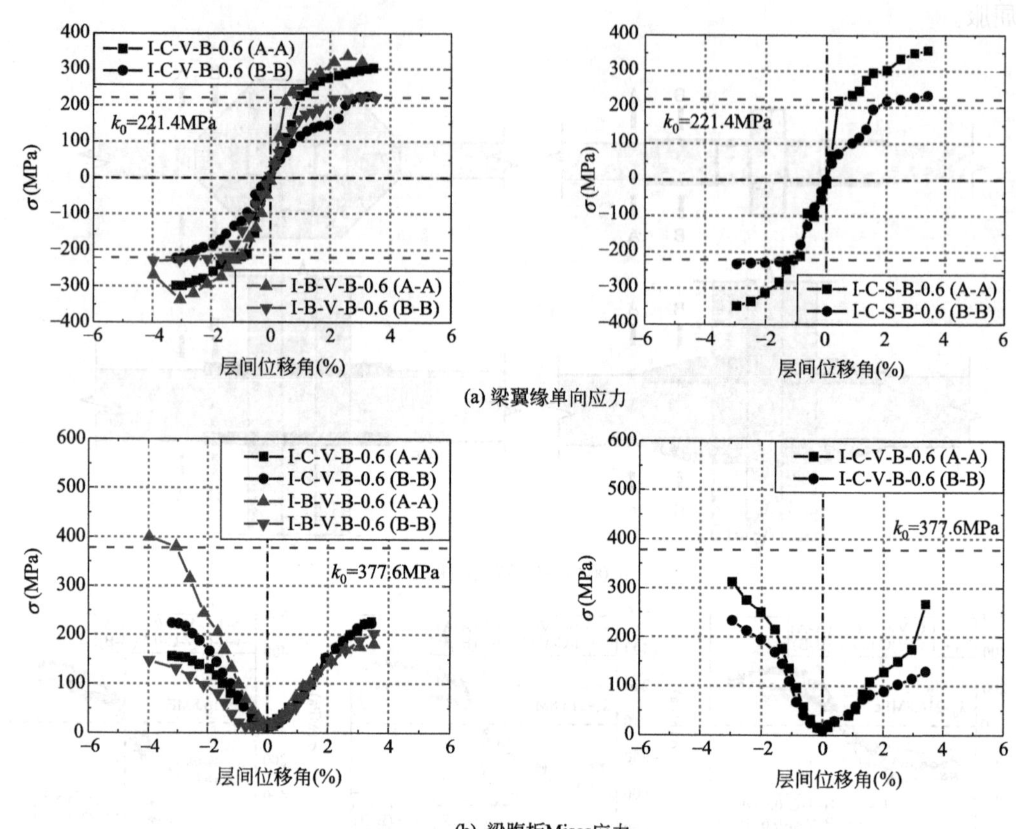

(a) 梁翼缘单向应力

(b) 梁腹板Mises应力

图 7-45　中节点中的强节点系列试件梁翼缘及腹板应力发展

7.6.1.2　节点域应力分析

（1）弱节点系列试件

弱节点系列试件的节点域 Mises 应力发展见图 7-46。对于竖向肋板节点试件，因竖向肋板连接件将梁的荷载直接传递给 B 区域的腹板柱肢，使其变形与 A 区域的翼缘柱肢不相协调，A 区域钢管应力水平明显低于 B 区域；各节点试件 B 区域钢管在层间位移角达到 0.8%左右时即达到屈服，而 A 区域钢管在层间位移角达到 1.5%左右时才达到屈服。对于外环板节点试件，由于外环板连接件将翼缘拉力沿梁宽方向扩散，较均匀地传递给了节点域的翼缘柱肢和腹板柱肢，两区域应力发展水平相近，变形更为协调。

（2）强节点系列试件

强节点系列试件节点域的 Mises 应力发展见图 7-47。试件破坏时节点域钢管应力水平处于约 400MPa 水平，低于弱节点系列试件的 500MPa 水平，表明其节点破坏程度较轻。应力分布的规律与弱节点系列试件相似，竖向肋板节点试件的腹板柱肢钢板应力水平整体大于翼缘柱肢，外环板节点试件的腹板柱肢和翼缘柱肢的钢板应力水平相当，说明外环板连接件协调腹板柱肢和翼缘柱肢变形的能力更好。

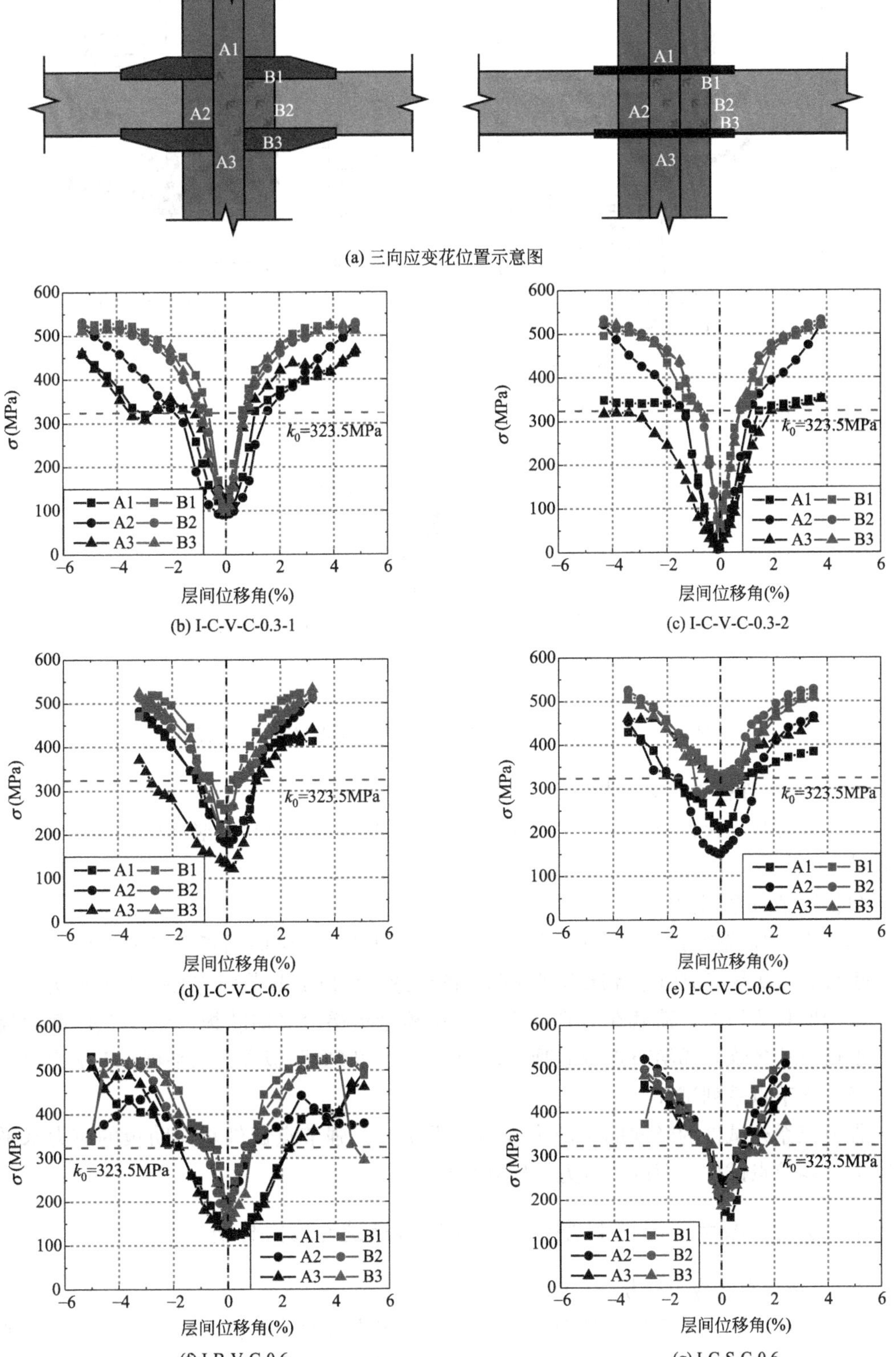

(a) 三向应变花位置示意图

(b) I-C-V-C-0.3-1

(c) I-C-V-C-0.3-2

(d) I-C-V-C-0.6

(e) I-C-V-C-0.6-C

(f) I-B-V-C-0.6

(g) I-C-S-C-0.6

图 7-46　中节点中的弱节点系列试件节点域 Mises 应力发展

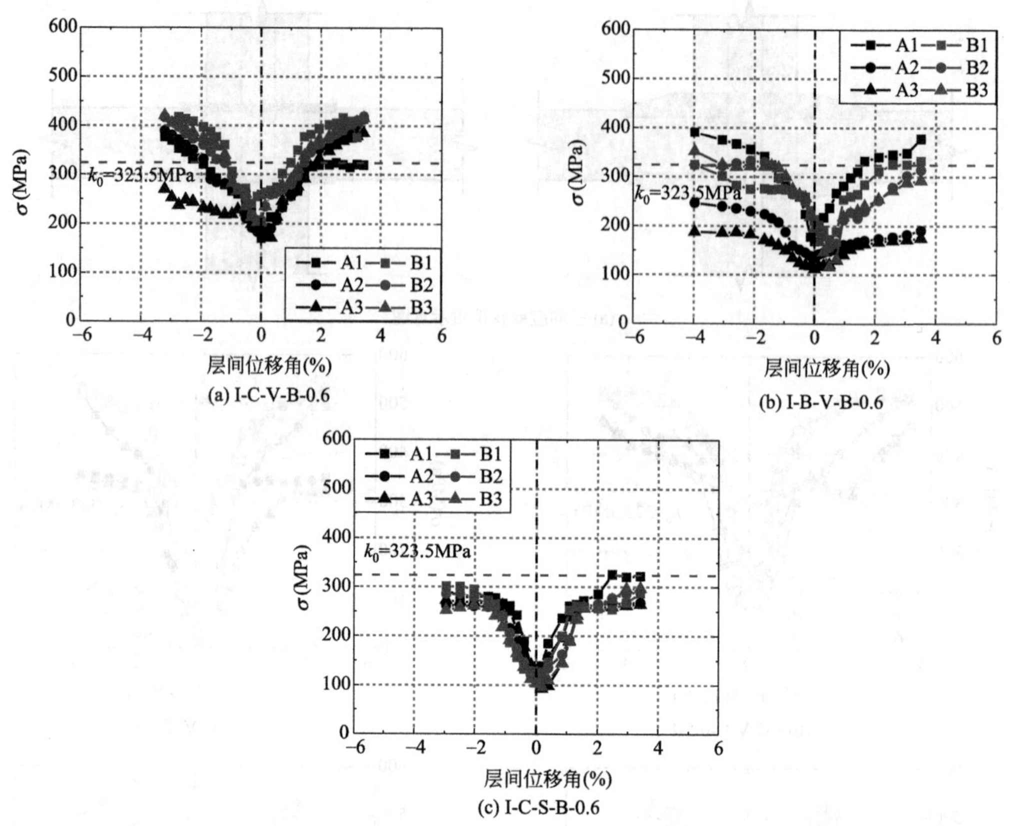

图 7-47　中节点中的强节点系列试件节点域 Mises 应力发展

7.6.1.3　节点连接件应力分析

由于外环板连接件应力已在梁翼缘应力分析中提及，以下仅对竖向肋板连接件的应力进行分析。

（1）弱节点系列试件

弱节点系列试件竖向肋板连接件应力发展见图 7-48。竖向肋板受拉时，由于荷载在 B-B 截面处已基本完成由梁翼缘至竖向肋板的传递，所以 B-B 截面与 C-C 截面应力水平相近。竖向肋板受压时，荷载在 B-B 截面处由梁翼缘传递给竖向肋板，但在 C-C 截面处荷载主要通过梁翼缘传递给节点域混凝土，所以此处的竖向肋板应力水平低于 B-B 截面。

（2）强节点系列试件

强节点系列试件的竖向肋板应力发展见图 7-49。强节点试件竖向肋板的应力水平整体略低于弱节点试件，但两者应力发展规律相同。

7.6.2　钢管混凝土异形柱-H 型钢梁框架边节点试件应力分析

7.6.2.1　钢梁翼缘应力分析

节点试件梁翼缘应力发展情况见图 7-50。梁翼缘应变片布置于两个关键截面：节点连接件以外的梁端 A-A 截面和节点连接件以内的梁端 B-B 截面，以分析梁端塑性铰形成情况。对于 U 形板节点试件，由于其宽度逐渐增大，在 B-B 截面中部布置单向应变片，

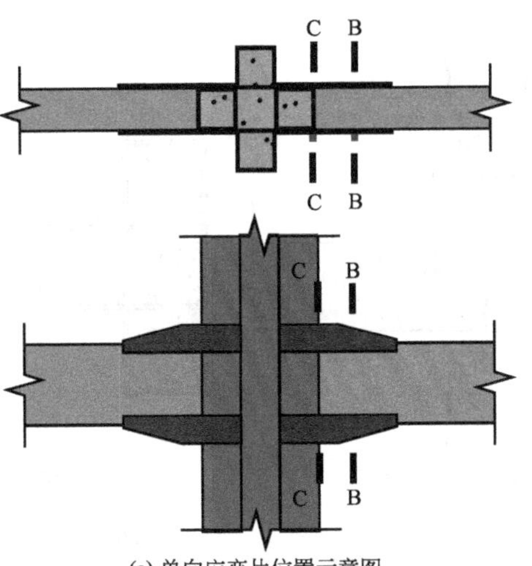

(a) 单向应变片位置示意图

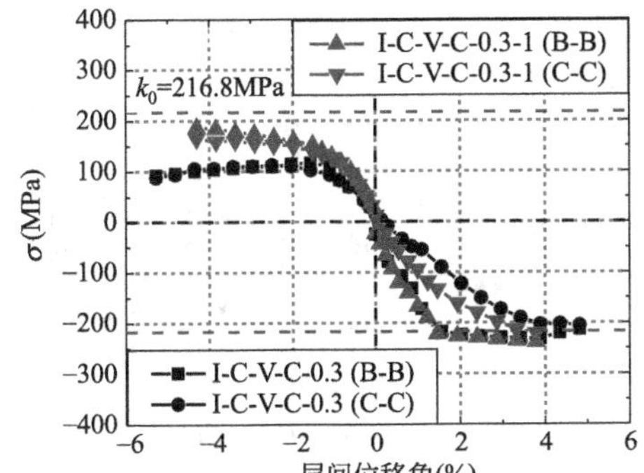

(b) 轴压比0.3系列试件

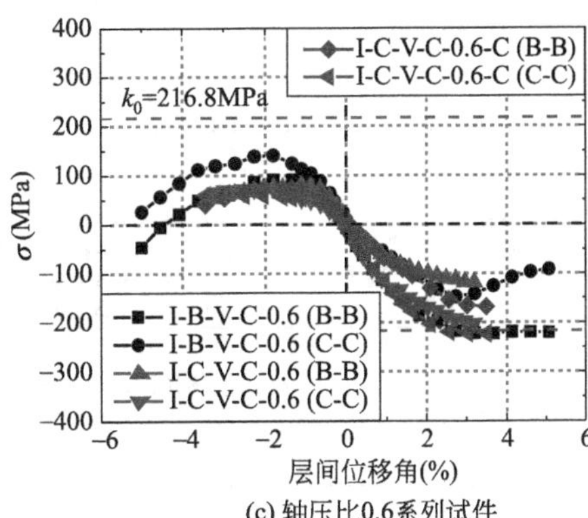

(c) 轴压比0.6系列试件

图 7-48　中节点中的弱节点系列试件竖向肋板应力发展

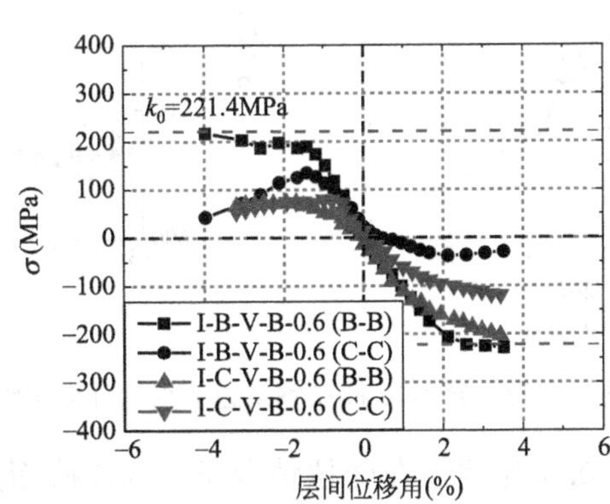

图 7-49　中节点中的强节点系列试件竖向肋板应力发展

在边部布置三向应变花。下文各图中应变花所对应的应力为主应力，特此注明。

可见，U 形板节点系列试件 A-A 截面梁翼缘应力均达到屈服，而 B-B 截面由于钢板宽度、厚度大于 A-A 截面，其应力水平低于 A-A 截面。对于 UL 系列试件（以 E-C-UL-0.6-1 为例）梁翼缘受拉情况，B-B 截面中部、边部均达到屈服，边部应力发展速度比中部快；而在梁翼缘受压情况下，压应力主要集中在 B-B 截面中部，边部并未达到屈服。

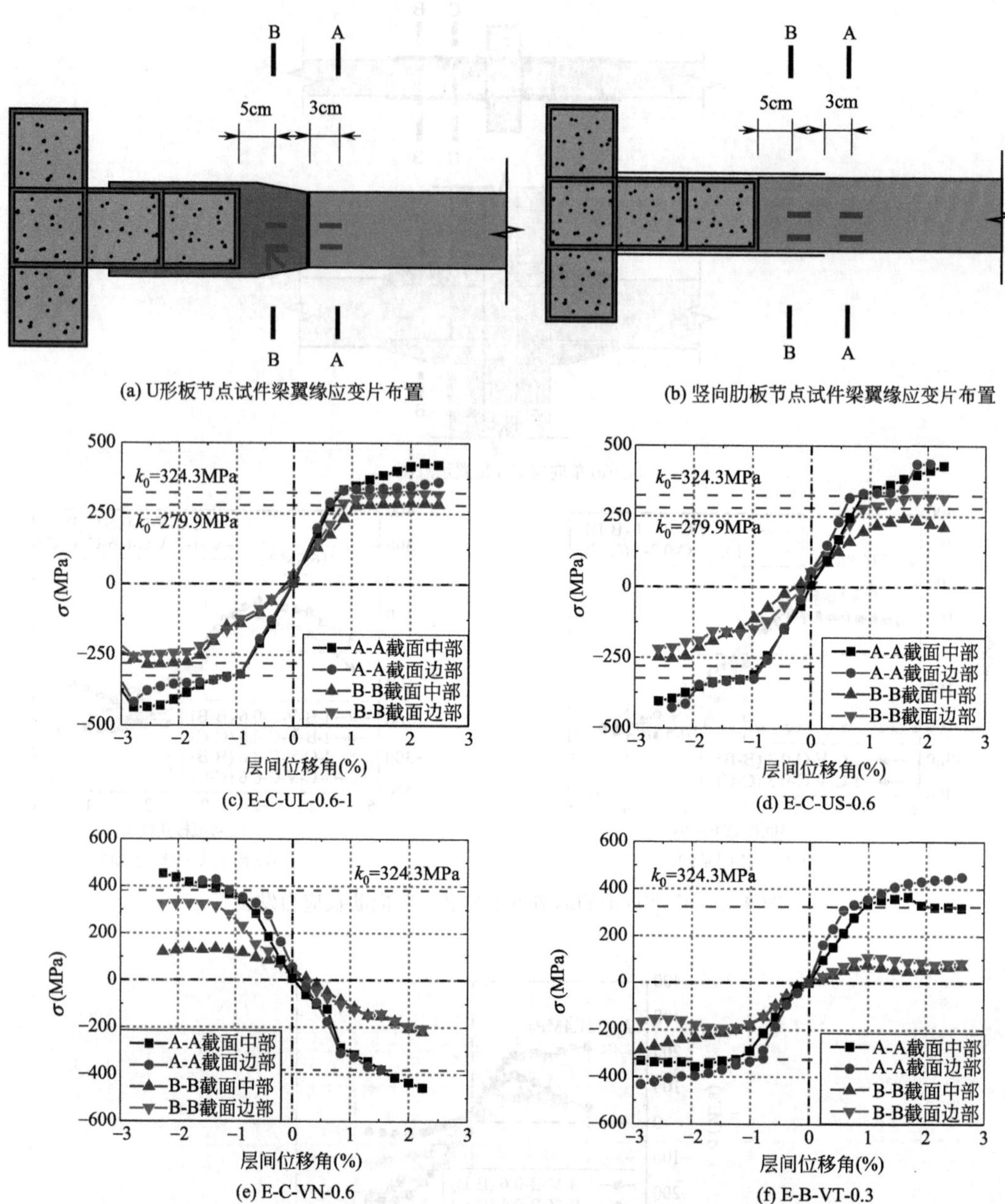

图 7-50 钢管混凝土异形柱-H 型钢梁边节点试件梁翼缘应力发展

US 系列试件（以 E-C-US-0.6 为例）在受拉情况下，B-B 截面边部应力高于中部应力；在受压情况下，B-B 截面中部应力高于边部应力，与 UL 系列试件相似。需注意的是，在 U 形板与翼缘连接界面由于刚度突变，存在应力集中现象，在设计过程中应在此处采用平滑过渡，以减轻应力集中。

与 U 形板节点系列试件相比，由于未发生节点连接件破坏，竖向肋板节点系列试件的梁翼缘应力发展更为充分，A-A 截面翼缘应力已明显进入强化段；B-B 截面处由于部分荷载由翼缘传递至竖向肋板，翼缘应力水平明显低于 A-A 截面翼缘应力水平。

7.6.2.2　钢梁腹板应力分析

节点试件梁腹板 Mises 应力发展情况见图 7-51。由于刚度突变，各试件梁 A-A 截面腹板上部的 Mises 应力发展最快，均达到屈服甚至强化段；梁 B-B 截面腹部上部应力发展次之，也接近屈服；而梁腹板中部应力均处于较低水平。可见梁以弯曲破坏为主。受破坏模式影响，竖向肋板节点试件的梁腹板 Mises 应力水平较 U 形板节点试件更高。

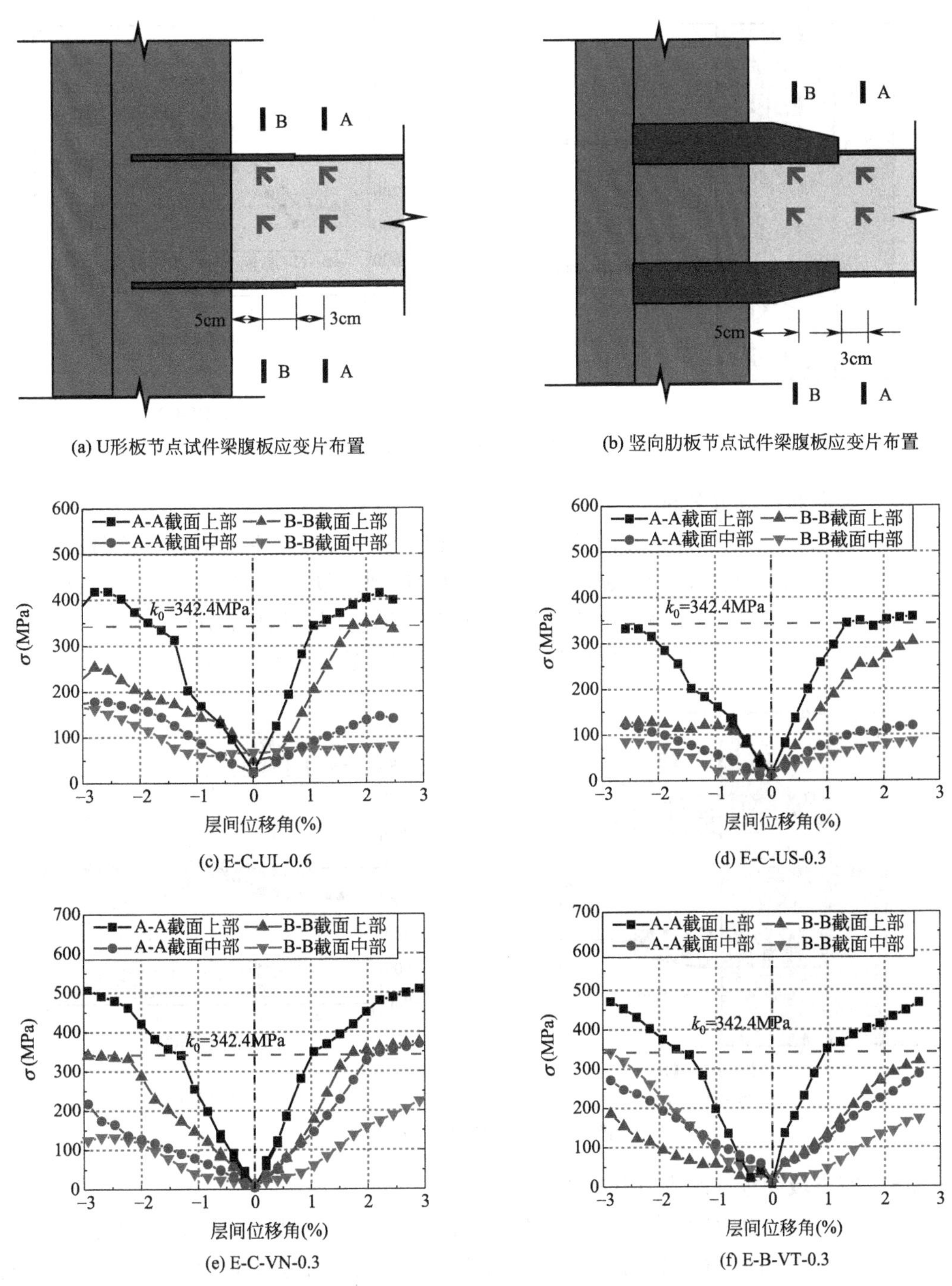

图 7-51　钢管混凝土异形柱-H 型钢梁边节点试件梁腹板 Mises 应力发展

7.6.2.3 U形板应力分析

U形板节点试件的U形板应力发展见图7-52。U形板在C-C截面和D-D截面均达到屈服，屈服时对应的层间位移角与梁翼缘A-A截面达到屈服对应的层间位移角相近。此外，C-C截面的应力水平明显高于D-D截面，这是由于在C-C截面和D-D截面之间部分荷载传递给柱侧面钢管。

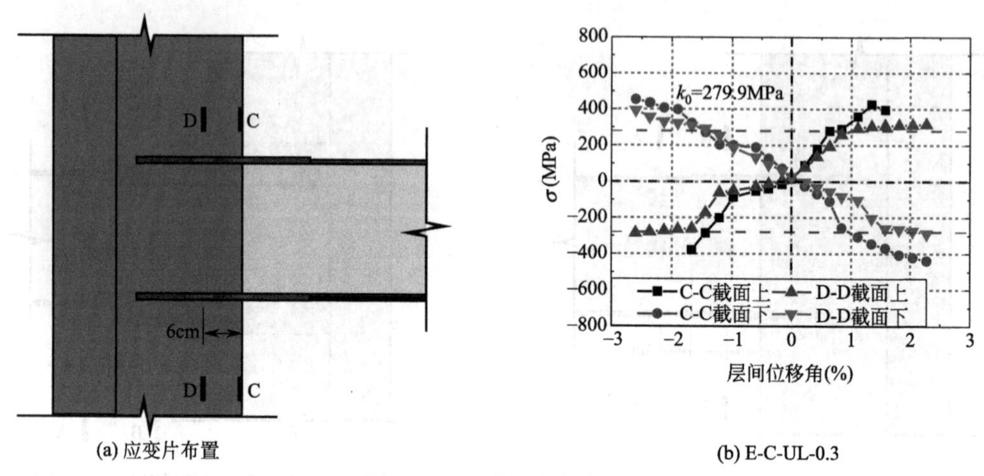

图7-52 U形板应力发展

7.6.2.4 竖向肋板应力分析

竖向肋板节点系列试件的竖向肋板应力发展见图7-53。梁柱交界的C-C截面弯矩最大，该位置应力水平最高，所有试件该位置应力均达到屈服；B-B截面应力水平次之，部分试件该位置应力也达到屈服；由于竖向肋板将荷载传递给柱侧面钢管，所以D-D截面应力水平最低，直到试验结束各试件竖向肋板在该位置处应力均未屈服。

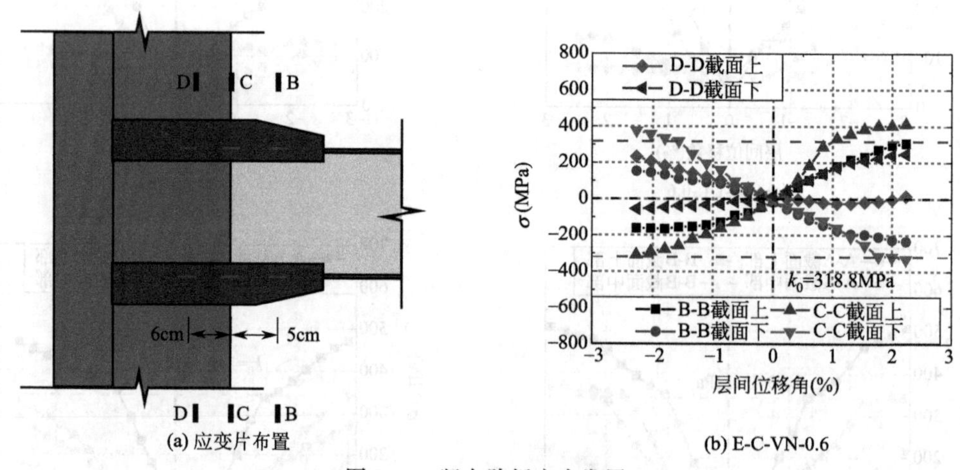

图7-53 竖向肋板应力发展

7.6.2.5 节点域腹板柱肢应力分析

节点试件节点域应变片布置及应力发展见图7-54，节点域腹板柱肢应变花均匀布置于中心和四角处。由曲线分析可得：（1）由于腹板柱肢直接承受竖向轴力和水平剪力作用，五个位置钢管Mises应力基本达到屈服；（2）节点域近梁侧钢管应力高于阴角侧；

(3) 梁受拉翼缘附近的应力普遍高于受压翼缘附近的应力，这是因为受拉翼缘的荷载只由节点连接件传递给节点域钢管，而受压翼缘荷载除经节点连接件传给节点域钢管，还直接传递给节点域混凝土；(4) 节点域翼缘柱肢主要承受竖向轴力，其间接承受的水平剪力仅由腹板柱肢传递而来，且应力水平明显小于腹板柱肢，全过程处于弹性状态。

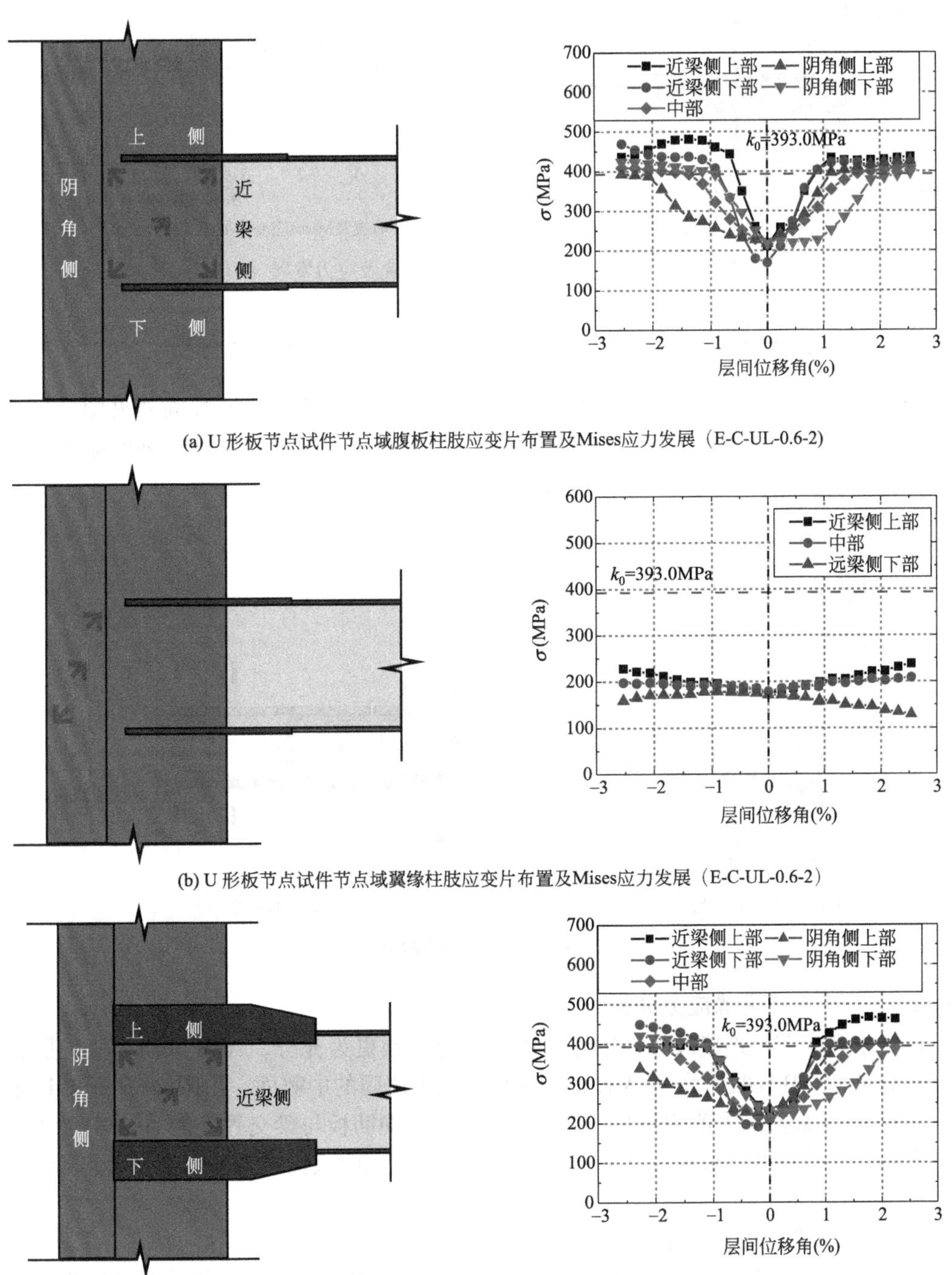

(a) U 形板节点试件节点域腹板柱肢应变片布置及Mises应力发展（E-C-UL-0.6-2）

(b) U 形板节点试件节点域翼缘柱肢应变片布置及Mises应力发展（E-C-UL-0.6-2）

(c) 竖向肋板节点试件节点域腹板柱肢应变片布置及Mises应力发展（E-C-VN-0.6）

图 7-54　节点试件节点域应变片布置及应力发展

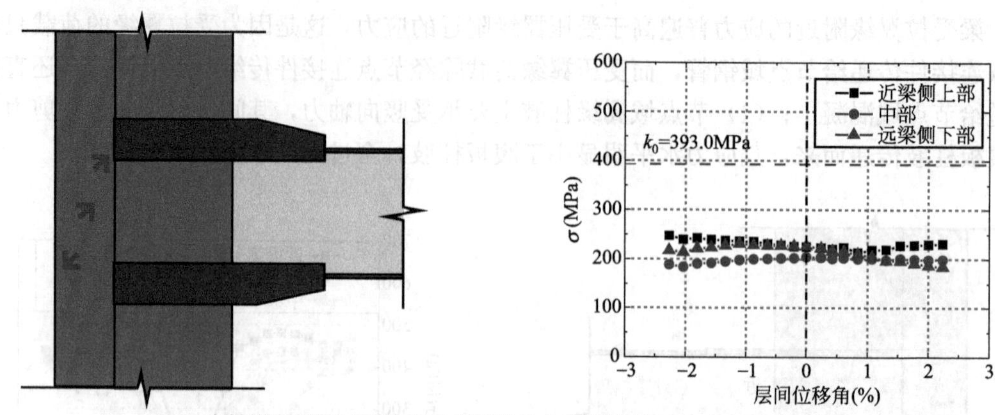

（d）竖向肋板节点试件节点域翼缘柱肢应变片布置及Mises应变发展(E-C-VN-0.6)

图 7-54　节点试件节点域应变片布置及应力发展（续）

7.6.3　钢管混凝土异形柱-U 形钢组合梁框架边节点试件应力分析

将节点试验测得的应变片数据转换为应力数据进行分析，应变片编号见图 7-55。下面分别介绍梁端翼缘应力（图 7-56）、腹板应力（图 7-57）、节点核心区钢管应力（图 7-58）及竖向肋板应力（图 7-59）分布和发展情况。

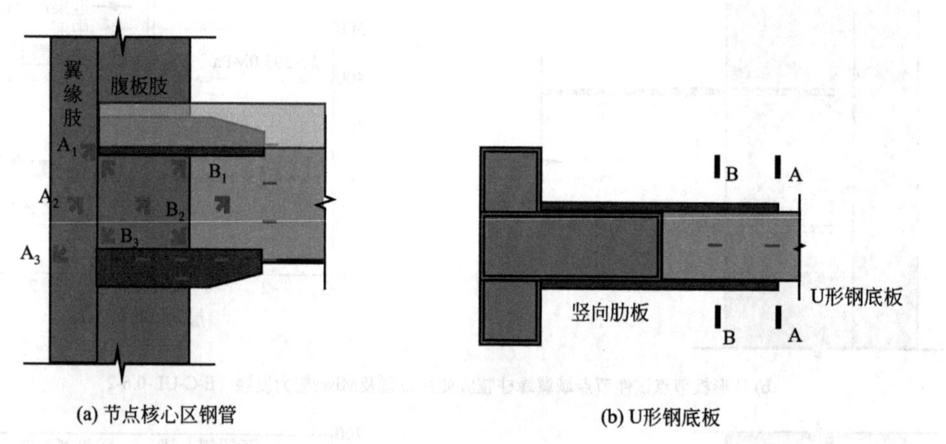

(a) 节点核心区钢管　　(b) U形钢底板

图 7-55　应变片编号

7.6.3.1　U 形钢下翼缘应力分析

由于未发生节点连接破坏，试件的翼缘应力发展更为充分。A-A 截面为竖向肋板与梁交界处截面，B-B 截面为 A-A 截面与正面柱钢板之间的中截面。由图 7-56 可知 U 形钢下翼缘在 A-A 截面应力值明显高于 B-B 截面，则竖向肋板与梁交界处的 A-A 截面为梁的薄弱截面，塑性铰在此形成，之后梁翼缘应力通过竖向肋板传递给柱钢管，因此翼缘板应力逐渐减小。

7.6.3.2　U 形钢腹板应力分析

U 形钢腹板的 Mises 应力随梁端位移发展情况见图 7-57。负向加载时梁腹板中部的 Mises 应力未达到屈服强度，而正向加载时梁腹板中部的 Mises 应力在梁下翼缘屈服之后才达到屈服强度，说明 U 形钢未达到受剪承载力，属于梁端塑性铰破坏。

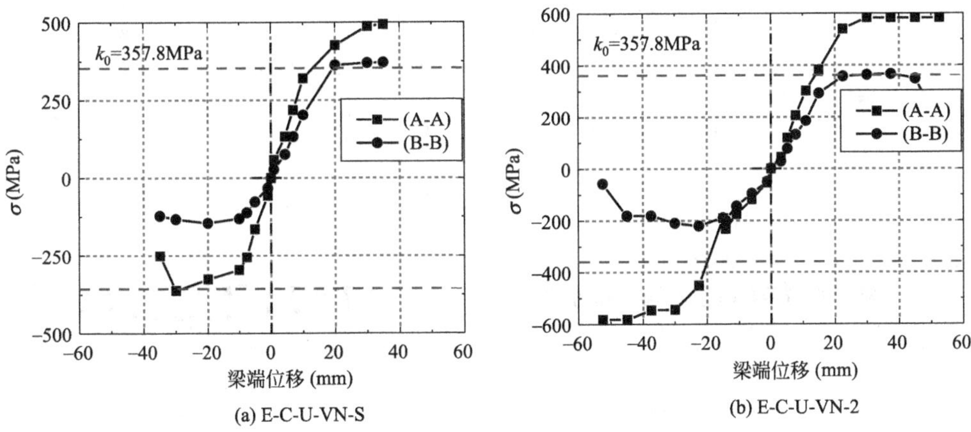

图 7-56　梁端下翼缘应力

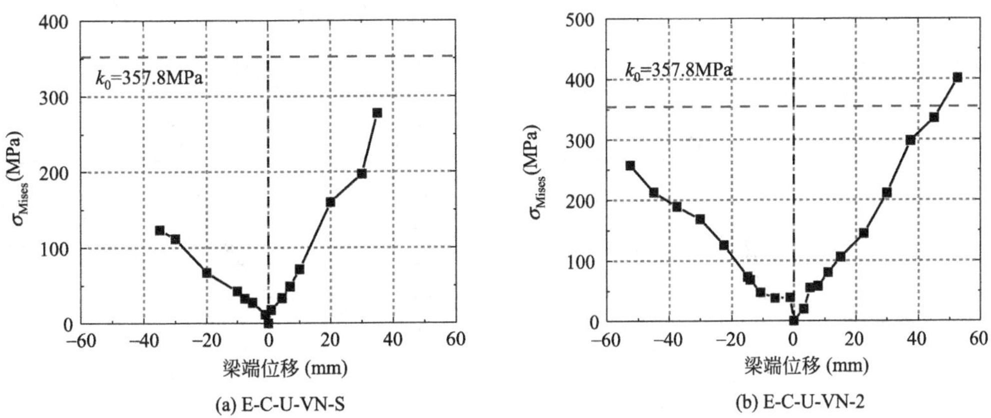

图 7-57　梁端腹板 Mises 应力

7.6.3.3　节点区钢管应力分析

节点核心区钢管 Mises 应力随梁端位移发展情况见图 7-58，A_1、A_2、A_3 位于正交翼缘柱肢钢管，B_1、B_2、B_3 位于腹板柱肢钢管。由图 7-58 可见：(1) 腹板柱肢钢管的应力明显高于正交翼缘柱肢钢管的应力。由于采用竖向肋板连接件，梁的荷载首先传递给柱腹板肢，再经由柱腹板肢传递给翼缘肢，故腹板肢应力水平高于翼缘肢。腹板柱肢钢管在轴力与梁荷载的直接作用下，应力水平较高，而正交翼缘柱肢受到轴力和腹板柱肢传来的间接作用，应力水平较低；(2) 由于试件均发生梁端破坏，节点核心区完好，因此节点区应力未能充分发展；(3) 负向加载时，梁传来的拉力只能由节点区柱钢管承担，而压力可由柱钢管与混凝土共同承担，故 B_1 的应力水平高于 B_3。

7.6.3.4　竖向肋板应力分析

竖向肋板应力随梁端位移发展情况见图 7-59。由于负筋焊接在上竖向肋板，负向加载时上竖向肋板应力明显高于正向加载。下竖向肋板承受钢底板传来的力，正负向受力比上竖向肋板对称。与标准试件 E-C-U-VN-S 相比，其余试件均减小了肋板尺寸，其应力水平较标准试件高。

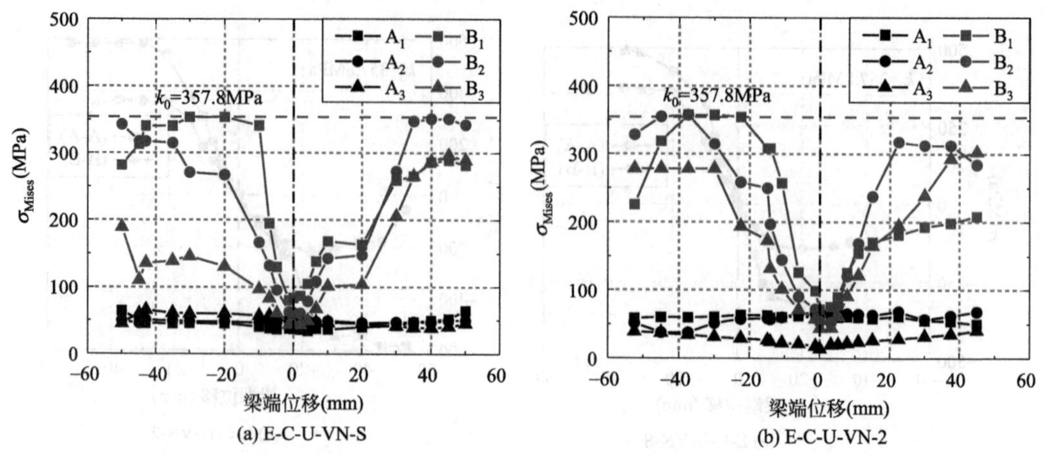

(a) E-C-U-VN-S (b) E-C-U-VN-2

图 7-58 节点核心区钢管 Mises 应力

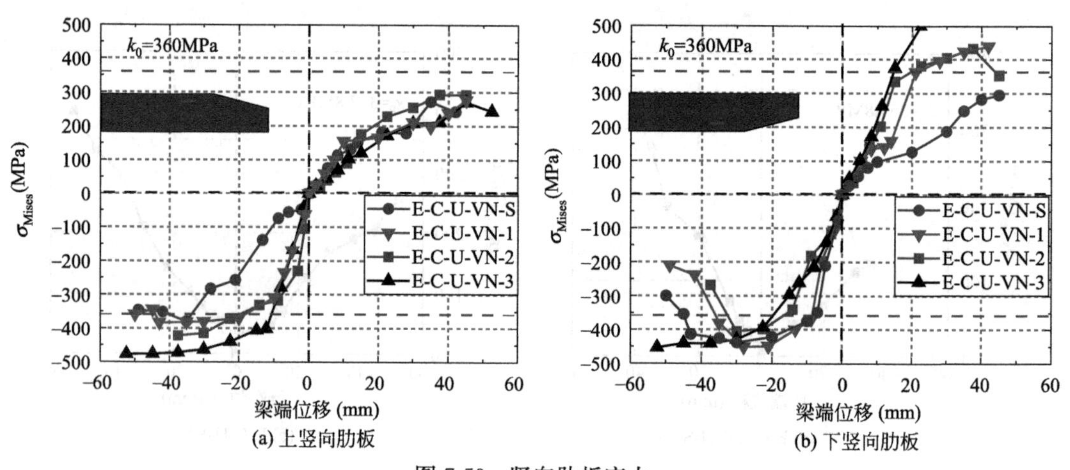

(a) 上竖向肋板 (b) 下竖向肋板

图 7-59 竖向肋板应力

7.7 钢管混凝土异形柱框架节点力学性能有限元分析

本章应用通用有限元软件 ABAQUS 建立钢管混凝土异形柱-H 型钢梁框架节点和钢管混凝土异形柱-U 形钢组合梁框架节点的有限元模型。模型建立包括定义模型几何尺寸、单元类型选取、网格划分、定义材料本构、施加初始缺陷、设置试件边界条件、施加荷载、设置各部件间的相互作用、定义计算步长和收敛准则等。在有限元计算结果和试验结果吻合的基础上，分析梁柱节点的传力机理和破坏模式，进行相关参数的影响规律分析，为节点设计方法的研究提供数值分析基础。

7.7.1 有限元模型建立

7.7.1.1 材料本构关系

（1）钢材本构关系

为考虑钢材的循环强化作用，钢材本构关系采用基于 von Mises 屈服准则的非线性随动强化模型。弹性阶段采用各项同性本构关系，弹性模量取为实测材性数据，泊松比取 0.3。塑性阶段采用 ABAQUS 中参数定义法（parameters）的混合（combined）强化准则[141]。强化常数 k_0 取为 $0.85f_y$，强化模量 c 取为 $82.5f_y$，材料参数 γ 取为 150。

（2）混凝土本构关系

混凝土本构关系采用 ABAQUS 软件中的塑性损伤模型（concrete damage plasticity），其塑性参数取值为：膨胀角 $\psi=35°$，流动势偏移度 $c=0.1$，初始等效双轴抗压屈服应力与初始单轴抗压屈服应力的比值 $f_{b0}/f_{c0}=1.16$，受拉、压子午线偏量第二应力不变量的比值 $K_c=0.667$，黏性系数 $u=0.005$。

混凝土单轴受压和受拉应力-应变关系曲线参考《混凝土结构设计规范》GB 50010—2010[142]。混凝土泊松比取 0.2。弹性模量参考美国混凝土规范 ACI 318-05[152] 中的弹性模量表达式：

$$E_c=4730\sqrt{f_c}\,(\mathrm{N/mm^2}) \tag{7-12}$$

中节点试件计算得混凝土弹性模量 E_c 为 25804.1MPa，此计算值与结构使用阶段的工作应力 $\sigma=(0.4\sim0.5)f_c$ 对应的割线刚度（约 26104.1MPa）吻合良好。

7.7.1.2　单元类型和网格划分

混凝土采用八节点六面体线性减缩积分实体单元（C3D8R），柱钢管、U 形板、竖向肋板采用考虑有限薄膜应变的四节点平面线性减缩积分壳单元（S4R），柱内对拉钢筋采用二节点一阶剪切变形梁单元（B31）。U 形钢-混凝土组合梁内的钢筋单元分为两类：楼板分布钢筋、负弯矩钢筋以及梁底纵筋为单向受力状态，采用三维桁架单元 T3D2；倒 U 形插筋在加载过程中同时受剪与受拉，钢筋桁架在加载过程中同时受弯与受拉，因此采用考虑剪切变形的二节点线性梁单元 B31。

由于节点部件较多，模型相对较复杂，建立适当的基准面并对关键部位进行切割，保证网格细化一致，避免网格过度畸形影响收敛。经过试算发现，网格尺寸为 25mm(1/4 柱肢厚）时能够同时保证计算精度与计算效率。

7.7.1.3　各部件相互作用

柱钢管与混凝土之间采用面与面接触（surface to surface），接触面法向为硬接触模型(hard contact)，受拉时允许分离；切向采用库仑摩擦模型，摩擦系数取为 0.6，最大摩擦应力取为 0.5MPa。柱内混凝土在 U 形板节点位置分隔，与 U 形板建立面与面接触，以模拟 U 形板内嵌部分对于柱内混凝土的削弱（图 7-60），未分隔区域混凝土之间采用绑定（tie）连接。竖向肋板与梁翼缘及柱钢管之间的焊接作用采用绑定(tie）模拟。梁与柱钢管之间、梁与节点连接件之间采用合并（merge）属性连接在一起。

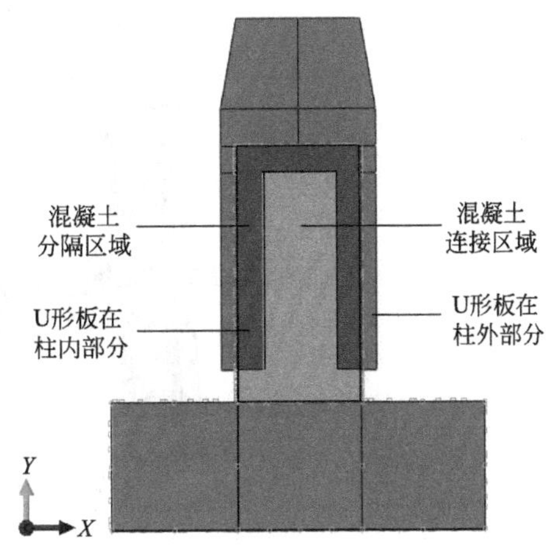

图 7-60　柱内混凝土分隔区域

7.7.1.4　边界条件和加载

有限元模型采用与试验一致的边界条件（图

7-61)。对于钢管混凝土异形柱-H 型钢梁节点，在梁左右反弯点、柱上下反弯点位置建立刚性体（rigid body），将刚性体参考点（reference point）设置在机械铰铰心位置。在参考点处施加位移约束，柱底刚性体参考点仅允许平面内转动；柱顶刚性体参考点除允许平面内转动外，还允许在平面内平动；梁端刚性体参考点允许平面内转动和水平方向平动。对于钢管混凝土异形柱-U 形钢组合梁节点，柱底为固定铰支座，限制其所有平动自由度，只允许在面内发生转动；柱顶允许释放轴向位移和面内转动，限制其他自由度；梁端允许在面内发生平动和转动，由于试验过程中梁未发生侧扭失稳，因此有限元模型中限制梁的平面外位移。

有限元模型采用与试验一致的加载过程，不再赘述。

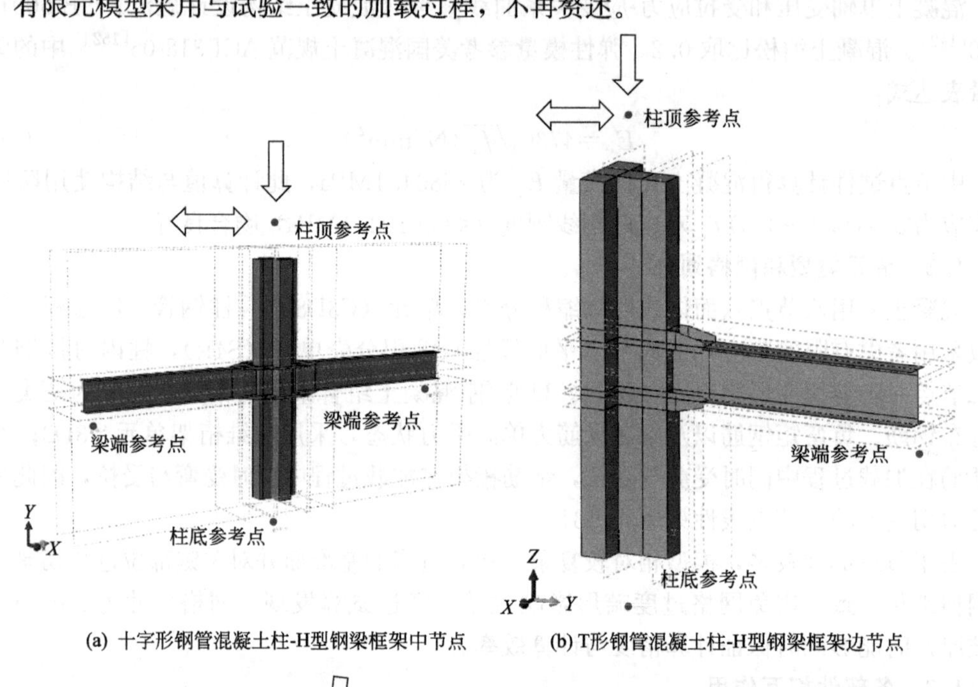

(a) 十字形钢管混凝土柱-H型钢梁框架中节点　(b) T形钢管混凝土柱-H型钢梁框架边节点

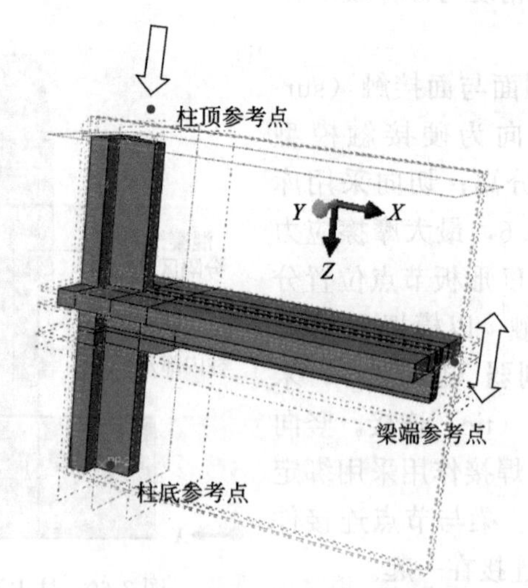

(c) T形钢管混凝土柱-U形钢混凝土组合梁框架边节点

图 7-61　节点试件边界条件和加载示意图

7.7.2 有限元模型验证

有限元模型计算得到的各试件柱顶和梁端荷载-位移滞回曲线与试验结果的对比见图 7-62。大部分试件的有限元模拟结果与试验结果在弹性刚度、峰值承载力、延性和耗能等方面均吻合良好。个别节点试件的有限元模型在捏缩效应方面模拟程度稍差，其耗能能力略大于试验结果。钢管混凝土异形柱-U 形钢组合梁节点有限元模拟的荷载-位移曲线在峰值荷载之后比较平缓，这是因为试验正向加载时 U 形钢底板最终被拉断，荷载有明显的下降，而有限元未能模拟钢材在往复荷载作用下的这种断裂行为。

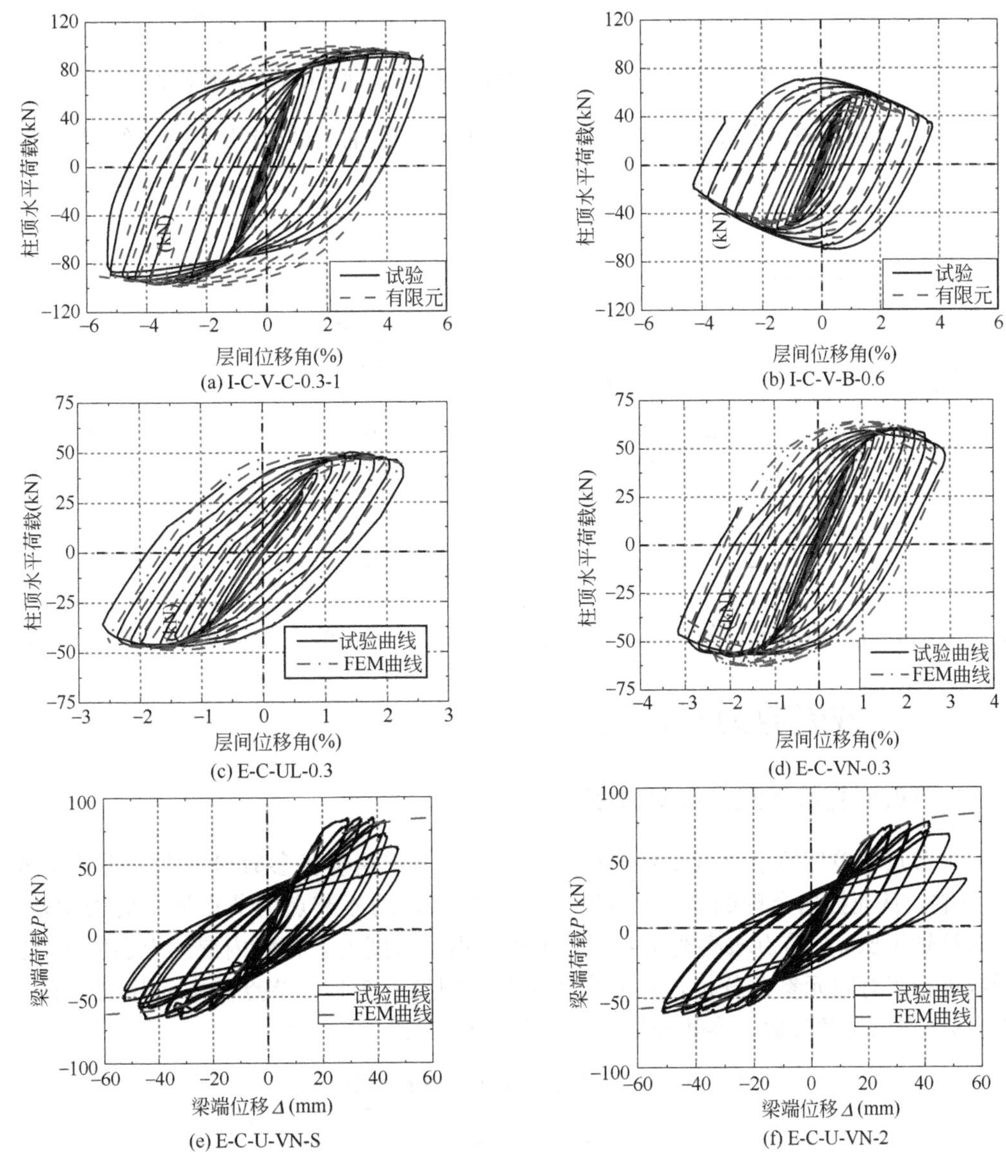

图 7-62　有限元模型计算的柱顶和梁端荷载-位移滞回曲线与试验结果的对比

图 7-63 为节点域剪力-剪切变形滞回曲线与有限元计算骨架曲线的对比，可见有限元计算的骨架曲线与试验骨架曲线在弹性和弹塑性阶段吻合良好。

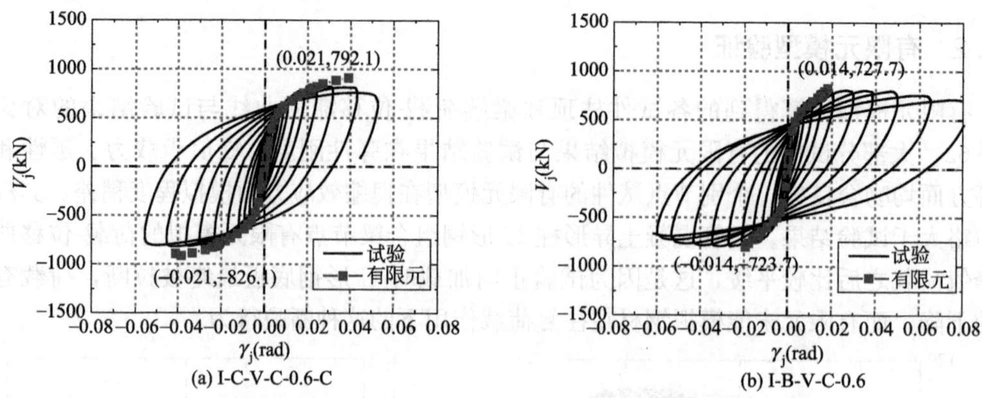

(a) I-C-V-C-0.6-C　(b) I-B-V-C-0.6

图 7-63　节点域剪力-剪切变形滞回曲线与有限元计算骨架曲线的对比

图 7-64 为中节点试件中的强节点试件 M/M_p-θ_{j1}/θ_{jp} 曲线与有限元计算结果的对比。

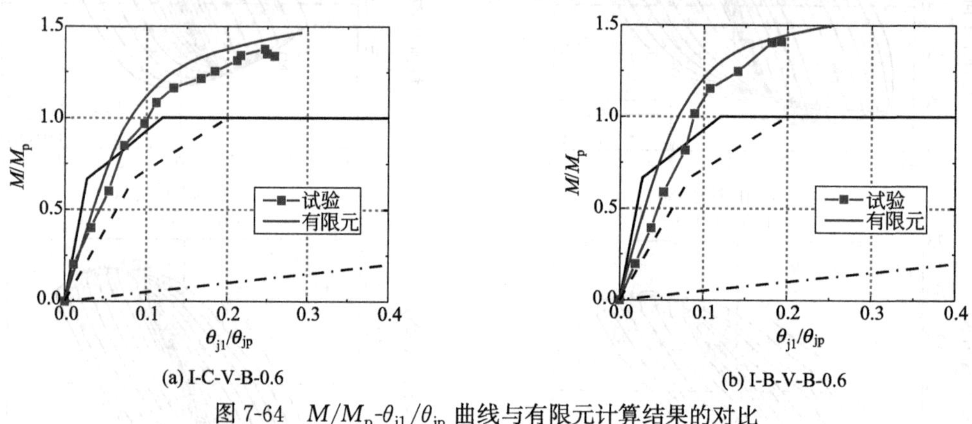

(a) I-C-V-B-0.6　(b) I-B-V-B-0.6

图 7-64　M/M_p-θ_{j1}/θ_{jp} 曲线与有限元计算结果的对比

可见强节点刚度和有限元计算的节点刚度吻合良好，进一步验证了有限元模型的可靠性。

7.8　节点域受剪力学模型

7.8.1　节点域受剪承载力参数分析

基于节点域破坏的中节点试件试验结果，为进一步明确各参数对节点域受剪承载力 V_j 的影响，从而提出合理的多腔式钢管混凝土柱竖向肋板节点的节点域受剪力学模型，分别对柱轴压比 n，节点域高宽比 h/B，节点域钢管厚度 t_c，钢管内混凝土强度 f_c 等四个参数进行了有限元参数分析，具体参数选取范围见表 7-13。节点基本参数取中节点试件 I-C-V-C-0.3-1 的参数。参数分析计算结果如图 7-65 所示。

中节点的节点域受剪承载力分析参数取值范围　　**表 7-13**

参数	参数取值
柱轴压比 n	0.0,0.15,0.3,0.45,0.6
节点域高宽比 h/B	0.63,0.72,0.8,0.88,0.97,1.05,1.13
节点域钢管厚度 t_c(mm)	1.00,1.50,1.97,2.50
钢管内混凝土强度 f_c(MPa)	22.1,26.8,32.4,38.5

当轴压比 n 小于 0.45 时，其对节点域受剪承载力影响较小；当轴压比 n 超过 0.45 后，其与节点域受剪承载力成负相关，此规律与已有研究成果[170-172] 基本一致。另一方面，我国钢筋混凝土结构设计中通常认为柱轴力对节点域的受剪承载力起有利作用，文献 [174] 总结了国内外钢筋混凝土梁柱节点抗震性能相关试验，发现柱轴力在一定范围对节点域受剪是有利的，但不一定提高承载力。

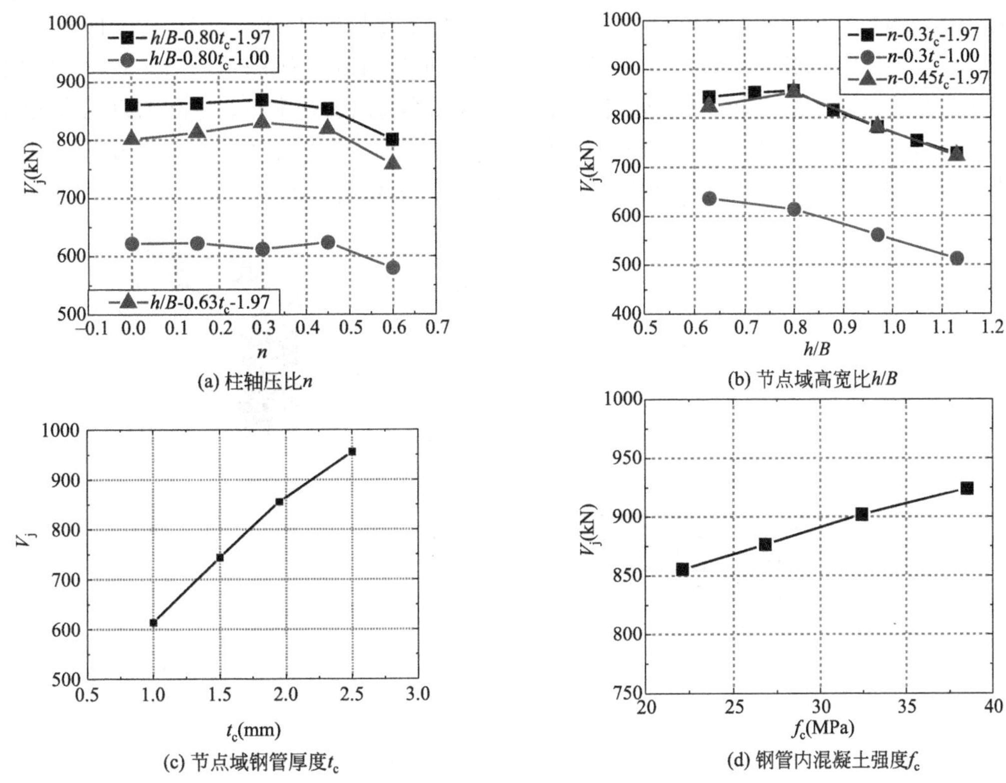

图 7-65　节点域受剪承载力 V_j 参数分析结果

当节点高宽比 h/B 小于 0.80 时，节点域受剪承载力随其增加而缓慢增长；当节点高宽比 h/B 大于 0.80 时，节点域受剪承载力随其增大而减小。推测原因如下：当节点域高宽比小于 0.80 时，节点域混凝土先达到抗压强度，此时节点域钢管尚未达到抗拉强度，节点域受剪承载力主要由混凝土强度决定。在此阶段，随节点域高宽比的增大，节点破坏时对应的钢管应力增大，故节点域受剪承载力与节点高宽比呈正相关。当节点域高宽比大于 0.80 时，节点区钢管先达到抗拉强度，此时节点域受剪承载力由钢管强度决定。在此阶段，随节点高宽比增大，混凝土斜压杆倾角增大，节点域受剪承载力与节点域高宽比呈负相关。

钢管内混凝土强度与钢管厚度对于节点域受剪承载力呈正相关。从受力机理分析，节点域钢管除直接受剪外，还对节点域混凝土提供约束作用，故增加钢管厚度可明显提高节点域受剪承载力。当节点域受剪承载力主要由钢管抗拉强度决定时，采用增加钢管厚度的方式比增加混凝土强度的方式效果更明显。

7.8.2　节点域受力机理分析

基于节点域钢管和混凝土精细化应力分布形式，明确荷载传递路径及受力机理，从而建立合理的节点域受剪力学模型。

7.8.2.1 节点域钢管受力机理分析

以节点试件 I-C-V-C-0.3-1 为例，其节点域剪力达到受剪承载力时钢管的 Mises 应力云图及主拉应力矢量图见图 7-66。钢管应力水平从高到低分为四个水平：(1) 2、7、9 三个面因直接受剪，应力水平最高，均达到钢管抗拉强度 490MPa，主拉应力角度近似 45°；(2) 5 面间接受剪，其 Mises 应力约为 455MPa，近似为 2、7、9 面应力水平的 90%；(3) 4、6 面垂直于主受力方向，整体应力水平远低于 2、5、7、9 面，以横向约束应力为主；(4) 1、3、8、10 面也垂直于主受力方向，整体应力水平较低，其中 3、8 面作为内加劲钢板，仅起约束钢管阴角的作用；1、10 面受到受拉翼缘与腹板的拉脱作用，即使平面外变形较大其应力也较低。因此在节点域钢管受剪承载力力学模型中将主要考虑 2、5、7、9 面的贡献。

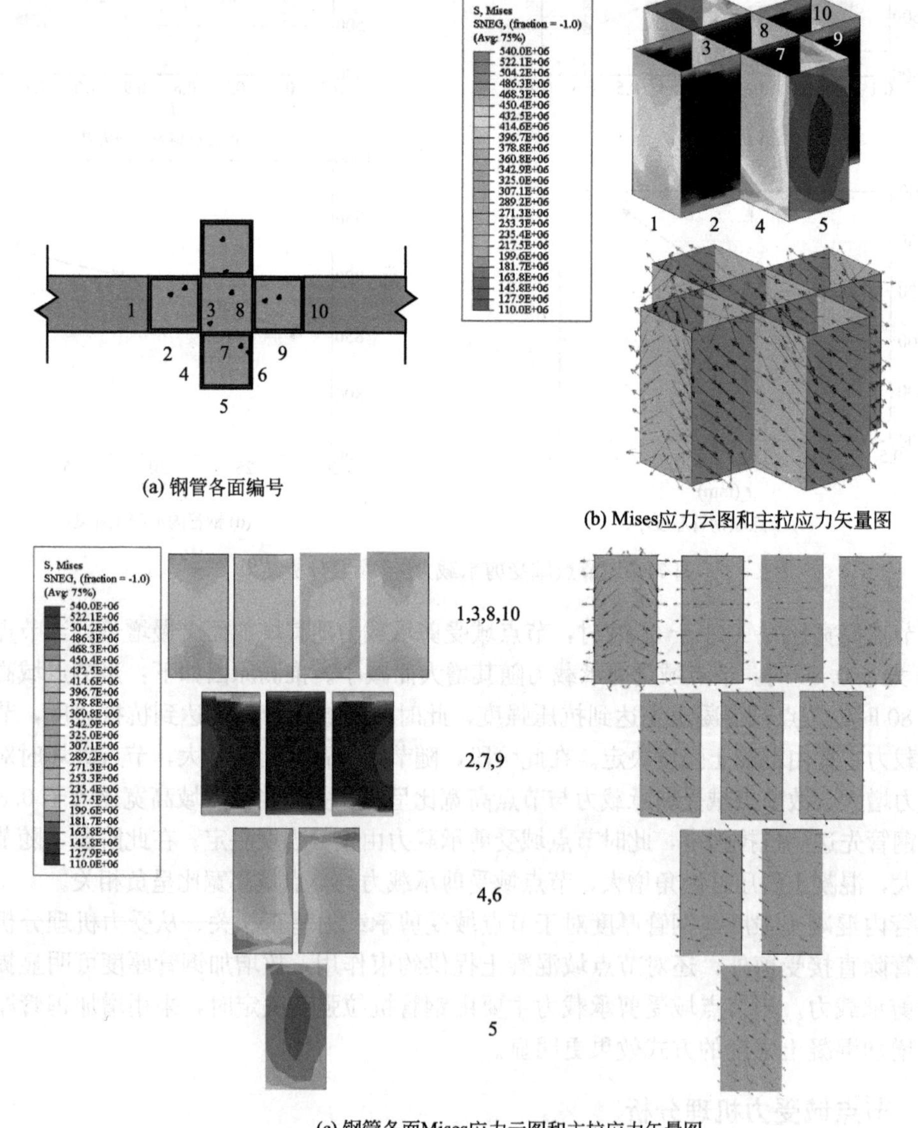

(a) 钢管各面编号

(b) Mises应力云图和主拉应力矢量图

(c) 钢管各面Mises应力云图和主拉应力矢量图

图 7-66 节点域达到受剪承载力时的钢管应力分布

7.8.2.2　节点域混凝土受力机理分析

节点域各腔室混凝土的主压应力云图及矢量图见图 7-67。由于内加劲钢板将柱内混凝土分隔开，不同区域混凝土的主压应力在内加劲钢板处不连续。其中 1、2、3 号腔室混凝土由于直接承担梁的荷载，其应力水平明显高于 4、5 号腔室混凝土。下面分别对各腔室混凝土进行受力机理分析。

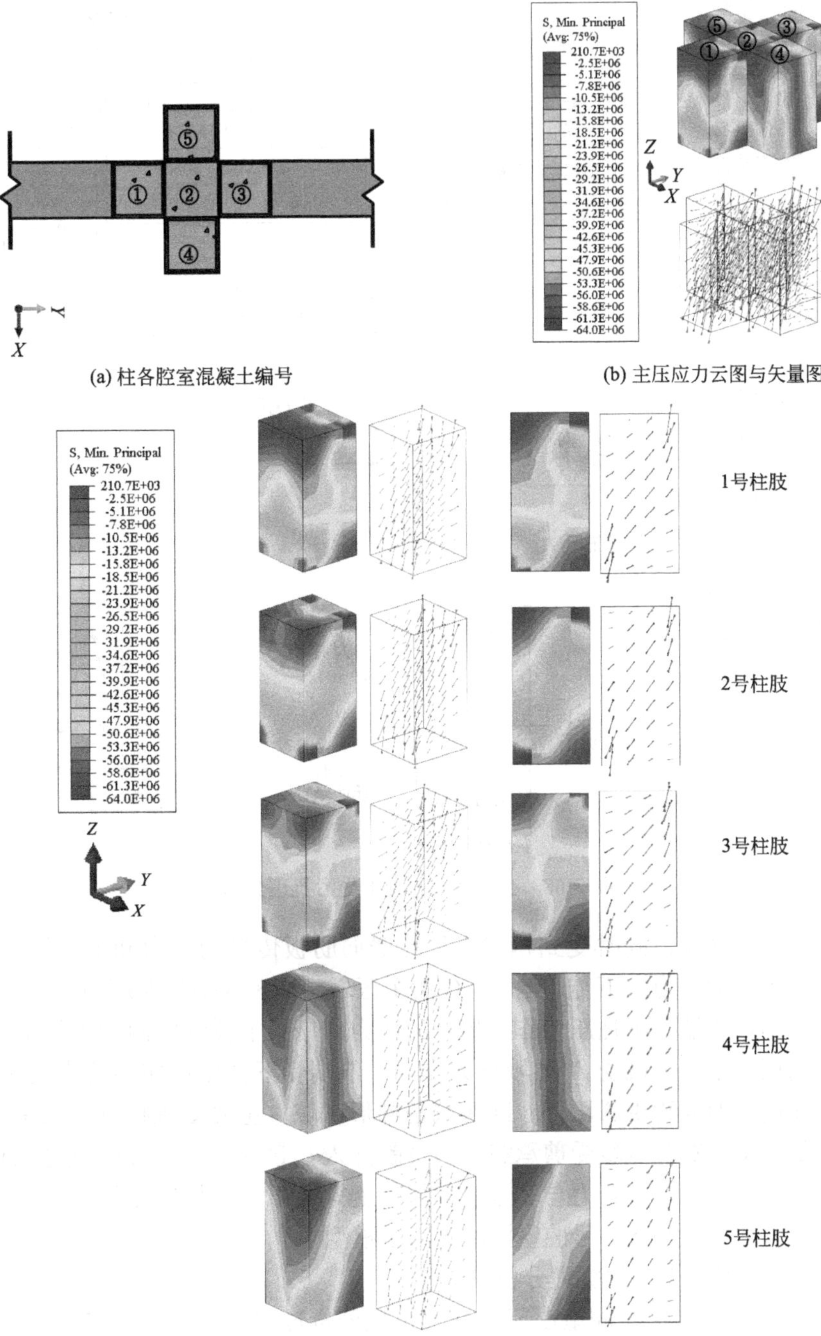

(a) 柱各腔室混凝土编号　　(b) 主压应力云图与矢量图

(c) 各腔室混凝土主压应力分布云图与矢量图

图 7-67　节点域达到抗剪承载力时的混凝土应力分布

（1）1、3 号腔室混凝土

图 7-68 详细介绍了 1、3 号腔室混凝土受力机理分析过程。根据主应力云图与矢量图，将 1 号腔室混凝土分为 A~E 五个区域：

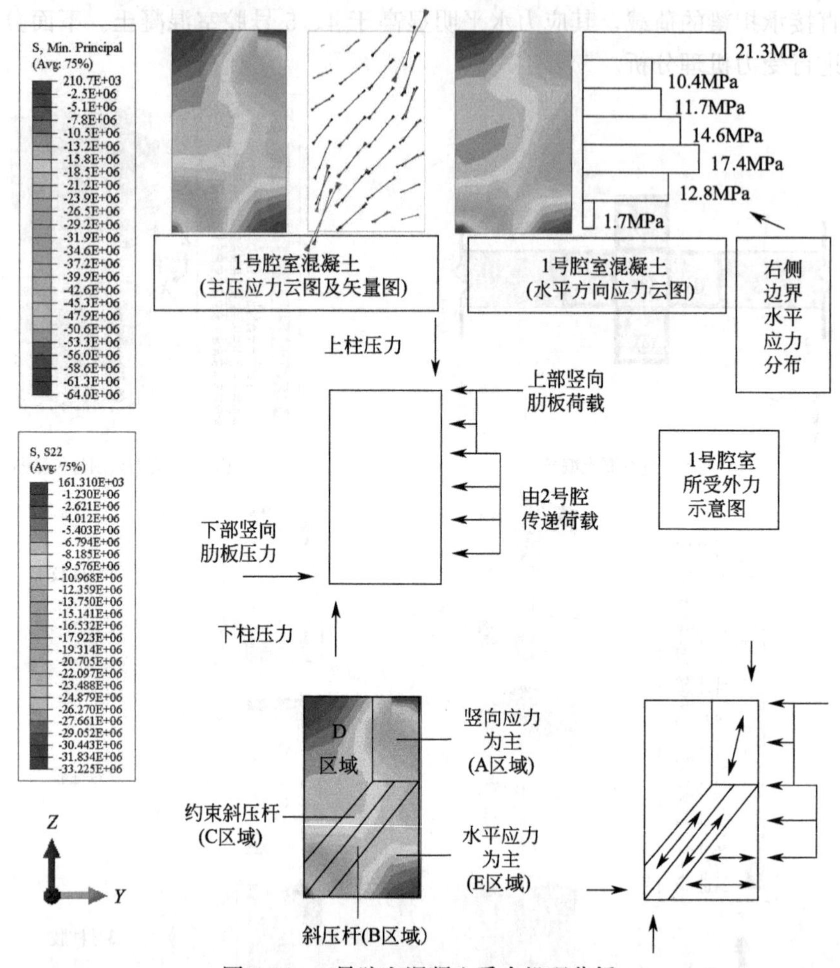

图 7-68　1 号腔室混凝土受力机理分析

A 区域是矩形区域，同时受到钢梁上翼缘竖向肋板传来的压力和上柱压弯作用传来的压力，上柱较大的压力向下传递给 B、C 两个区域。B 区域是斜向压力带，上端受到 A 区域压力的作用，下端受下柱压弯作用传来的压力和钢梁下翼缘竖向肋板传来的压力。C 区域也是斜向压力带，上端受 A 区域压力作用，下端受下柱压弯作用传来的压力和柱钢管水平约束作用，形成约束斜压杆。D 区域是梯形区域，主要受到柱钢管水平约束作用，应力水平较低，将其对节点域受剪承载力的贡献并入 C 区域考虑。E 区域是三角形区域，以水平方向压应力为主，其合力与 2 号腔室混凝土斜压杆水平方向投影相平衡，故其对节点域受剪承载力的贡献并入 2 号腔室混凝土力学模型中。

（2）2 号腔室混凝土力学机理分析

图 7-69 详细介绍了 2 号腔室混凝土受力机理分析过程。对 2 号腔室混凝土所受外荷载进行分析，其上、下边界承担上、下柱压弯作用传来的压力；沿对角线方向的左、右边界除受到 1、3 号腔室传来的压力，还受到受压竖向肋板传来的压力。由主压应力矢量图

可见，2 号腔室混凝土存在较明显的斜压杆。为简化模型，忽略上、下柱受压区高度，提出图 7-69 中的斜压杆模型。

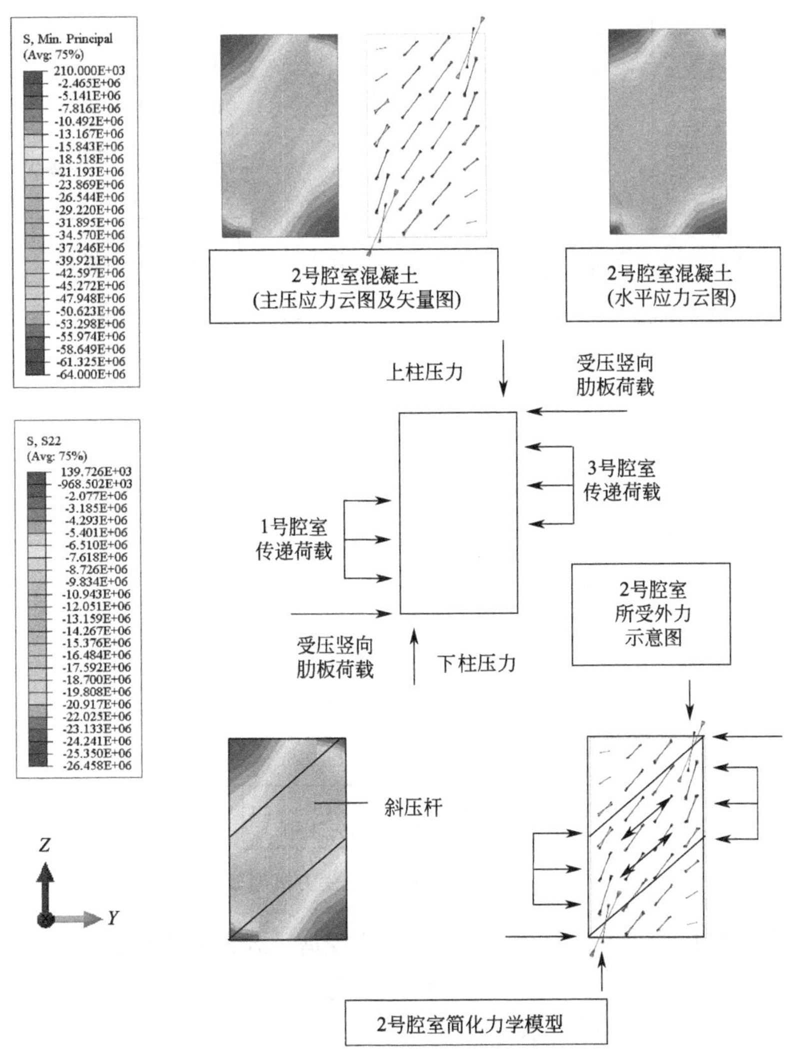

图 7-69　2 号腔室混凝土受力机理分析

(3) 4、5 号腔室混凝土力学机理分析

图 7-70 详细介绍了 4、5 号腔室混凝土受力机理分析过程。

从主压应力矢量图可见，4 号腔室内混凝土形成的斜压杆可视为 2 号腔室内混凝土的侧向延伸。将 4 号腔室混凝土沿梁宽度方向分层进行分析。距离 2 号腔室越近，混凝土主压应力水平越高，斜压杆形状越清晰。距离 2 号腔室越远，混凝土主压应力水平越低，无斜压杆形成。各层混凝土中心位置主压应力的平均值为 13.1MPa，约为约束后混凝土抗压强度（f_{cc}=27.7MPa）的一半。

7.8.3　节点域受剪力学模型

参考 7.8.2 节的受力机理分析，本节建立节点域受剪承载力模型，节点域受剪承载力

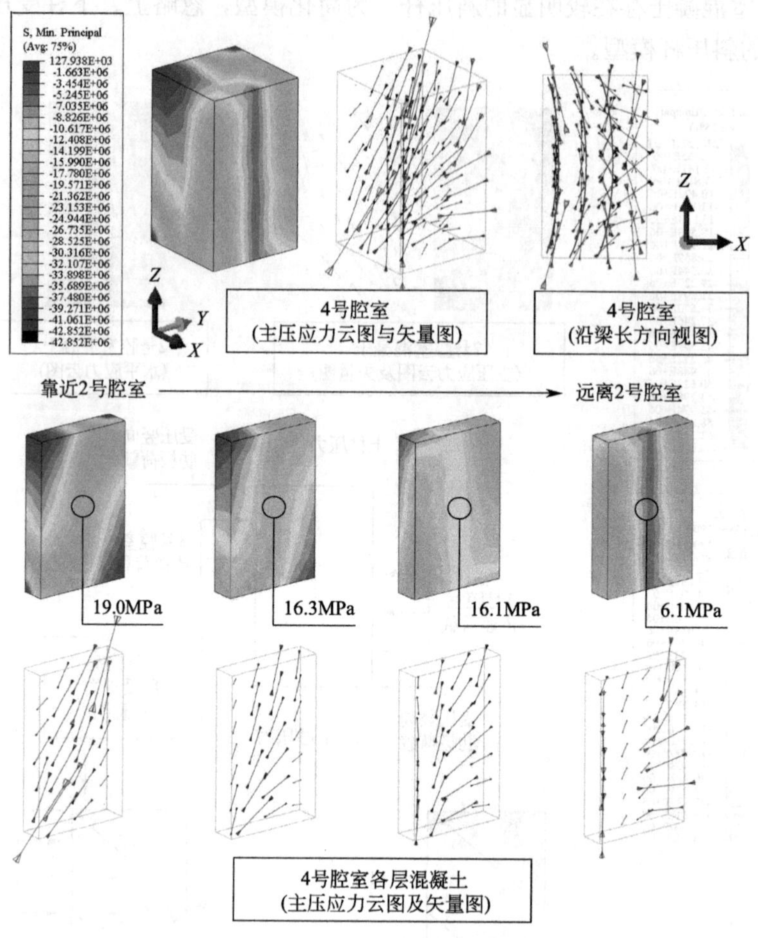

图 7-70　4 号腔室混凝土受力机理分析

V_j 主要由节点域钢管受剪承载力和节点域混凝土受剪承载力两部分组成：

$$V_j = V_c + V_s \tag{7-13}$$

式中：V_c——节点域混凝土受剪承载力；

V_s——节点域钢管受剪承载力。

7.8.3.1　节点域钢管受剪力学模型

节点域钢管的应力状态接近理想压剪状态，其中钢管竖向应力 σ_{vs} 可根据柱轴压比计算：

$$\sigma_{vs} = n f_{yc} \tag{7-14}$$

式中：n——柱轴压比；

f_{yc}——柱钢管屈服强度。

节点域钢管屈服时和达到抗拉强度时对应的最大剪应力 τ_{ys} 和 τ_{us} 可表达为：

$$\tau_{ys} = \sqrt{\frac{f_{yc}^2 - \sigma_{vs}^2}{3}} \tag{7-15}$$

$$\tau_{us} = \sqrt{\frac{f_{uc}^2 - \sigma_{vs}^2}{3}} \tag{7-16}$$

式中：f_{uc}——节点域钢管抗拉强度。

结合试验测量的应变数据和节点域钢管开裂现象，认为 τ_{us} 更为符合节点域极限状态假定。基于 7.8.2 节的节点域钢管受力机理分析，2、7、9 号面均达到了钢管抗拉强度，5 号面钢管应力水平稍低，约为 2、7、9 号面应力水平的 90%，1、3、4、6、8 号面的应力可忽略不计，节点域钢管的受剪承载力 V_s 可表达为：

$$V_s=2\left[(2b_{s1}+b_{s2})t_s+0.9b_{s2}t_s\right]\sqrt{\frac{f_{uc}^2-(nf_{yc})^2}{3}} \tag{7-17}$$

式中：b_{s1}——2、9 号钢板截面高度；

b_{s2}——5、7 号钢板截面高度；

t_s——节点域柱钢管厚度。

7.8.3.2　节点域混凝土受剪力学模型

基于 7.8.2 节的节点域混凝土受力机理分析，节点域混凝土受剪承载力 V_c 由三部分组成（如图 7-71 所示）：1、3 号腔室混凝土的受剪承载力之和 V_{c1}、2 号腔室混凝土的受剪承载力 V_{c2} 以及 4、5 号腔室混凝土的受剪承载力之和 V_{c3}。

$$V_c=V_{c1}+V_{c2}+V_{c3} \tag{7-18}$$

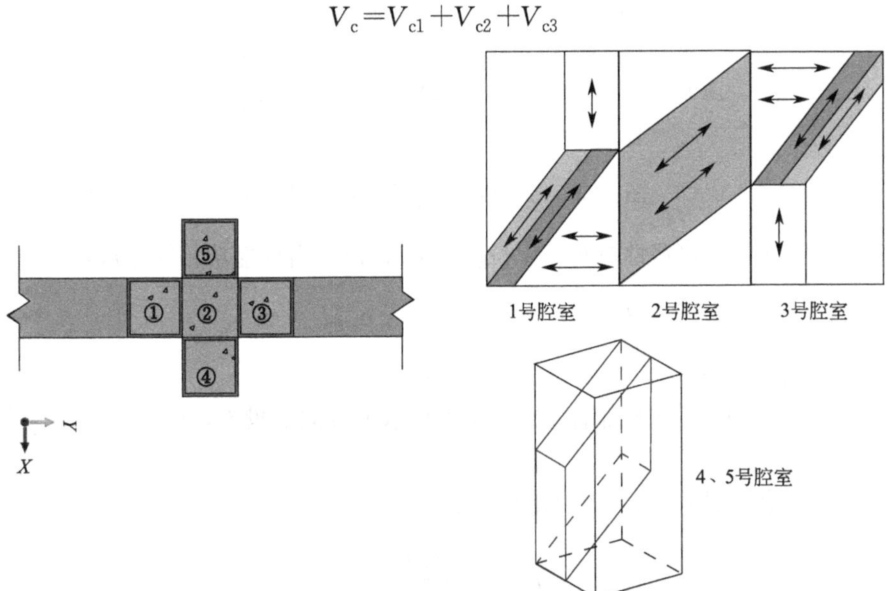

图 7-71　节点域混凝土受剪力学模型图

（1）1、3 号腔室节点域混凝土受剪承载力之和 V_{c1}

1、3 号腔室节点域混凝土受剪承载力主要包括两部分：图 7-72 中的右侧深灰色主斜压杆的水平承载力和左侧浅灰色约束斜压杆的水平承载力。

1、3 号腔室混凝土主斜压杆的水平承载力 V_{c11} 为：

$$\begin{aligned}V_{c11}&=2\times\sin\theta_1\times f_{cc}\times A_c\\&=2\times\sin\theta_1\times f_{cc}\times b_c'(b_{c1}-\alpha h\tan\theta_1)\cos\theta_1\end{aligned} \tag{7-19}$$

式中：f_{cc}——约束混凝土抗压强度，计算方法参考本书式(2-23)；

b_{c1}——1、3 号腔室混凝土受剪截面高度；

b_c'——节点域腹板柱肢混凝土受剪截面宽度；

θ_1——1、3 号腔室混凝土主斜压杆的倾角；

α——混凝土主斜压杆竖向高度系数。

根据最小势能原理，对式(7-19) 中的主斜压杆倾角 θ_1 求偏导，导数为零时 V_{c11} 具有极值，此时倾角 θ_1 为：

$$\theta_1 = 0.5\arctan\left(\frac{b_{c1}}{\alpha h}\right) \tag{7-20}$$

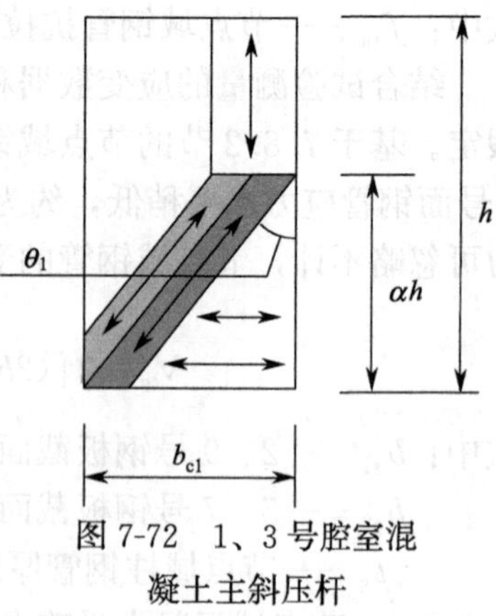

图 7-72　1、3 号腔室混凝土主斜压杆

另一未知数 α 与 2 号腔室混凝土主斜压杆相关，在后续计算节点域混凝土抗剪承载力 V_c 时再进行求解。

约束斜压杆水平承载力计算参考图 7-73 中 Fukumoto[181] 提出的力学模型，认为在约束斜压杆作用下，侧面钢管形成上、下两个塑性铰。

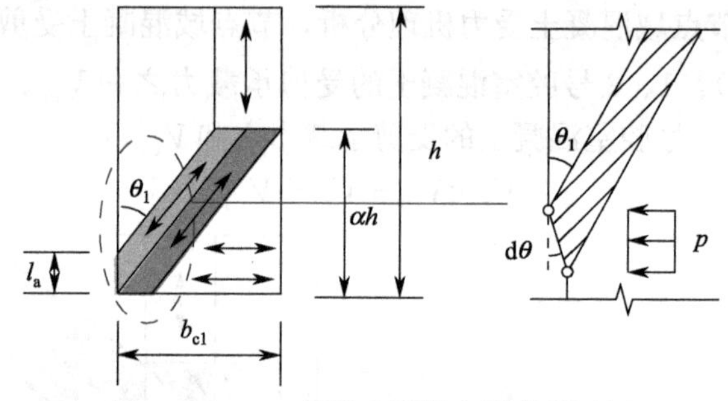

图 7-73　1、3 号腔室混凝土约束斜压杆

结合虚功原理，假定塑性铰转动虚位移为 $d\theta$，根据内外虚功相等可得：

$$2\times\frac{1}{4}f_{yc}t_s^2b_c'\times d\theta = \frac{1}{2}b_c'pl_a^2\times d\theta \tag{7-21}$$

式中：l_a——侧面柱钢管上、下塑性铰间距离；

p——约束斜压杆对侧面钢管的压应力在水平方向的投影，用式(7-22) 计算：

$$p = f_{cc}\sin^2\theta_1 \tag{7-22}$$

将式(7-22) 代入式(7-21) 中可求出 l_a：

$$l_a = \sqrt{\frac{t_s^2 f_{yc}}{f_{cc}\sin^2\theta_1}} \tag{7-23}$$

则可计算出约束斜压杆水平承载力 V_{c12}：

$$V_{c12} = pb_c'l_a = b_c't_s\sin\theta_1\sqrt{f_{yc}f_{cc}} \tag{7-24}$$

则 1、3 号腔室混凝土总受剪承载力 V_{c1} 可表示为

$$\begin{aligned} V_{c1} &= V_{c11} + V_{c12} \\ &= 2\sin\theta_1 f_{cc}b_c'(b_{c1} - \alpha h\tan\theta_1)\cos\theta_1 + 2b_c't_s\sin\theta_1\sqrt{f_{yc}f_{cc}} \end{aligned} \tag{7-25}$$

(2) 2 号腔室节点域混凝土受剪承载力 V_{c2}

2 号腔室混凝土主斜压杆模型见图 7-74，2 号腔室内主斜压杆承载力 V_{c2} 可表示为：

$$V_{c2} = b_c'\alpha hf_{cc}\cos^2\theta_2 = b_c'\alpha hf_{cc}\frac{b_{c2}^2}{b_{c2}^2 + (1-\alpha)^2h^2} \tag{7-26}$$

式中：b_{c2}——2 号腔室混凝土受剪截面高度；

θ_2——2 号腔室混凝土主斜压杆倾角，可表示为：

$$\theta_2=\arctan\frac{(1-\alpha)h}{b_{c2}} \tag{7-27}$$

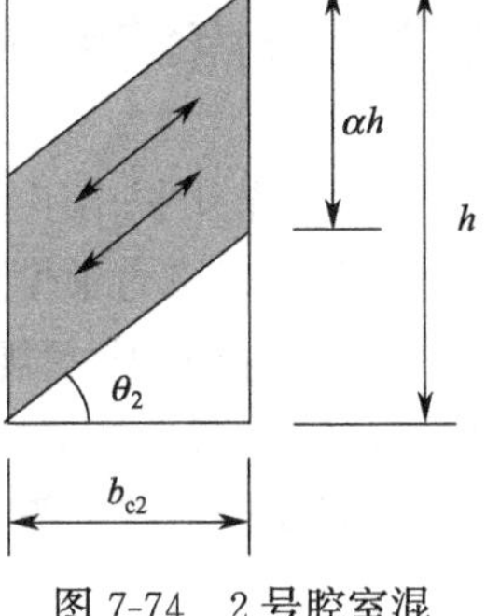

图 7-74 2 号腔室混凝土主斜压杆

(3) 4、5 号腔室节点域混凝土受剪承载力之和 V_{c3}

基于 7.8.2 节中 4、5 号腔室节点域混凝土受力机理分析，可认为 4、5 号腔室内斜压杆为 2 号腔室斜压杆的侧向延伸，假定其延伸宽度为 4、5 号腔室宽度的一半（如图 7-71 所示），则 4、5 号腔室混凝土受剪承载力采用下式计算：

$$V_{c3}=2\times\frac{0.5b''_c}{b'_c}\times V_{c2}=\frac{b''_c}{b'_c}V_{c2} \tag{7-28}$$

式中：b''_c——节点域翼缘柱肢混凝土受剪截面宽度。

7.8.3.3 节点域受剪承载力力学模型验证

将节点域钢管和混凝土的受剪承载力表达式代入式(7-13）中，可得节点域受剪承载力 V_j。此时公式中还有一个未知量 α，其表示 2 号腔室内斜压杆竖向高度与节点域总高度的比值。将有限元参数分析得到的节点域受剪承载力结果利用式(7-13）逆向求解参数 α。由于公式求解出多个解，而 α 值应在 0～1 之间，故将负数及大于 1 的解排除。得到参数 α 合理的取值范围在 0.51～0.68 之间，可偏保守地取为 0.5。

节点域受剪承载力 V_j 的力学模型计算公式见式(7-29)。根据《钢结构设计标准》GB 50017—2017 中关于材料屈强比的规定，保守取 $f_{uc}=1.18f_{yc}$，公式可表达为：

$$V_j=(4b_{s1}+3.8b_{s2})t_s f_{yc}\sqrt{\frac{1.39-n^2}{3}}+2b_{c2}t_c\sin\theta_1\sqrt{f_{yc}f_{cc}}+2f_{cc}b_{c1}b_{c2}\sin\theta_1\cos\theta_1-f_{cc}b_{c2}h\sin^2\theta_1+\frac{(b'_c+b''_c)hf_{cc}b_{c2}^2}{2b_{c2}^2+0.5h^2} \tag{7-29}$$

将式(7-29) 计算的节点域受剪承载力结果 V_j 与本文试验结果、有限元计算结果 $V_{j\,exp}$ 进行对比（如图 7-75 所示），误差基本控制在 10%之内，个别试件误差达到 15%，误差平均值为 7.3%，且计算结果偏保守。

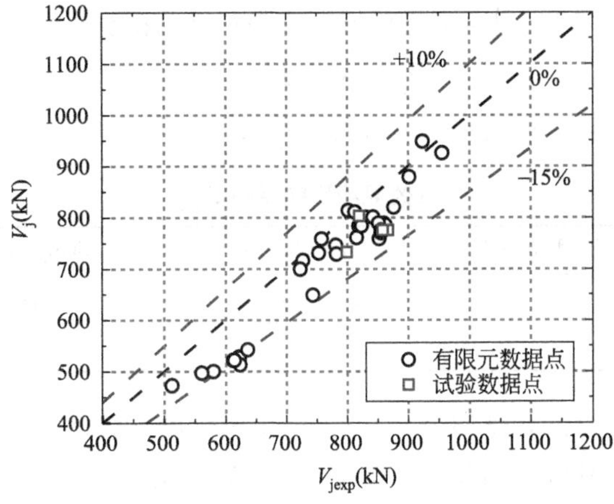

图 7-75 节点域受剪承载力力学模型计算结果准确性验证

7.9 节点域受剪承载力简化设计方法

7.8.3 节中提出了钢管混凝土异形柱-H 型钢梁框架中节点的节点域受剪承载力计算模型，但由于该力学模型公式形式较为复杂，需进行简化以便应用于工程设计。参考《混凝土异形柱结构技术规程》JGJ 149—2006[1] 中的节点域受剪承载力设计公式及文献[129]，结合图 7-76 的节点域尺寸，提出适用于钢管混凝土异形柱-H 型钢梁框架中节点的节点域受剪承载力简化设计公式：

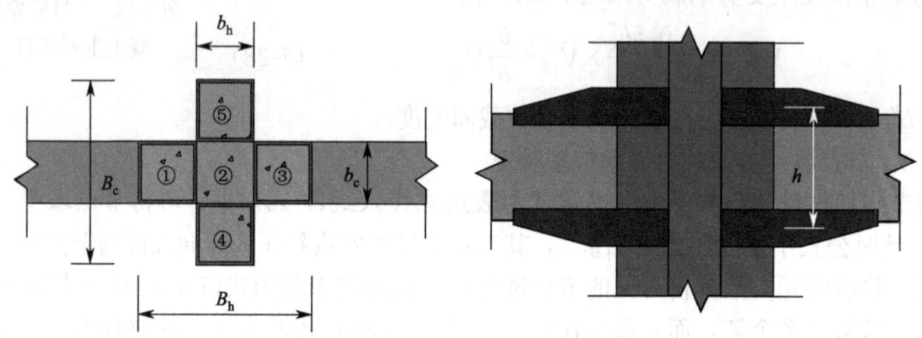

图 7-76 节点域尺寸

$$V_j \leqslant 0.55(1+0.1n_0)B_h b_c f_c \zeta_h \zeta_f \zeta_c + \sqrt{\frac{1.39-n^2}{3}} f_{yc} A_s \tag{7-30}$$

式中：ζ_h——与节点域高宽比 h/B_h 相关的函数，见式(7-31)；

ζ_c——套箍作用影响系数，见式(7-32)；

ζ_f——正交翼缘柱肢影响系数，对于翼缘柱肢和腹板柱肢的高度和厚度相等的等肢柱，用式(7-33) 计算，对于不等肢柱且 ζ_f 大于 1 时，采用表 7-14 里的 $\zeta_{f,ef}$ 代替 ζ_f；

n_0——等效轴压比，当 $n\leqslant 0.2$ 时，$n_0=n$，当 $n>0.2$ 时，$n_0=0.2$。

$$\zeta_h=\begin{cases}1.0 & h/B_h\leqslant 0.6\\ -0.40h/B_h+1.24 & h/B_h>0.6\end{cases} \tag{7-31}$$

$$\zeta_c=0.35\xi+0.6 \tag{7-32}$$

$$\zeta_f=-0.065(B_h/b_h)+1.1 \tag{7-33}$$

有效翼缘影响系数 $\zeta_{f,ef}$ 表 7-14

截面特征	$B_c\geqslant B_h$ 和 $b_h\geqslant b_c$	$B_c\geqslant B_h$ 和 $b_h<b_c$	$B_c<B_h$ 和 $b_h\geqslant b_c$	$B_c<B_h$ 和 $b_h<b_c$
$\zeta_{f,ef}$	ζ_f	$1+\frac{(\zeta_f-1)b_h}{b_c}$	$1+(\zeta_f-1)\frac{B_c}{B_h}$	$1+(\zeta_f-1)\frac{B_c b_h}{B_h b_c}$

将节点域受剪承载力计算模型公式(7-29) 和简化设计公式(7-30) 在不同参数范围下的计算结果进行对比，参数范围见表 7-15，对比结果如图 7-77 所示。可见简化设计公式(7-30) 计算结果偏于保守，最大误差为＋10.2%与－29.8%，平均误差为－7.5%。式

(7-30) 计算结果与试验及有限元计算的对比结果见图 7-78，最大误差为－29.5%，平均误差为－17.1%，也可以发现计算结果偏于保守。由于节点域剪切破坏为脆性破坏，可认为该设计公式的安全储备是可以接受的。

节点域抗剪承载力简化设计公式参数分析范围　　表 7-15

参数	参数取值
腹板柱肢截面宽度 b_c	180mm，200mm，220mm，240mm
腹板柱肢截面高宽比 B_h/b_c	2.0，2.5，3.0，3.5，4.0
节点域高宽比 h/B_h	0.4，0.5，0.6，0.7，0.8，0.9，1.0
混凝土强度等级	C30，C40，C50，C60
轴压比 n	0.1，0.2，0.3，0.4，0.5
节点域钢管屈服强度 f_{yc}	235MPa，345MPa，390MPa，420MPa，460MPa
节点域钢板宽厚比 b_h/t_s	20，30，40，50，60

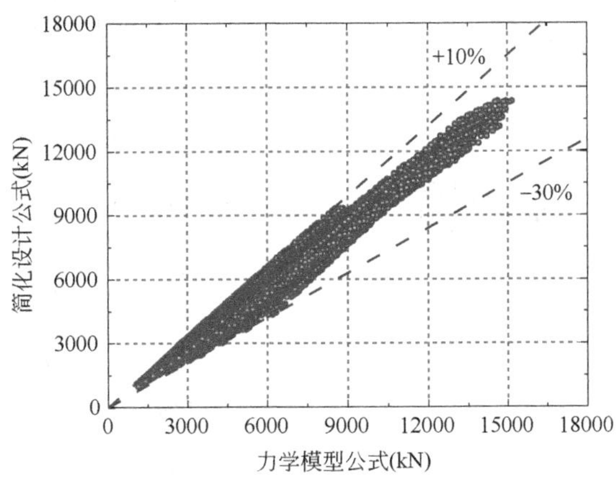

图 7-77　力学模型公式(7-29) 和简化设计公式(7-30) 的计算结果对比

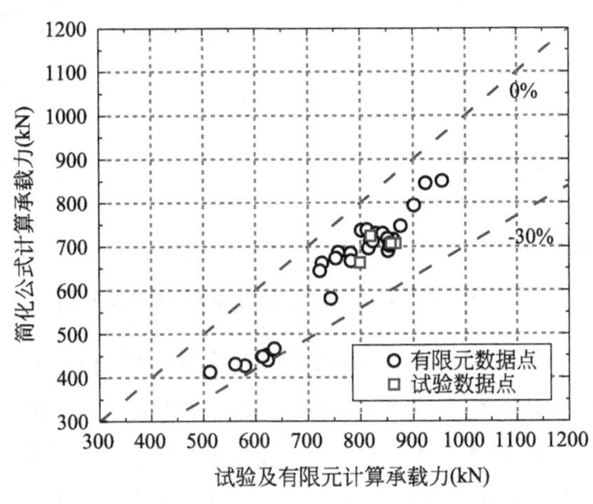

图 7-78　节点域受剪承载力简化设计公式与试验及有限元结果的对比

7.10 钢管混凝土异形柱-H型钢梁框架U形板节点承载力模型

7.10.1 U形板节点承载力参数分析

基于U形板节点试件的试验结果，为进一步明确各参数对U形板节点承载力的影响，从而提出合理的节点承载力力学模型，分别对U形板外伸宽度 b_1、U形板内嵌宽度 b_2、柱轴压比 n，柱钢管宽厚比等参数进行了有限元参数分析。基本参数取节点试件E-C-UL-0.3的参数。参数分析计算结果如图7-79所示。为保证破坏模式为U形板连接件破坏，将梁翼缘屈服强度增至462MPa；梁腹板厚度增至10mm且屈服强度增至462MPa。

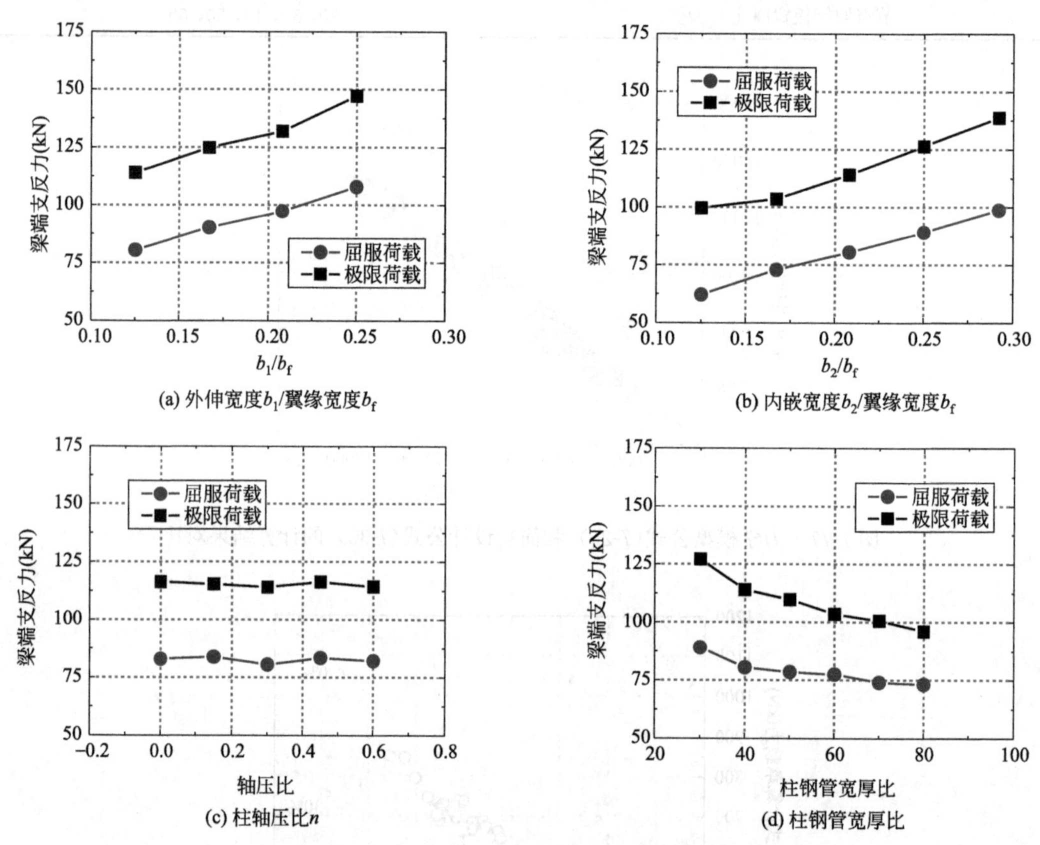

图7-79 U形板节点连接件承载力参数分析

由图7-79可知，由于节点模型破坏模式为U形板连接件破坏，U形板尺寸的增加对其承载力影响明显，两者呈正相关关系。柱轴压比的增大对U形板连接件承载力的影响很小，基本可以忽略。U形板连接件承载力与柱钢管单腔室宽厚比成负相关，即与钢管厚度成正相关，这是因为当柱钢管壁厚减小，节点模型的破坏模式由U形板连接件破坏转变为节点域钢管剪切破坏。

7.10.2　U 形板节点承载力力学模型

7.10.2.1　U 形板节点屈服承载力力学模型

U 形板节点在梁受拉翼缘作用下，易使柱钢管产生拉脱变形，不但会影响节点的刚度，在拉脱变形较大时还会出现明显的钢板屈曲和焊缝开裂，对节点承载力产生不利影响。因此梁受拉翼缘对应的 U 形板节点是薄弱环节，在其刚度和承载力满足要求时，梁受压翼缘对应的 U 形板节点可不做验算。

为建立 U 形板节点承载力力学模型，首先需要明确 U 形板连接件和与之相连的柱钢管的变形模式。基于试验中观察到的节点变形情况和有限元分析得到的节点变形结果，U 形板的薄弱截面大致在其与柱钢管的交界位置，如图 7-80(a) 的虚线处；在受拉翼缘的拉力作用下，其变形如图 7-80(a) 中的实线处。

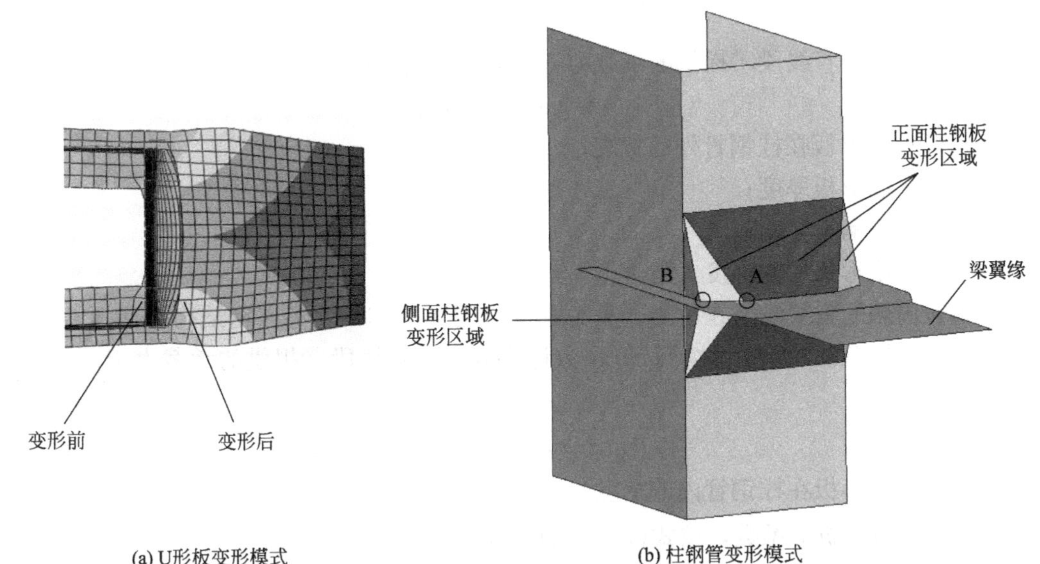

图 7-80　U 形板节点试件中 U 形板和柱钢管的变形模式

正面柱钢板在受拉翼缘的拉力作用下，中部变形最大，与侧面柱钢板连接的两侧变形最小；侧面柱钢板在与梁翼缘连接处拉脱变形最大，向上和向下均逐渐减小，向柱阴角方向也逐渐减小。因此提出合理的柱钢管变形模式（图 7-80（b）），同时考虑了正面柱钢板变形在梁宽度范围内的变化以及侧面柱钢板的变形。图中 A、B 点为两个特征点，有限元参数分析发现 B 点拉脱变形近似为 A 点变形的 50%。

基于文献［182-183］中的力学模型，参考 7.10.1 节的参数分析结果，提出适用于 U 形板节点的承载力计算公式，承载力主要由三部分组成：

$$P_{Uy}=P_{U1}+P_{U2}+P_{U3} \tag{7-34}$$

式中：P_{Uy}——U 形板节点的屈服承载力；

P_{U1}——U 形板连接件屈服承载力；

P_{U2}——正面柱钢板屈服承载力；

P_{U3}——侧面柱钢板屈服承载力。

(1) U形板连接件屈服承载力

U形板薄弱截面如图7-81的粗实线所示，分为柱钢管外侧的直线段①和柱钢管内侧的斜线段②。直线段①由梁翼缘边缘延伸到柱钢管角部，与翼缘拉力垂直；斜线段区域②由柱钢管角部延伸到U形板内角，与梁纵轴呈45°夹角。

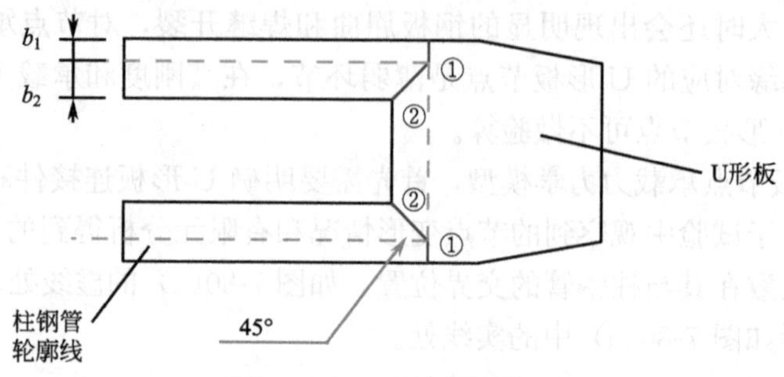

图7-81 U形板力学模型

柱钢管外侧的直线段①提供的承载力 $P_{U1,1}$ 可表达为：

$$P_{U1,1}=2(b_1+t_c)t_u f_{yu} \tag{7-35}$$

式中：b_1——U形板在柱钢管外的宽度；

t_u——U形板厚度；

t_c——柱钢管厚度；

f_{yu}——U形板屈服强度。

柱钢管内侧的斜线段②在拉力、剪力共同作用下工作，参考《钢结构设计标准》GB 50017—2017中12.2.1条的拉剪折算系数计算方法，斜线段②提供的承载力 $P_{U1,2}$ 可表达为：

$$P_{U1,2}=2\sqrt{2}\eta b_2 t_u f_{yu} \tag{7-36}$$

式中：b_2——U形板在柱钢管内的宽度；

η——拉剪折减系数，按式(7-37)计算[171]：

$$\eta=\frac{1}{\sqrt{1+2\cos^2 45^\circ}} \tag{7-37}$$

U形板连接件屈服承载力等于直线段①与斜线段②的承载力之和，可表达为：

$$P_{U1}=P_{U1,1}+P_{U1,2} \tag{7-38}$$

(2) 正面柱钢板屈服承载力

基于屈服线理论[184]建立正面柱钢板的屈服承载力力学模型，假定塑性铰线（虚线）将正面柱钢板变形区域分为若干区域（图7-82），弯曲变形均集中在塑性铰线；平面内拉伸变形则集中在塑性铰线分割出的平面区域，即薄膜效应，但由于薄膜效应计算过程较为复杂，且其所占比重较小，故此处不考虑。基于以上变形假定采用虚功原理计算正面柱钢板的屈服承载力。

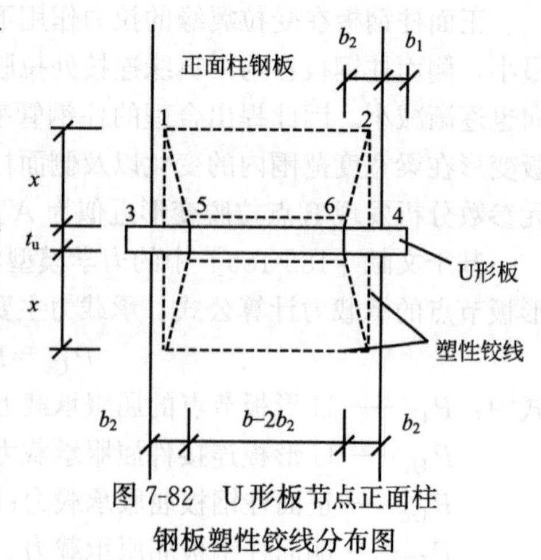

图7-82 U形板节点正面柱钢板塑性铰线分布图

①单位长度塑性铰线弯矩

柱钢管双向受力，单位长度塑性铰线的弯矩需考虑柱轴压比及塑性铰线与轴压力的夹角。当塑性铰线方向与轴压力垂直或平行时，柱钢管截面的应力分布如图 7-83 所示。

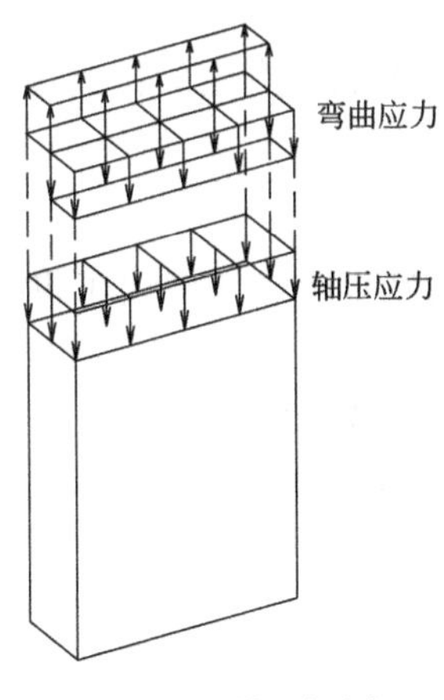

(a)塑性铰线与轴压力垂直

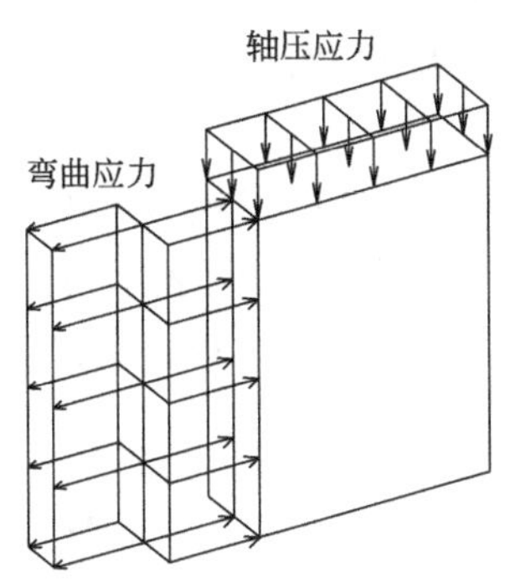

(b)塑性铰线与轴压力平行

图 7-83　塑性铰线方向与轴压力垂直或平行时柱钢管截面应力分布

基于全截面塑性假定，当塑性铰线方向与轴压力方向垂直时，单位长度塑性铰线的弯矩 M_1 可表达为：

$$M_1=(1-n^2)f_{yc}\frac{t_c^2}{4} \tag{7-39}$$

式中：n——柱轴压比；

f_{yc}——柱钢管屈服强度。

当塑性铰线方向与轴压力方向平行时，单位长度塑性铰线的弯矩 M_2 可表达为：

$$M_2=kf_{yc}\frac{t_c^2}{4} \tag{7-40}$$

式中：k——轴压比折减系数，当采用 Mises 屈服准则可表达为：

$$k=\frac{2-2n^2}{\sqrt{4-3n^2}} \tag{7-41}$$

当塑性铰线方向与轴压力方向的夹角介于 0°～90°之间时，单位长度塑性铰线弯矩的计算较为复杂。参考 Wood[185] 提出的“阶梯式”塑性铰线模型，将斜塑性铰线微分化并拆分成水平与垂直两个方向（图 7-84）。

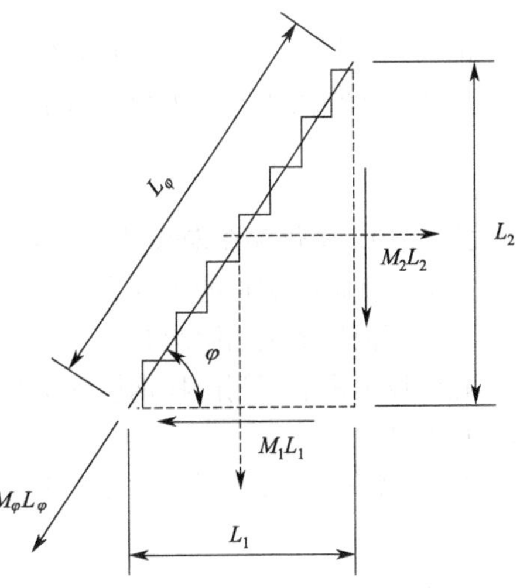

图 7-84　“阶梯式”塑性铰线模型

斜塑性铰线单位长度的弯矩可表达为：

$$M_\varphi L_\varphi=M_1L_1+M_2L_2 \tag{7-42}$$

式中：M_{φ}——与水平方向夹角为 φ 的单位长度塑性铰线弯矩；

L_1——斜向塑性铰线在水平方向的投影长度；

L_2——斜向塑性铰线在竖直方向的投影长度。

②虚功原理求解正面柱钢板屈服承载力

假定正面柱钢板在受拉翼缘位置处（图 7-80 中的 A 点）产生的拉脱虚位移为 δ，则外荷载产生的外虚功 W'_{U2} 为：

$$W'_{U2}=P_{U2}\delta \tag{7-43}$$

基于图 7-82 中的 U 形板节点正面柱钢板塑性铰线分布图，柱钢管在塑性铰线处的弯曲变形产生的内虚功 W_{U2} 可表示为：

$$W_{U2}=2(2W_{13}+2W_{15}+W_{12}+W_{56}) \tag{7-44}$$

其中：

$$W_{13}=M_2x\frac{(1-0.5)\delta}{b_2} \tag{7-45}$$

$$W_{12}=M_1b\frac{\delta}{x} \tag{7-46}$$

$$W_{56}=M_1(b-2b_2)\frac{\delta}{x} \tag{7-47}$$

$$W_{15}=M_2x\frac{(1-0.5)\delta}{b_2}+M_1b_2\frac{\delta}{x} \tag{7-48}$$

式中：b——腹板柱肢宽度；

x——钢管变形区高度；

W_{ab}——A 点至 B 点间塑性铰线弯矩产生的内虚功。

需说明的是，根据有限元分析结果，由于图 7-80 中 B 点拉脱变形近似为 A 点变形的 50%，将塑性铰线 13 所做虚功的计算公式(7-45) 进行近似简化处理，假定塑性铰线 13 产生的转角近似等于 $(1-0.5)\ \delta/b_2$。根据内外虚功相等，联立式(7-43) 与式(7-44) 并进行简化即可得到正面柱钢板屈服承载力 P_{U2}：

$$P_{U2}=4M_2x\frac{1}{b_2}+4M_1b\frac{1}{x} \tag{7-49}$$

式(7-49) 中仍存在未知量 x，由于 x 也会影响侧面柱钢板的屈服承载力 P_{U3}，故需结合正面、侧面柱钢板的承载力表达式才能求解。

（3）侧面柱钢板屈服承载力

在轴压力影响下侧面柱钢板处于竖向受压和水平受拉的受力状态，其变形和应力分布假定见图 7-85。

基于 Mises 屈服准则，可计算出在一定轴压比 n 下钢板屈服时的水平应力 σ_h：

$$\sigma_h=0.5(\sqrt{4-3n^2}-n)f_{yc} \tag{7-50}$$

应用虚功原理，假定侧面柱钢板与梁翼缘相接位置的拉脱位移为 δ'，则外荷载产生的外虚功 W'_{U3} 为：

$$W'_{U3}=P_{U3}\delta' \tag{7-51}$$

根据图 7-85 的变形假定，侧面柱钢板的内虚功 W_{U3} 可表示为：

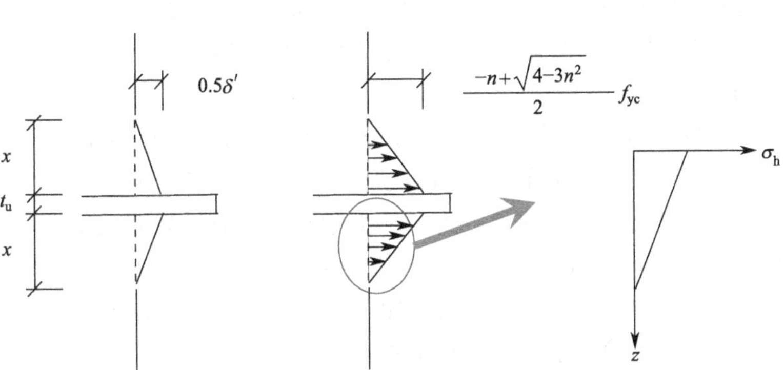

图 7-85　U 形板试件侧面柱钢板变形及应力分布模型

$$W_{U3}=4\int_0^x \frac{\frac{(-n+\sqrt{4-3n^2})}{2}f_{yc}t_c}{x}z\times\frac{0.5}{x}z\delta'\times dz$$

$$=\frac{(-n+\sqrt{4-3n^2})}{3}f_{yc}t_c x\delta' \tag{7-52}$$

由内外虚功相等，联立式(7-51) 与式(7-52) 并进行简化即可得到正面柱钢板屈服承载力 P_{U3} 的表达式：

$$P_{U3}=\frac{(-n+\sqrt{4-3n^2})}{3}f_{yc}t_c x \tag{7-53}$$

式(7-53) 中同样含有未知量 x，根据最小势能原理，将式(7-49) 与式(7-53) 求和后对 x 求导，当导数等于 0 时对应的 x 可表达为：

$$x=\sqrt{\frac{12M_1bb_2}{(-n+\sqrt{4-3n^2})f_{yc}t_cb_2+12M_2}} \tag{7-54}$$

将式(7-54) 计算得到的 x 代入式(7-49) 与式(7-53)，即可求得 P_{U2} 与 P_{U3}，最终将计算所得的 P_{U1}、P_{U2} 与 P_{U3} 求和，即可得到 U 形板节点屈服承载力 P_{Uy}。

U 形板节点极限承载力 P_{Uu} 采用与屈服承载力 P_{Uy} 相同的公式形式，将公式中钢材屈服强度换为抗拉强度即可。

7.10.2.2　U 形板节点承载力力学模型验证

将 7.10.2.1 节中的 U 形板节点承载力公式计算结果采用下式换算为梁端剪力，以便与有限元参数分析结果进行对比。

$$F_{Uy}=\frac{P_{Uy}\cdot h}{L_b} \tag{7-55}$$

$$F_{Uu}=\frac{P_{Uu}\cdot h}{L_b} \tag{7-56}$$

式中：F_{Uy}——由U形板节点屈服承载力 P_{Uy} 计算的梁端剪力；

F_{Uu}——由U形板节点极限承载力 P_{Uu} 计算的梁端剪力；

h——梁上下翼缘间距离；

L_b——U形板节点连接件薄弱截面至梁端支反力作用点的水平距离。

U形板节点屈服承载力和极限承载力力学模型计算结果与有限元计算结果见图7-86。由于未考虑柱钢管薄膜效应提供的承载力，故力学模型计算结果略低于有限元模型计算结果，其中U形板节点屈服承载力力学模型计算结果的误差为−9.22%，标准差为1.73%；U形板节点极限承载力力学模型计算结果的误差为−5.67%，标准差为3.29%。承载力误差属可接受范围，基本验证了力学模型的可靠性。

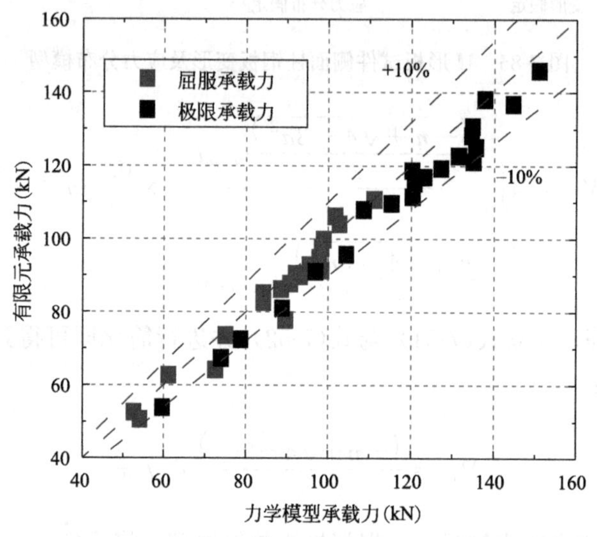

图7-86 U形板节点承载力公式计算结果与有限元计算结果的对比

7.11 钢管混凝土异形柱-H型钢梁框架竖向肋板节点承载力模型

7.11.1 竖向肋板节点承载力参数分析

基于竖向肋板节点试件的试验结果，为进一步明确各参数对竖向肋板节点承载力的影响，从而提出合理的钢管混凝土异形柱竖向肋板节点承载力力学模型，对竖向肋板节点的承载力进行参数分析，参数包括竖向肋板在梁翼缘外高度 h_1、在梁翼缘内高度 h_2、与梁翼缘连接长度 l_1、竖向肋板厚度 t_v、柱轴压比 n、柱钢管单腔室宽厚比，基本参数与节点试件E-C-VN-0.3一致。为保证破坏模式为竖向肋板节点破坏，梁翼缘及腹板厚度增至10mm，且屈服强度增至462MPa，同时将竖向肋板厚度降至6mm。

由图7-87的参数分析结果可见，竖向肋板在梁翼缘外高度 h_1、梁翼缘内高度 h_2 和竖向肋板厚度 t_v 对节点承载力呈正相关关系，且影响较为明显。竖向肋板在梁翼缘外高度 h_1 对节点承载力的影响比梁翼缘内高度 h_2 更明显。随柱钢管单腔室钢管宽厚比的增大（柱钢管壁厚减小），竖向肋板节点承载力出现一定程度降低。而柱轴压比对竖向肋板节点承载力的影响不明显。

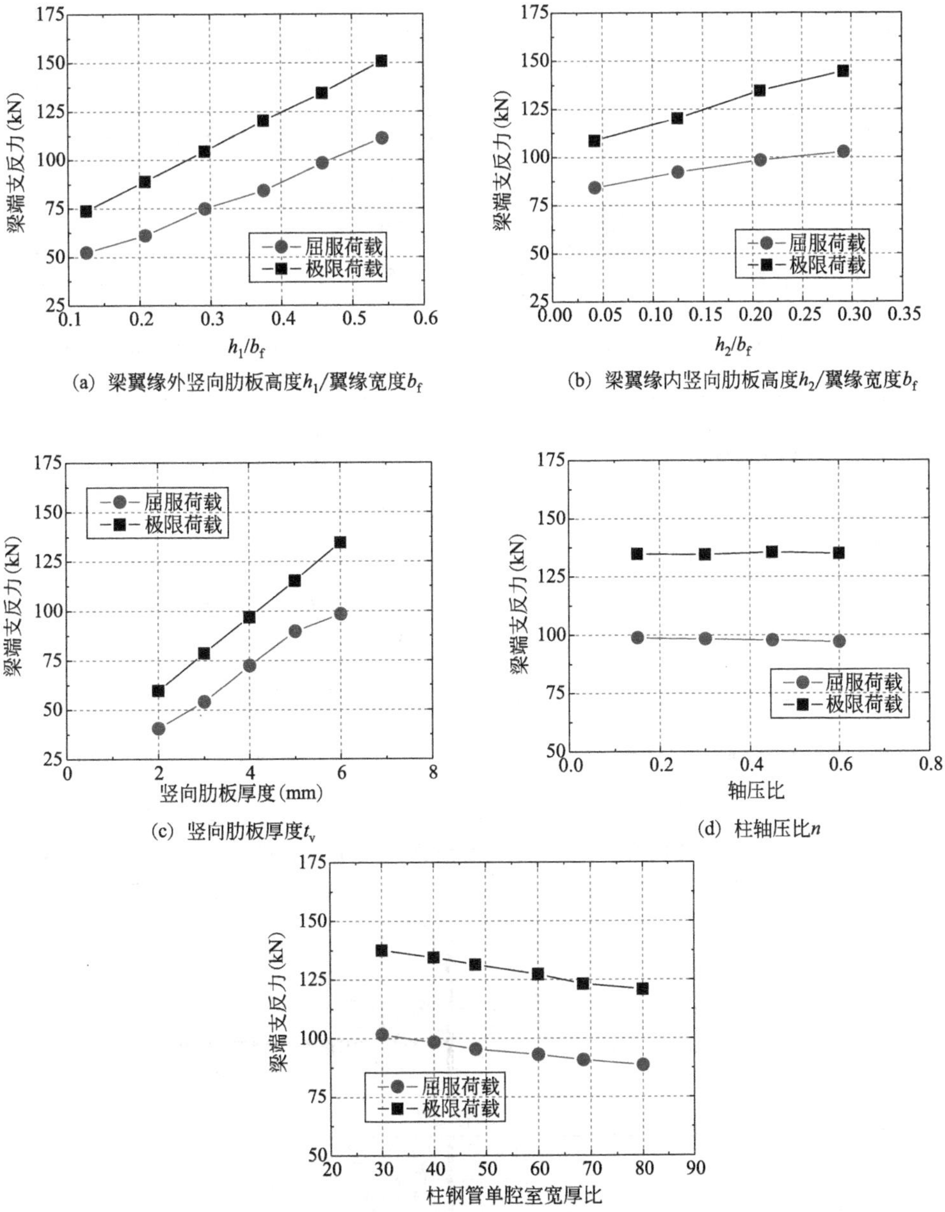

(a) 梁翼缘外竖向肋板高度h_1/翼缘宽度b_f

(b) 梁翼缘内竖向肋板高度h_2/翼缘宽度b_f

(c) 竖向肋板厚度t_v

(d) 柱轴压比n

(e) 柱钢管单腔室宽厚比

图 7-87　竖向肋板节点承载力参数分析

竖向肋板与梁翼缘连接长度 l_1 对竖向肋板节点承载力的影响见图 7-88。可见，l_1 对竖向肋板节点承载力的影响存在一个临界值：当 l_1 小于临界值时，l_1 与节点承载力呈正相关；当 l_1 大于临界值时，l_1 对节点承载力无明显影响。定义屈服状态临界值为 l_{y1}，极限状态临界值为 l_{u1}。由图 7-88 可得以下规律：①在参数分析范围内，l_{y1}/b_f 在 0.802～1.227 范围，l_{u1}/b_f 在 0.776～0.948 范围；②l_{y1} 与竖向肋板薄弱截面面积呈正相关。

竖向肋板在屈服状态的 Mises 应力云图见表 7-16，可见薄弱截面应力的均匀程度与连接长度 l_1 呈正相关。

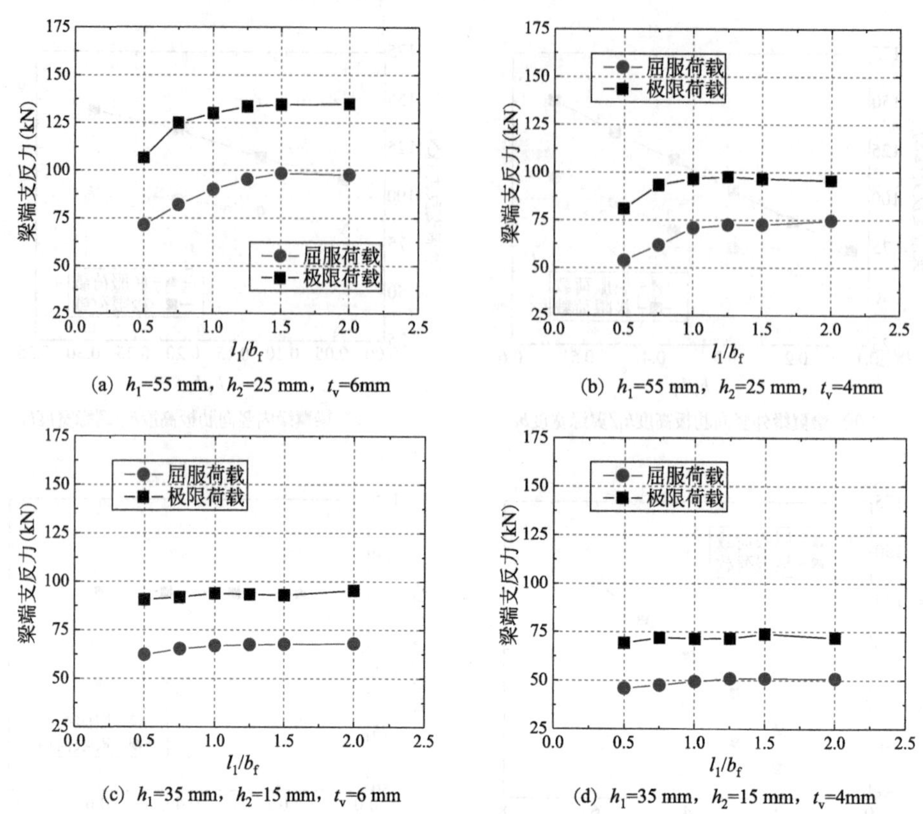

(a) h_1=55 mm，h_2=25 mm，t_v=6mm　(b) h_1=55 mm，h_2=25 mm，t_v=4mm

(c) h_1=35 mm，h_2=15 mm，t_v=6 mm　(d) h_1=35 mm，h_2=15 mm，t_v=4mm

图 7-88　竖向肋板与梁翼缘连接长度 l_1 对竖向肋板节点承载力的影响

不同连接长度时竖向加劲肋 Mises 应力云图　　**表 7-16**

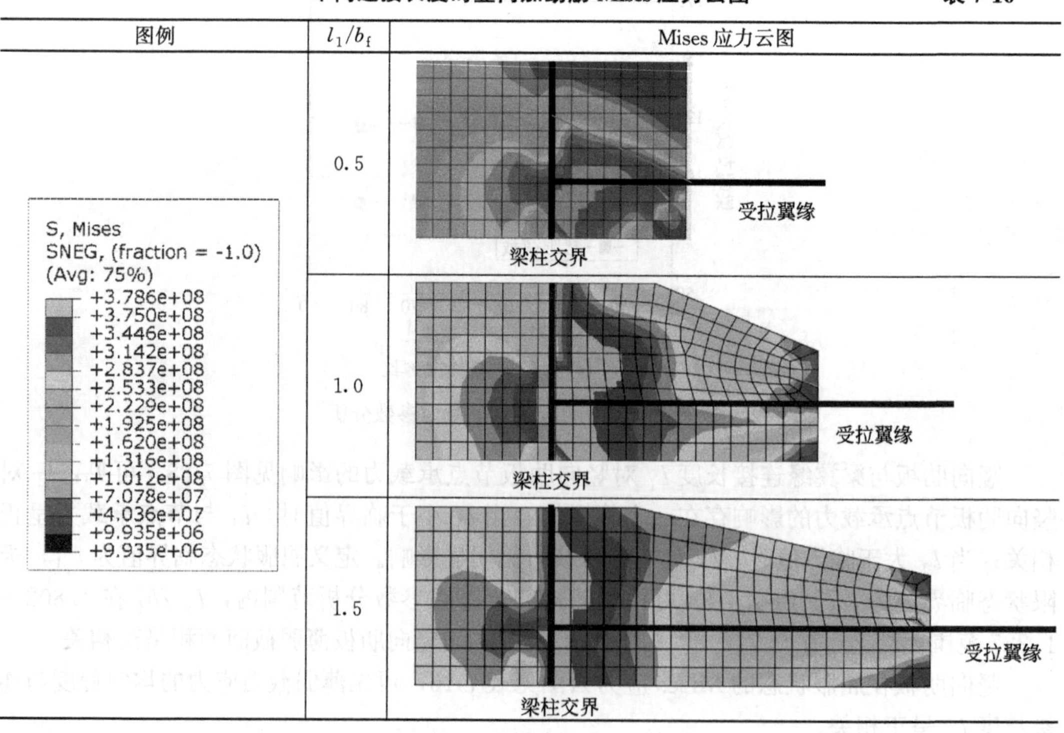

图例	l_1/b_f	Mises 应力云图
	0.5	
	1.0	
	1.5	

我国《钢结构设计标准》GB 50017—2017 的 12.2.2 条规定了桁架节点板受力区域的有效宽度计算方法，应力扩散角近似为 27°。对图 7-81 中屈服临界长度与竖向肋板翼缘外高度的比值 l_{y1}/h_1 求反正切值可得到临界应力扩散角，其数值为 19.9°～25.1°，平均值为 22.4°，略低于《钢结构设计标准》GB 50017—2017 的标准取值 27°。推测是该标准建议值基于轴向受拉状态，而竖向肋板所受荷载为拉弯状态，导致竖向肋板应力扩散效果稍逊。

基于参数分析结果，应力扩散角保守取为 20°。为保证竖向肋板在薄弱截面能达到全截面屈服，竖向肋板与梁翼缘连接长度 l_1 需满足：

$$l_1 \geqslant \max(h_1, h_2) \cdot \cot 20° \approx 2.75\max(h_1, h_2) \tag{7-57}$$

7.11.2 竖向肋板节点承载力力学模型

7.11.2.1 竖向肋板节点屈服承载力力学模型

基于有限元分析得到正面柱钢板变形图、侧面柱钢板位移云图和应力云图（图 7-89）。可见，受梁翼缘拉力和竖向肋板拉力的影响，与梁翼缘相交处一定高度范围内的正面柱钢板的拉脱变形最明显；受此影响，侧面柱钢板在梁翼缘处及其附近的变形也比较集中。因此，提出适用于竖向肋板节点的变形简化模型（图 7-90）。

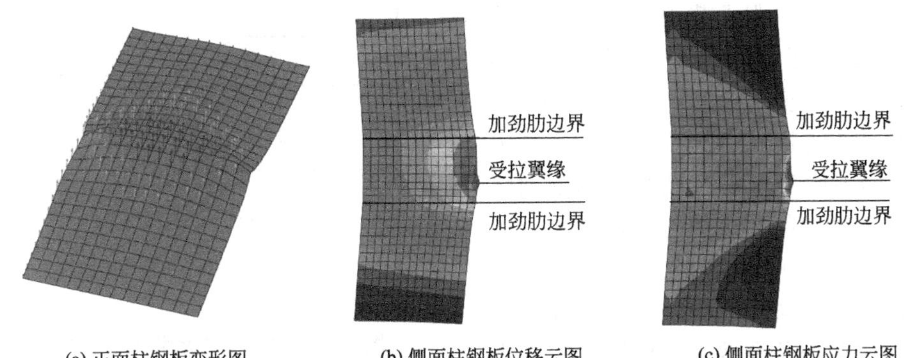

图 7-89　竖向肋板节点有限元位移云图和应力云图

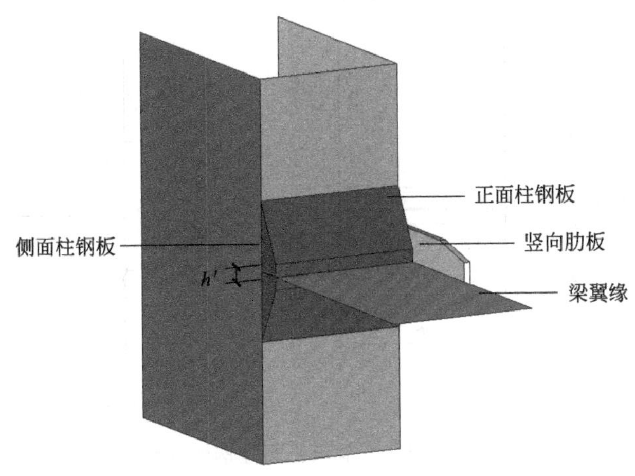

图 7-90　竖向肋板节点变形简化模型

参考文献［182-183］中的力学模型及本书 7.11.1 节竖向肋板参数分析结果，提出适用于竖向肋板节点的承载力计算公式（7-58）：

$$P_{vy}=P_{v1}+P_{v2}+P_{v3} \tag{7-58}$$

式中：P_{vy}——竖向肋板节点屈服承载力；

P_{v1}——竖向肋板连接件屈服承载力；

P_{v2}——正面柱钢板屈服承载力；

P_{v3}——侧面柱钢板屈服承载力。

（1）竖向肋板连接件屈服承载力

图 7-91 为竖向肋板承载力计算简图，图中粗线部位为竖向肋板薄弱截面，基于该截面提出竖向肋板屈服承载力公式：

$$P_{v1}=2(h_1+h_2)t_v f_{yv} \tag{7-59}$$

式中：h_1——竖向肋板在翼缘外高度；

h_2——竖向肋板在翼缘内高度；

t_v——竖向肋板厚度；

f_{yv}——竖向肋板屈服强度。

（2）正面柱钢板屈服承载力

正面柱钢板屈服承载力的计算方法同样基于屈服线理论和虚功原理。参考图 7-90 中的柱钢管变形模型，提出图 7-92 的竖向肋板节点正面柱钢板变形简图，其中虚线 1-2 是拉脱变形零区域与变形增加区域的临界塑性铰线，虚线 3-4 是拉脱变形增加区域与变形峰值区域的临界塑性铰线。假定在梁翼缘对应的拉脱变形峰值区域产生的拉脱虚位移为 δ，则外荷载产生的外虚功 W'_{v2} 为：

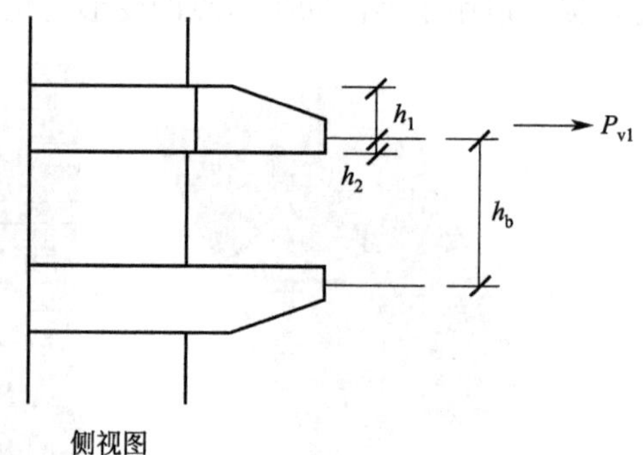

图 7-91　竖向肋板承载力计算简图

$$W'_{v2}=P_{v2}\delta \tag{7-60}$$

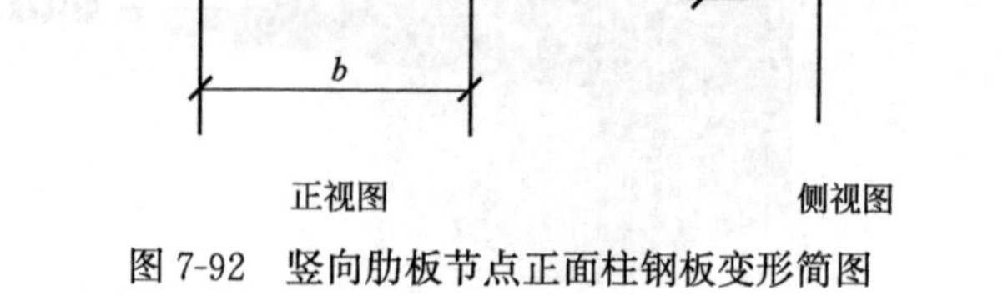

正视图　　侧视图

图 7-92　竖向肋板节点正面柱钢板变形简图

正面柱钢板塑性铰线弯矩变形产生的内虚功 W_{v2} 可表示为：

$$W_{v2}=4W_{12}=4M_1 b\,\frac{\delta}{x} \tag{7-61}$$

式中：M_1——塑性铰线方向与轴压力方向垂直时，单位长度塑性铰线的弯矩，由式(7-39) 计算；

x——塑性铰线 1-2 与塑性铰线 3-4 的竖直距离（图 7-92）。

根据内外虚功相等，联立式(7-60) 与式(7-61)，化简后得到正面柱钢板屈服承载力 P_{v2}：

$$P_{v2}=4M_1 b\,\frac{1}{x} \tag{7-62}$$

(3) 侧面柱钢板屈服承载力

参考 U 形板节点侧面柱钢板的变形及应力模型（图 7-85），提出竖向肋板节点侧面柱钢板的变形及应力模型（图 7-93）。

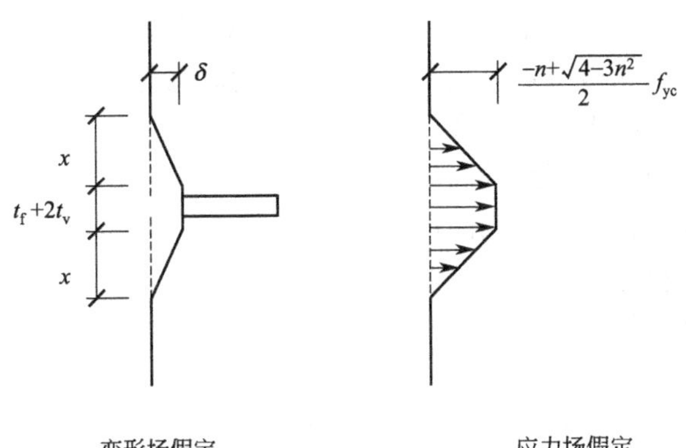

图 7-93　竖向肋板节点侧面柱钢板变形及应力分布模型

基于虚功原理，假定在梁翼缘位置产生拉脱位移 δ，则外荷载产生的外虚功 W'_{v3} 为：

$$W'_{v3}=P_{v3}\delta \tag{7-63}$$

侧面柱钢板在梁翼缘和竖向肋板的拉伸变形下产生的内虚功 W_{v3} 可表示为：

$$\begin{aligned}W_{v3}&=4\int_0^x \frac{\frac{\left(-n+\sqrt{4-3n^2}\right)}{2}f_{yc}t_c}{x}z\,\frac{1}{x}z\delta\,\mathrm{d}z+2(t_f+2t_v)\,\delta\,\frac{\left(-n+\sqrt{4-3n^2}\right)}{2}f_{yc}t_c\\&=\left(-n+\sqrt{4-3n^2}\right)\left(t_f+2t_v+\frac{2x}{3}\right)f_{yc}t_c\delta\end{aligned} \tag{7-64}$$

根据内外虚功相等，联立式(7-63) 与式(7-64)，简化后得到侧面柱钢板屈服承载力 P_{v3} 为：

$$P_{v3}=\left(-n+\sqrt{4-3n^2}\right)\left(t_f+2t_v+\frac{2x}{3}\right)f_{yc}t_c \tag{7-65}$$

基于最小势能原理，将式(7-62) 与式(7-65) 求和后对 x 求导，当导数为 0 时的 x 表达式为：

$$x=\sqrt{\frac{6M_1 b}{(-n+\sqrt{4-3n^2})f_{yc}t_c}} \tag{7-66}$$

将 x 代入式(7-62) 与式(7-65) 中即可求得 P_{v2} 与 P_{v3}，将 P_{v1}，P_{v2} 与 P_{v3} 求和即可得到竖向肋板节点屈服承载力 P_{vy}。

竖向肋板节点极限承载力 P_{vu} 采用与屈服承载力 P_{vy} 相同的公式形式，将公式中钢材屈服强度换为抗拉强度即可。

7.11.2.2 竖向肋板节点连接承载力计算公式验证

将 7.11.2.1 节中计算得到的 P_{v1}，P_{v2} 与 P_{v3} 采用下式换算为梁端剪力，以便与有限元参数分析结果进行对比。

$$F_{vy}=\frac{P_{v1}\cdot(h_b+h_1-h_2)}{L_b}+\frac{(P_{v2}+P_{v3})\cdot h_b}{L_b} \tag{7-67}$$

$$F_{vu}=\frac{P_{vu1}\cdot(h_b+h_1-h_2)}{L_b}+\frac{(P_{vu2}+P_{vu3})\cdot h_b}{L_b} \tag{7-68}$$

式中：F_{vy}——根据竖向肋板节点屈服承载力 P_{vy} 计算得到的梁端剪力；

F_{vu}——根据竖向肋板节点极限承载力 P_{vu} 计算得到的梁端剪力；

h_b——梁上下翼缘形心间距离；

h_1——竖向肋板在梁翼缘外高度

h_2——竖向肋板在梁翼缘内高度；

P_{vu1}——竖向肋板连接件极限承载力；

P_{vu2}——正面柱钢板极限承载力；

P_{vu3}——侧面柱钢板极限承载力。

竖向肋板节点屈服承载力和极限承载力力学模型计算结果与有限元计算结果见图 7-94。屈服承载力力学模型计算的误差为－6.34%，标准差为 3.61%；极限承载力力学模型计算结果的误差为－9.92%，标准差为 2.87%。承载力误差属可接受范围，且略有安全储备，基本验证了力学模型的可靠性。

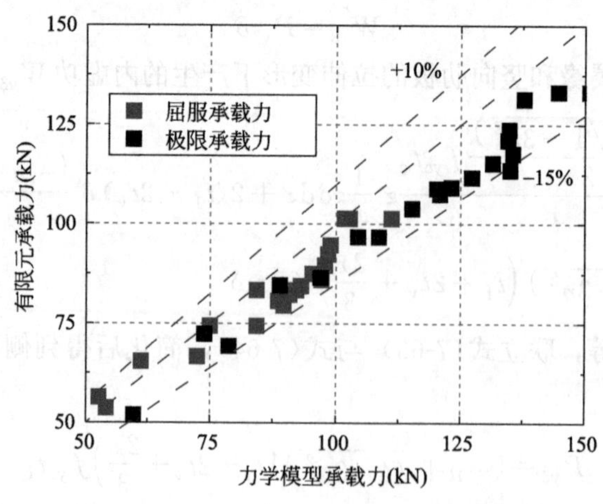

图 7-94 竖向肋板节点力学模型计算结果与有限元计算结果的对比

7.12 节点承载力简化设计公式及构造要求

7.10节与7.11节中分别提出U形板节点和竖向肋板节点承载力力学模型，但力学模型公式相对较为复杂，需对公式进行简化以便其应用于工程设计。

7.12.1 钢管混凝土异形柱-H型钢梁框架U形板节点承载力设计方法

7.12.1.1 U形板节点承载力简化设计公式

U形板节点屈服承载力（式7-34）中的U形板连接件屈服承载力公式(7-38）机理明确，结构简单，不需作简化处理。但正面柱钢板、侧面柱钢板的屈服承载力公式(7-49)与公式(7-53）则较为复杂，其中柱钢管变形区高度 x 需求导，其表达式(7-54）较为复杂，需进行简化。公式(7-54）中的变量包括柱肢厚度 b、U形板内嵌宽度 b_2、柱钢管厚度 t_c 和柱轴压比 n，以上参数的合理取值范围为：

(1) 异形柱柱肢厚度 b 近似等于墙厚度，取值范围一般为180～240mm。

(2) 参考《钢结构设计标准》GB 50017—2017第15.4.3条的规定，柱内隔板上应设置混凝土浇筑孔和透气孔，混凝土浇筑孔孔径不应小于200mm。钢管混凝土异形柱较难满足200mm的孔径要求，为保证混凝土浇筑质量，U形板内嵌宽度 b_2 取值范围定为 $0.1b$～$0.25b$。

(3) 参考《钢管混凝土结构技术规程》CECS 28：2012第4.1.8条规定，钢管宽厚比宜为（20～135）·$235/f_y$，且壁厚不宜小于4mm。参考 b 取值范围，柱钢管厚度 t_c 取值范围定为（1/20～1/60）b。

(4) 参考《钢管混凝土结构技术规范》GB 50936—2014第4.3.10条规定，一级建筑结构抗震等级的设计轴压比限值为0.70，换算试验轴压比近似为0.40，故柱钢管试验轴压比 n 取值范围定为0.1～0.5。

在以上参数范围内进行交叉参数分析，具体参数取值见表7-17。对总计400个参数组合情况进行计算，基于计算结果对 x 进行简化：

$$x=\left(0.8091\sqrt{\frac{t_c}{b_2}}+0.1247\right)\sqrt{bb_2} \tag{7-69}$$

用于回归参数 x 的U形板参数分析范围 **表7-17**

参数	参数取值
b	180mm,200mm,220mm,240mm
b_2	$0.1b$,$0.15b$,$0.2b$,$0.25b$
t_c	$1/60b$,$1/50b$,$1/40b$,$1/30b$,$1/20b$
n	0.1,0.2,0.3,0.4,0.5

将柱钢管变形区高度 x 的简化公式(7-69）与原公式(7-54）计算结果进行对比，见图7-95，两公式计算结果在参数分析范围内吻合良好，误差在10%范围内。

对U形板节点屈服承载力计算公式简化后的形式如下：

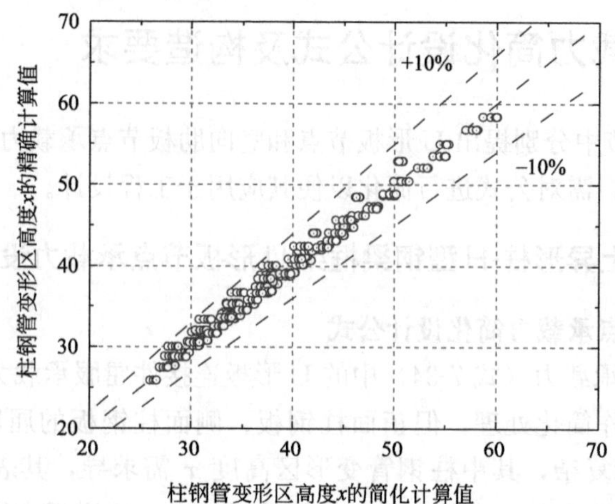

图 7-95 柱钢管变形区高度 x 简化公式（7-69）与原公式（7-54）计算结果对比

$$P_{Uy}=P_{U1}+P_{U2}+P_{U3}$$
$$=2(b_1+t_c)t_u f_{yu}+2\sqrt{2}\eta b_2 t_u f_{yu}+4M_2 x\frac{1}{b_2}+4M_1 b\frac{1}{x}+\frac{(-n+\sqrt{4-3n^2})}{3}f_{yc}t_c x \tag{7-70}$$

其中，M_1 计算见式(7-39)；M_2 计算见式(7-40)、式(7-41)；x 计算见式(7-69)。

将 U 形板节点承载力设计公式计算结果与有限元计算结果进行对比，如图 7-96 所示。在参数分析范围内，简化设计公式的最大误差为－12.61%，平均误差为－9.14%，计算结果平均误差在 10%范围内，属可接受范围。

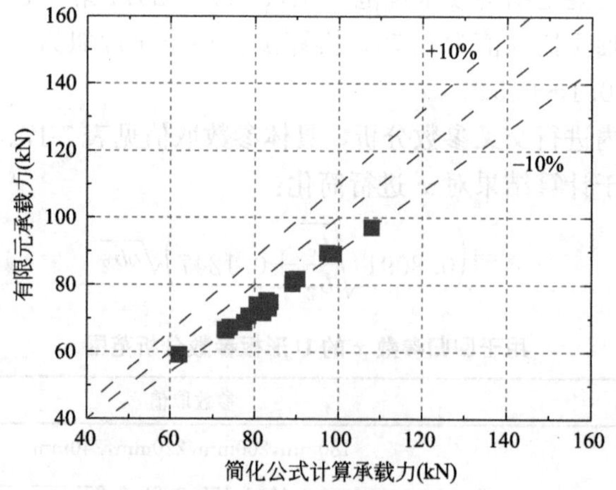

图 7-96 U 形板节点承载力设计公式计算结果与有限元计算结果的对比

7.12.1.2 U 形板节点构造要求

U 形板节点类似于钢管混凝土外环板和内环板节点，因异形柱截面较长，故环板未闭合。文献［90］表示半环板式节点虽然刚度及承载力均逊于环板式节点，但仍可满足规范要求，承载力可达到规范设计值的 1.6～1.72 倍。参考文献［90］及《钢管混凝土结构技术规范》GB 50936—2014中对于外环板式节点的构造要求，提出多腔式钢管混凝土异形柱-H型钢梁框架U形板节点的构造要求：

（1）U形板需延伸至异形柱阴角位置，保证与柱肢侧面钢板的连接长度；

（2）U形板厚度应不小于梁翼缘厚度；

（3）U形板薄弱截面宽度应不小于0.7倍梁翼缘宽度，即$b_1+b_2\geqslant 0.7b_f$；

（4）为避免应力集中，U形板与翼缘交界处需平滑过渡，且扩展角度不应大于45°；

（5）为保证节点刚度，柱单腔室钢板宽厚比不宜大于50；

（6）柱单腔室边长应不小于150mm，以便混凝土浇筑；

（7）U形板与柱钢管应采用全熔透焊缝连接；

（8）U形板连接件承载力应不小于梁翼缘全截面塑性承载力的1.3倍，即：

$$(b_1+b_2)t_u f_{yu}\geqslant 1.3b_f t_f f_{yf} \tag{7-71}$$

7.12.2　钢管混凝土异形柱-H型钢梁框架竖向肋板节点承载力设计方法

7.12.2.1　竖向肋板节点承载力简化设计公式

竖向肋板连接件承载力中的正面柱钢板承载力P_{v2}和侧面柱钢板承载力P_{v3}同样包含了柱钢管变形区高度参数x，对其进行变换得到：

$$x=\sqrt{\frac{3(1-n^2)t_c b}{2(-n+\sqrt{4-3n^2})}} \tag{7-72}$$

参考7.12.1.1节中参数取值范围，此处钢管混凝土异形柱柱肢厚度b取值范围为180～240mm；柱钢管厚度t_c取值范围为（1/20～1/60）b。在以上参数范围内进行交叉参数分析，具体取值见表7-18。对总计100个参数组合情况进行计算，回归得到x的简化形式：

$$x=0.91115\sqrt{bt_c} \tag{7-73}$$

用于回归参数 x 的竖向肋板参数分析范围　　表7-18

参数	参数取值
b	180mm，200mm，220mm，240mm
t_c	1/20b，1/30b，1/40b，1/50b，1/60b
n	0.1，0.2，0.3，0.4，0.5

将柱钢管变形区高度参数x的简化公式(7-73)与原公式(7-66)计算结果进行对比，见图7-97，两公式计算结果在参数分析范围内吻合良好，误差在10%范围内。

简化后竖向肋板节点屈服承载力设计公式如下：

$$\begin{aligned}P_{vy}&=P_{v1}+P_{v2}+P_{v3}\\&=2(h_1+h_2)t_v f_{yv}+4M_1 b\frac{1}{x}+(-n+\sqrt{4-3n^2})\left(t_f+2t_v+\frac{2x}{3}\right)f_{yc}t_c\end{aligned} \tag{7-74}$$

其中，M_1计算见式(7-39)；x计算见式(7-73)。

将竖向肋板节点承载力设计公式计算结果与有限元计算结果进行对比，如图7-98所示。在参数分析范围内，简化设计公式的最大误差为−9.48%，平均误差为−3.83%，属可接受范围。

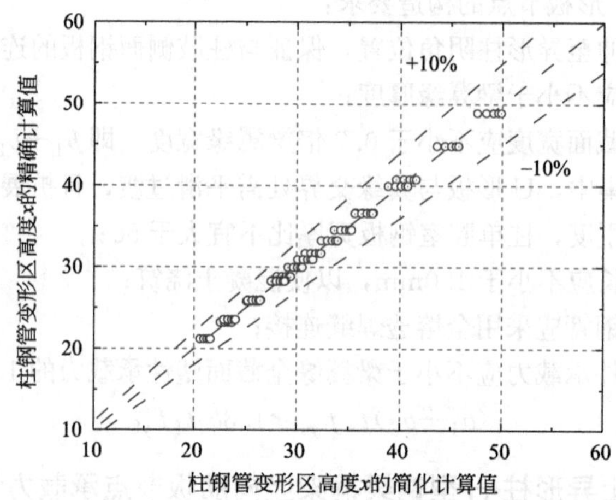

图 7-97 式(7-73) 与式(7-66) 计算的 x 值对比

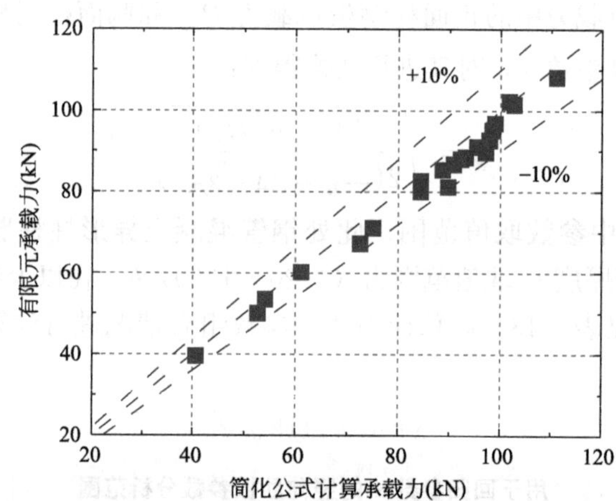

图 7-98 竖向肋板节点屈服承载力简化设计公式与有限元结果的对比

7.12.2.2 竖向肋板节点构造要求

（1）竖向肋板应延伸至异形柱阴角位置，保证与侧面柱钢板的连接长度；

（2）竖向肋板厚度应不小于梁翼缘厚度；

（3）竖向肋板在翼缘外高度应大于 0.5 倍梁翼缘宽度，翼缘内高度应大于 0.2 倍梁翼缘宽度；

（4）为保证梁翼缘荷载充分传递给竖向肋板，竖向肋板与翼缘间连接长度 l_1 应满足：$l_1 \geqslant \max(h_1, h_2) \cdot \cot 20° \approx 2.75\max(h_1, h_2)$。

7.12.3 钢管混凝土异形柱-U 形钢组合梁竖向肋板节点承载力设计方法

7.12.3.1 竖向肋板节点承载力简化设计公式

在钢管混凝土异形柱-U 形钢组合梁框架竖向肋板节点中，为减少焊缝数量，加之 U 形钢内翻翼缘薄弱，内翻翼缘和底板并未与柱直接相焊，这就造成梁上、下翼缘无法承受拉力。梁、柱采用竖向肋板连接，连接的受弯承载力要考虑竖向肋板以及混凝土受压的贡献。根据以上分析计算竖向肋板连接的受弯承载力，计算时采用如下假定：不考虑混凝土的抗拉作用；材料均达到塑性；U 形钢与混凝土楼板之间无滑移，以保证组合截面抗弯能力的充分利用。

（1）正弯矩作用

正弯矩作用下，拉力 F_t 主要由下竖向肋板、底筋和 U 形钢腹板承担，而压力 F_c 则通过上竖向肋板及有效板宽范围内的混凝土翼板来承担。受压区混凝土的计算宽度取为混凝土翼板的有效宽度。竖向肋板、底筋和 U 形钢材料的屈服强度分别为 f_{yv}、f_{yr} 和 f_{ys}，混凝土抗压强度为 f_c。正弯矩作用下竖向肋板连接受弯承载力计算模型如图 7-99 所示。

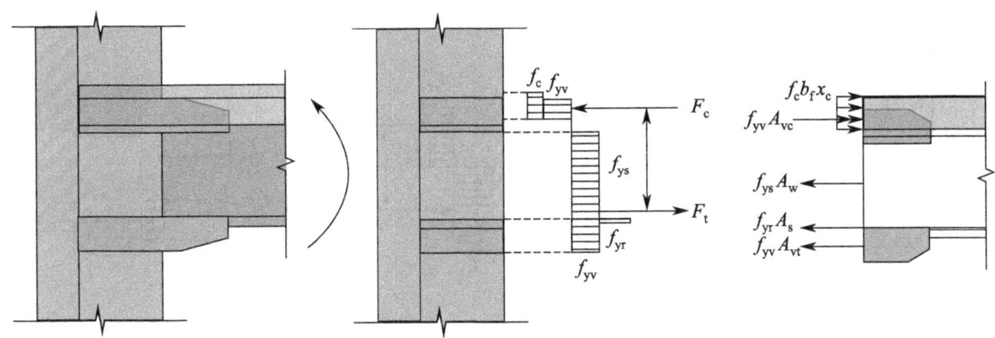

图 7-99　正弯矩下节点连接受弯计算模型

假定中和轴在混凝土板内，受拉区竖向肋板、底筋和 U 形钢腹板的面积分别为 A_{vt}、A_s 和 A_w；受压区竖向肋板和混凝土翼板的面积分别为 A_{vc} 及 b_fx_c，则有：

$$F_t=f_{yv}A_{vt}+f_{yr}A_s+f_{ys}A_w \tag{7-75}$$

$$F_c=f_{yv}A_{vc}+\alpha_1 f_c b_f x_c \tag{7-76}$$

由截面力的平衡条件 $F_t=F_c$，得受压区混凝土高度 x_c 为：

$$x_c=\frac{f_{yv}A_{vt}+f_{yr}A_s+f_{ys}A_w+2f_{yv}t_v(h_f-h_1)}{\alpha_1 f_c b_f+2f_{yv}t_v} \tag{7-77}$$

由截面力矩的平衡条件，正弯矩下连接受弯承载力 M_{uj}^{+} 为：

$$M_{uj}^{+}=\alpha_1 f_c b_f x_c\left(h_w+h_f-\frac{x_c}{2}\right)+f_{yv}A_{vc}\left(h_w+\frac{h_1+h_f-x_c}{2}\right)+f_{yv}A_{vt}\frac{t+h_1-h_2}{2}-f_{yr}A_s a_s-f_{ys}A_w\frac{h_w}{2} \tag{7-78}$$

式中　x_c——受压区混凝土高度；

α_1——等效矩形应力图系数；

a_s——底筋形心到 U 形钢底板的距离

t_v——竖向肋板厚度；

h_1——竖向肋板在梁翼缘外高度；

h_2——竖向肋板在梁翼缘内高度；

h_w——U 形钢腹板高度。

若中和轴位于梁腹板内，这种情况在工程设计中不建议采用，应通过减小梁底纵筋配筋率、减小含钢率、增大混凝土板纵向配筋率等措施进行规避，从而充分利用钢材受拉特性。

（2）负弯矩作用

负弯矩作用下，拉力 F_t 由上竖向肋板和U形钢受拉腹板承担，而压力 F_c 则通过下竖向肋板、混凝土腹板和U形钢受压腹板来承担。受压区混凝土的计算宽度取为柱翼缘的宽度。负弯矩作用下竖向肋板连接受弯承载力计算模型如图7-100所示。受拉区竖向肋板、U形钢受拉腹板的面积分别为 A_{vt} 和 A_{wt}；受压区竖向肋板、混凝土腹板和U形钢受压腹板分别为 A_{vc}、$b_c x_c$ 和 A_{wc}，则有：

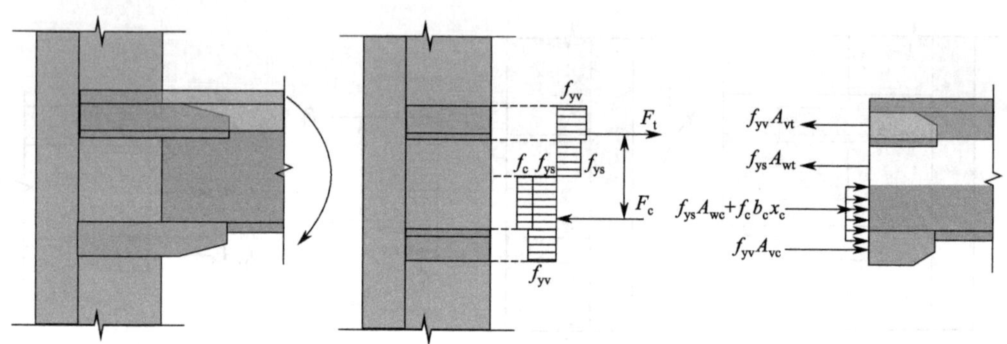

图7-100 负弯矩下连接受弯计算模型

$$F_t = f_{yv}A_{vt} + f_{ys}A_{wt} \tag{7-79}$$

$$F_c = f_{yv}A_{vc} + \alpha_1 f_c b_c x_c + f_{ys}A_{wc} \tag{7-80}$$

由截面力的平衡条件 $F_t = F_c$，得受压区混凝土高度 x_c 为：

$$x_c = \frac{f_{yv}(A_{vt} - A_{vc}) + f_{ys}(A_{wt} - A_{wc})}{\alpha_1 f_c b_c} \tag{7-81}$$

由截面力矩的平衡条件，负弯矩下连接受弯承载力 M_{uj}^- 为：

$$M_{uj}^- = f_{yv}A_{vt}\left(h_w + \frac{h_1 - h_2}{2}\right) + f_{yv}A_{vc}\frac{h_1 - h_2}{2} + f_{ys}A_{wt}\frac{h_w - h_2 + x_c}{2} - f_c b_c x_c \frac{x_c + t}{2} - f_{ys}A_{wc}\frac{x_c + h_2 + t}{2} \tag{7-82}$$

7.12.3.2 竖向肋板节点构造要求

竖向肋板与柱壁采用搭接焊接方式连接，需保证与侧面柱钢板的连接长度；竖向肋板宜采用与梁翼缘同等强度的钢材制作；负筋可焊在竖向肋板顶部以增大力臂，焊接时需要满足双边贴焊要求；竖向肋板厚度 t_v 应不小于梁翼缘厚度 t_b；竖向肋板翼缘外高度 h_1 应大于0.6倍梁翼缘宽度，翼缘内高度宜 h_2 应大于0.2倍梁翼缘宽度；为保证梁翼缘荷载充分传递给竖向肋板，竖向肋板与梁上下翼缘的连接长度 l_1 应大于1.5倍梁宽。

7.13 小结

（1）本章完成了9个十字形钢管混凝土柱-H型钢梁框架中节点、10个T形钢管混凝土柱-H 型钢梁框架边节点和 4 个 T 形钢管混凝土柱-U 形钢混凝土组合梁框架边节点的拟静力试验。分别得到了弱节点试件的节点核心区破坏模式、强节点试件的梁端塑性铰破坏模式和弱节点试件的连接件破坏模式。

（2）荷载-位移滞回曲线分析结果显示节点具有良好的耗能能力。中节点试件的柱端和梁端骨架曲线延性系数大部分接近 3.0 及以上，整体具有良好的变形能力。同时强节点试件柱端骨架曲线极限点对应的层间位移角为 2.41%～3.19%，说明本试验的强节点试件在罕遇地震下具有良好的变形能力。边节点试件同样具有良好的变形能力。

（3）对于中柱强节点系列试件，梁端承载力为各国规范计算值的 1.21～1.65 倍。对于 H 型钢梁边节点试件，虽然部分试件梁端承载力在试验结束时未达峰值，但试验值均高于规范计算值。其中竖向肋板系列试件的梁端承载力为规范计算值的 1.19～1.51 倍；U 形板系列试件为规范计算值的 1.02～1.29 倍。

（4）对于以梁端塑性铰破坏模式为主的强节点系列试件，基于梁端弯矩-转角曲线分析结果，节点刚度均满足有支撑框架体系的刚性节点要求。

（5）将层间位移角产生的原因分解为梁弹性弯曲变形、梁端塑性铰变形、柱弹性变形、节点域剪切变形等几部分，层间位移角计算结果与试验实测结果吻合良好。以中节点试件为例，梁的变形引起的层间位移角 γ_b 在强节点整体位移中占 42%～59%（平均为 50%），在弱节点中占 37%～49%（平均为 39.8%）；节点域剪切变形引起的层间位移角 γ_j 在强节点整体位移中占 34%～53%（平均为 41%），在弱节点中占 33%～61%（平均为 46%）。

（6）基于节点有限元分析结果，对节点域应力分布进行分析，研究了节点域传力机理，分腔室提出了节点域受剪承载力力学模型，并提出了节点域受剪承载力简化设计方法。

（7）基于有限元分析结果，应用虚功原理和最小势能原理，提出了 U 形板和竖向肋板连接的承载力力学模型，最后对力学模型进行简化，提出节点连接承载力设计方法和构造要求。

第8章 钢管混凝土异形柱框架抗震性能研究

8.1 引言

在钢管混凝土异形柱构件和节点力学性能分析的基础上，本章介绍钢管混凝土异形柱框架的抗震性能试验研究和理论分析。对钢管混凝土异形柱框架进行拟静力试验研究，通过对试件破坏特征、应力分布、承载力、变形、耗能、塑性铰发展情况等方面的研究，评价钢管混凝土异形柱框架的抗震性能。采用有限元数值方法，深入分析钢管混凝土异形柱框架的传力机理，并进行相关参数的影响规律分析，提出设计建议。进一步地，应用静力弹塑性方法分析塑性铰发展规律、层间位移角分布等地震反应结果，研究钢管混凝土异形柱框架结构在地震高烈度地区的抗震性能。

8.2 钢管混凝土异形柱-H 型钢梁框架拟静力性能试验研究

8.2.1 试验设计

设计了 4 榀钢管混凝土异形柱-H 型钢梁平面框架（SCFSTF），采用 1∶2 缩尺比制作。框架试件为两跨，跨度均为 3.0m；层数为 2 层，层高均为 1.5m。根据轴压比及梁柱节点类型的不同，将框架进行编号，分别为柱轴压比 0.3 和 0.55 的外环板节点框架（ED3、ED5）和柱轴压比 0.3 和 0.55 的竖向肋板节点框架（VR3、VR5）。试件模型见图 8-1，立面尺寸见图 8-2。

框架中柱采用十字形钢管混凝土柱，边柱采用 T 形钢管混凝土柱，柱肢宽厚比均为 3∶1。柱身钢管、钢梁、外环板及竖向肋板材料均为 Q235B 钢材，钢管内浇筑强度等级为 C25 的商品细石混凝土。十字形中柱钢管尺寸为 300mm×300mm×3.5mm，T 形边柱钢管尺寸为 300mm×300mm×4.0mm，柱钢管肢宽均为 100mm。钢管内部加劲肋采用竖向间距为 100mm、直径为 6.5mm 的对拉钢筋，如图 8-3 所示。H 型钢梁尺寸为 200mm×100mm×5.5mm×7.5mm；外环板宽度为 75mm，竖向肋板宽度为 50mm，厚度与钢梁翼缘相同，均为 7.5mm，如图 8-4 所示。构件尺寸及试验相关参数见表 8-1。框架试件各柱轴压比和轴压力见表 8-2。

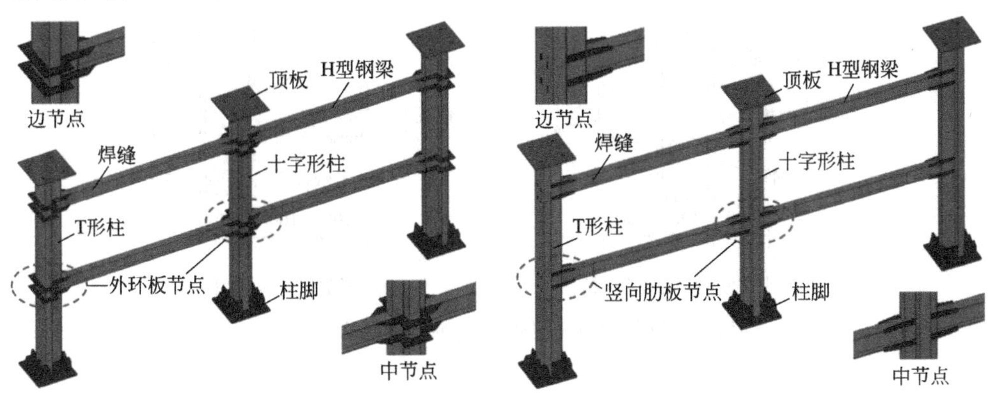

(a) 外环板节点框架(ED3、ED5) (b) 竖向肋板节点框架(VR3、VR5)

图 8-1 钢管混凝土异形柱-H 型钢梁框架试件

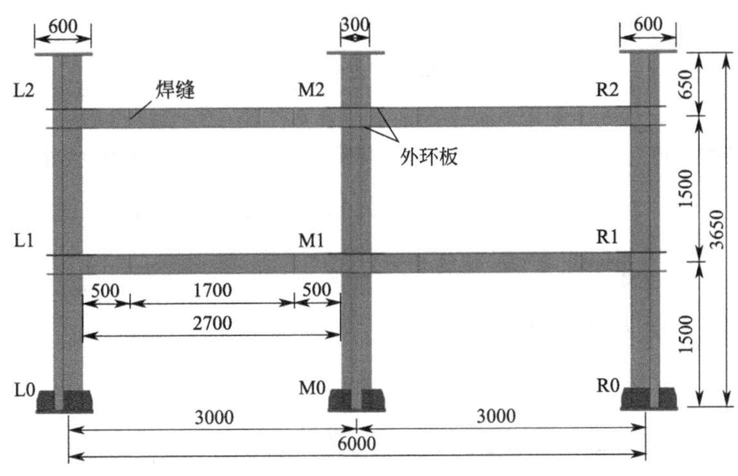

(a) 外环板节点框架(ED3、ED5)

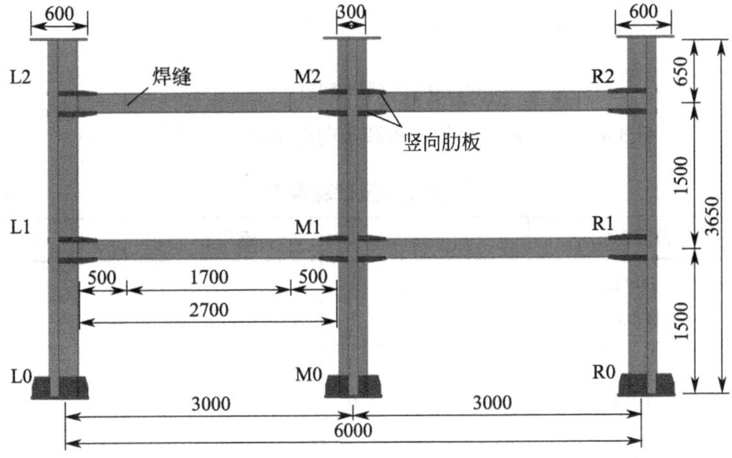

(b) 竖向肋板节点框架(VR3、VR5)

图 8-2 钢管混凝土异形柱-H 型钢梁框架试件立面尺寸（单位：mm）

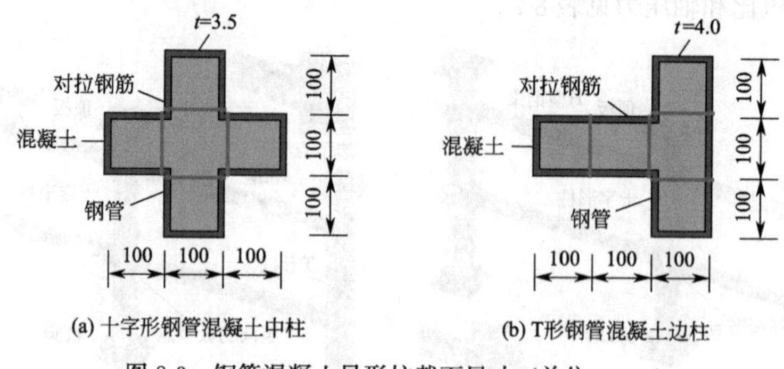

(a) 十字形钢管混凝土中柱

(b) T形钢管混凝土边柱

图 8-3　钢管混凝土异形柱截面尺寸（单位：mm）

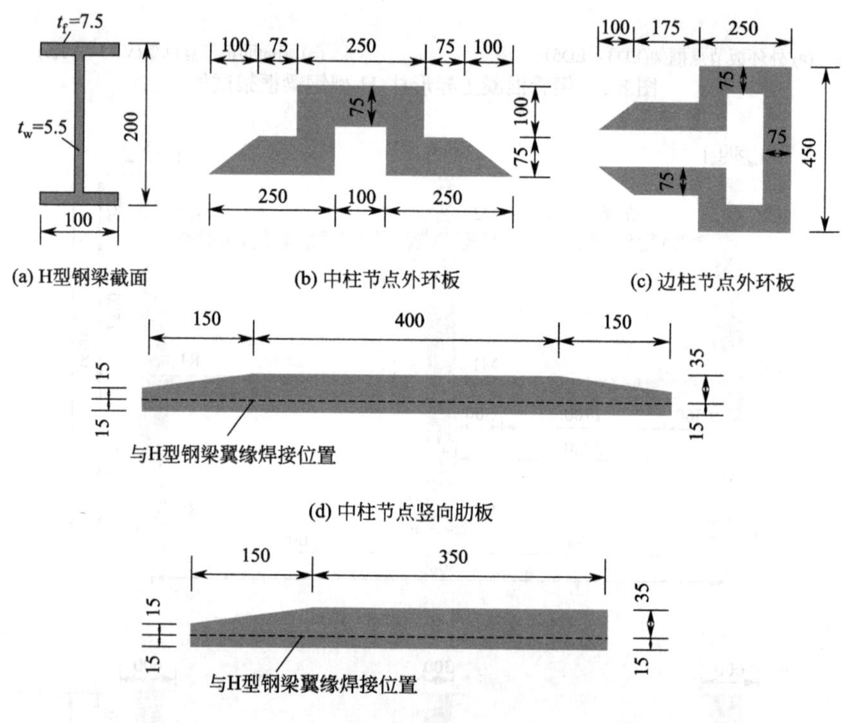

(a) H型钢梁截面

(b) 中柱节点外环板

(c) 边柱节点外环板

(d) 中柱节点竖向肋板

(e) 边柱节点竖向肋板

图 8-4　H 型钢梁、外环板和竖向肋板尺寸（单位：mm）

构件尺寸及试验参数　　**表 8-1**

构件名称	截面形式	尺寸(mm)	含钢率 α(%)	梁柱线刚度比 i
中柱	十字形 钢管混凝土	$h\times b\times t$ =300×100×3.5	9.05	0.151
边柱	T 形 钢管混凝土	$h\times b\times t$ =300×100×4.0	10.5	0.102
钢梁	H 型钢	200×100×5.5×7.5	—	—

注：h 为柱肢高度；b 为柱肢厚度；t 为钢管厚度。

框架柱轴压比和轴压力　　表 8-2

试件	构件名称	试验轴压比	试验轴压力(kN)
ED3、VR3	十字形中柱	0.3	713
	T 形边柱	0.15	348
ED5、VR5	十字形中柱	0.55	1307
	T 形边柱	0.275	638

框架试件采用刚接外露式柱脚，柱脚底板厚度为 30mm，加劲肋高度为 200mm，厚度为 10mm。基础梁采用 3 个钢筋混凝土梁，截面尺寸为 600mm×800mm，长度为 2m，混凝土强度等级为 C50。试件制作过程中，采用合理的装配和焊接顺序，通过反变形和刚性固定以减小焊接变形。制作及装配顺序如下：

①采用合理的焊接方法加工十字形钢管和 T 形钢管，加工流程如图 8-5 所示。

②浇筑钢管内部混凝土，为保证混凝土密实度，使用插入式振捣棒分三层振捣，养护两周后凿去柱顶的浮浆层，将混凝土打毛，用打磨机将钢管端口四方打磨水平，再填补高强水泥砂浆，最后焊盖板保证加载初期的共同工作。

③试验前对框架进行装配，通过基础梁对 2 个 T 形钢管混凝土边柱和 1 个十字形钢管混凝土中柱进行定位，再通过焊接方式连接钢梁。

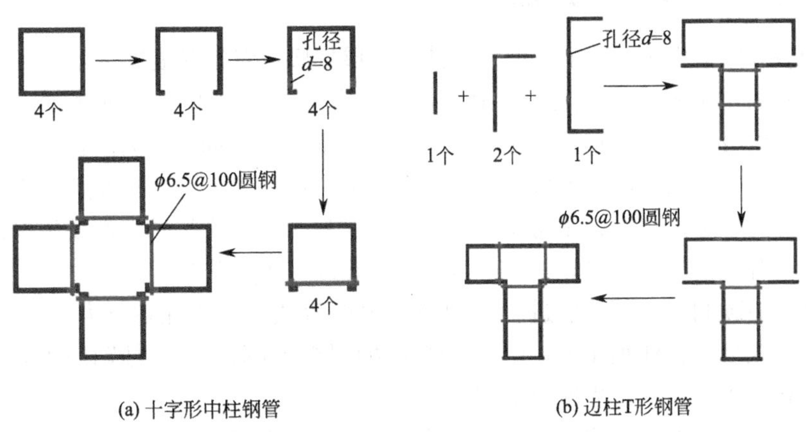

(a) 十字形中柱钢管　　(b) 边柱T形钢管

图 8-5　柱钢管加工流程（单位：mm）

8.2.2　材料力学性能

(1) 钢材力学性能

参照《金属材料　室温拉伸试验方法》GB/T 228—2002[166]，制作了钢板及钢筋标准拉伸试件。钢材拉伸试验每组 6 个试验件，取样材料均为试件同批次钢材，测得钢材的力学性能参数见表 8-3。

钢材力学性能参数　　表 8-3

材料类型	位置	弹性模量 E_s(MPa)	屈服强度 f_y(MPa)	屈服应变(με)	抗拉强度 f_u(MPa)	强屈比 f_u/f_y
钢筋 ϕ=6.5mm	对拉钢筋	2.08×10^5	401	1926	606	1.51

续表

材料类型	位置	弹性模量 E_s(MPa)	屈服强度 f_y(MPa)	屈服应变($\mu\varepsilon$)	抗拉强度 f_u(MPa)	强屈比 f_u/f_y
钢板 t=7.5mm	外环板 竖向肋板 钢梁翼缘	1.98×10^5	238	1201	396	1.67
钢板 t=5.5mm	钢梁腹板	2.04×10^5	283	1388	434	1.53
钢板 t=4.0mm	边柱钢管	2.01×10^5	258	1282	415	1.61
钢管 t=3.5mm	中柱钢管	1.99×10^5	305	1536	375	1.23

注：按塑性设计时，钢材的力学性能应满足强屈比 $f_u/f_y\geqslant1.2$。

（2）混凝土力学性能

钢管内混凝土采用细石商品混凝土浇筑，混凝土立方体标准试块尺寸为150mm×150mm×150mm，每组6个，与试件进行同条件养护。试验测得混凝土立方体抗压强度平均值 f_{cu}=35.7MPa，参考《混凝土结构设计规范》GB 50010—2010，计算得轴心抗压强度平均值 f_{ck}=23.9MPa。

8.2.3 试验加载方案和加载制度

试验加载方案如图8-6所示。框架试件的一层柱底设置钢筋混凝土基础梁，通过钢压梁和地锚螺杆固定于刚性地面上。框架柱顶轴压力由400t液压千斤顶施加，千斤顶与刚性反力梁之间设有滑车，在框架发生水平位移后仍能保证竖向轴压力的稳定。水平低周往复荷载由固定于反力墙上的75t水平拉压千斤顶施加在框架二层梁柱节点位置。框架各柱顶位移由设置的水平传力螺杆来协调，以避免二层框架梁因承担轴力而发生整体失稳。柱和梁两侧均设有侧向支撑，防止其在加载过程中出现平面外失稳。

竖向荷载加载制度：试验前进行预加载，预加荷载为试验柱轴压力的20%；正式试验中分五步加载至试验柱轴压力，中柱和两个边柱同步加载，且边柱轴压比取为中柱的一半。竖向荷载在水平加载过程保持恒定。

水平荷载加载制度：水平荷载采用荷载-位移混合控制加载制度，如图8-7所示。屈服前按照荷载控制加载，分十级加载至屈服荷载 F_y，每级荷载循环一次。屈服后按照位移控制加载，位移增量为 $0.5\Delta_y$（Δ_y 为屈服位移），直至荷载下降到峰值荷载的85%即停止加载，每级荷载循环两次。试验前应用有限元软件计算屈服荷载 F_y 为250kN，屈服位移 Δ_y 为20mm。

试验结束控制条件：（1）水平荷载下降至峰值荷载的85%；（2）框架梁或框架柱出现过大的变形或焊缝断裂；（3）试验加载装置存在较大的安全风险。

8.2.4 试验测量方案

试验数据采集系统由一台12通道动态采集箱（DH5922N）、三台60通道静态采集箱（DH3816N）和两台计算机组成。测量仪器包括LVDT高精度位移计（精度为0.001mm）、WBD百分表（精度为0.01mm）、YHD型位移计（精度为0.001mm）、倾角

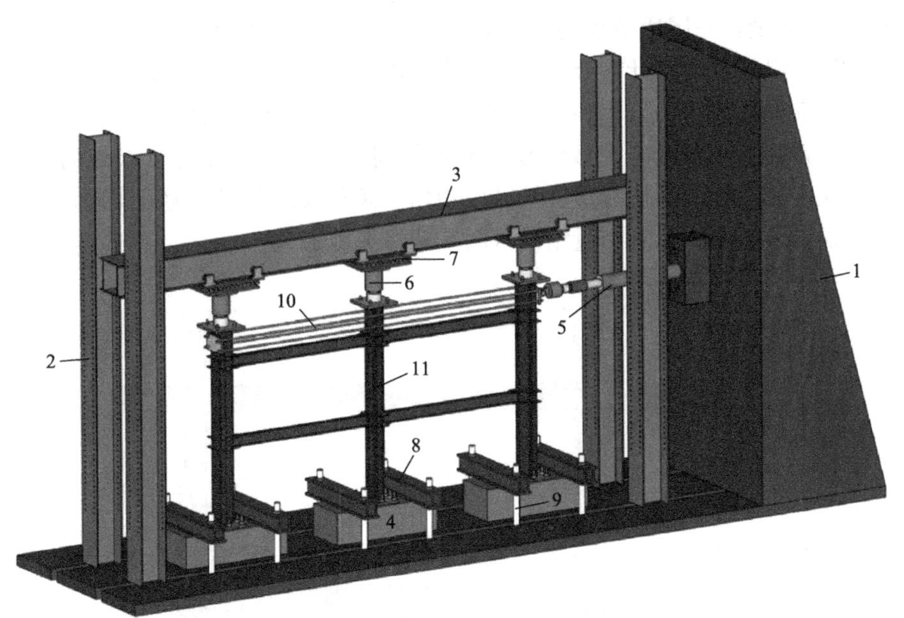

1—反力墙；2—反力柱；3—反力梁；4—基础梁；5—水平拉压千斤顶（包括力传感器）；
6—竖向液压千斤顶（包括力传感器）；7—滑车；8—压梁；9—地锚螺杆；10—水平传力螺杆；11—试验试件

图 8-6 试验加载方案

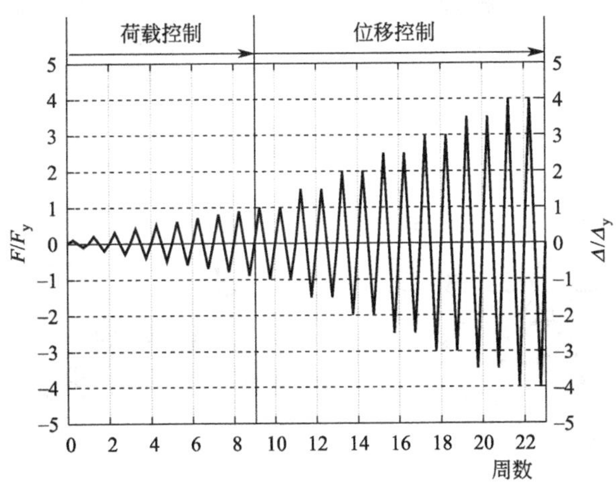

图 8-7 水平荷载加载制度

仪（精度为 0.01°)、力传感器（精度为 0.001kN)。荷载与位移数据由动态采集箱采集，应变数据由静态采集箱采集。试验测量方案见图 8-8。

水平位移测量方案：在二层梁端布置两个量程为±200mm 的 LVDT 高精度位移计，测量框架试件的二层水平位移；在一层梁端布置一个量程为±100mm 的 LVDT 高精度位移计，测量框架试件的一层水平位移；在基础梁上布置一个量程为±50mm 的 LVDT 高精度位移计，监测框架试件支座是否与刚性地面产生滑移（图 8-8 (a))。

节点域剪切变形测量方案：一层中节点的节点域剪切变形采用两个量程为±50mm 的

YHD型位移计测量，一层边节点的节点域剪切变形采用两个量程为±30mm的WBD百分表测量。将每组两个位移计在节点域相互交叉沿对角线布置，测量矩形节点域两对角线的伸缩量（图8-8（b）、（c）），参考本书7.4.3节计算节点域剪切角。

转角测量方案：共布置8个倾角仪，测量得到一层中节点和边节点处的梁柱相对转角、梁端塑性铰区段转角和柱端塑性铰区段转角。倾角仪的布置需避开梁端和柱端塑性铰区段，防止钢管局部屈曲影响测量结果（图8-8（b），（c））。

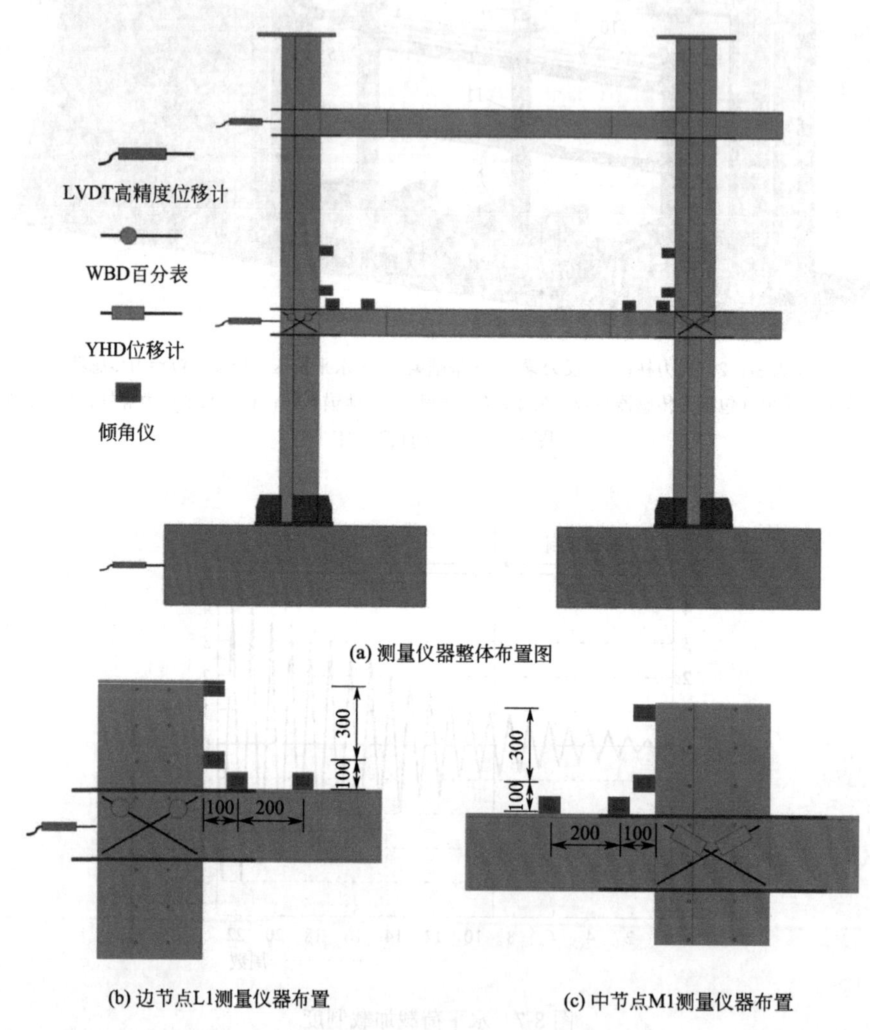

图8-8　试验测量方案（单位：mm）

应变测量方案：如图8-9所示，框架试件布置应变片的主要位置包括梁端翼缘与腹板、柱端、柱脚、节点域、竖向肋板和外环板。梁端上下翼缘沿纵向布置单向应变片，监测塑性铰位置，相应腹板位置采用三向应变花监测塑性铰发展程度。每个柱脚沿平面内方向布置单向应变片，监测柱脚塑性铰的发展。一层中柱节点域与边柱节点域通过布置三向应变花来考察试验过程中的应力分布与变化。

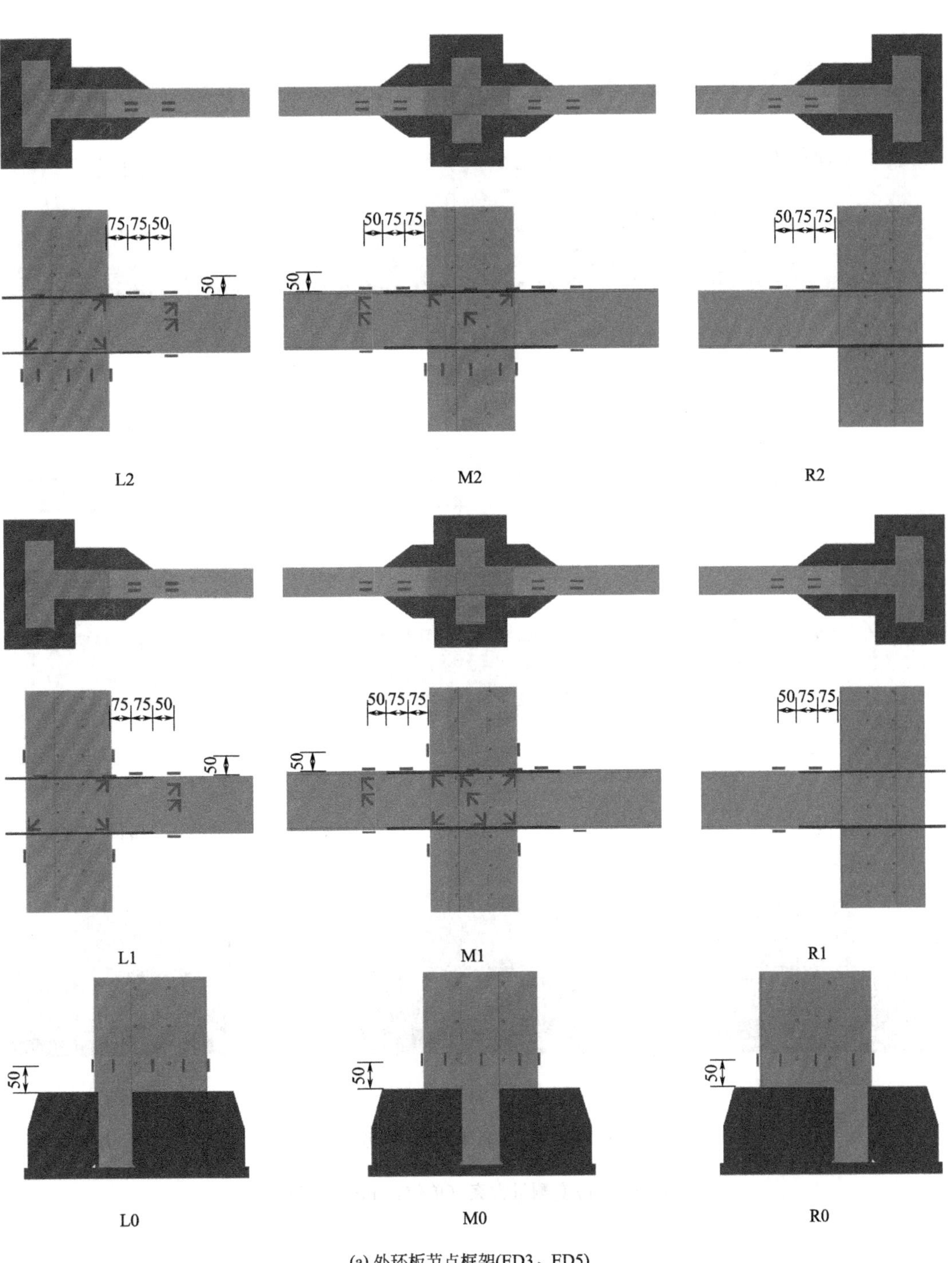

(a) 外环板节点框架(ED3、ED5)

图 8-9　应变测量方案（单位：mm）

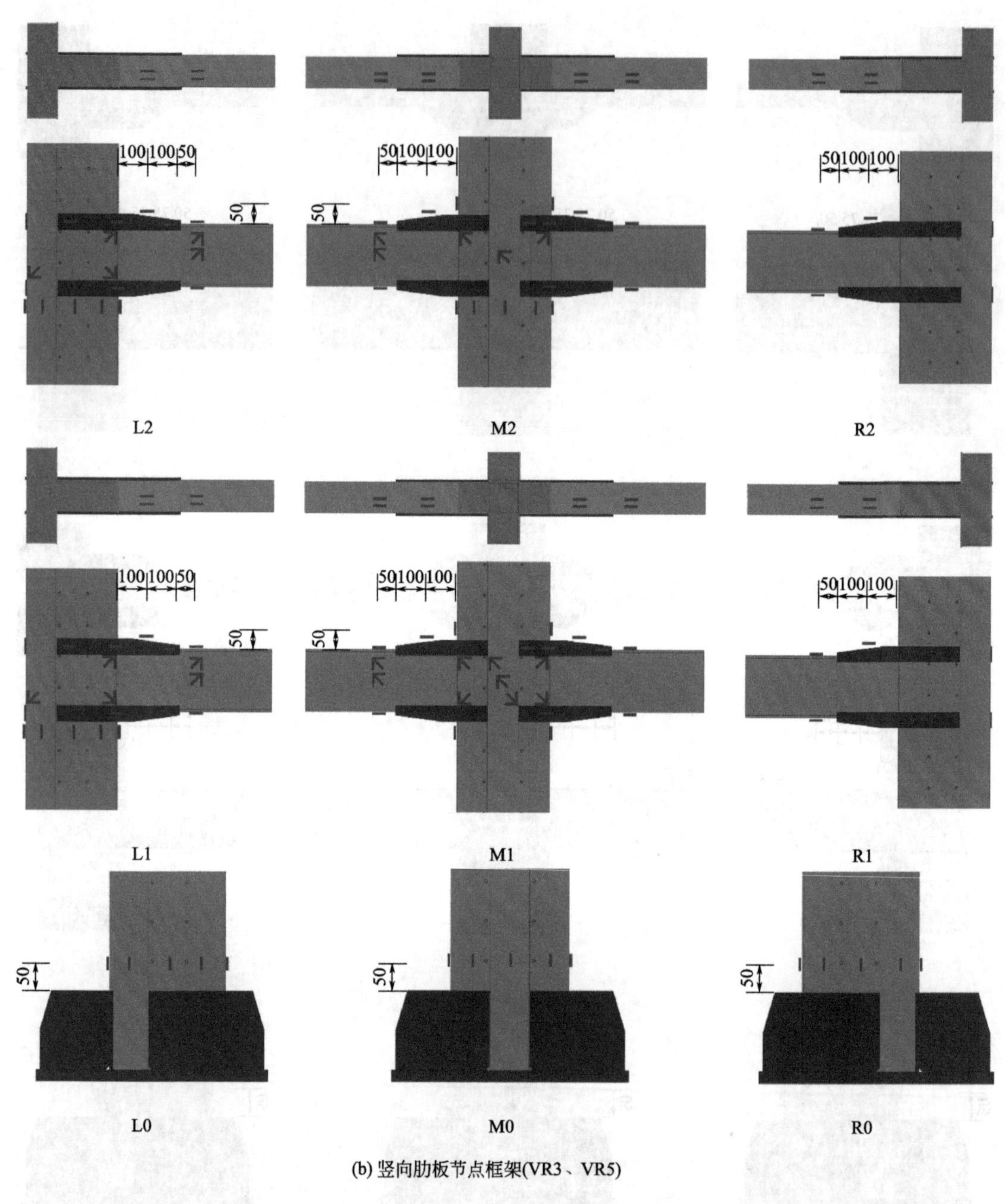

(b) 竖向肋板节点框架(VR3、VR5)

图 8-9　应变测量方案（单位：mm）（续）

8.3　试验破坏模式

为了便于试验现象的描述，将框架试件梁柱节点、柱脚、梁端、柱身钢管各表面进行编号，如图 8-10 所示。根据表 8-3 的材性实验结果，钢梁翼缘、钢梁腹板、M 柱钢管和 L（R）柱钢管的屈服应变分别为 1201$\mu\varepsilon$、1373$\mu\varepsilon$、1536$\mu\varepsilon$ 和 1282$\mu\varepsilon$。

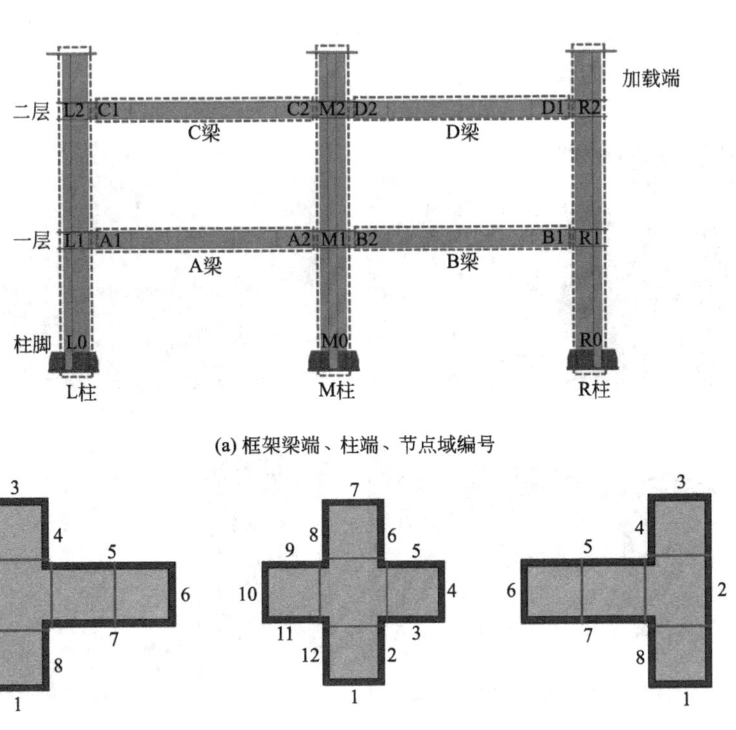

(a) 框架梁端、柱端、节点域编号

L柱　　M柱　　R柱

(b) 柱钢管各表面编号

图 8-10　框架试件各组成编号

试件 ED5 为中柱试验轴压比为 0.55 的外环板节点框架。当正向加载（框架试件被水平千斤顶推向远离反力墙）到 100kN 时，A1 梁端上翼缘首先达到屈服。当正向加载到 271.81kN、对应位移为 20.75mm 时，大部分梁端翼缘达到屈服，出现塑性铰，框架试件的顶层水平荷载-位移曲线出现明显的刚度退化，整个框架达到屈服状态，屈服位移 Δ_y 取为 20mm。之后随荷载继续增大，屈服的梁端逐渐出现翼缘和腹板的局部屈曲现象（图 8-11（a））。接近正向峰值荷载 382.1kN 和负向峰值荷载 361.4kN 时，水平位移达到 $\pm 2.5\Delta y$，一层中柱柱底开始出现塑性铰（图 8-11（b））；水平位移达到 $\pm 3.5\Delta_y$ 时，正负向荷载分别下降至峰值荷载的 83％和 90％，此时竖向荷载产生的二阶弯矩大大超过水平荷载的一阶弯矩，三个柱脚均出现塑性铰，试验结束。试验阶段节点域钢管未发生屈曲（图 8-11（c））。试验后剖开柱脚钢管，内部混凝土发生开裂压溃现象（图 8-11（d））。

根据试验现象及试验过程中应变片监测的数据，综合判断框架塑性铰出铰顺序，如图（图 8-11（f）、（g））所示。试件 ED5 中所有梁端及所有柱脚均出现了不同程度的塑性铰。各层梁端先出现塑性铰，最后在二层中柱上端与柱脚出现塑性铰，充分说明试件属于梁铰破坏机制，符合“强柱弱梁”的设计原则。

中柱试验轴压比为 0.55 的外环板节点框架试件 VR5 的试验现象与试件 ED5 类似，弹塑性阶段以梁端相继出现塑性铰为主（图 8-12（a）），并伴随发生梁翼缘和腹板的局部屈曲现象；接近峰值荷载后，以柱端和柱脚相继出现塑性铰为主（图 8-12（b））。最终竖向荷载产生的二阶弯矩大大超过水平荷载的一阶弯矩，使所有柱脚出现塑性铰，试验结束。框架试件 VR5 的塑性铰出铰顺序（图 8-12（c）、（d））充分说明试件属于梁铰破坏机制，符合“强柱弱梁”的设计原则。

(a) C1梁端塑性铰　(b) M0柱脚钢管鼓曲

(c) 节点域钢管未屈曲　(d) 边柱柱脚内部混凝土开裂压溃

(e) 最终破坏状态

(f) 正向加载塑性铰出现顺序　(g) 负向加载塑性铰出现顺序

图 8-11　试件 ED5 试验现象和破坏模式

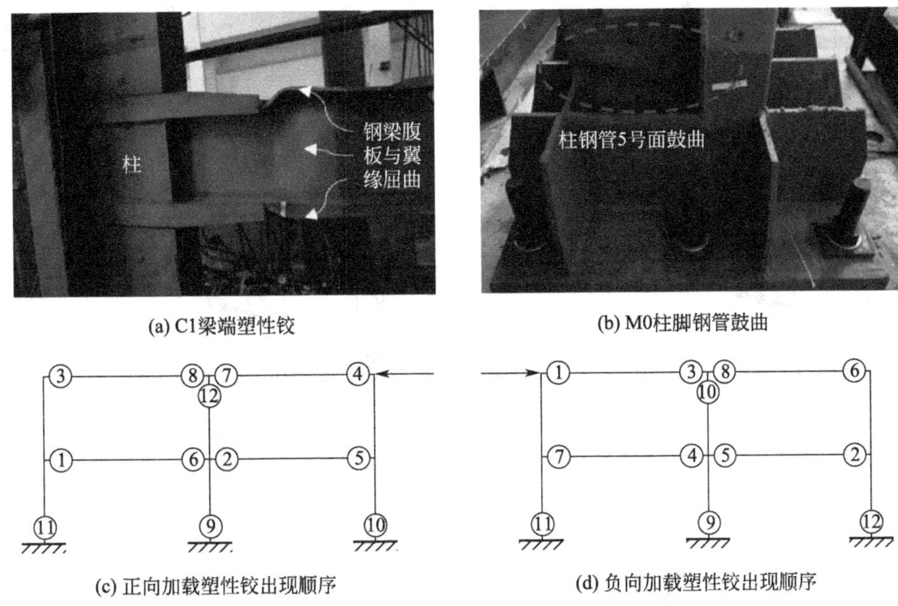

(a) C1梁端塑性铰　　(b) M0柱脚钢管鼓曲

(c) 正向加载塑性铰出现顺序　　(d) 负向加载塑性铰出现顺序

图 8-12　试件 VR5 试验现象和破坏模式

8.4　试验结果分析

8.4.1　水平荷载-位移滞回曲线

图 8-13 为试验中四个 SCFSTF 框架试件的水平荷载-位移滞回曲线。四个框架试件的滞回曲线基本上都呈较为饱满的梭形，捏缩效应不明显，表明该框架具有良好的塑性变形能力和滞回耗能能力，这是由于框架试件的破坏模式以梁端塑性铰为主。外环板节点框架和竖向肋板节点框架滞回曲线的承载力与饱满程度差别不大，这是由于两类框架的梁柱节点均未发生破坏。对于同种节点类型的框架，随轴压比的增加，滞回环更饱满，耗能能力更强但下降段更陡，延性变差。

四个框架试件均有明确的弹性阶段、弹塑性阶段和破坏阶段。在弹性阶段，骨架曲线接近直线，滞回环较小，耗能少，梁端翼缘首先屈服（A 点），之后柱脚钢管屈服（B 点）。在弹塑性阶段，框架变形增加明显，承载力增加变缓，刚度逐渐退化，大部分梁端翼缘屈服（C 点），柱端钢管鼓曲（D 点），达到峰值荷载。在破坏阶段，柱脚钢管鼓曲严重，内部混凝土压溃，荷载降低，塑性变形急剧增大，最终达到极限破坏。整个加载过程主要通过梁端出铰和柱脚出铰耗散能量。高轴压比对应的 B 点和 D 点位移较小，表明轴压比高的框架试件柱脚较早出现塑性铰。

8.4.2　延性

在结构体系抗震设计中，延性是一个衡量塑性变形能力的重要指标，用延性系数 μ 来表示。参考《建筑抗震试验规程》JGJ/T 101—2015[168] 和本书 2.3.1.1 节，计算框架试件的延性系数 μ。

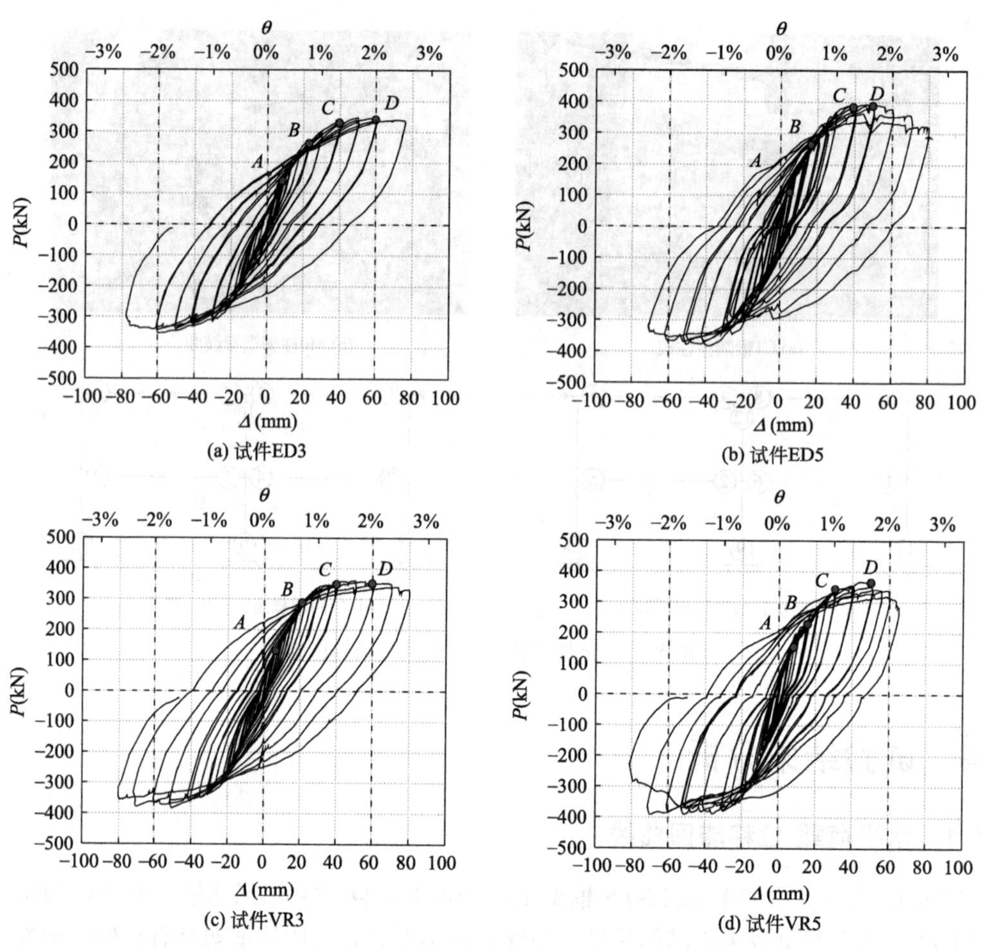

注：A 点—梁端翼缘屈服；B 点—柱脚钢管屈服；C 点—大部分梁端翼缘屈曲；D 点—柱脚钢管鼓曲。

图 8-13　水平荷载-位移滞回曲线

根据各试件骨架曲线，求得屈服点、峰值点、极限点对应的荷载和位移，并计算延性指标，见表 8-4。由于试验终止时，ED3、ED5、VR3 三个试件至少有一个方向极限荷载未下降至峰值荷载的 85%以下，导致相应的延性系数略有降低。

框架试件荷载、位移、延性指标　　**表 8-4**

加载阶段		屈服点			峰值点			极限点			
试件编号	加载方向	P_y (kN)	Δ_y (mm)	θ_y	P_m (kN)	Δ_m (mm)	θ_m	P_u (kN)	Δ_u (mm)	θ_u	μ
ED3	正向	268.7	23.2	1/129	346.2	50.0	1/60	333.2	75.9	1/40	3.27
	负向	273.7	24.4	1/123	352.1	59.8	1/50	296.0	77.9	1/38	3.36
	平均	271.2	23.8	1/126	349.2	54.9	1/55	314.6	76.9	1/39	3.32
ED5	正向	291.2	23.3	1/129	382.1	49.9	1/60	319.1	80.0	1/38	3.32
	负向	280.0	19.4	1/155	361.4	51.6	1/58	327.2	70.8	1/42	3.65
	平均	285.6	21.4	1/142	371.8	50.8	1/59	323.2	75.4	1/40	3.49

续表

加载阶段		屈服点			峰值点			极限点			μ
试件编号	加载方向	P_y (kN)	Δ_y (mm)	θ_y	P_m (kN)	Δ_m (mm)	θ_m	P_u (kN)	Δ_u (mm)	θ_u	
VR3	正向	267.8	20.4	1/147	345.1	60.4	1/50	315.3	80.0	1/38	3.93
	负向	290.4	24.5	1/122	361.2	70.6	1/42	316.2	80.1	1/38	3.27
	平均	279.1	22.5	1/135	353.2	65.5	1/46	315.8	80.1	1/38	3.60
VR5	正向	263.5	19.5	1/154	350.8	50.5	1/59	288.2	64.4	1/47	3.30
	负向	308.1	19.4	1/155	386.4	70.6	1/43	284.3	79.3	1/38	4.09
	平均	285.8	19.5	1/154	368.6	60.6	1/51	286.3	71.9	1/43	3.70

注：P_y、P_m、P_u 分别为屈服点、峰值点、极限点对应的荷载；Δ_y、Δ_m、Δ_u 为相应的位移；θ_y、θ_m、θ_u 为相应的平均层间位移角；$\theta_y=\Delta_y/H_d$，$\theta_m=\Delta_m/H_d$，$\theta_u=\Delta_u/H_d$，其中 H_d 为二层位移测点到框架底部的高度。

本试验四个钢管混凝土异形柱框架试件延性系数为 3.3～3.8，文献［186］和文献［187］中对方钢管混凝土柱框架进行的试验研究得出延性系数为 3.56～4.45，表明钢管混凝土异形柱框架的变形能力与方钢管混凝土柱框架接近。此外，竖向肋板节点框架相比于外环板节点框架的延性系数略高。

8.4.3 耗能能力

本文框架试件的能量耗散能力可基于荷载-位移滞回曲线，仍然采用 7.4.4 节介绍的能量耗散系数 E 或等效黏滞阻尼系数 ζ_{eq} 表示，试件的等效黏滞阻尼系数 ζ_{eq} 计算结果如图 8-14 所示，可得出以下结论：

(1) 试件屈服前等效黏滞阻尼系数 ζ_{eq} 较小，耗散能量较少；屈服之后等效黏滞阻尼系数 ζ_{eq} 随着位移的增大而不断增大，极限状态下等效黏滞阻尼系数 ζ_{eq} 大约是屈服状态下的 3 倍，说明梁端塑性铰和柱脚塑性铰的出现使框架结构的耗能能力不断增大。

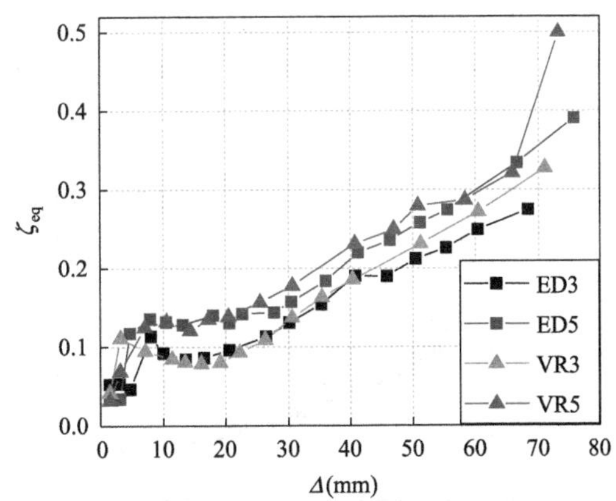

图 8-14 等效黏滞阻尼系数 ζ_{eq}

(2) 框架试件 ED5 和 VR5 的等效黏滞系数 ζ_{eq} 高于 ED3 和 VR3，表明轴压比高的框架耗能能力相对更强。而同轴压比下的 VR 框架和 ED 框架等效黏滞阻尼系数比较接近，表明节点形式对框架的耗能能力影响较小。

(3) 文献［186］和文献［187］中方钢管混凝土柱框架试验研究得出方钢管混凝土柱框架极限点对应的等效黏滞阻尼系数为 0.220～0.279，本试验四个钢管混凝土异形柱框架试件极限点对应的等效黏滞阻尼系数为 0.274～0.500，表明钢管混凝土异形柱框架的耗能能力接近甚至超过方钢管混凝土柱框架。

8.4.4 刚度与强度退化

进入弹塑性状态后，钢管混凝土异形柱框架试件的抗侧刚度随位移的增加而退化，这种退化性质反映了结构的积累损伤。参考《建筑抗震试验规程》JGJ/T 101—2015[168]，试件的刚度可用割线刚度 K_i 来表示，割线刚度 K_i 按公式(8-1) 计算：

$$K_i=\frac{|+P_i|+|-P_i|}{|+\Delta_i|+|-\Delta_i|} \tag{8-1}$$

式中：$+P_i$、$-P_i$——第 i 次循环正（推）向、负（拉）向峰值点的荷载值；

$+\Delta_i$、$-\Delta_i$——第 i 次循环正（推）向、负（拉）向峰值点的位移值。

在同一级加载的各循环中，试件的承载力会随着反复加载次数的增加而降低。参考《建筑抗震试验规程》JGJ/T 101—2015，为了考察框架在各级荷载作用下的强度退化，使用强度退化系数 λ_j 来衡量，可按公式（8-2）计算：

$$\lambda_j=\frac{P_j^{i+1}}{P_j^i} \tag{8-2}$$

式中：P_j^i、P_j^{i+1}——第 j 级加载时，第 i、$i+1$ 次循环时峰值点的荷载值。

图 8-15（a）为刚度退化曲线。四个试件的刚度随着加载位移的增加而减小，加载后期下降速度变缓慢。试件 ED5 和 VR5 的刚度在前期高于试件 ED3 和 VR3，后期基本相同，曲线更陡峭，表明轴压比大的框架试件刚度退化更明显。而同轴压比下的 VR 框架和 ED 框架刚度退化曲线基本重合，表明节点形式对框架试件刚度退化影响不大。

图 8-15（b）为强度退化曲线。整体趋势上看，随位移的增加，强度退化系数有所减小，说明框架试件的损伤逐渐累积。在位移控制加载阶段每级加载循环两次，第二次循环相较于第一次循环的强度退化并不明显，四个试件在试验全阶段的强度退化系数均大于 0.95。此外，节点形式和轴压比对强度退化系数的影响没有明显的规律性。

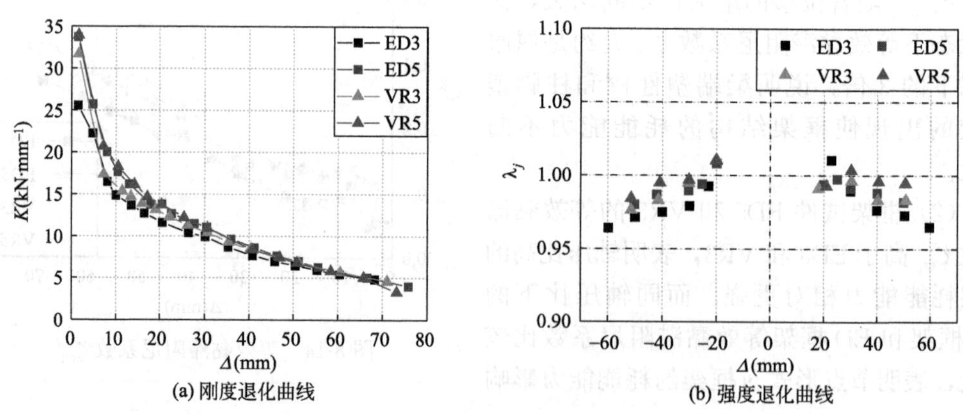

图 8-15 刚度与强度退化曲线

8.4.5 应力与应变

钢管混凝土异形柱框架试件通过图 8-9 所示布置的单向应变片与三向应变花测量各部位的应变，来分析应变与应力发展过程。参考文献［176］中的方法计算 Mises 应力，判断试件屈服状态。试件各部位的应力与应变曲线见图 8-16～图 8-21，图中各部位编号对应位置见图 8-2 及图 8-10。

图 8-16 是梁端翼缘应变发展曲线图。结合表 8-4 的延性指标，四个框架试件的屈服位移在 20mm 左右，荷载峰值点对应的位移在 50～65mm 范围内，可知在整个框架屈服时大部分梁端翼缘达到屈服，达到峰值荷载时所有梁端翼缘均达到屈服。进一步验证了钢管混凝土异形柱框架试件的塑性铰发展顺序。

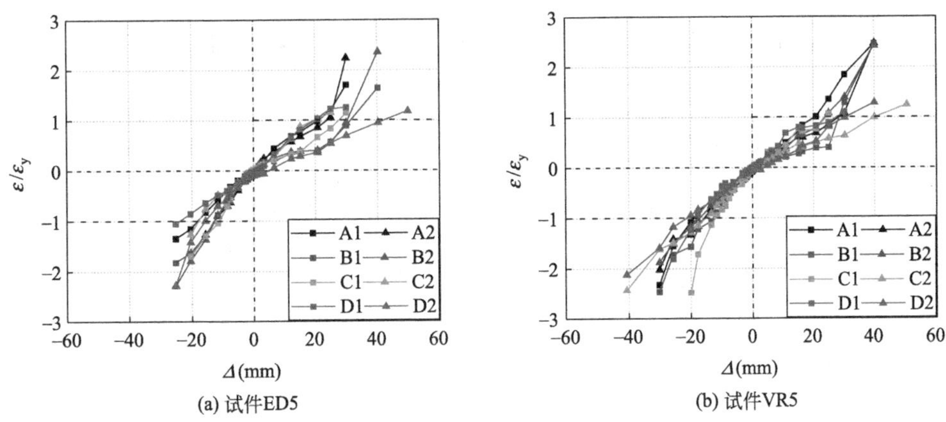

图 8-16　梁端翼缘应变曲线

图 8-17 是梁端腹板 Mises 应力发展曲线图。结合图 8-16，可看出对于 A1、A2、C1、C2 四个梁端均为翼缘先屈服，腹板后屈服，且同一梁端 1/4 高度处（web1）腹板 Mises 应力水平比 1/2 高度处（web2）更高，说明梁端弯矩产生的正应力比重较大，剪力产生的剪应力比重较小，梁破坏模式为弯曲破坏。此外，大部分梁端 1/2 高度处腹板 Mises 应力未达到屈服应力，说明大部分梁端未达到全截面塑性屈服。

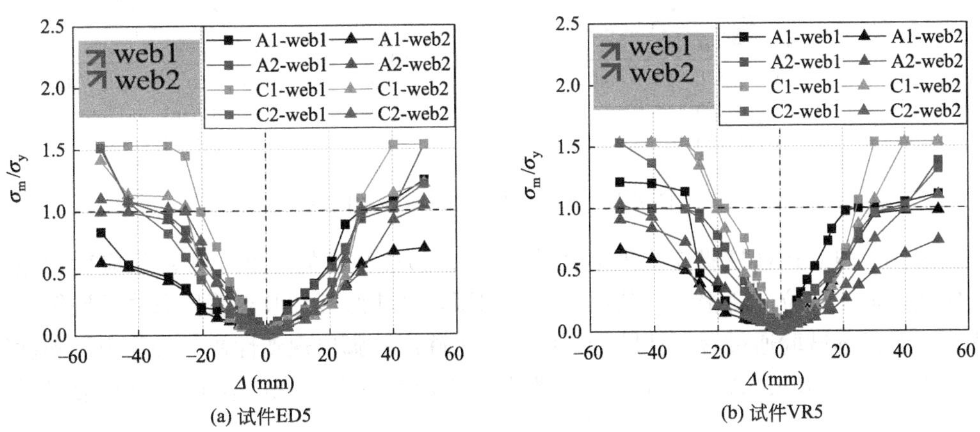

图 8-17　梁端腹板 Mises 应力曲线

图 8-18 是 M1 节点域 Mises 应力发展曲线图。节点域钢管各部位的 Mises 应力基本均未达到屈服应力，只有局部在峰值荷载时达到屈服，满足“强节点弱构件”的设计要求。节点域的 1、2、6、7 四个部位 Mises 应力基本都比 3、4、5 三个部位的应力发展更快，说明节

点域腹板柱肢比翼缘柱肢上的应力更大，这是由于腹板柱肢直接与梁端焊接，传力更直接，承担了大部分节点域剪力。

对比外环板（ED）节点试件和竖向肋板（VR）节点试件可发现，竖向肋板节点试件的翼缘柱肢钢管应力很小，而外环板节点试件翼缘柱肢钢管的应力接近甚至会超过腹板柱肢，这说明外环板节点和竖向肋板节点虽然都是有效的节点连接方式，但外环板节点会将更多的荷载传递给翼缘柱肢，协调腹板柱肢和翼缘柱肢的变形。

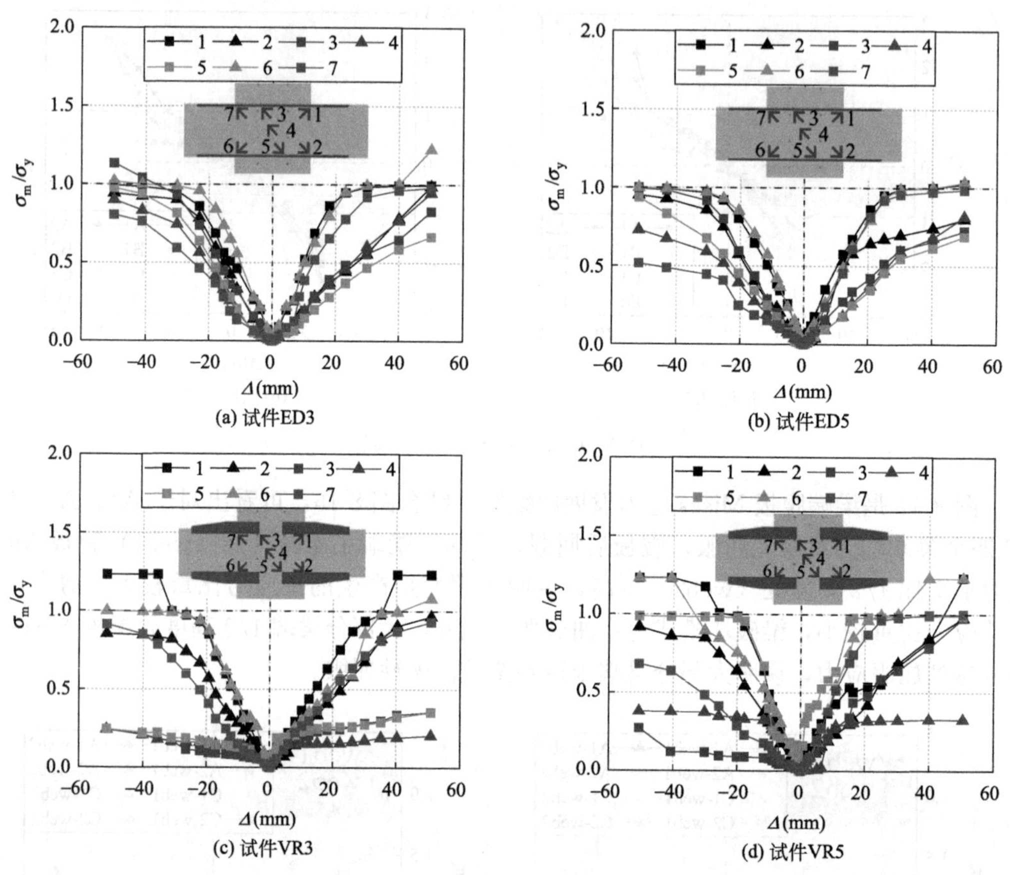

(a) 试件ED3　(b) 试件ED5　(c) 试件VR3　(d) 试件VR5

图 8-18　M1 节点域 Mises 应力曲线

图 8-19 为 L0 边柱柱脚应变发展曲线图。L0 边柱柱脚的 1、2、3、5 部位应变均能达到屈服应变，而 4 部位应变很小，基本未达到屈服，说明腹板柱肢钢管比翼缘柱肢钢管更容易达到屈服。本试验通过腹板柱肢钢管的屈服来确定柱脚出现塑性铰。柱脚出现塑性铰时柱顶水平位移在 40mm 左右，而大部分梁端出现塑性铰在 20mm 左右，说明梁端屈服先于柱脚，与试验现象相符。

图 8-20 为试件 ED5 外环板 Mises 应力和试件 VR5 竖向肋板应变曲线图，应变片和应变花布置见图 8-9。可以看出，外环板和竖向肋板屈服发生在柱顶水平位移 40mm 左右，在梁端屈服之后发生。一层节点处外环板和竖向肋板更早达到屈服，二层节点处基本未达到屈服，这是由于二层梁端屈曲变形较严重，传力受到一定影响。

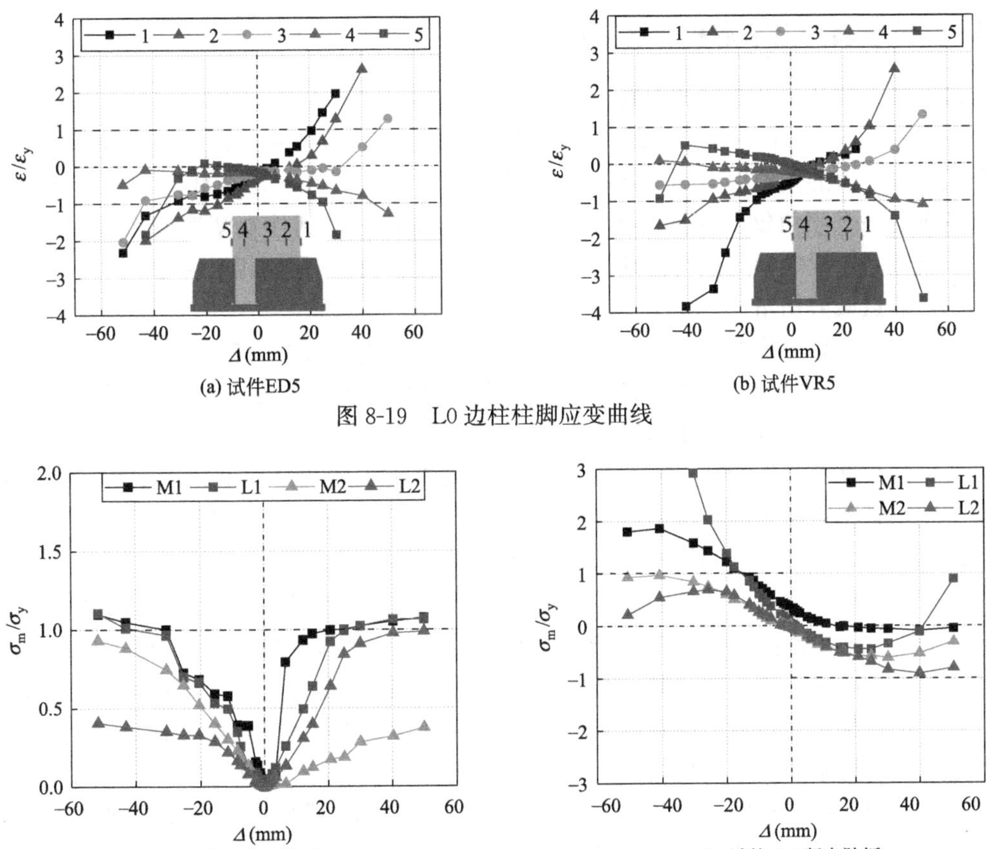

图 8-19　L0 边柱柱脚应变曲线

图 8-20　节点连接件 Mises 应力曲线

为更为清晰直观地分析整个框架的应力发展情况，对各层梁端、柱脚和中节点核心区等关键部位的应力进行汇总分析，剔除偏差较大的应力值，如图 8-21 所示。可以看出，框架一层和二层梁端先屈服，出现塑性铰；之后柱脚屈服，出现塑性铰；整个加载过程节点域钢管未达到屈服。应力汇总分析表明钢管混凝土异形柱框架试件满足“强柱弱梁”和“强节点弱构件”的设计要求。

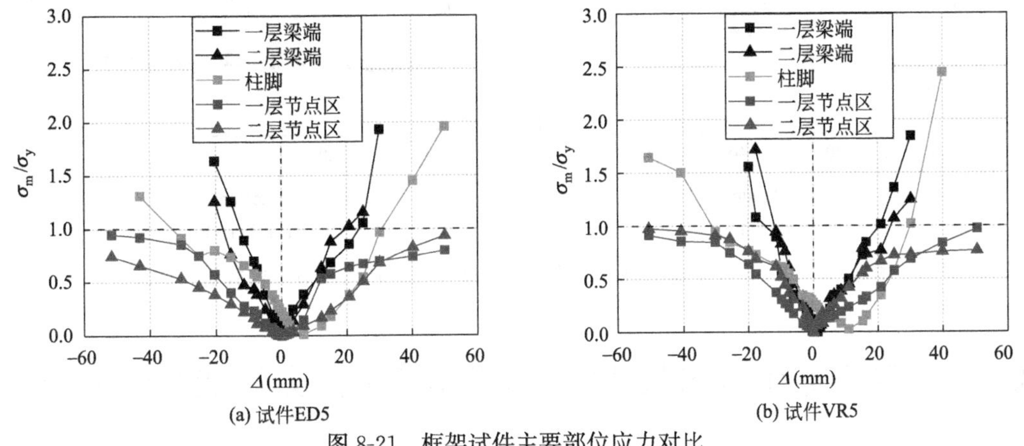

图 8-21　框架试件主要部位应力对比

8.4.6 梁柱转角与节点核心区变形

（1）梁、柱转角及梁柱相对转角

如图 8-8 所示，在一层节点附近梁端的预估塑性铰区段两侧各布置一个倾角仪，计算两个倾角仪数值的差值即得到梁端塑性铰区段的转角 θ_b；在二层柱底的预估塑性铰区段两侧各布置一个倾角仪，计算两个倾角仪数值的差值即得到柱端塑性铰区段的转角 θ_c；计算节点域附近梁端倾角仪与柱端倾角仪数值的差值即得到梁柱相对转角 θ_{b-c}。

（2）节点域剪切角

钢管混凝土异形柱框架节点域剪切角 θ_s 的计算方法参见本书 7.4.3 节。

图 8-22 为试件 ED5 和 VR5 的 M1 节点梁端塑性铰区段转角、柱端塑性铰区段转角、梁柱相对转角及节点域剪切角曲线。可得以下结论：

（1）四个框架试件的节点域剪切角 θ_s 在加载至极限状态时均不超过 1.0°，试验时观察节点域钢管无明显变形，试验后剥开钢管观察内部混凝土基本完好无损，表明节点域无剪切破坏，满足“强节点弱构件”的设计要求。

（2）极限点时梁端塑性铰区段转角 θ_b 远大于柱端塑性区转角 θ_c，两者比值在 8.94～18.8 之间，说明梁端塑性铰发展较充分，且试验过程中梁端翼缘腹板出现局部屈曲现象，而柱端钢管无明显现象，转角测量结果与试验现象相符，满足“强柱弱梁”的设计要求。

（3）梁柱相对转角最大值基本未超过 1.0°，即梁柱之间的夹角始终接近 90°，表明两种构造形式的框架节点刚度均较大。竖向肋板节点框架比外环板节点框架梁柱相对转角更小，表明竖向肋板节点框架的节点刚度更大；文献［100］的研究中由于竖向肋板未贯通节点域，导致竖向肋板节点刚度较小，因此竖向肋板贯通节点域是比较有效的节点构造措施。

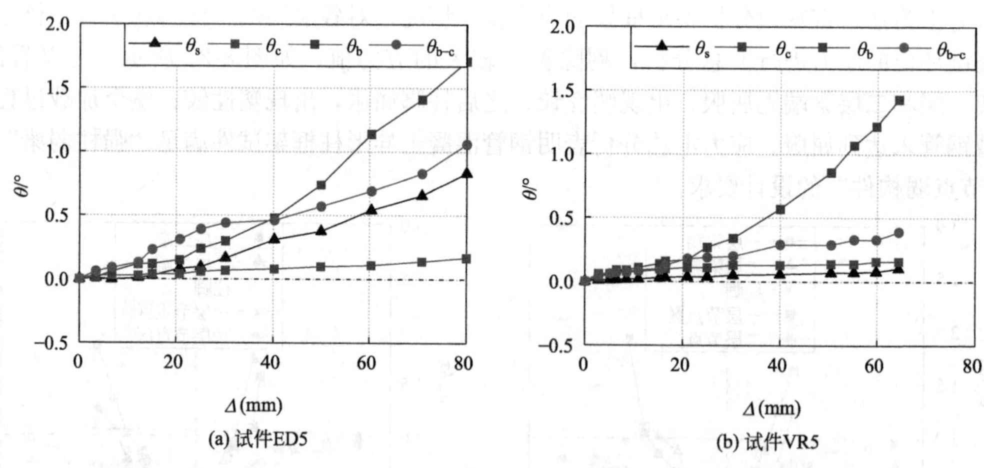

图 8-22 M1 节点梁端转角、柱端转角、梁柱相对转角及节点域剪切角曲线

8.5 钢管混凝土异形柱-H 型钢梁框架拟静力性能数值分析

本章采用 OpenSEES 软件建立钢管混凝土异形柱框架的纤维模型（Fiber Model），该

方法采用单轴材料本构关系和梁单元，在保证计算精度的同时，能够大幅提高计算效率。

8.5.1 纤维模型建立

8.5.1.1 材料的本构关系

（1）钢材本构关系

OpenSEES 软件中主要提供了两种钢材单轴应力-应变关系材料模型，即 Steel01 和 Steel02。Steel01 模型为双线性随动强化模型；Steel02 模型和 Steel01 类似，不同之处是可以通过调整材料参数来改变双线性模型中弹塑性段转折点附近的弧度变化。本文采用 Steel02 模型，如图 8-23 所示。

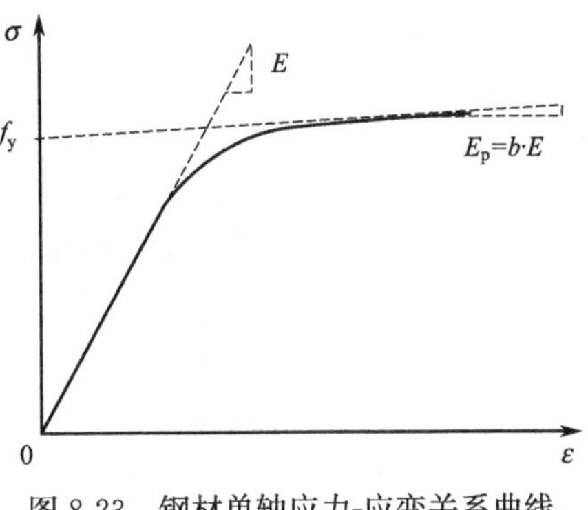

图 8-23　钢材单轴应力-应变关系曲线（Steel02 模型）

钢材本构命令流如下：

uniaxialMaterial Steel02 ＄matTag ＄Fy ＄E ＄b ＄R0 ＄cR1 ＄cR2

其中：matTag——钢材材料编号；

Fy——钢材屈服强度，即 f_y，根据本章材性试验结果确定；

E——钢材弹性模量，根据本章材性试验结果确定；

b——应变硬化比，取值为 0.01；

R0、cR1、cR2——影响弹塑性转折点附近弧度变化的三个参数，根据 OpenSEES 用户手册分别取值为 15、0.925 和 0.15

（2）混凝土本构关系

OpenSEES 软件中提供了三种混凝土单轴应力-应变关系材料模型，包括不考虑混凝土受拉作用的 Concrete01 模型、考虑线性软化受拉应力-应变关系的 Concrete02 模型和考虑非线性软化受拉应力-应变关系的 Concrete03 模型。混凝土本构关系采用 Concrete02 模型，如图 8-24 所示。

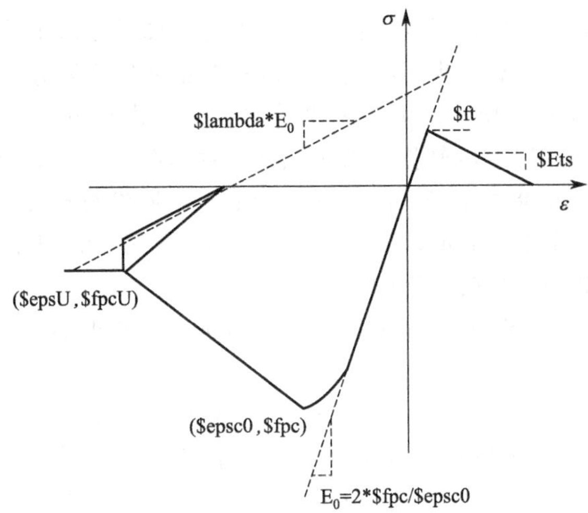

图 8-24　混凝土单轴应力-应变关系曲线（Concrete02 模型）

混凝土单轴应力-应变关系曲线包括受压曲线和受拉曲线。受拉曲线的峰值应力和应变采用《混凝土结构设计规范》GB 50010—2010 附录 C 的规定。受压曲线的峰值应力和应变在 Mander 混凝土本构模型[145] 基础上考虑钢管的约束效应修正而得。考虑约束效应的混凝土抗压强度和对应的峰值应变计算公式参考本书第 2 章的相关内容。

混凝土本构命令流如下：

uniaxialMaterial Concrete02 $matTag $fpc $epsc0 $fpcu $epsU $lambda $ft $Ets

其中：matTag——混凝土材料编号；

fpc——受压应力-应变关系的峰值应力，取为 f_{cc}；

epsc0——峰值应力对应的峰值应变，取为 ε_{cc}；

fpcu——受压应力-应变关系的极限应力；

epsU——极限应力对应的极限应变；

lambda——卸载刚度率，即卸载刚度与初始刚度的比值，取为 0.15；

ft——受拉应力-应变关系的峰值应力；

Ets——受拉线性软化段的刚度，按照《混凝土结构设计规范》GB 50010—2010 相关公式确定。

8.5.1.2 单元类型与单元划分

(1) 单元类型

采用基于位移的梁柱单元 Displacement-Based Beam-Column Element 模拟框架中的钢管混凝土异形柱和 H 型钢梁。该梁柱单元命令流如下：

element dispBeamColumn $eleTag $iNode $jNode $numIntgrPts $secTag $transfTag

其中：eleTag——单元编号；

iNode、jNode——该单元两端节点编号；

numIntgrPts——每个单元的积分点数量；

secTag——截面编号；

transfTag——整体与局部坐标转换类型。

(2) 杆件和截面单元划分

为了保证计算结果的精度，需要将杆件沿长度方向离散成若干单元。通过对试验框架模型进行多次试算并比较计算结果，将模型中的每个梁和柱均划分为 5 个单元，每个单元采用 5 个积分点，如图 8-25 所示。由于框架受 P-δ 效应影响较大，整体与局部坐标转换时，transfTag 选项采用 P-Delta 转换，考虑结构侧移引起的二阶效应。

截面单元划分采用纤维截面 Fiber Section 命令，不同纤维单元可以定义不同的区域、位置和本构关系。对十字形、T 形钢管混凝土柱和 H 型钢梁的截面均采用四边形纤维进行单元划分。该纤维截面划分命令流如下：

patch quad $matTag $numSubdivIJ $numSubdivJK $yI $zI $yJ $zJ $yK $zK $yL $zL

其中：matTag——截面材料编号；

numSubdivIJ 和 numSubdivJK——IJ 和 JK 两个方向划分纤维单元的数量；

(yI，zI)、(yJ，zJ)、(yK，zK)、(yL，zL)——四边形纤维截面四个顶点 I、J、K 和 L 的坐标（局部坐标系）。

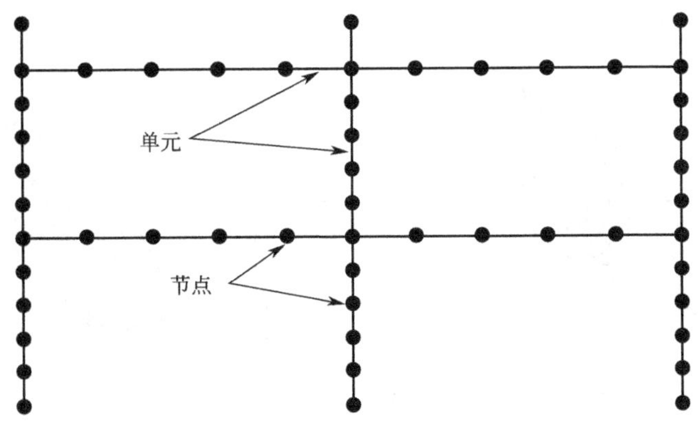

图 8-25　梁和柱单元划分

图 8-26 为经验证过的十字形钢管混凝土柱、T 形钢管混凝土柱和 H 型钢梁的截面单元划分形式，每个纤维截面尺寸取为 20mm。

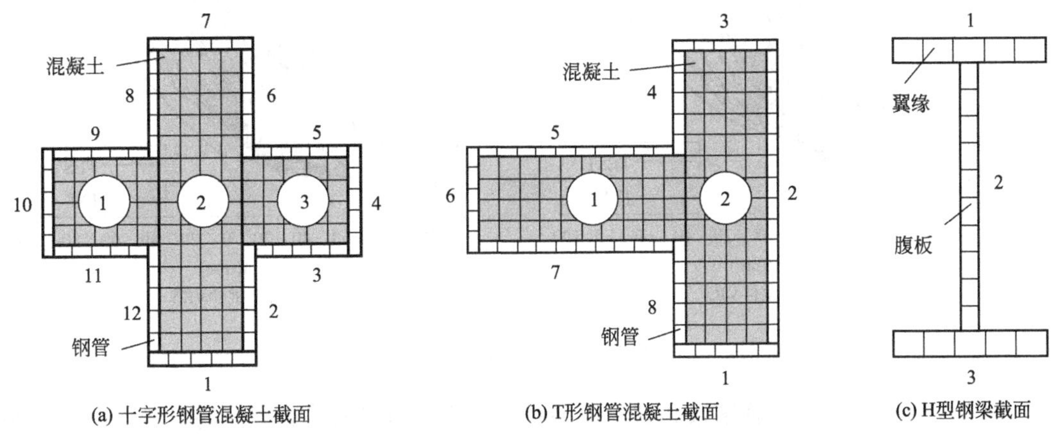

图 8-26　截面单元划分

8.5.1.3　边界条件和施加荷载

钢管混凝土异形柱框架 OpenSEES 纤维模型中的边界条件通过单点约束命令（single-point constraint）对框架柱底与柱顶共 6 个节点进行设定，与本章试验的边界条件相同，这里不再赘述。竖向荷载施加在三个柱顶节点上，水平低周往复荷载通过位移控制同步施加在三个柱顶，加载制度与试验试件的加载制度相同。

8.5.2　纤维模型验证

8.5.2.1　滞回曲线与骨架曲线

采用上述纤维模型对四个钢管混凝土异形柱框架试件进行数值模拟，计算得到的柱顶水平荷载-位移（P-Δ）滞回曲线与试验结果对比如图 8-27 所示。在初始刚度、峰值承载力、延性、耗能、卸载刚度等方面，四个试件的数值模拟结果和试验结果吻合良好。高轴压比试件 ED5 和 VR5 在峰值承载力方面数值模拟与试验结果相比略为偏低。

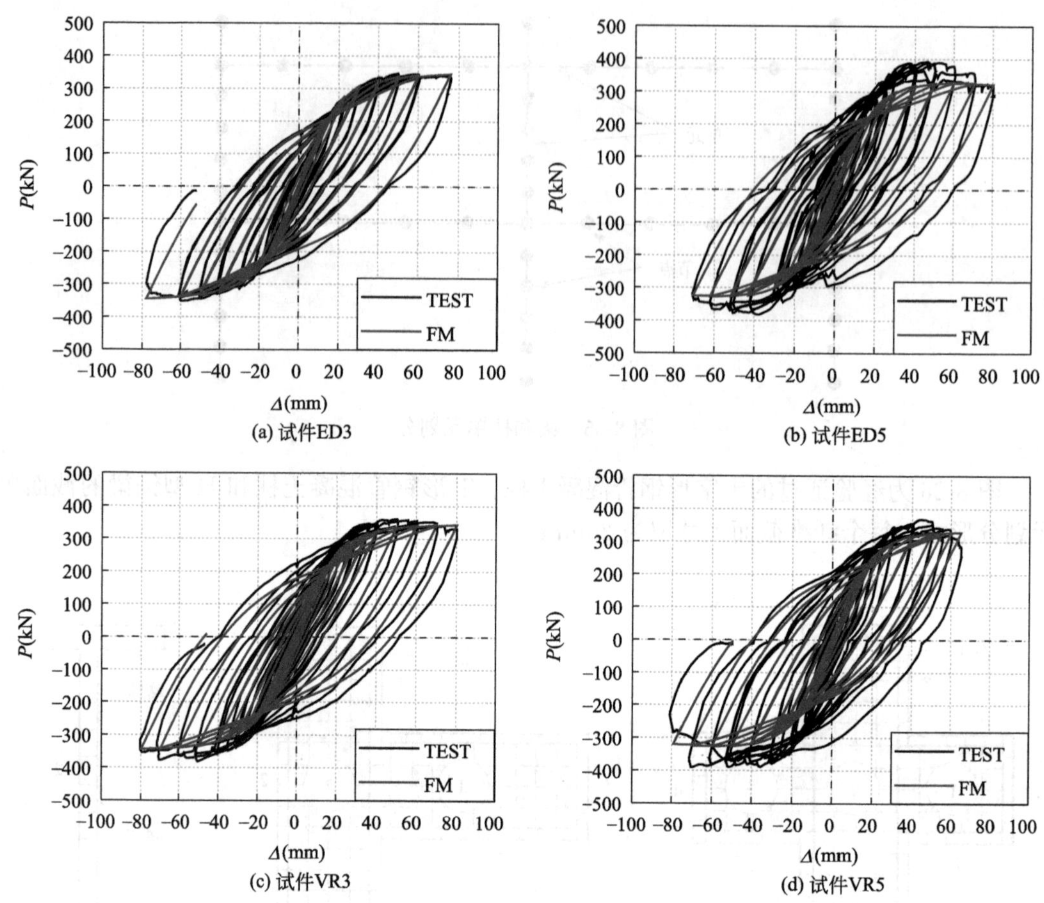

图 8-27 柱顶水平荷载-位移滞回曲线对比

表 8-5 为纤维模型计算结果和试验结果在屈服荷载与峰值荷载方面的对比，由于试验正负向承载力略有不对称，因此表中采用平均值进行对比。由表中数据可知，计算屈服荷载均略大于试验结果，误差在 11%以内；计算峰值荷载均略小于试验结果，误差在−12%以内。

屈服荷载和峰值荷载的对比 **表 8-5**

加载阶段 试件编号	屈服点			峰值点		
	$(P_y)_{TEST}$ (kN)	$(P_y)_{FM}$ (kN)	$(P_y)_{FM}/(P_y)_{TEST}$	$(P_{max})_{TEST}$ (kN)	$(P_{max})_{FM}$ (kN)	$(P_{max})_{FM}/(P_{max})_{TEST}$
ED3	271.2	300.5	1.11	349.2	344.8	0.99
ED5	285.6	291.2	1.02	371.8	327.6	0.88
VR3	279.1	297.9	1.07	353.2	343.2	0.97
VR5	285.8	291.2	1.02	368.6	327.7	0.89

注：$(P_y)_{TEST}$ 和 $(P_y)_{FM}$ 分别为屈服荷载的试验值和纤维模型计算值；$(P_{max})_{TEST}$ 和 $(P_{max})_{FM}$ 分别为峰值荷载的试验值和纤维模型计算值。

8.5.2.2　梁端与柱端的弯矩-曲率滞回曲线

应用 OpenSEES 纤维模型，计算得到各梁端和柱端截面的弯矩-曲率滞回曲线，分析钢管混凝土异形柱框架的出铰破坏机制，判断塑性铰出现顺序，并与试验的塑性铰出铰顺序进行对比。

（1）梁端弯矩-曲率滞回曲线

图 8-28 为框架试件 VR5 梁端弯矩-曲率滞回曲线的计算结果。可以看出，所有梁端均较早进入塑性，出现塑性铰，且各梁端塑性发展程度均较高，滞回曲线很饱满，耗能能力好。

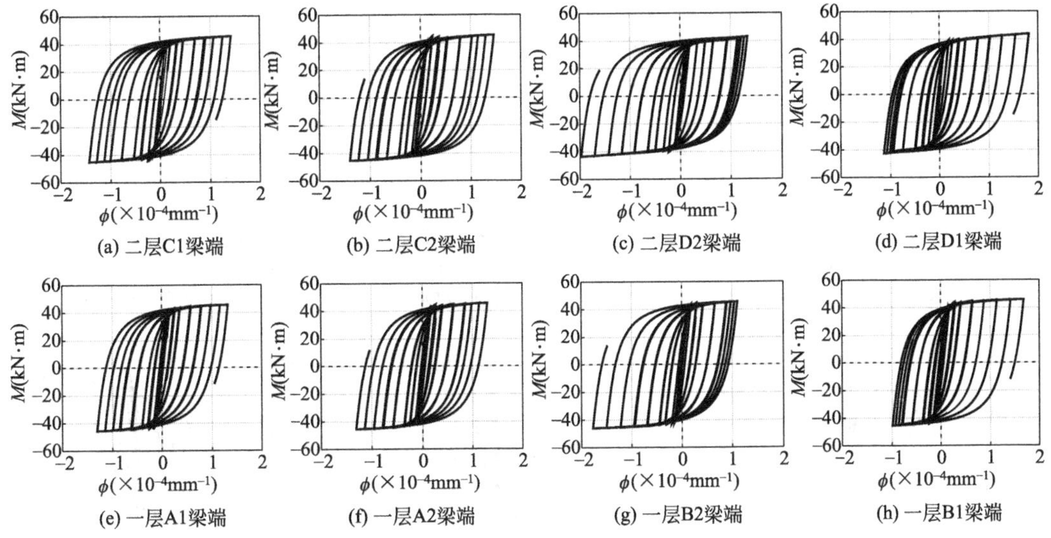

图 8-28　试件 VR5 梁端弯矩-曲率滞回曲线

（2）柱端弯矩-曲率滞回曲线

图 8-29 为框架试件 VR5 柱端弯矩-曲率滞回曲线的计算结果。可以看出，框架的三个柱脚均进入塑性，出现塑性铰，其他各柱端基本处于弹性状态，未出现塑性铰，这与试验结果相吻合。对比三个柱脚的弯矩-曲率滞回曲线，可以发现塑性铰发展程度接近，十字形中柱受弯承载力比 T 形边柱受弯承载力更大。此外，十字形中柱滞回曲线的正负向承载力比较对称，T 形边柱由于截面不对称其正负向承载力也不对称。

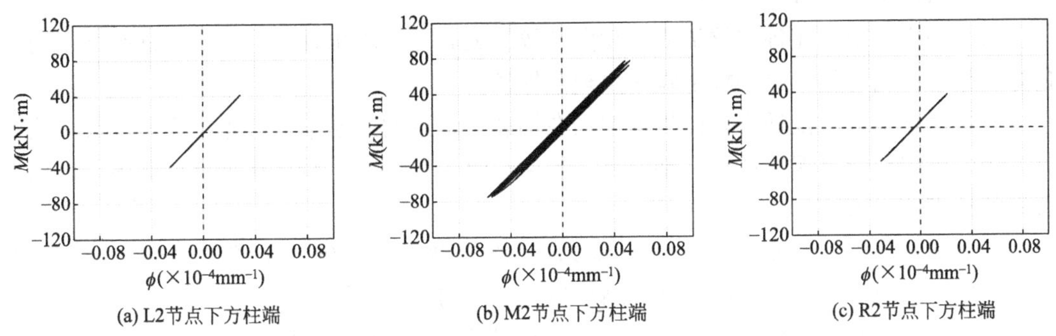

图 8-29　试件 VR5 柱端弯矩-曲率滞回曲线

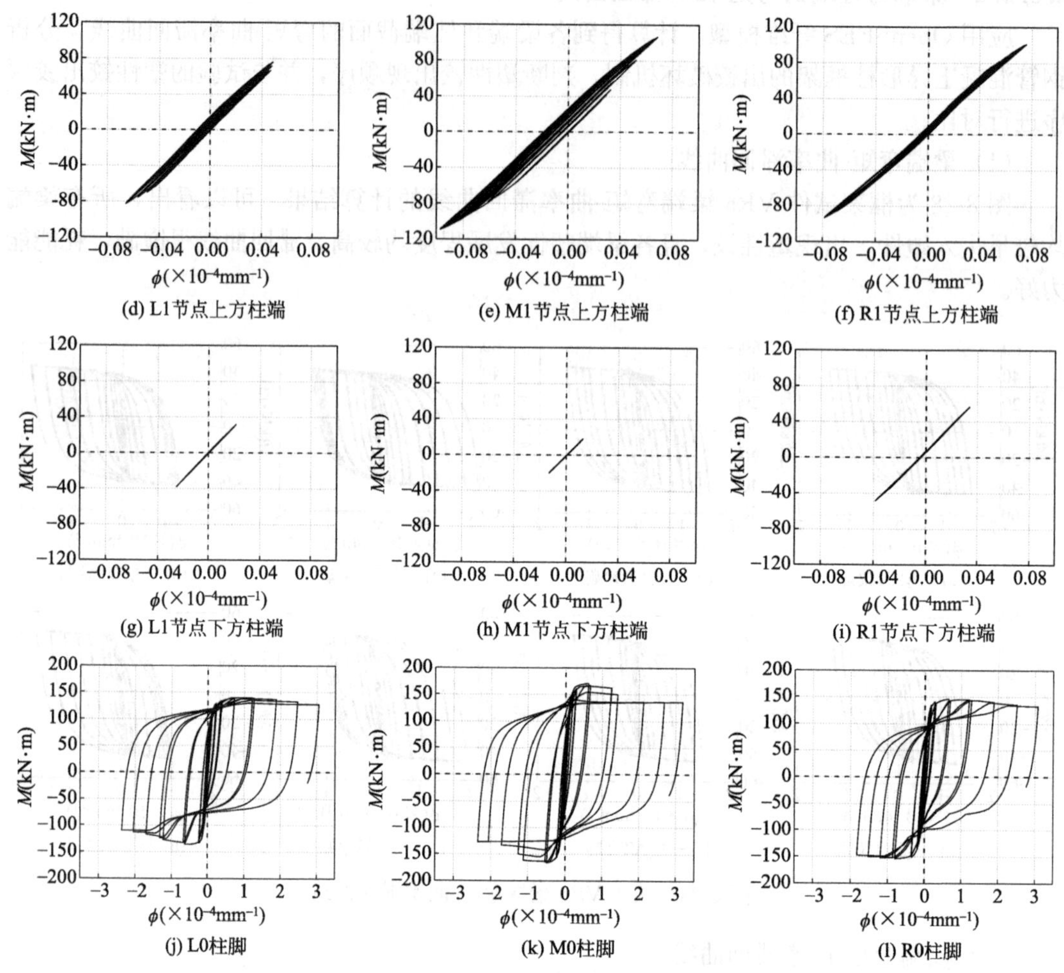

图 8-29 试件 VR5 柱端弯矩-曲率滞回曲线（续）

8.5.2.3 塑性铰形成机制

根据框架各梁端和柱端弯矩-曲率滞回曲线判断塑性铰出现顺序，以弯矩-曲率骨架曲线达到屈服位移时判断塑性铰出现。图 8-30 为应用 OpenSEES 软件计算的塑性铰出现顺序结果。从图中可以得出以下结论：

（1）四榀框架均在各层梁端先出现塑性铰，最后在柱脚出现塑性铰，和试验结果吻合良好，稍有不同的是二层中柱上端未出现塑性铰。

（2）对比梁端出铰顺序，四榀框架均在加载端附近的二层梁端首先出现塑性铰，然后是二层各梁端普遍出现塑性铰，接着是一层梁端出现塑性铰；对比柱脚出铰顺序，远离加载端的柱脚首先出铰。

（3）和试验出铰顺序相比，OpenSEES 纤维模型计算得到的出铰顺序存在一定的差别，但更具有规律性，这是由于计算结果避免了结构缺陷的影响。

综上所述，通过纤维模型计算的梁端和柱端弯矩-曲率曲线来分析框架梁端与柱端塑性铰形成机制，与试验结果吻合较好，纤维模型能较为合理地预测出铰破坏机制。

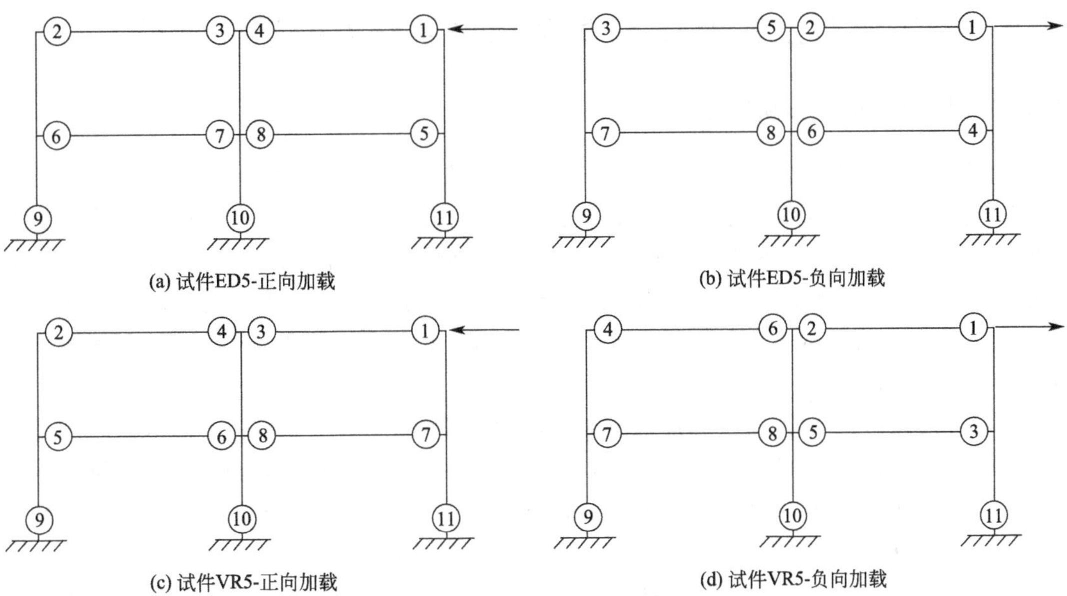

(a) 试件ED5-正向加载　(b) 试件ED5-负向加载

(c) 试件VR5-正向加载　(d) 试件VR5-负向加载

图 8-30　纤维模型塑性铰出现顺序

8.5.3　塑性铰发展程度量化指标

《建筑抗震设计规范》GB 50011—2010 附录 M 中对结构构件实现抗震性能要求提出了相应的承载力参考指标以及层间位移角参考指标，并未对耗能构件提出相应的量化指标。对于钢管混凝土异形柱框架结构，梁端和柱端形成塑性铰是主要的耗能方式。为了进一步分析框架结构梁端与柱端塑性铰在不同地震作用下的塑性铰发展程度，本章用曲率延性比 μ_ϕ 进行量化分析，用公式(8-3) 计算。

$$\mu_\phi = \phi / \phi_y \tag{8-3}$$

式中：ϕ——梁端与柱端的曲率；

ϕ_y——屈服曲率。

表 8-6 为极限点对应的梁端与柱脚曲率延性比 μ_ϕ。极限点对应的梁端曲率延性比范围为 8.60～12.20，柱脚曲率延性比范围为 9.66～11.64，极限点时刻梁端和柱脚的塑性铰发展程度均较高，说明钢管混凝土异形柱框架的能量耗散能力较好。

极限点对应的梁端和柱端曲率延性比 μ_ϕ　　**表 8-6**

试件编号	梁端								柱脚		
	A1	A2	B1	B2	C1	C2	D1	D2	L0	M0	R0
ED3	9.53	9.60	10.13	9.60	10.25	10.28	11.77	10.59	10.22	9.66	9.94
ED5	9.27	9.27	9.77	9.10	10.23	10.20	11.27	10.33	11.20	11.64	10.44
VR3	9.93	9.97	10.70	10.13	9.90	10.57	12.20	10.83	11.12	10.50	10.76
VR5	8.67	8.60	9.47	8.93	9.43	9.43	10.90	9.73	10.68	10.94	9.70

8.6 钢管混凝土异形柱-H型钢梁框架静力弹塑性分析

8.6.1 静力弹塑性分析方法

静力弹塑性分析（Static Pushover Analysis）方法，简称Pushover分析方法，是一种结构非线性响应的简化计算方法，该方法基于美国的FEMA 273[188] 抗震评估方法和ATC 40[189] 报告，是一种介于弹性分析和动力弹塑性分析之间的方法。相比于动力弹塑性分析，Pushover分析方法采用了设计反应谱，而不是一系列不确定的地震波，其分析模型更加简单，计算成本更低，设计原理清晰直观，操作方法简单易行，在工程实践中得到了较为广泛的应用。

为了深入研究钢管混凝土异形柱框架结构的抗震性能，探讨其在高烈度地震区的适用性，本章采用基于位移的抗震设计方法，使用建筑结构分析与设计软件ETABS设计钢管混凝土异形柱框架结构体系，通过OpenSEES平台系统进行Pushover推覆分析，研究钢管混凝土异形柱框架结构在多遇、设防、罕遇地震作用下的抗震能力。

目前常用的Pushover分析方法主要包括美国ATC 40[189] 采用的“能力谱法”和FEMA 356[190] 推荐的“目标位移法”。“能力谱法”和“目标位移法”的本质和分析步骤是相同的，不同的是求解弹塑性变形需求的方法不同。FEMA 440[183] 基于更多实践和研究对上述两种方法进行改进和简化，提出了“等效线性化法”和“位移修正法”。本研究采用“能力谱法”进行Pushover推覆分析，并采用“等效线性化法”计算等效阻尼比，求取性能点。

8.6.2 基本假定

静力弹塑性分析方法主要基于两个基本假定[169]：

(1) 结构的地震响应与某一等效的单自由度体系相关，即结构的地震响应仅由第一振型控制；

(2) 结构沿高度方向的变形由结构形状向量表示，在整个地震反应过程中，结构的形状向量保持不变，与结构变形大小无关。

这两个基本假定虽然没有严密的理论基础，对结构的阻尼、地震动特性以及刚度退化等方面也无法深入分析[192]，但很多学者的研究表明[193-195]，对于地震响应主要由第一振型控制的结构，静力弹塑性分析方法能够比较准确、简便地评估结构的抗震性能。

8.6.3 基本步骤

静力弹塑性分析方法主要包括四个基本步骤[196]：

(1) 建立合理的结构模型，假定沿结构高度分布的水平加载模式，施加荷载于结构模型上，逐渐增大水平荷载，使结构从弹性状态达到预定的性能状态（目标位移），得到结构基底剪力 V_b-顶点位移 U_n 关系。

(2) 将第 (1) 步计算得到的基底剪力 V_b-顶点位移 U_n 曲线转换为等效单自由度体系的加速度 S_a-位移 S_d 曲线，即用加速度-位移反应谱（ADRS）表示的能力谱曲线。

（3）依据《建筑抗震设计规范》GB 50011—2010 设计反应谱，计算等效单自由度体系的反应谱，转换为对应于不同阻尼比或延性比的加速度 S_a-位移 S_d 曲线，作为需求谱曲线。

（4）将能力谱曲线和需求谱曲线画在同一坐标平面内，进行抗震性能评估。如果两个曲线不相交，说明结构未达到设计地震的性能要求，会发生破坏或倒塌；如果相交，则定义交点为特征反应点（也称性能点），从而根据该点对应的结构基底剪力、顶点位移和层间位移等指标，评估结构的抗震性能。

8.6.4　水平加载模式

Pushover 分析方法中，不同的水平加载模式对能力谱曲线的求解有一定的影响，已经有大量学者对此进行过深入研究。目前采用较多的主要有以下四种水平加载模式[190,192]。

（1）考虑楼层高度影响的水平加载模式

$$F_i=\frac{w_i h_i^k}{\sum\limits_{j=1}^{n} w_j h_j^k}V_b \tag{8-4}$$

式中：F_i——结构第 i 层的水平荷载；

V_b——结构基底剪力；

w_i、w_j——第 i 层和第 j 层的重量；

h_i、h_j——第 i 层和第 j 层距离基底的高度；

n——结构总层数；

k——楼层高度修正指数。当结构第一振型周期 $T<0.5\text{s}$ 时，$k=1.0$；$T\geqslant 2.0\text{s}$ 时，$k=2.0$；其间采用线性插值。

当 $k>1.0$ 时，为抛物线分布水平加载模式；当 $k=1.0$ 时，为倒三角分布水平加载模式。《建筑抗震设计规范》GB 50011—2010 规定的底部剪力法就是基于倒三角分布加载模式，引入依赖于结构周期和场地类别的顶点附加集中地震力予以调整，减小结构在周期较长时结构顶部地震作用的误差。FEMA 356[190] 建议在第一振型质量超过总质量的 75%时采用该水平加载模式。

（2）第一振型比例型水平加载模式

$$F_i=\phi_{1i}V_b \tag{8-5}$$

式中：ϕ_{1i}——第一振型在第 i 层的相对位移。

FEMA 356[190] 建议在第一振型质量超过总质量的 75%时采用该水平加载模式。

（3）反应谱振型组合水平加载模式(简称“SRSS”水平加载模式）

$$V_i=\sqrt{\sum_{m}^{s}\left(\sum_{j=i}^{n}\gamma_m w_j \phi_{jm} A_m\right)^2} \tag{8-6}$$

式中：V_i——结构第 i 层的层间剪力；

m——结构振型阶号；

s——考虑参与组合的结构振型数；

γ_m——第 m 阶振型的振型参与系数；

w_j——结构第 j 层的重量；

ϕ_{jm}——第 m 阶振型在第 j 层的相对位移；

A_m——第 m 阶振型的结构弹性加速度反应谱值。

根据计算出的层间剪力可以求出各层所施加的水平荷载。FEMA 356[190] 建议所考虑振型数的参与质量需要达到总质量的 90%以上，结构第一振型周期应该大于 1.0s。

(4) 重量比例型水平加载模式

$$F_i = \frac{w_i}{\sum_{j=1}^{n} w_j} V_b \tag{8-7}$$

重量比例型水平加载模式各层的水平荷载与该层重量成正比。如果结构各层质量相等，则该水平加载模式为均匀分布加载模式。

对于以第一振型为主的结构，采用倒三角分布水平加载模式能够满足要求。但为了较为准确地反映结构的抗震能力，结合 FEMA 356[190] 建议，本章采用倒三角分布和均匀分布两种水平加载模式进行 Pushover 分析。

8.6.5 能力谱

通过 Pushover 分析可以得到结构基底剪力 V_b-顶点位移 U_n 关系曲线，再按照式(8-8)～式(8-11) 转换为等效单自由度体系的加速度 S_a-位移 S_d 曲线，即能力谱曲线。

$$S_a = \frac{V_b / \sum_{i=1}^{n} w_i}{\alpha_1} \tag{8-8}$$

$$S_d = \frac{\Delta_{roof}}{\gamma_1 \phi_{1,roof}} \tag{8-9}$$

$$\alpha_1 = \frac{\left(\sum_{i=1}^{n} w_i \phi_{i1}\right)^2}{\sum_{i=1}^{n}\left(w_i \phi_{i1}^2\right) \times \sum_{i=1}^{n} w_i} \tag{8-10}$$

$$\gamma_1 = \frac{\sum_{i=1}^{n}\left(w_i \phi_{i1}\right)}{\sum_{i=1}^{n}\left(w_i \phi_{i1}^2\right)} \tag{8-11}$$

式中：α_1——第一阶振型的质量参与系数；

Δ_{roof}——结构顶点位移，即 U_n；

γ_1——第一阶振型的振型参与系数；

$\phi_{1,roof}$——第一阶振型顶点位移；

w_i——结构第 i 层的重量；

n——楼层数。

8.6.6 需求谱

(1) 弹性需求谱

《建筑抗震设计规范》GB 50011—2010 采用水平地震影响系数 α 与体系自振周期 T 之间的关系作为反应谱，其表达式如下：

$$\alpha=\begin{cases}(10\eta_2-4.5)\alpha_{\max}T+0.45\alpha_{\max} & 0<T\leqslant 0.1\text{s}\\ \eta_2\alpha_{\max} & 0.1\text{s}<T\leqslant T_g\\ \left(\dfrac{T_g}{T}\right)^{\gamma}\eta_2\alpha_{\max} & T_g<T\leqslant 5T_g\\ [\eta_2 0.2^{\gamma}-\eta_1(T-5T_g)]\alpha_{\max} & 5T_g<T\leqslant 6\text{s}\end{cases} \tag{8-12}$$

$$\gamma=0.9+\frac{0.05-\zeta}{0.3+6\zeta} \tag{8-13}$$

$$\eta_1=0.02+\frac{0.05-\zeta}{4+32\zeta} \tag{8-14}$$

$$\eta_2=1+\frac{0.05-\zeta}{0.08+1.6\zeta} \tag{8-15}$$

式中：α——水平地震影响系数；

$\alpha_{\max}$——水平地震影响系数最大值；

ζ——结构的阻尼比；

T——结构自振周期；

T_g——特征周期；

γ——曲线下降段的衰减指数；

η_1——直线下降段的斜率调整系数；

η_2——阻尼调整系数。

弹性需求谱可从上述标准反应谱求得，按式(8-16) 和式(8-17) 转换为 ADRS 格式。

$$S_{ae}=\alpha\cdot g \tag{8-16}$$

$$S_{de}=\frac{T^2}{4\pi^2}S_{ae} \tag{8-17}$$

式中：S_{ae}——弹性需求谱的谱加速度；

S_{de}——弹性需求谱的谱位移；

g——重力加速度。

(2) 弹塑性需求谱

通过等效阻尼比来折减弹性反应谱。运用 FEMA 440[191] 中“等效线性化”方法，首先依据 ATC 40[189] 规定的步骤采用双线型表示能力谱曲线，可得到初始周期 T_0、屈服位移 d_y、屈服加速度 a_y、性能点加速度 a_{pi} 和性能点位移 d_{pi} 的假定值，如图 8-31 所示。

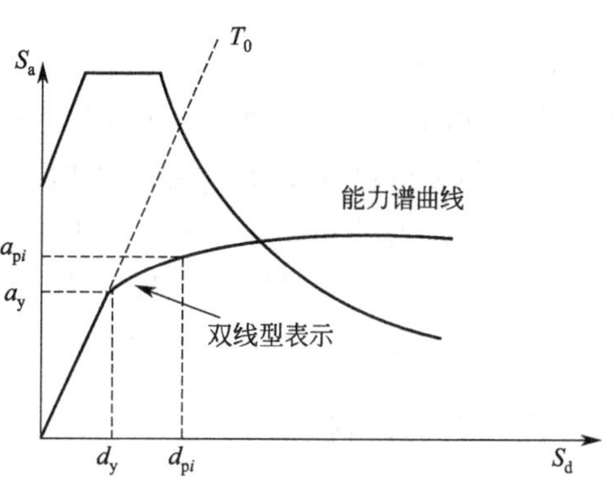

图 8-31　能力谱曲线等效线性化

按照式(8-18) 和式(8-19) 计算屈服后刚度比 α_k 和最大延性比 μ：

$$\alpha_k=\left(\frac{a_{pi}-a_y}{d_{pi}-d_y}\right)\Big/\left(\frac{a_y}{d_y}\right) \tag{8-18}$$

$$\mu=\frac{d_{pi}}{d_{y}} \tag{8-19}$$

式中：α_k——屈服后刚度比；

μ——最大延性比；

d_y——屈服位移；

a_y——屈服加速度；

d_{pi}——假定结构性能点位移；

a_{pi}——假定结构性能点加速度。

优化后的等效阻尼比 ζ_{eff} 和等效周期 T_{eff} 的求解与最大延性比 μ 相关，按式(8-20)～式(8-22) 计算：

$$\zeta_{eff}=\begin{cases}4.9(\mu-1)^2-1.1(\mu-1)^3+\zeta_0 & 1.0<\mu<4.0\\ 14.0+0.32(\mu-1)+\zeta_0 & 4.0\leqslant\mu\leqslant 6.5\\ 19[0.64(\mu-1)-1](T_{eff}/T_0)^2/[0.64(\mu-1)]^2+\beta_0 & \mu>6.5\end{cases} \tag{8-20}$$

$$\zeta_0=\frac{2}{\pi}\cdot\frac{a_y d_{pi}-d_y a_{pi}}{a_{pi}d_{pi}} \tag{8-21}$$

$$T_{eff}=\begin{cases}[0.20(\mu-1)^2-0.038(\mu-1)^3+1]T_0 & 1.0<\mu<4.0\\ [0.28+0.13(\mu-1)+1]T_0 & 4.0\leqslant\mu\leqslant 6.5\\ \{0.89[\sqrt{(\mu-1)/[1+0.05(\mu-2)]}-1]+1\}T_0 & \mu>6.5\end{cases} \tag{8-22}$$

式中：ζ_{eff}——等效阻尼比；

ζ_0——等效黏滞阻尼；

T_{eff}——等效周期；

T_0——初始周期，上述公式适用于 $T_0=0.2\sim2.0\text{s}$ 的情况。

最后采用等效阻尼比计算需求谱曲线折减系数 B，按式(8-23) 和式(8-24) 对需求谱进行折减：

$$B=\frac{4}{5.6-\ln\zeta_{eff}(\%)} \tag{8-23}$$

$$S_a=\frac{S_{ae}}{B} \tag{8-24}$$

如图 8-32 所示，通过对应于 ζ_{eff} 的 ADRS 需求谱曲线与等效周期 T_{eff}（放射线）的交点即可确定最大位移 d_i，并与前一步假定的 d_{pi} 进行对比，两者差异小于 5%，即为求得的性能点（a_i，d_i）；否则，重新选择假定点（a_{pi}，d_{pi}），重复上述步骤进行计算。

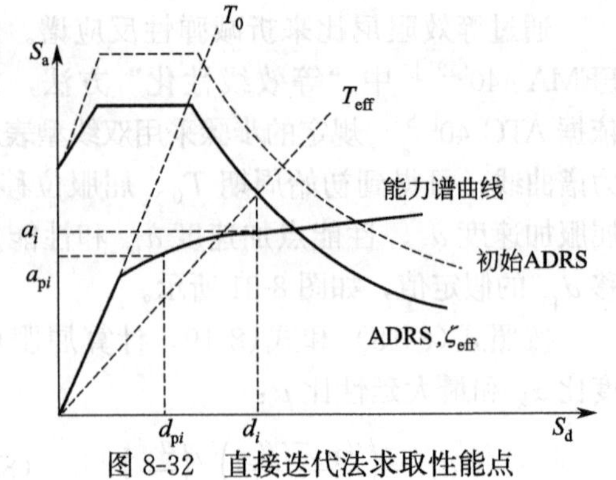

图 8-32 直接迭代法求取性能点

8.6.7 结构分析模型

8.6.7.1 设计原则

《混凝土异形柱结构技术规程》JGJ 149—

2017[1] 中对混凝土异形柱框架结构的应用范围和结构高度有严格的限制。本书前面章节的研究发现，钢管混凝土异形柱的静力和拟静力性能、梁柱节点的拟静力性能均相比混凝土异形柱结构有较为明显的提升，甚至达到或接近方钢管混凝土柱结构的性能。钢管混凝土异形柱框架结构的设计不能继续沿用《混凝土异形柱结构技术规程》JGJ 149—2017 的规定，否则是过于保守的。因此进一步探索钢管混凝土异形柱框架结构的设计方法和应用范围，在地震高烈度设防区是很有必要的。

为了保证结构模型能较好地模拟实际结构的抗震能力，设计钢管混凝土异形柱框架结构模型时遵循以下原则：

(1) 框架结构模型的层高、跨度以及构件截面尺寸等参数取自实际工程的常用范围；

(2) 框架结构模型的总高度、柱轴压比等设计指标应接近我国相关规范或规程要求的限值，以反映结构的最不利状态；

(3) 结构模型的荷载取值、内力计算、变形计算等应遵循我国相关规范或规程要求。

8.6.7.2 设计信息

选取抗震设防烈度 8 度（0.20g）区来设计钢管混凝土异形柱框架模型，因 8 度（0.20g）区能够代表或高于我国绝大部分区域的设防烈度。当抗震设防烈度为 8 度（0.20g）时，《混凝土异形柱结构技术规程》JGJ 149—2017 规定混凝土异形柱框架结构最大适用高度为 12m；《建筑抗震设计规范》GB 50011—2010 和《高层建筑混凝土结构技术规程》JGJ 3—2010[197] 规定钢筋混凝土框架结构最大适用高度为 40m；《钢管混凝土结构技术规范》GB 50936—2014 规定钢管混凝土框架结构最大适用高度为 50m。

设计两个钢管混凝土异形柱空间框架算例模型，分别为一栋 9 层住宅和一栋 14 层宿舍，结构模型的平面布置见图 8-33。9 层住宅结构层高均为 3.3m，结构总高为 29.7m；14 层宿舍层高均为 3.6m，结构总高为 50.4m。两个框架模型均超过《混凝土异形柱结构技术规程》JGJ 149—2017 的最大适用高度规定，14 层宿舍框架模型甚至达到《钢管混凝土结构技术规范》GB 50936—2014 的最大适用高度限值。应用建筑结构分析与设计软件 ETABS 进行建模设计，其设计结果满足我国相关规范规程要求。

结构模型的抗震设计信息见表 8-7，按照《建筑抗震设计规范》GB 50011—2010 进行抗震设计。由于结构模型的设计未考虑非承重结构构件的刚度，在计算地震作用时，结构自振周期折减系数取 0.7，结构阻尼比取 0.04。

抗震设计信息 **表 8-7**

重要性类别	设防烈度区	设计地震分组	场地类别	特征周期	周期折减系数	阻尼比
丙类	8(0.20g)	第二组	Ⅲ类场地	0.55s	0.7	0.04

荷载设计信息见表 8-8，按照《建筑结构荷载规范》GB 50009—2012[198] 进行荷载设计，两个结构模型采用相同设计荷载进行计算，其中楼面恒荷载和屋面恒荷载包括楼板自重。组合值系数取 0.5，重力荷载代表值为恒荷载+0.5 活荷载。

荷载设计信息 **表 8-8**

楼面恒荷载	楼面活荷载	屋面恒荷载	屋面活荷载	组合值系数
3.5 kN/m^2	2 kN/m^2	5 kN/m^2	2 kN/m^2	0.5

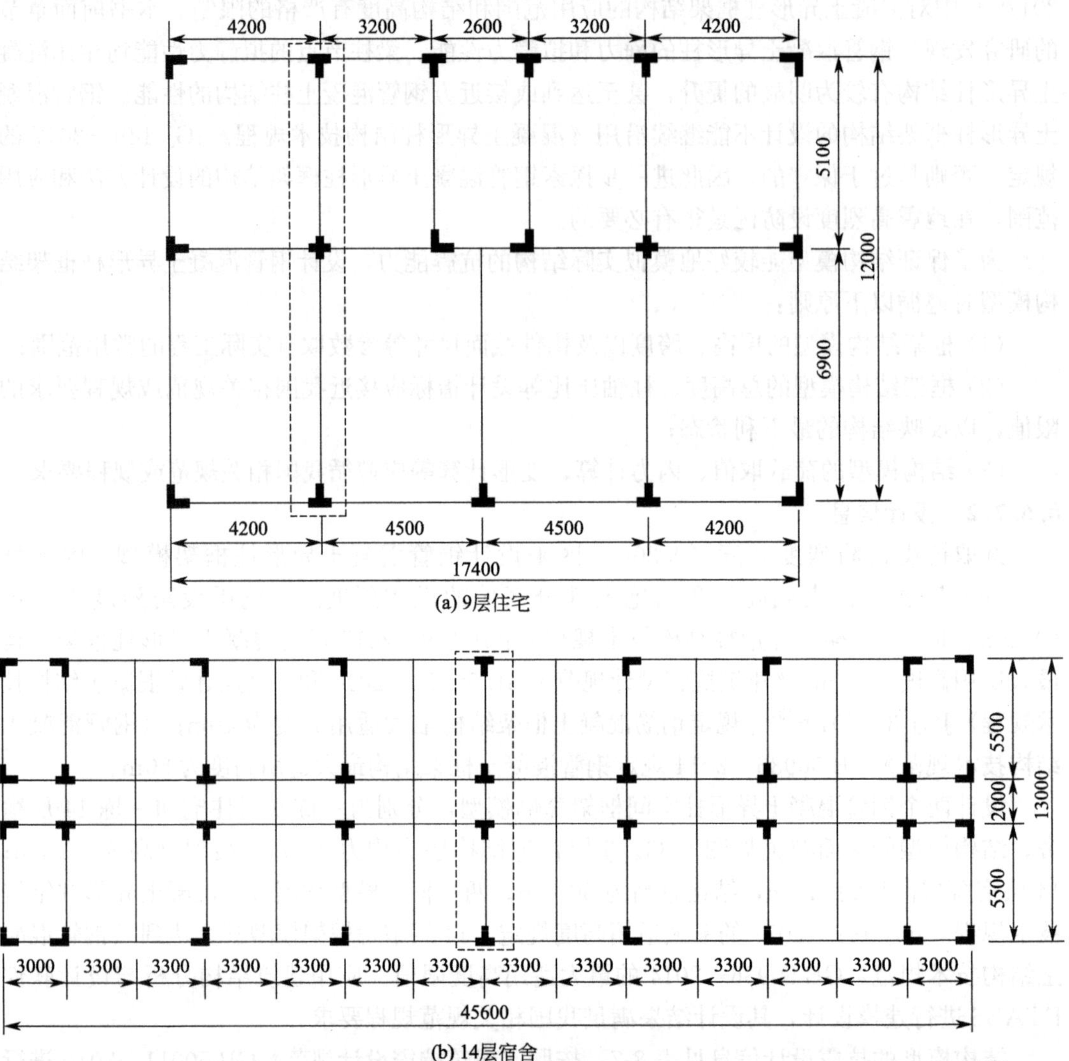

图 8-33 结构模型的平面布置（单位：mm）

构件设计信息见表 8-9，参考《混凝土异形柱结构技术规程》JGJ 149—2017，结合本章参数分析结果和工程应用常用构件尺寸范围进行构件设计。

构件设计信息 **表 8-9**

模型名称	楼层	框架梁(钢梁)		框架柱(钢管混凝土柱)		混凝土强度等级	钢材强度等级
		类型	尺寸(mm)	类型	尺寸 $h\times b\times t$(mm)		
9 层住宅	1～9	H 型钢	500×200×12×18	等肢 T 形、L 形、十字形	600×200×8	C45	Q345
14 层宿舍	1～7 8～14	H 型钢	600×200×12×22	等肢 T 形、L 形	800×200×8 700×200×8	C40	Q345

注：h 为柱肢截面高度；b 为柱肢截面厚度；t 为钢管厚度。

8.6.8　性能点求解

采用 OpenSEES 软件进行 Pushover 分析，针对两个模型选取图 8-33 结构平面布置中虚框标明的平面框架进行建模分析。材料的本构关系、单元类型、截面划分等按照 8.5 节确定，此处不再赘述。

图 8-34 为水平荷载采用倒三角分布和均匀分布两种加载模式下，框架结构顶点侧向位移为结构总高的 2%（弹塑性层间位移角限值）时的结构底部剪力-顶点侧向位移（V_b-U_n）曲线。当 9 层框架结构住宅顶点侧向位移与总高之比为 1/130、14 层框架结构宿舍顶点侧向位移与总高之比为 1/143 时，结构进入弹塑性阶段。比较两种水平加载模式下的结构底部剪力-顶点侧向位移（V_b-U_n）曲线，均匀分布加载模式下的曲线弹性阶段结构刚度更大，相同顶点位移对应的结构底部剪力更大，但结构的屈服位移是相近的。

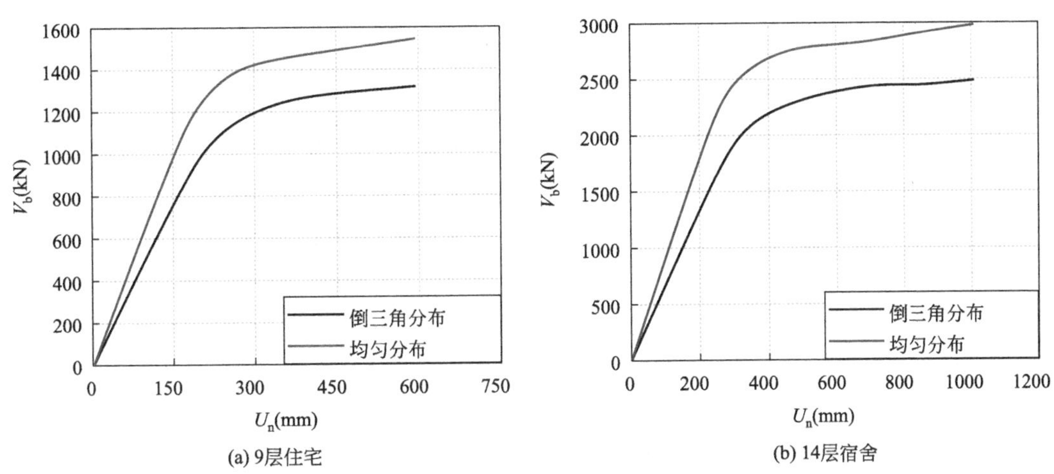

图 8-34　结构底部剪力-顶点位移曲线

图 8-35 为两个框架结构模型的能力谱 S_a-S_d 曲线，该曲线通过结构底部剪力-顶点侧向位移（V_b-U_n）曲线，按照式(8-8)～式(8-11) 计算求得。能力谱 S_a-S_d 曲线的发展趋势与底部剪力-顶点侧向位移（V_b-U_n）曲线相近。

按照 8.6.6 节计算两个框架结构模型的多遇地震、设防地震和罕遇地震下弹塑性需求谱，抗震设防烈度取 8 度（0.20g）。水平影响系数最大值 α_{max} 按照《建筑抗震设计规范》GB 50011—2010 分别为多遇地震 $\alpha_{max}=0.16$，设防地震 $\alpha_{max}=0.45$，罕遇地震 $\alpha_{max}=0.9$。

图 8-36 为性能点求解示意图，将能力谱曲线和弹塑性需求谱曲线画在同一坐标平面内。可见，两个框架结构模型的能力谱曲线均与多遇地震、设防地震、罕遇地震下的弹塑性需求谱曲线相交，说明结构达到了设计地震的性能要求，可以抵御设防烈度 8 度区（0.20g）小震、中震和大震下的地震作用。同时发现，两个结构模型多遇地震和设防地震下的性能点尚未达到能力谱曲线的屈服点，而罕遇地震下的性能点超过了能力谱曲线的屈服点，说明在小震和中震作用下，结构整体处于弹性阶段，而大震作用下结构进入弹塑性阶段。

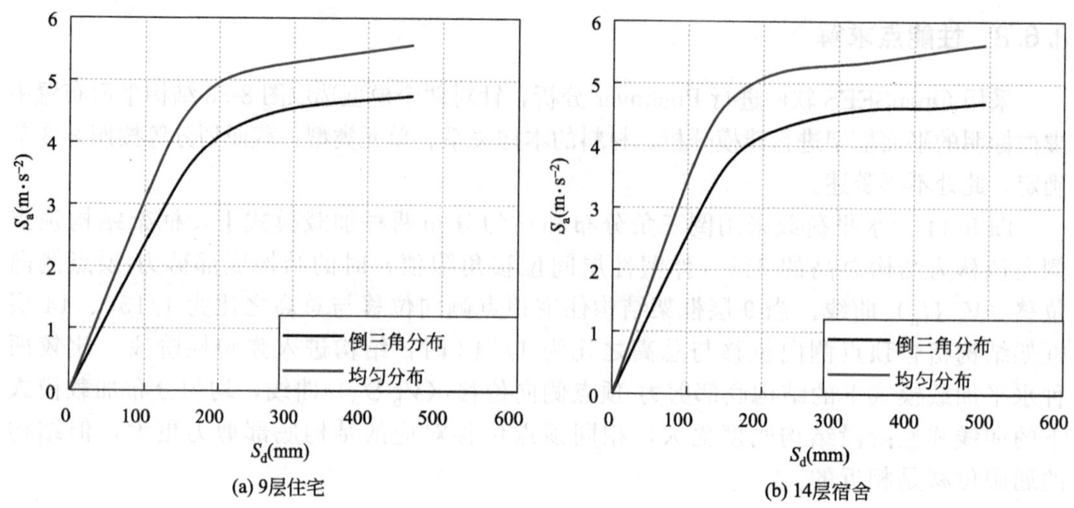

(a) 9层住宅

(b) 14层宿舍

图 8-35 能力谱曲线

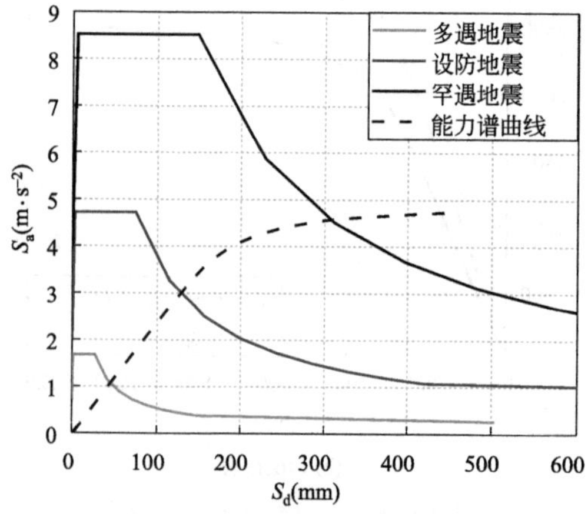

(a) 9层住宅(倒三角分布加载模式)

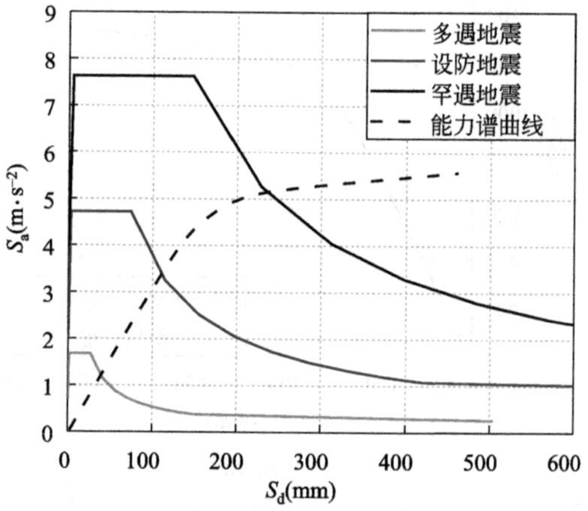

(b) 9层住宅(均匀分布加载模式)

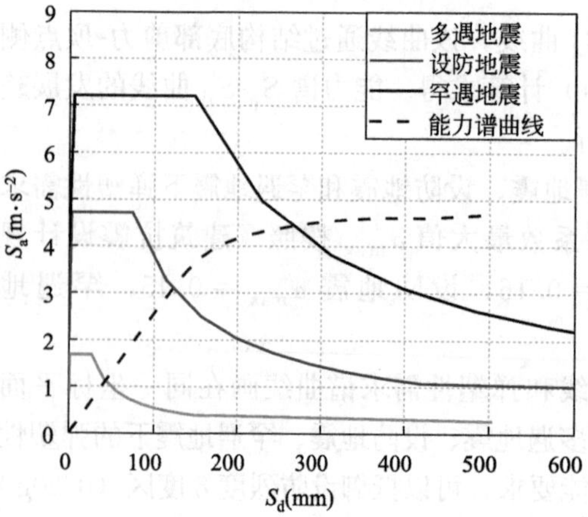

(c) 14层宿舍(倒三角分布加载模式)

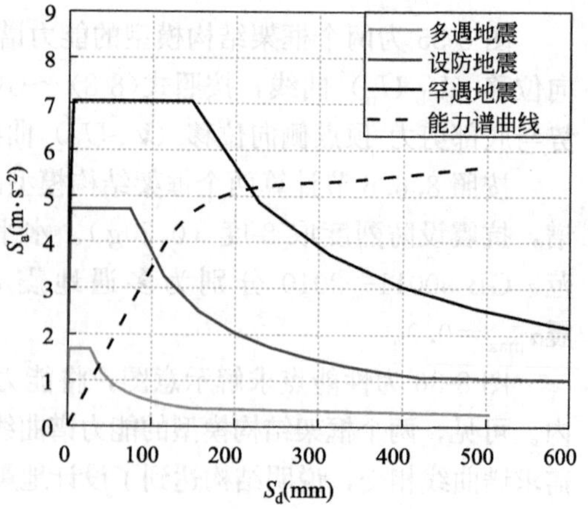

(d) 14层宿舍(均匀分布加载模式)

图 8-36 框架结构性能点求解示意图

两个结构模型在不同地震作用下的性能点见表 8-10。可知随着地震作用的增大，性能点对应的结构底部剪力和顶点侧向位移均不断增大。相同地震作用下，倒三角加载模式性能点对应的顶点侧向位移更大，结构底部剪力更小。

结构模型的性能点　　　**表 8-10**

结构模型名称	加载模式	地震作用	基底剪力 V_b(kN)	顶点位移 U_n(mm)
9 层住宅	倒三角	多遇	199.1	39.5
		设防	726.9	143.5
		罕遇	1211.4	316.5
	均匀分布	多遇	239.5	36.5
		设防	893.1	135.5
		罕遇	1408.3	284.5
14 层宿舍	倒三角	多遇	418.7	61.8
		设防	1493.4	224.9
		罕遇	2303.5	489.9
	均匀分布	多遇	567.2	60.0
		设防	1830.3	203.9
		罕遇	2693.9	407.9

8.6.9　抗震性能评估

8.6.9.1　楼层位移

图 8-37 为 9 层住宅和 14 层宿舍结构模型在不同地震作用下的楼层水平位移分布。两个模型楼层位移随楼层的增高不断增大。两种水平荷载分布加载模式下的下部楼层侧向位移相近，随楼层的增加，倒三角分布荷载下的楼层侧向位移逐渐大于均匀分布荷载下的楼层侧向位移，在罕遇地震下的楼层位移差最明显。

8.6.9.2　层间位移角

图 8-38 为 9 层住宅和 14 层宿舍结构模型在不同地震作用下的层间位移角（θ）分布曲线。两个模型随着楼层的增加，层间位移角先增大后减小。两个模型的最大层间位移角均出现在下部 2～5 层范围。比较两种加载模式的层间位移角，可发现均匀分布加载模式下的下部楼层层间位移角更大，而上部楼层的层间位移角更小。

表 8-11 中统计了 9 层住宅和 14 层宿舍两个结构模型的最大层间位移角及所在楼层（薄弱层）。不同加载模式及不同地震作用下，两个结构模型最大层间位移角均出现在下部楼层，9 层住宅最大层间位移角位于 2～3 层，14 层宿舍最大层间位移角位于 3～5 层。两个模型多遇地震作用下最大层间位移角为 1/659～1/557，罕遇地震作用下最大层间位移角为 1/69～1/59。《建筑抗震设计规范》GB 50011—2010、《高层建筑混凝土结构技术规程》JGJ 3—2010 和《混凝土异形柱结构技术规程》JGJ 149—2017 中规定的钢筋混凝土框架弹性层间位移角限值为 1/550，弹塑性层间位移角为 1/50。《钢管混凝土结构技术规范》GB 50936—2014 中规定的钢管混凝土框架结构弹性层间位移角限值为 1/450，弹塑性层间位移角限值为 1/50。两个模型在多遇地震作用下的最大层间位移角和罕遇地震作用下的最大层间位移角均分别在相关标准的弹性层间位移角和弹塑性层间位移角限值范围内，说明结构具有良好的抗侧刚度，满足抗震设计要求。

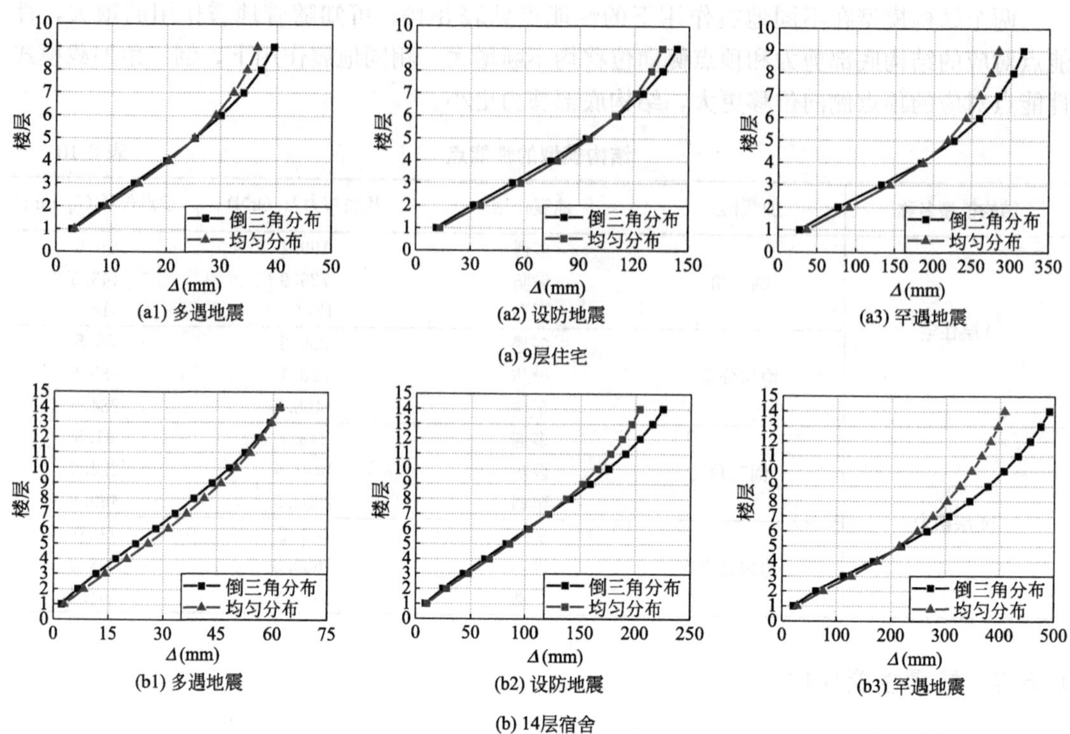

(a1) 多遇地震 (a2) 设防地震 (a3) 罕遇地震

(a) 9层住宅

(b1) 多遇地震 (b2) 设防地震 (b3) 罕遇地震

(b) 14层宿舍

图 8-37 不同地震作用下的楼层水平位移

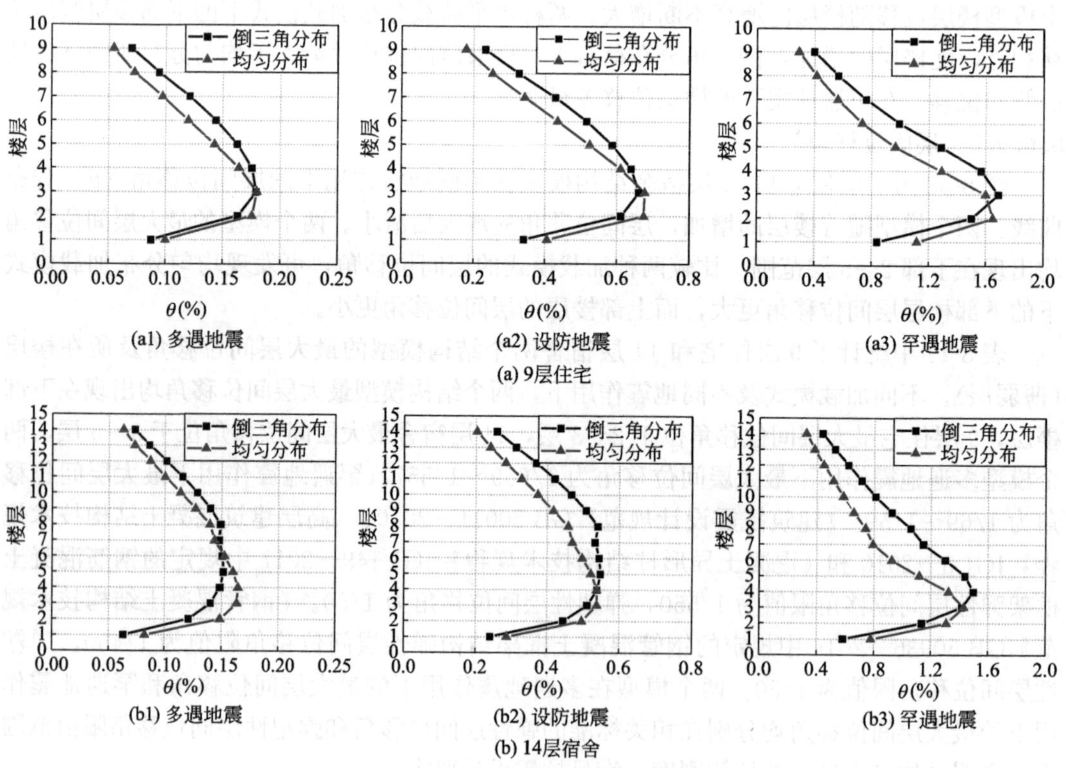

(a1) 多遇地震 (a2) 设防地震 (a3) 罕遇地震

(a) 9层住宅

(b1) 多遇地震 (b2) 设防地震 (b3) 罕遇地震

(b) 14层宿舍

图 8-38 不同地震作用下的层间位移角

最大层间位移角　　　　表 8-11

结构模型	加载模式	地震作用	最大层间位移角	所在楼层
9 层住宅	倒三角	多遇	1/559	3
		设防	1/151	3
		罕遇	1/59	3
	均匀分布	多遇	1/557	3
		设防	1/148	3
		罕遇	1/61	2
14 层宿舍	倒三角	多遇	1/659	5
		设防	1/182	5
		罕遇	1/66	4
	均匀分布	多遇	1/608	4
		设防	1/185	3
		罕遇	1/69	3

8.6.9.3　塑性铰发展规律

本节应用曲率延性比 μ_ϕ 作为塑性铰发展程度的量化指标，对不同地震作用下梁端与柱端塑性铰发展规律进行分析。基于曲率延性比的计算结果，发现设防烈度 8 度（0.20g）区多遇地震和设防地震作用下的梁端和柱端曲率延性比均小于 1，说明梁端和柱端均没有出现塑性铰，为完好状态。因此仅对 9 层住宅和 14 层宿舍两个结构模型在罕遇地震作用下的梁端与柱端曲率延性比进行统计分析，得到梁端与柱端塑性铰分布（图 8-39），其塑性铰发展规律如下：

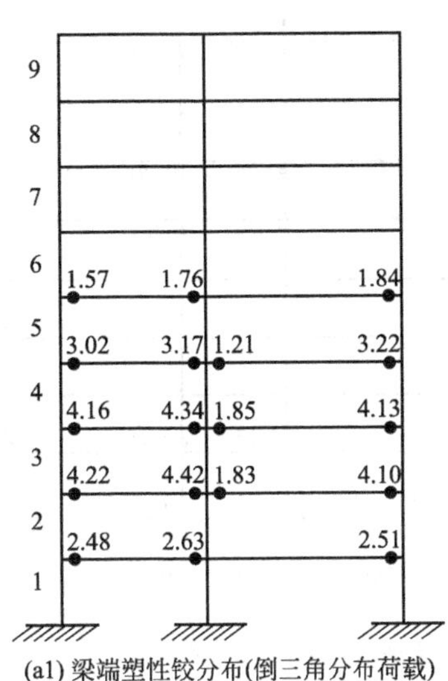

(a1) 梁端塑性铰分布(倒三角分布荷载)

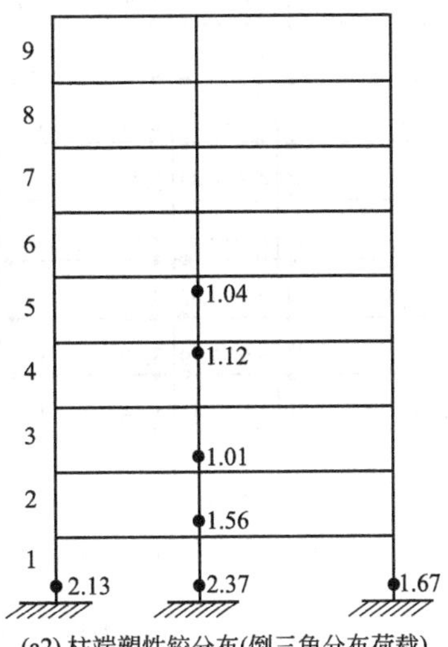

(a2) 柱端塑性铰分布(倒三角分布荷载)

图 8-39　罕遇地震作用下梁端与柱端塑性铰分布

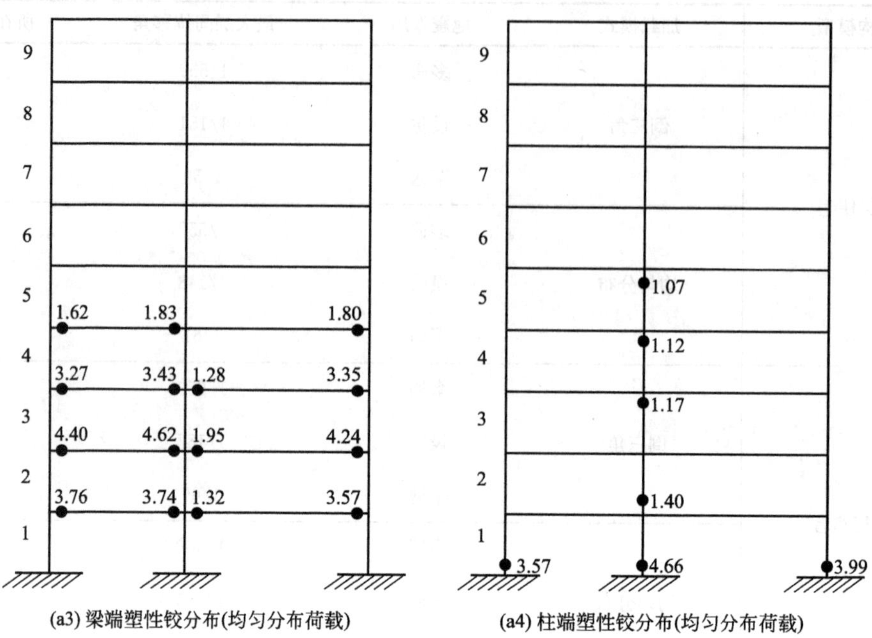

(a3) 梁端塑性铰分布(均匀分布荷载)　　(a4) 柱端塑性铰分布(均匀分布荷载)

(a) 9层住宅

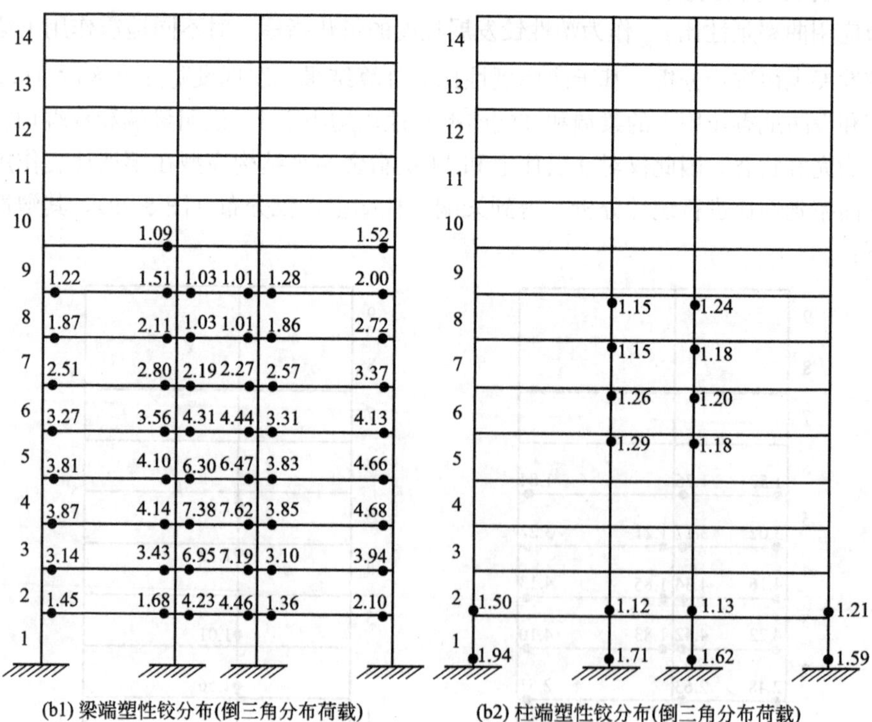

(b1) 梁端塑性铰分布(倒三角分布荷载)　　(b2) 柱端塑性铰分布(倒三角分布荷载)

图 8-39　罕遇地震作用下梁端与柱端塑性铰分布（续）

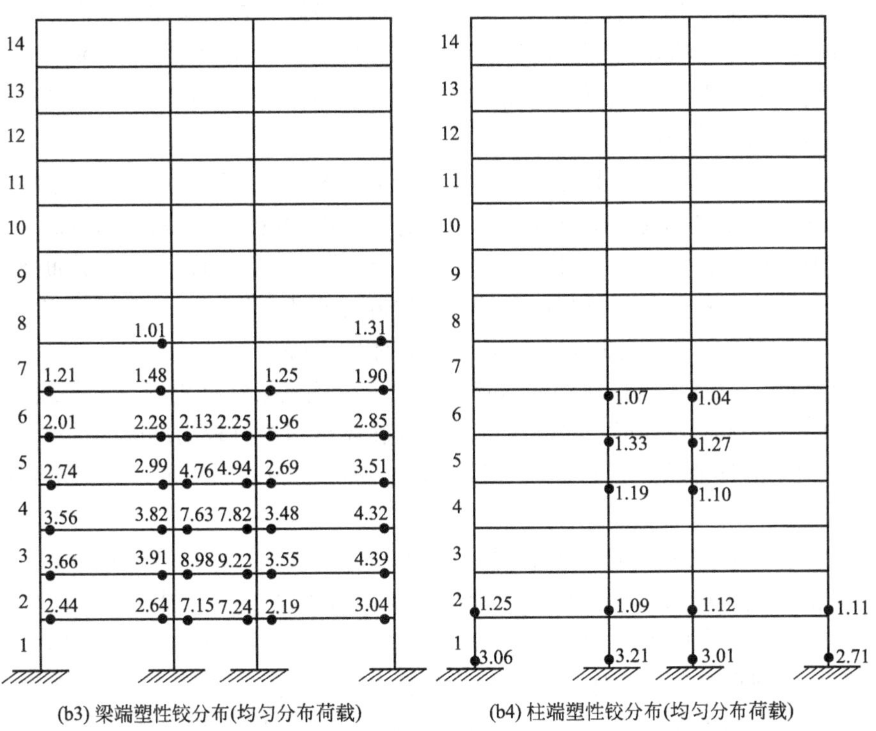

(b3) 梁端塑性铰分布(均匀分布荷载)　(b4) 柱端塑性铰分布(均匀分布荷载)

(b) 14层宿舍

图 8-39　罕遇地震作用下梁端与柱端塑性铰分布（续）

(1) 梁端与柱端塑性铰均出现在中下部楼层。9 层住宅模型出现在 1～5 层，14 层宿舍模型出现在 1～9 层。

(2) 梁端塑性铰各层分布均匀，在出铰楼层所有梁端基本都出现塑性铰；柱端塑性铰在底部楼层各柱均出现，其余楼层仅中柱出铰，边柱未出铰。

(3) 9 层住宅模型梁端塑性铰发展最严重楼层为 3～4 层，14 层住宅模型为 2～4 层，与层间位移角最大的楼层基本一致；柱端塑性铰发展最严重楼层均为底层。

(4) 两种加载模式下的塑性铰分布规律相近，均匀分布加载模式下出铰楼层更少，塑性铰发展程度更大；两种结构模型塑性铰分布规律相近，14 层宿舍结构模型梁端塑性铰发展程度更大，柱端塑性铰发展程度更小。

综上所述，两个结构模型在多遇地震和设防地震下基本处于弹性阶段，罕遇地震作用下梁端与柱端塑性铰发展程度并不严重，尤其是柱端塑性铰发展程度较小，能够满足“小震不坏，中震可修，大震不倒”的抗震设防性能目标。

8.7　小结

(1) 四榀钢管混凝土异形柱-H 型钢梁平面框架的拟静力试验研究结果表明：SCF-STF 试件具有良好的抗震性能，滞回曲线比较饱满，延性系数为 3.3～3.8，极限状态时等效黏滞阻尼系数为 0.274～0.500，层间位移角为 1/43～1/38，具有良好的延性、耗能能力和变形能力，强度和刚度退化不明显。塑性铰出铰顺序依次为梁端、二层中柱上端和柱脚，节点核心区基本未出现屈服破坏，满足“强柱弱梁”和“强节点弱构件”的设计要求。随轴压比增加，滞回曲线更加饱满，耗能能力有所提升，刚度退化速度变快，延性变差，轴压比对承载力及强度退化影响较小。

（2）通过 ABAQUS 软件建立的钢管混凝土异形柱框架三维有限元模型对荷载-位移曲线、破坏形态，受力机理与出铰破坏机制等有较为准确的预测。对钢管混凝土异形柱框架各部位应力分布进行了分析，得到了节点区、外环板、竖向肋板和对拉钢筋加劲肋的传力机理。外环板节点和竖向肋板节点都是能有效传力的节点形式，外环板节点能更充分发挥异形柱柱肢和翼缘的共同作用，节点核心区整体性更好。

（3）通过 OpenSEES 软件建立的钢管混凝土异形柱框架纤维模型，对荷载-位移曲线、梁端与柱端塑性铰区段的变形、受力机理与出铰破坏机制等有较为准确的预测。根据梁端和柱端弯矩-曲率滞回曲线，通过曲率延性比判断塑性铰的发展程度，并提出相应的量化指标。

（4）钢管混凝土异形柱框架结构的静力弹塑性分析表明：按照我国规范高度限值设计的两个 SCFSTF 结构模型在地震高烈度地区能够抵御多遇地震、设防地震、罕遇地震的作用。通过不同地震作用下的结构楼层位移可以看出，结构呈现明显的框架剪切变形特征。两个结构模型在多遇地震作用下的最大层间位移角为 1/659～1/557，在罕遇地震作用下的最大层间位移角为 1/69～1/59，均能够满足弹性层间位移角和弹塑性层间位移角限值的要求。

参考文献

[1] 中华人民共和国住房和城乡建设部. 混凝土异形柱结构技术规程：JGJ 149—2017 [S]. 北京：中国建筑工业出版社，2017.

[2] 陈宗弼，陈星，叶群英，等. 广州新中国大厦结构设计 [J]. 建筑结构学报，2000，21 (3)：2-9.

[3] 罗赤宇，陈星，叶群英，等. 广州明盛广场结构新技术设计与应用 [J]. 建筑结构，2006，36：33-35，70.

[4] 于敬海，赵腾，陈志华，等. 矩形钢管混凝土组合柱框架-支撑结构体系住宅设计 [J]. 建筑结构，2015，45 (16)：47-51.

[5] 陈志华，赵炳震，于敬海，等. 矩形钢管混凝土组合异形柱框架-剪力墙结构体系住宅设计 [J]. 建筑结构，2017，47 (6)：1-6.

[6] 何振强，蔡健，陈星. 带约束拉杆方钢管混凝土短柱轴压性能试验研究 [J]. 建筑结构，2006，36 (8)：49-53.

[7] CAI J，HE Z Q. Axial load behavior of square CFT stub column with binding bars [J]. Journal of constructional steel research，2006，62 (5)：472-483.

[8] 蔡健，梁伟盛，林辉. 方钢管混凝土柱抗剪性能试验研究 [J]. 深圳大学学报（理工版），2012，29 (3)：189-194.

[9] 黎志军，蔡健，谭哲东. 带约束拉杆异形钢管混凝土柱力学性能的试验研究 [C]. 南京：全国结构工程学术会议，2001：124-129.

[10] 龙跃凌，王英涛，蔡健，等. 带约束拉杆方形钢管混凝土短柱压弯承载特性 [J]. 工业建筑，2016，46 (3)：142-148.

[11] 蔡健，左志亮，赵小芹，等. 带约束拉杆 L 形钢管混凝土短柱偏压试验研究 [J]. 建筑结构学报，2011，32 (2)：83-90.

[12] 左志亮，蔡健，钱泉，等. 带约束拉杆 T 形钢管混凝土短柱轴压性能的试验研究 [J]. 土木工程学报，2011，44 (11)：43-51.

[13] 左志亮，蔡健，刘明峰，等. 带约束拉杆 T 形钢管混凝土短柱偏压试验研究 [J]. 建筑结构学报，2011，32 (8)：79-89.

[14] 左志亮. 带约束拉杆异形截面钢管混凝土短柱的受压力学性能研究 [D]. 广州：华南理工大学，2010.

[15] 杨远龙. T 形组合柱力学性能研究 [D]. 哈尔滨：哈尔滨工业大学，2011.

[16] DU G F，MA C，XU C X. Experimental research on seismic behavior of exterior frame joints with T-shaped CFST column and steel beam [J]. Advanced materials research，2012，368-373：183-188.

[17] 杜国锋，徐礼华，徐浩然，等. 钢管混凝土 T 形短柱轴压力学性能试验研究 [J]. 华中科技大学学报（城市科学版），2008，25 (3)：188-194.

[18] 杜国锋. 钢管混凝土组合 T 形柱力学性能研究 [D]. 武汉：武汉大学，2008.

[19] 杜国锋，徐礼华，徐浩然，等. 钢管混凝土组合 T 形短柱轴压力学性能研究 [J].

西安建筑科技大学学报（自然科学版），2008，40（4）：549-555.

[20] 林震宇，沈祖炎，罗金辉，等.L形钢管混凝土轴压短柱力学性能研究［J］. 建筑钢结构进展，2009，11（6）：14-19.

[21] 张继承，林振宇.L形钢管混凝土柱轴压工作机理的研究［J］. 铁道建筑，2011（3）：129-133.

[22] 刘林林，屠永清，叶英华.多室式钢管混凝土T形短柱轴压性能试验研究［J］. 土木工程学报，2011（10）：9-16.

[23] 屠永清，刘林林，叶英华.多室式钢管混凝土T形中长柱轴压性能研究［J］. 土木工程学报，2012（9）：27-35.

[24] 曹兵，戴绍斌，黄俊.改进组合式T形钢管混凝土柱轴压性能试验研究［J］. 建筑结构学报，2014，35（11）：36-43.

[25] 戴绍斌，曹兵，黄俊.改进的组合式L形钢管混凝土柱力学性能试验［J］. 哈尔滨工业大学学报，2015，47（3）：122-128.

[26] 陈志华，李振宇，荣彬，等.十字形截面方钢管混凝土组合异形柱轴压承载力试验［J］. 天津大学学报，2006，39（11）：1275-1282.

[27] 荣彬.方钢管混凝土柱和L形截面方钢管混凝土组合异形柱研究［D］. 天津：天津大学，2006.

[28] 乔景.T形方钢管混凝土组合异形柱轴心受压承载力研究［D］. 天津：天津大学，2006.

[29] 李振宇.十字形截面方钢管混凝土组合异形柱承载力研究［D］. 天津：天津大学，2006.

[30] 刘振文.方钢管混凝土组合异形柱结构研究［D］. 天津：天津大学，2007.

[31] XU M Y，ZHOU T，CHEN Z H，et al. Experimental study of slender LCFST columns connected by steel linking plates［J］. Journal of constructional steel research，2016，127：231-241.

[32] 胥民扬.L形钢板连接式方钢管混凝土组合异形柱长柱力学性能研究［D］. 天津：天津大学，2017.

[33] ZHOU T，XU M Y，WANG X D，et al. Experimental study and parameter analysis of L-shaped composite column under axial loading［J］. International journal of steel structures，2015，15（4）：797-807.

[34] ZHANG W，CHEN Z H，XIONG Q Q. Performance of L-shaped columns comprising concrete- filled steel tubes under axial compression［J］. Journal of constructional steel research，2018，145：573-590.

[35] 徐创泽.异形钢管混凝土柱静力性能研究［D］. 兰州：兰州大学，2016.

[36] XU C X，WU Z J，ZENG L. Experimental research on seismic behaviors of t-shaped concrete-filled steel tubular frame joints［J］. Advanced materials research，2012，368-373：38-41.

[37] 宋华.异形多腔钢管混凝土短柱轴压力学性能研究［D］. 重庆：重庆大学，2017.

[38] SONG H，LIU J P，YANG Y L，et al. Study on mechanical behavior of integrat-

ed multi-cell concrete-filled steel tubular stub columns under concentric compression [J]. International journal of civil engineering, 2019, 17: 316-376.

[39] LIU J P, SONG H, YANG Y L. Research on mechanical behavior of L-shaped multi-cell concrete-filled steel tubular stub columns under axial compression [J]. Advances in structural engineering, 2019, 22 (2): 427-443.

[40] YANG Y L, YANG H, ZHANG S M. Compressive behavior of T-shaped concrete filled steel tubular columns [J]. International journal of steel structures, 2010, 10 (4): 419-430.

[41] 杨远龙，杨华，张素梅．内置格构式圆钢管的 T 形型钢混凝土柱力学性能试验研究 [J]. 工程力学，2013，30 (3)：355-364.

[42] HAN L H. Flexural behaviour of concrete-filled steel tubes [J]. Journal of constructional steel research, 2004, 60 (2): 313-337.

[43] LI G C, LIU D, YANG Z J, et al. Flexural behavior of high strength concrete filled high strength square steel tube [J]. Journal of constructional steel research, 2017, 128: 732-744.

[44] GHO W M, LIU D. Flexural behaviour of high-strength rectangular concrete-filled steel hollow sections [J]. Journal of constructional steel research, 2004, 60 (11): 1681-1696.

[45] PROBST A D, KANG T H K, RAMSEYER C, et al. Composite flexural behavior of full-scale concrete-filled tubes without axial loads [J]. Journal of structural engineering, 2010, 136 (11): 1401-1412.

[46] JAVED M F, SULONG N H R, MEMON S A, et al. FE modelling of the flexural behaviour of square and rectangular steel tubes filled with normal and high strength concrete [J]. Thin-walled structures, 2017, 119: 470-481.

[47] CHEN Y, WANG K, FENG R, et al. Flexural behaviour of concrete-filled stainless steel CHS subjected to static loading [J]. Journal of constructional steel research, 2017, 139: 30-43.

[48] 徐礼华，刘胜兵，温芳，等．T 形钢管混凝土组合构件抗弯性能 [J]. 华中科技大学学报（自然科学版），2009，37 (2)：117-120.

[49] 刘胜兵，徐礼华，温芳．新型 T 形钢管混凝土组合构件抗弯试验研究 [J]. 武汉理工大学学报，2009 (2)：108-112.

[50] 屠永清，严敏杰，刘林林．多室式钢管混凝土 T 形构件纯弯力学性能研究 [J]. 工程力学，2012，29 (9)：185-192.

[51] 屠永清，刘林林，叶英华．多室式钢管混凝土 T 形短柱的非线性分析 [J]. 工程力学，2012，29 (1)：134-140.

[52] 黄蔚，屠永清．多室式钢管混凝土组合 L 形构件绕对称轴纯弯力学性能分析 [J]. 工业建筑，2015，45（增刊）：584-588.

[53] 蔡健，左志亮，赵小芹，等．带约束拉杆 L 形钢管混凝土短柱偏压试验研究 [J]. 建筑结构学报，2011，32 (2)：83-90.

[54] 左志亮，蔡健，朱昌宏．带约束拉杆L形钢管混凝土短柱的偏压承载力 [J]．工程力学，2010，27（7）：161-167.
[55] 左志亮，蔡健，朱昌宏．带约束拉杆L形钢管混凝土短柱的偏压试验研究 [J]．东南大学学报（自然科学版），2010，40（2）：346-351.
[56] ZUO Z L，CAI J，YANG C，et al. Eccentric load behavior of L-shaped CFT stub columns with binding bars [J]．Journal of constructional steel research，2012，72：105-118.
[57] YANG Y L，WANG Y Y，FU F，et al. Static behavior of T-shaped concrete-filled steel tubular columns subjected to concentric and eccentric compressive loads [J]．Thin-walled structures，2015，95：374-388.
[58] 孙刚．轴压下带约束拉杆L形钢管混凝土短柱的试验研究 [J]．土木工程学报，2008（9）：14-20.
[59] 孙刚，蔡健．带约束拉杆L形钢管混凝土轴压短柱的承载力计算 [J]．建筑技术，2010，41（1）：31-33.
[60] 蔡健，孙刚．带约束拉杆L形截面钢管混凝土的本构关系 [J]．工程力学，2008，25（10）：173-179.
[61] ZUO Z L，CAI J，YANG C，et al. Eccentric load behavior of L-shaped CFT stub columns with binding bars [J]．Journal of constructional steel research，2012，72：105-118.
[62] 郑新志．带约束拉杆T形钢管混凝土柱偏心受压性能的试验研究 [J]．结构工程师，2011，27（S1）：140-145.
[63] 杜国锋，徐礼华，徐浩然，等．组合T形截面钢管混凝土柱偏心受压试验研究 [J]．建筑结构学报，2010，31（7）：72-77.
[64] 苏广群．带约束拉杆十形截面钢管混凝土短柱的偏压力学性能研究 [D]．广州：华南理工大学，2011.
[65] 李雪琛，屠永清．多室式钢管混凝土T形偏压短柱性能分析 [J]．四川建筑科学研究，2012，38（3）：18-23，41.
[66] 李雪琛，屠永清．多室式钢管混凝土T形偏压长柱性能分析 [J]．建筑结构，2012，42（增刊）：754-758.
[67] 随意，屠永清，张晋峰．多室式T形钢管混凝土柱在双向偏压下的力学性能研究 [J]．钢结构，2017，32（9）：41-46.
[68] 邵田，屠永清．多室式钢管混凝土组合L形短柱的偏压性能研究 [J]．工业建筑，2016，46（增刊）：343-347.
[69] 李雪琛，吴晓兰，左中杰．多室式钢管混凝土T形偏压长柱性能分析 [J]．建筑结构，2012，42（S1）：754-758.
[70] 李桐亮，屠永清．L形多室式钢管混凝土短柱双向偏压性能研究 [J]．工业建筑，2018，48（5）：156-161.
[71] YANG Y L，WANG Y Y，FU F，et al. Static behavior of T-shaped concrete-filled steel tubular columns subjected to concentric and eccentric compressive loads [J].

Thin-walled structures，2015，95：374-388.

[72] 陈雨，沈祖炎，雷敏，等．T形钢管混凝土短柱轴压试验［J］．同济大学学报（自然科学版），2016，44（6）：822-829.

[73] 雷敏，沈祖炎，李元齐，等．T形钢管混凝土柱轴心受压稳定承载性能研究［J］．同济大学学报（自然科学版），2016，44（4）：520-527.

[74] 雷敏，沈祖炎，李元齐，等．T形钢管混凝土压弯构件强度承载性能［J］．同济大学学报（自然科学版），2016，44（3）：348-354.

[75] 雷敏，沈祖炎，李元齐，等．T形钢管混凝土单向偏压长柱力学性能分析［J］．同济大学学报（自然科学版），2016，44（2）：207-212.

[76] 肖从真，蔡绍怀，徐春丽．钢管混凝土抗剪性能试验研究［J］．土木工程学报，2005，38（4）：5-11.

[77] 徐礼华，徐浩然，杜国锋．组合T形截面钢管混凝土构件抗剪性能试验研究［J］．工程力学，2009，26（12）：142-149.

[78] 金鑫．改进组合式异形钢管混凝土柱抗剪性能研究［D］．武汉：武汉理工大学，2018.

[79] 王丹，吕西林．T形、L形钢管混凝土柱抗震性能试验研究［J］．建筑结构学报，2005（4）：39-44，106.

[80] 饶炜．T形钢管混凝土组合柱试验研究及有限元分析［D］．武汉：武汉理工大学，2010.

[81] 傅冬．L形钢管混凝土组合柱试验研究及有限元分析［D］．武汉：武汉理工大学，2010.

[82] 杨远龙，王玉银，张素梅．钢筋加劲T形截面钢管混凝土柱抗震性能试验研究［J］．建筑结构学报，2012，33（4）：104-112.

[83] 王玉银，杨远龙，张素梅，等．T形截面钢管混凝土柱抗震性能试验研究［J］．建筑结构学报，2010，31（S1）：355-359.

[84] 宋华，杨远龙，刘界鹏．对拉钢筋加劲L形截面钢管混凝土柱抗震性能研究［J］．建筑结构学报，2017，38（S1）：179-184.

[85] LIU J P，YANG Y L，SONG H，et al. Numerical analysis on seismic behaviors of T-shaped concrete-filled steel tubular columns with reinforcement stiffeners［J］. Advances in structural engineering，2018，21（9），1273-1287.

[86] 曹兵．T形钢管混凝土柱抗震性能非线性有限元分析［D］．武汉：武汉理工大学，2013.

[87] TU Y Q，SHEN Y F，ZENG Y G，et al. Hysteretic behavior of multi-cell T-shaped concrete-filled steel tubular columns［J］. Thin-walled structures，2014，85：106-116.

[88] 郭亚方．基于ABAQUS的T形截面钢管混凝土异形柱抗震性能研究［D］．唐山：华北理工大学，2017.

[89] 周钰婧．基于ABAQUS的L形钢管混凝土异形柱抗震性能研究［D］．唐山：华北理工大学，2017.

[90] 钟善桐．钢管混凝土结构［M］．北京：清华大学出版社，2003：324-340.
[91] 蔡绍怀．现代钢管混凝土结构［M］．北京：人民交通出版社，2003：243-277.
[92] 韩林海，杨有福．现代钢管混凝土结构技术［M］．北京：中国建筑工业出版社，2004：258-300.
[93] KUROBANE Y，PACKER J A，WARDENIER J，et al. Design guide for structural hollow section column connections［M］．Köln：TÜV-Verlag，2004：23-33.
[94] SCHNEIDER S P，ALOSTAZ Y M. Experimental behavior connections to concrete-filled steel tubes［J］．Journal of constructional steel research，1998，45 (3)：321-352.
[95] ALOSTAZ Y M，SCHNEIDER S P. Analytical behavior of connections to concrete-filled steel tubes［J］．Journal of constructional steel research，1996，40 (2)：95-127.
[96] 中华人民共和国住房和城乡建设部．钢管混凝土结构技术规范：GB 50936—2014［S］．北京：中国建筑工业出版社，2014.
[97] Architectural Institute of Japan. Recommendations for design and construction of concrete filled steel tubular structures［S］．Tokyo：Architectural Institute of Japan，1997.
[98] 许成祥，吴赞军，曾磊．T形钢管混凝土柱-工字钢梁框架顶层边节点抗震性能试验研究［J］．建筑结构学报，2012，33 (8)：58-65.
[99] 许成祥，刘晓强，杜国锋．十字截面钢管混凝土柱框架中柱节点抗震性能对比研究［J］．武汉理工大学学报，2012，34 (8)：118-122.
[100] LIU J C，YANG Y L，LIU J P，et al. Experimental investigation of special-shaped concrete-filled steel tubular column to steel beam connections under cyclic loading［J］．Engineering structures，2017，151：68-84.
[101] 葛广全．方钢管混凝土异形柱与钢梁节点抗震性能研究及有限元分析［D］．西安：西安建筑科技大学，2011.
[102] 周鹏，薛建阳，陈茜．矩形钢管混凝土异形柱-钢梁框架节点抗震性能试验研究［J］．建筑结构学报，2012，33 (8)：41-50.
[103] 薛建阳，陈茜，周鹏．矩形钢管混凝土异形柱-钢梁框架节点受剪承载力研究［J］．建筑结构学报，2012，33 (8)：51-57.
[104] 侯文龙．方钢管混凝土异形柱与钢梁节点性能试验与理论研究［D］．西安：西安建筑科技大学，2011.
[105] 中国工程建设标准化协会．钢管混凝土结构技术规程：CECS 28：2012［S］．北京：中国计划出版社，2012.
[106] 林明森，戴绍斌，刘记雄，等．T形钢管混凝土柱与钢梁外伸端板连接节点抗震性能试验研究［J］．地震工程与工程震动，2012，32 (2)：114-119.
[107] 刘记雄，戴绍斌，霍凯成．异形钢管混凝土组合柱-钢梁顶底角钢连接节点抗震性能研究［J］．工程科学与技术，2015，47 (1)：128-137.
[108] 林明森．T形钢管混凝土组合柱-钢梁连接节点抗震性能研究［D］．武汉：武汉理

工大学，2012.
[109] 陈志华，苗纪奎．方钢管混凝土柱-H型钢梁外肋环板节点研究［J]．工业建筑，2005，35（10）：61-63.
[110] 陈志华，闫翔宇，王亨．方钢管混凝土柱新型节点和异形柱在住宅钢结构中的应用［J]．钢结构，2007，22（1）：17-19.
[111] 陈志华，苗纪奎，赵莉华，等．方钢管混凝土柱-H型钢梁节点研究［J]．建筑结构，2007，37（1）：50-56.
[112] 苗纪奎．方钢管混凝土柱与H钢梁的外肋环板节点研究［D]．天津：天津大学，2004.
[113] 赵炳震．方钢管混凝土组合异形柱框架-支撑结构体系力学性能研究［D]．天津：天津大学，2017.
[114] 葛广全．T形钢管混凝土异形柱-钢梁框架节点性能研究［J]．福建建材，2011（2）：11-13.
[115] 葛广全．方钢管混凝土异形柱与钢梁节点抗震性能研究及有限元分析［D]．西安：西安建筑科技大学，2011.
[116] 许成祥，吴赞军，曾磊．T形钢管混凝土柱-工字钢梁框架顶层边节点抗震性能试验研究［J]．建筑结构学报，2012，33（8）：58-65.
[117] XU C X，DU G F. Seismic performance of T-shaped CFT column to steel frame beam connection-experimental study［C］// International Conference on Science and Technology of Heterogeneous Materials and Structures. Wuhan：ICSTHMS，2013：47.
[118] 许成祥，万波，张继承，等．十字形钢管混凝土柱框架中节点抗震性能试验研究［J]．建筑结构，2012，42（3）：80-83.
[119] 万波．异形钢管混凝土柱-钢梁框架中柱节点受力性能试验研究［D]．荆州：长江大学，2012.
[120] 杜国锋．十字截面钢管混凝土柱框架中柱节点抗震性能对比研究［J]．武汉理工大学学报，2012，34（8）：118-122.
[121] CAO B，DAI S B，LIN M S，et al. Experimental study on seismic performance of connections between T-shaped concrete-filled steel column and steel beam［J]. Applied mechanics and materials，2012，204-208：2455-2460.
[122] 林明森，戴绍斌，刘记雄，等．T形钢管混凝土柱与钢梁外伸端板连接节点抗震性能试验研究［J]．地震工程与工程振动，2012，32（2）：114-119.
[123] 林明森．T形钢管混凝土组合柱-钢梁连接节点抗震性能研究［D]．武汉：武汉理工大学，2012.
[124] 周鹏，薛建阳，陈茜，等．矩形钢管混凝土异形柱-钢梁框架节点抗震性能试验研究［J]．建筑结构学报，2012，33（8）：41-50.
[125] 薛建阳，陈茜，周鹏．矩形钢管混凝土异形柱-钢梁框架节点受剪承载力研究［J]．建筑结构学报，2012，33（8）：51-57.
[126] 陈美美．矩形钢管混凝土异形柱-钢梁框架节点的受力性能及ABAQUS有限元分

析 [D]. 西安：西安建筑科技大学，2013.
[127] 刘记雄，戴绍斌，霍凯成，等. 异形钢管混凝土组合柱-钢梁顶底角钢连接节点抗震性能研究 [J]. 四川大学学报（工程科学版），2015，47（1）：128-137.
[128] 陈茜，梁斌，刘小敏. 新型异形钢管混凝土节点破坏机理 [J]. 河南科技大学学报（自然科学版），2016（1）：58-63.
[129] 刘景琛. 异形钢管混凝土柱-工字钢梁框架节点抗震性能研究 [D]. 兰州：兰州大学，2016.
[130] 李彬洋. 钢管混凝土异形柱-H 型钢梁框架节点的抗震性能与设计方法 [D]. 重庆：重庆大学，2019.
[131] LI B Y，YANG Y L，LIU J P，et al. Behavior of T-shaped CFST column to steel beam connection with U-shaped diaphragm [J]. Journal of building engineering，2021，43：102518.
[132] CHENG Y，YANG Y L，LI B Y，et al. Research on seismic behavior of special-shaped CFST column to H-section steel beam joint. Advances in structural engineering，2021，24（13）：2870-2884.
[133] CHENG Y，YANG Y L，LI B Y，et al. Mechanical behavior of T-shaped CFST column to steel beam joint. Journal of constructional steel research，2021，187：106774.
[134] 李勇，张继承，黄泳水，等. T 形钢管混凝土柱-钢梁平面框架抗震性能非线性有限元分析 [J]. 混凝土，2018，347（9）：76-81.
[135] ZHANG J C，LI Y，ZHENG Y，et al. Seismic damage investigation of spatial frames with steel beams connected to L-shaped concrete-filled steel tubular (CFST) columns. Applied sciences-basel，2018，8（10）：1713.
[136] 陈海彬，曹伟，葛楠，等. L 形截面钢管混凝土异形柱框架结构推覆分析 [J]. 工程抗震与加固改造，2018，40（4）：56-61.
[137] 唐新. 钢管混凝土异形柱-H 型钢梁框架抗震性能研究 [D]. 重庆：重庆大学，2019.
[138] TANG X，YANG Y L，YANG W Q，et al. Experimental and numerical investigation on the seismic behavior of plane frames with special-shaped concrete-filled steel tubular columns. Journal of building engineering，2021，35（1）：102070.
[139] YANG Y L，YANG W Q，TANG X. Experimental and numerical investigation on seismic behavior of special-shaped concrete-filled steel tubular column to H-shaped steel beam plane frames with vertical ribs connections. Structures，2021，31：721-739.
[140] 王玉银. 圆钢管高强混凝土轴压短柱基本性能研究 [D]. 哈尔滨：哈尔滨工业大学，2003.
[141] HIBBITT，KARLSSON and SORENSEN Inc. ABAQUS user subroutines reference manual：Version 6.5 [M]. Pawtucket，USA：Dassault Systèmes Simulia Corp.，2006.

[142] 中华人民共和国住房和城乡建设部．混凝土结构设计规范（2015 年版）：GB 50010—2010 [S]. 北京：中国建筑工业出版社，2015.

[143] YU Q，TAO Z，LIU W，et al. Analysis and calculations of steel tube confined concrete（STCC）stub columns [J]. Journal of constructional steel research，2010，66：53-64.

[144] KUERES D，STARK A，HERBRAND M，et al. Finite element simulation of concrete with a plastic damage model-basic studies on normal strength concrete and UHPC [J]. Bauingenieur，2015，90：252-264.

[145] MANDER J B，PRIESTLEY M J N，PARK R，et al. Theoretical stress-strain model for confined concrete [J]. Journal of structural engineering，1988，114（8）：1804-1826.

[146] ELREMAILY A，AZIZINAMINI A. Behavior and strength of circular concrete-filled tube columns [J]. Journal of constructional steel research，2002，58（12）：1567-1591.

[147] 韩林海．钢管混凝土结构：理论与实践 [M]. 3 版．北京：科学出版社，2016.

[148] American Institute of Steel Construction. Specification for structural steel buildings：ANSI/AISC 360-10 [S]. Chicago：American Institute of Steel Construction，2010.

[149] British Standards Institution. Eurocode 4：Design of composite steel and concrete structures-Part 1-1：General rules and rules for buildings：BS EN1994-1-1 [S]. London：European Committee for Standardization，2004.

[150] 屠永清，文千山．L 形钢管混凝土柱轴压承载力计算 [J]. 建筑结构学报，2013，34（S1）：314-320.

[151] 王宣鼎．钢管约束钢筋及型钢混凝土柱偏压性能与承载力研究 [D]. 哈尔滨：哈尔滨工业大学，2017.

[152] American Concrete Institute. Building code requirements for structural concrete and commentary：ACI 318-11 [S]. Farmington Hills，MI：American Concrete Institute，2011.

[153] British Standards Institution. Eurocode 2：Design of Concrete Structures：Part 1-1：General Rules and Rules for Buildings [S]. Brussels：European Committee for Standardization，2004.

[154] 何政，欧进萍．钢筋混凝土结构非线性分析 [M]. 哈尔滨：哈尔滨工业大学出版社，2006：181-194.

[155] RIKS E. Some computational aspects of the stability analysis of nonlinear structures [J]. Computer methods in applied mechanics and engineering，1984，47：219-259.

[156] RAMM E. Strategies for tracing nonlinear responses near limit points [J]. Nonlinear finite element analysis in structural mechanics，1981：63-89.

[157] RIKS E. The application of Newton's method to the problem of elastic stability

[J]. Journal of applied mechanics，1972，39：1060-1066.

[158] WEMPNER G A. Discrete approximations related to nonlinear theories of solids [J]. International journal of solids and structures，1971，7：1581-1589.

[159] CRISFIELD M A. A fast incremental-iterative solution procedure that handles snap-through [J]. Computers & Structures，1981，13：55-62.

[160] CRISFIELD M A. An arc-length method including line searches and accelerations [J]. International journal for numerical methods in engineering，1983，19 (9)：1269-1289.

[161] SCHWEIZERHOF K H，WRIGGERS P. Consistent linearization for path following methods in nonlinear FEM analysis [J]. Computer methods in applied mechanics and engineering，1986，59：261-279.

[162] 刘界鹏．钢管约束钢筋混凝土和型钢混凝土构件静动力性能研究 [D]. 哈尔滨：哈尔滨工业大学，2006：206-207.

[163] 钱稼茹，崔瑶，方小丹．钢管混凝土柱受剪承载力试验 [J]. 土木工程学报，2007，40 (5)：1-9.

[164] 赵燚．新型U形钢-混凝土组合梁力学性能及设计方法 [D]. 重庆：重庆大学，2020.

[165] 中华人民共和国冶金工业部．钢及钢产品 力学性能试验取样位置及试样制备：GB/T 2975—1998 [S]. 北京：中国标准出版社，1998.

[166] 原国家冶金工业局．金属材料 室温拉伸试验方法：GB/T 228—2002 [S]. 北京：中国标准出版社，2002.

[167] 中华人民共和国建设部．普通混凝土力学性能试验方法标准：GB/T 50081—2002 [S]. 北京：中国建筑工业出版社，2003.

[168] 中华人民共和国住房和城乡建设部．建筑抗震试验规程：JGJ/T 101—2015 [S]. 北京：中国建筑工业出版社，2015.

[169] 中华人民共和国住房和城乡建设部．建筑抗震设计规范：GB 50011—2010 [S]. 北京：中国建筑工业出版社，2010.

[170] British Standards Institution. Eurocode 3：Design of steel structures - part 1-1：General rules and rules for buildings：EN 1993-1-1 [S]. Brussels：European Committee for Standardization，2005.

[171] 中华人民共和国住房和城乡建设部．钢结构设计标准：GB/T 50017—2017 [S]. 北京：中国建筑工业出版社，2017.

[172] 周起敬，姜维山，潘泰华，等．钢与混凝土组合结构设计施工手册 [M]. 北京：中国建筑工业出版社，1991：249.

[173] 王先铁，郝际平，孙彤，等．新型方钢管混凝土梁柱节点抗震性能研究 [J]. 土木建筑与环境工程，2007，29 (2)：73-77.

[174] 唐九如．钢筋混凝土框架节点抗震 [M]. 南京：东南大学出版社，1989：43-45.

[175] 闫标．圆钢管约束RC柱-RC梁框架节点静力与抗震性能研究 [D]. 兰州：兰州大学，2018.

[176] 陈惠发．弹性与塑性力学 [M]．北京：中国建筑工业出版社，2004：321-328.

[177] 胡红松．外包钢板-混凝土组合连梁及在剪力墙结构中的应用研究 [D]．北京：清华大学，2014.

[178] DU G F，BIE X M，LI Z，et al. Study on constitutive model of shear performance in panel zone of connections composed of CFSSTCs and steel-concrete composite beams with external diaphragms [J]. Engineering structures，2018，155：179-191.

[179] NISHIYAMA I，FUJIMOTO T，FUKUMOTO T，et al. Inelastic force-deformation response of joint shear panels in beam-column moment connections to concrete-filled tubes [J]. Journal of structural engineering，2004，130 (2)：244-252.

[180] 李威．圆钢管混凝土柱-钢梁外环板式框架节点抗震性能研究 [D]．北京：清华大学，2011.

[181] FUKUMOTO T，MORITA K. Elastoplastic behavior of panel zone in steel beam-to-concrete filled steel tube column moment connections [J]. Journal of structural engineering，2005，131 (12)：1841-1853.

[182] QIN Y，CHEN Z H，RONG B. Component-based mechanical models for axially-loaded through-diaphragm connections to concrete-filled RHS columns [J]. Journal of constructional steel research，2014，102：150-163.

[183] NIE J G，QIN K，CAI C S. Seismic behavior of composite connections-flexural capacity analysis [J]. Journal of constructional steel research，2009，65 (5)：1112-1120.

[184] RONG B，CHEN Z H，ZHANG R Y，et al. Experimental and analytical investigation of the behavior of diaphragm-through joints of concrete-filled tubular columns [J]. Journal of mechanicals of materials and structures，2012，7 (10)：909-929.

[185] WOOD R H. Plastic and elastic design of slabs and plates [M]. London：Thames & Hudson，1961.

[186] 王来．方钢管混凝土框架抗震性能的试验与理论研究 [D]．天津：天津大学，2005.

[187] 王文达，韩林海，陶忠．钢管混凝土柱-钢梁平面框架抗震性能的试验研究 [J]．建筑结构学报，2006，27 (3)：48-58.

[188] Federal Emergency Management Agency. NEHRP guidelines for the seismic rehabilitation of buildings：FEMA 273 [S]. Washington D. C.：Federal Emergency Management Agency，1997.

[189] Applied Technology Council. Seismic evaluation and retrofit of concrete buildings：ATC-40 [S]. California：Applied Technology Council，1996.

[190] Federal Emergency Management Agency. Pre-standard commentary for the seismic rehabilitation of buildings：FEMA 356 [S]. Washington D. C.：Federal E-

mergency Management Agency，2000.

［191］ Federal Emergency Management Agency. Improvement of static nonlinear analysis procedures：FEMA 440［S］. Washington D. C.：Federal Emergency Management Agency，2005.

［192］ 缪志伟，马千里，叶列平．钢筋混凝土框架结构基于能量抗震设计方法研究［J］. 建筑结构学报，2013，34（12）：1-10.

［193］ KILAR V，FAJFAR P. Simple pushover analysis of asymmetric buildings［J］. Earthquake engineering and structural dynamics，1997，26（2）：233-249.

［194］ GUPTA B，KUNNATH S K. Adaptive spectra-based pushover procedure for seismic evaluation of structures. Earthquake Spectra，2000，16（2）：367-391.

［195］ 叶燎原，潘文．结构静力弹塑性分析（push-over）的原理和计算实例［J］. 建筑结构学报，2000，21（1）：37-43.

［196］ 李英民，杨溥．建筑结构抗震设计［M］. 重庆：重庆大学出版社，2010.

［197］ 中华人民共和国住房和城乡建设部．高层建筑混凝土结构技术规程：JGJ 3—2010［S］. 北京：中国建筑工业出版社，2010.

［198］ 中华人民共和国住房和城乡建设部．建筑结构荷载规范：GB 50009—2012［S］. 北京：中国建筑工业出版社，2012.